"十二五"职业教育国家规划教材
经全国职业教育教材审定委员会审定

专业基础课教材系列

分析化学及实验

（第二版）

主　编　吴明珠　曹子英
副主编　邓冬莉　李春梅
　　　　项朋志　费文庆
参　编　李　芬　傅深娜
　　　　周永福　陈本寿
　　　　刘振平　王春燕
　　　　刘　超　严和平

科学出版社

北　京

内 容 简 介

　　本书是"十二五"职业教育国家规划教材。全书分为绪论、滴定分析实验准备、酸碱平衡与强碱滴酸法、酸碱平衡与强酸滴碱法、配位平衡与配位滴定法、氧化还原平衡与氧化还原滴定法、沉淀平衡与沉淀滴定法、重量分析法共 8 个项目，每个项目均用相应的实验引出理论知识，具有内容实用、教学针对性强等特点。

　　本书既可作为化工、医药、食品、环保、轻工等高等职业院校、应用型本科院校的专业用书，也可作为化学分析检验工作者的参考用书。

图书在版编目(CIP)数据

　　分析化学及实验/吴明珠，曹子英主编.—2 版.—北京：科学出版社，2015.1

　　"十二五"职业教育国家规划教材·经全国职业教育教材审定委员会审定·专业基础课教材系列

　　ISBN 978-7-03-042939-1

　　Ⅰ.①分… Ⅱ.①吴…②曹… Ⅲ.①分析化学-化学实验-高等职业教育-教材 Ⅳ.①O652.1

　　中国版本图书馆 CIP 数据核字(2015)第 000291 号

责任编辑：沈力匀 / 责任校对：刘玉靖
责任印制：吕春珉 / 封面设计：耕者设计工作室
版式设计：科地亚盟

科 学 出 版 社 出版
北京东黄城根北街 16 号
邮政编码：100717
http://www.sciencep.com
北京鑫丰华彩印有限公司 印刷
科学出版社发行　各地新华书店经销

*

2012 年 9 月第 一 版　　开本：787×1092 1/16
2016 年 1 月第 二 版　　印张：20½
2018 年 8 月第二次印刷　　字数：460 000
定价：52.00 元
(如有印装质量问题，我社负责调换〈鑫丰华〉)
销售部电话 010-62134988　编辑部电话 010-62135235（VC04）

第二版前言

根据教育部职业教育与成人教育司制定的《高等职业学校专业教学标准》（以下简称《标准》）规定，分析化学与分析化学实验（实训）课程是高职高专生化与药品大类专业（如工业分析与检验、药物分析技术、药品质量检测技术、食品分析与检验、环境监测与治理技术等）的基础课程。《标准》建议：分析化学课程应开设 50～90 学时理论和 50～80 学时实验（实训）。重庆工业职业技术学院工业分析与检验专业开设分析化学理论及实验（实训）课程各为 76 学时，应用化工技术、化学制药技术等相关专业开设分析化学及实验（实训）课程各为 57 学时。分析化学理论及实验（实训）课程设置的初衷是使学生通过理论学习，解决分析工作中的实际问题。

然而，目前绝大多数的教材及教学方法机械地把分析化学与分析化学实验（实训）割裂开来，导致理论与实践严重脱节，使学校通过理论与实践一体化课程培养高端技能型人才的目标无法实现。

本书在重庆工业职业技术学院、重庆工贸职业技术学院、云南国防工业职业技术学院等国家、省市示范高职院校多年教学探索与改革的基础之上编写而成。编者主张从实际操作中学习理论、在经验中积累知识，要求学生将"做中学技能"和"做中学理论"贯穿于"做中学"的全过程。全书内容以化学分析工、检验工《国家职业标准》为基准，对分析化学课程的体系进行了重构。将理论知识与实验技能相结合，共由八大项目构成，每个项目细分为 2～5 个任务，任务难度依次递增。每个任务又由多个子任务串联而成，第一个子任务为"做中学"的"做"，现象解释、公式运用、误差分析等子任务则为"做中学"的"学"。学生在每个任务中，通过完成具体的实验（实训），达到学习技能和反馈知识缺陷的目标，再通过相应的理论串讲填补空白，以解决同类任务中的实际问题。

本书有五大特点：

（1）符合认知规律。编者按照循序渐进、熟能生巧的认知规律，注重项目之间和项目内各任务之间的递进关系，使学生达到即学即用的目的。

（2）重点和难点用相似的实验进行重复强化，而不是简单地一删了之，达到从感性认识上升到理性认知的目的。

（3）实用性强。本书中的实验都是日常教学实验，仪器和药品容易购买，不涉及剧毒药品，可操作性强。

（4）翻阅方便。每个实验均有其对应的理论知识点，不用像翻阅字典一样在课本上寻找。

（5）针对性强。本书另附针对高职学生需要通过职业技能考试的配套习题集《分析化学学习指导与习题集》。

《分析化学及实验》（第一版）已在重庆工业职业技术学院、云南国防工业职业技术学院等多所院校作为教材使用。编者充分研究了第一版在使用过程中反映出的经验和瑕疵，予以修改、补充和完善，完成了本书的编写工作。本书由重庆工业职业技术学院吴明珠（项目 3～项目 5，全书统编）、重庆工贸职业技术学院曹子英（项目 6、项目 7）担任主编；重庆工业职业技术学院邓冬莉（项目 2）、重庆大学李春梅（项目 1）、云南国防工业职业技术学院项朋志（项目 8）、重庆医药高等专科学校费文庆（附录）担任副主编。参与本书编写的人员还有重庆工业职业技术学院李芬、傅深娜和周永福，重庆化工职业学院陈本寿，重庆安全技术职业学院刘振平，重庆能源职业学院王春燕，红河卫生职业学院刘超、红河学院严和平等，在此表示衷心感谢！

　　本书的编写工作是在重庆工业职业技术学院、重庆工贸职业技术学院、重庆化工职业学院、重庆安全技术职业学院、云南国防工业职业技术学院等校领导的决策和支持下完成的，在此表示衷心感谢！

　　在编写本书过程中，编者参考了本书所列的国内相关著作，从中得到了许多启发和收益，在此一并表示感谢！

　　由于编者水平有限，编写时间紧迫，书中难免存在疏漏和不妥之处，恳请读者批评指正。

第一版前言

分析化学及实验是化学化工类专业必修的一门基础性理论和实践课程。然而，目前的教材和教学方法多把该课程分为理论和实验两个部分进行，从而导致理论与实践严重脱节。本书是作者在多年的教学探索与改革的基础上编写而成。本书在内容上注重内容的前后递进和衔接，实践技能与理论知识相结合体现适度、够用和适用的特点。教学模式一改传统的"理论→实践"模式为"实践→理论→实践提高"模式。教学过程充分体现以学生为中心，要求学生在完成教师提出的一个实验任务后提出相应的问题及知识点，教师针对知识点及学生遇到的问题进行理论知识的讲解与拓展。实践证明这种方式极大地提高了学生的学习主动性和对分析化学及实验的热爱，同时也加深了学生对知识的掌握和理解。

本书由重庆工业职业技术学院的吴明珠担任主编，重庆工业职业技术学院李芬、云南国防工业职业技术学院周明善和重庆化工职业学院陈本寿担任副主编，重庆工业职业技术学院李应担任主审。同时参与编写的人员还有重庆工业职业技术学院付深娜和邓冬莉、云南国防工业职业技术学院项朋志、重庆化工职业学院高小丽和刘筱琴。

本书的开发是在重庆工业职业技术学院、云南国防工业职业技术学院和重庆化工职业学院领导的决策和支持下完成的，在此表示衷心感谢！

本书既可作为高等院校特别是高等职业学院化工、医药、环保等专业的分析化学及实验教材，也可作为成人高校化工类专业学生及化工、制药、环保等企业人员的参考用书。

由于编者水平有限，编写时间紧迫，书中难免存在错误和不妥之处，恳请读者批评指正。

目　录

项目 1 绪　　论

人类在物质世界中生存，就要认识和评估各种物质，以便生产和利用，保持人与自然的可持续发展。为此，除了认识物质的物理性质之外，还要获得物质的化学组成和性质的信息，这就需要分析化学。

任务 1.1　认识分析化学

 任务分析

本任务要求学生在学习分析化学课程之前，首先从分析化学的任务和作用出发，从历史发展的角度，用与时俱进的观点定义分析化学的概念，认识分析化学是由化学分析法和仪器分析法共同组成的。分析化学按照方法可分为分离和分析两部分，按照任务可以分为定性、定量、结构分析三部分。要求学生有端正的学习态度，在了解样品分析测试的一般过程的基础上，对分析化学进行分类，并展望分析学科的发展趋势。

 知识平台

1.1.1　了解分析化学的历史变革

化学源于炼金术，早在古代的青铜冶炼、酒类酿造等工艺中，就已经蕴含了简易的分析鉴定手段。"火法试金"的分析含义就更为明确。15～16 世纪，化学开始摆脱炼金术的束缚，但仍从属于医学和冶金，没能成为一门独立的学科。17 世纪，欧洲的冶金、机械等工业相当发达，积累了丰富的金属分析知识，英国化学家波义耳（R. Boyle）把这些知识加以整理，第一次提出"分析化学"这一名称。到了 19 世纪中叶，德国化学家 C. R. 富雷新尼乌斯（C. R. Fresenius）、F. 莫尔（F. Mohr）、W. 奥斯特瓦尔德（W. Ostward）等先后发表了专著《定性分析导论》、《定量分析导论》和《化学分析滴定法专论》，标志着分析化学作为一门化学的分支学科已经初步形成。

1894 年，奥斯特瓦尔德指出，"分析化学，即鉴定各种物质和测定其成分的技术，在科学的应用中占有显著地位。因为，为了科学和技术的目的而应用化学过程的任何场合，都会出现用分析化学才能解答的问题。"在 20 世纪 50～60 年代的教科书中，则称分析化学是研究物质的组成的测定方法和有关原理的一门科学。按照任务的不同，分析化学可分为定性分析和定量分析两个部分。定性分析的任务是确定试样由哪些组分（元素、离子或化合物）组成；定量分析的任务则是测定物质中各组分的含量，或确定物质中各组成部分的量的关系，如物质组成的质量分数、溶液的浓度等。分析化学中的分析是分离和测定的结合，分离和测定是构成分析方法的两个既相互独立又相互联系的基本环节。无论是天然存在的还是人工制造的物质，都不是绝对纯的，分离是使物质纯化的一种手段，一般有两条基本途径：一条是将所要分析的物质从混合物中提取出来；另一条则是将杂质提取出来。这两条途径是同一原理的不同实现方式。20 世纪 90 年代，结构分析归入了分析化学。因此，分析化学是以解决实际问题为目的，是测量物质的组成和结构的学科，也是研究分析方法的学科，它不直接提供和合成新型的材料或化合物，而是提供与这些新材料、新化合物的化学成分和结构相关的信息，以及研究获取这些信息的最优方法和策略。

1.1.2　区别化学分析法和仪器分析法

分析化学常常细分为化学分析法和仪器分析法两大类。

化学分析法是以化学反应为基础，依据实验测定的质量或体积，利用化学计量关系来确定试样中某成分含量的方法。化学分析法根据测量仪器的不同，可再分为滴定分析法和重量分析法。对于滴定分析法，关键是要有标准物质，指示剂能正确指示出终点，且滴定反应的方程式计量关系成立。对于重量分析法，不需要标准物质，只要求沉淀的形式与其化学式一致。化学分析法多使用酸式滴定管、碱式滴定管、锥形瓶、烧杯、坩埚等简单的分析仪器，进行常量分析（被测组分含量＞1%）时，有经验的工作者可以做到相对误差达 0.1%～0.2%，因而准确度较高，但不适用于微量分析（被测组分含量＜1%）。该法由于历史悠久，是分析化学的基础，因此又称为经典分析法。

到 19 世纪中叶，在吸收、融合了各学科的最新成果后，特别是在相对原子质量、元素周期律及物理化学中的溶液理论的基础上，经典分析法得到了极大的发展，主要表现在四个方面。一是建立了一大批适合于不同物质的分离技术和分析方法，如沉淀分离、溶剂萃取分离、离子交换分离、电解分离等。但分离是有限度的，有些混合物性质相似，导致分离非常困难，如果不分离，共存的组分又互相干扰。在化学分析中，常常从分离操作中演变出其他方法，如掩蔽方法等。二是设计、创制了一大批实验器具。三是为基本化学定律的确立做出了贡献。四是为探寻新元素（尤其是那些分散的性质相近难以分离的新元素）提供了条件。经过 19 世纪的发展，到 20 世纪 20～30 年代，化学分析法已基本成熟，它不再是各种分析方法的简单堆砌，已经从经验上升到了理论认识阶段，建立了分析化学的基本理论，如分析化学中的滴定曲线、滴定误差、指示剂的作用原理、沉淀的生成和溶解等基本理论。

20 世纪 40 年代以后，一方面由于生产和科学技术发展的需要，另一方面由于物理学革命使人们的认识进一步深化，分析化学也发生了革命性的变革，从传统的化学分析法发展为仪器分析法。仪器分析法是指采用比较复杂或特殊的仪器设备，通过测量物质的某些物理或物理化学性质的参数及其变化来获取物质的化学组成、成分含量及化学结构等信息的一类方法。也就是说，仪器分析法是利用各种学科的基本原理，采用电学、光学、精密仪器制造、真空、计算机等先进技术探知物质化学特性的分析方法。因此仪器分析法是体现学科交叉、科学与技术高度结合的一个综合性极强的科技分支。

在仪器分析法的历史上，首先兴起的是电重量分析法。美国化学家 J. W. 吉布斯（J. W. Gibbs）把电化学反应应用于分析化学中，用电解法测定铜，但这种电重量分析法存在耗时长、易氧化的缺点，化学家在研究中把物质的电化学性质与容量分析法结合起来，发展了电位滴定法、极谱分析法和库仑分析法等电容量分析法。1906 年，俄国植物学家茨维特认识到色谱现象和分离方法有密切联系，他用这种方法分离了植物色素，并系统地研究了上百种吸附剂，奠定了色谱分析法的基础。20 世纪 30 年代，具有离子交换性能的合成树脂问世，提高了色谱分离技术。由于单纯的分离意义不大，20世纪 50 年代，人们开始将分离方法和各种检测系统连接起来，分离与分析同时进行，于是人们设计和制造了大型色谱分析仪。除了上述的方法以外，现代仪器分析法还有磁共振法、射线分析法、电子能谱法、质谱法、光谱法等。仪器分析的发展极为迅速，应用前景极为广阔。

随着 20 世纪初仪器分析法的崛起，有些经典分析法失去了实际使用价值，但有许多方法仍然被继续发展和应用。在今天，滴定分析法和重量分析法作为标准的常规分析方法，仍在许多领域发挥着重要作用。本书主要讨论经典分析法中目前应用最广泛的滴定分析法和重量分析法所涉及的有关化学概念及知识，这些概念和知识也是仪器分析法的化学背景。

1.1.3　分类分析化学

现代分析化学的发展，已要求它的任务从单纯的提供数据上升到解决实际问题，求得目标答案，这就需要应用各种分析方法达到目的。因此，有必要按照分析任务、分析对象、测定原理、操作方法和具体要求不同对分析化学进行分类，如图 1.1 所示。

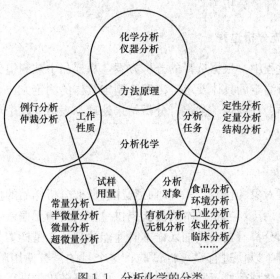

图 1.1　分析化学的分类

根据分析任务，若测量目的不同，分析化学可分为定性分析、定量分析和结构分析。定性分析的任务是鉴定物质的组分，即物质由哪些元素、原子团或有机官能团组成；定量分析的任务是测定物质中有关组分的含量；结构分析的任务是研究物质内部的分子结构或晶体结构。日常工作中应用最多的往往是定量分析。若测量范围不同，分析化学可再分为全分析和特定组分分析。全分析是指找出样品中的所有组分，所有组分的质量之和等于原始样品的质量，如探月岩石分析就属于全分析。特定组分分析是指找出样品中一个或几个特定组分，如通过对大气中的 NO_x、SO_2 等的分析就可以得出空气污染信息。日常分析工作中往往以特定组分分析居多。

根据分析对象，若物质属性不同，分析化学可分为无机分析和有机分析。无机分析通常要求鉴定试样由哪些元素或哪些原子、离子或化合物组成，各组分含量是多少，有时也要求测定其存在形式。由于有机物的组成元素不多，结构一般比较复杂，有机分析除了要求鉴定组成元素外，更重要的是进行官能团分析和结构分析。

根据试样用量，若操作规模不同，分析化学可分为常量分析、半微量分析、微量分析和超微量分析，分类情况如表 1.1 所示。

表 1.1　不同分析方法的试样、试液用量

方　法	试样用量/g	试液用量/mL	方　法	试样用量/mg	试液用量/mL
常量分析	>0.1	>10	微量分析	0.1～10	0.01～1
半微量分析	0.01～0.1	1～10	超微量分析	<0.1	<0.01

另外，出于不同的分析目的，分析化学也可以分为：在分析过程中并不损坏试样的无损分析；对试样的微小空间中的物质进行分析的微区分析；对固体试样的表面组成和分布进行分析的表面分析；一般化验室日常生产中的例行分析；不同实验室对分析结果有争议时，呈请上级检验机关或作为第三者的权威机构，用公认的方法进行裁判的仲裁分析等。若按照分析物的自然属性分类，分析化学还可以分为水质分析、食品分析、钢铁分析、矿物分析、环境分析等。

1.1.4　分步实施分析过程

在分析的实际过程中，根据选择的分析方案，从样品中被测组分和共存组分的性质与含量，以及对分析测定的具体要求等出发，制定具体的测定方法。在确定样品的分析方法之后，经过采样、预处理、测定、分析结果处理和表达等几个环节，才能得到准确的分析结果。

1. 采样

分析样品是分析对象的代表，采样时必须注意所取分析样品的代表性。一次成功的采样在统计上应满足两点：一是样本均值能提供总体均值的无偏差估计，这个目的只有当总体中所有组成部分都有机会被抽入样本时才能达到；二是样本分析结果应能够提供总体方差无偏差估计，以便进行显著性试验，这个目的只有使用随机采样方法才能达到，即将分析对象全体划分成不同编号的部分，再根据随机数进行采样。

食品分析常采用随机采样法，如图 1.2 所示。将 36
箱产品按顺序编号。36 的平方根为 6，可以从 36 箱中选
择 6 箱作为样品。可以采用两种方法随机选取 6 个箱子。
一种方法是，把 36 箱分别编号的纸条放在一个盒子中，
随机抓取一张记下号码，再将那张纸条放回盒子，以保证
抽取的概率不变。重复上述做法，直到选取不同的号码。
另一种方法是，确定每个箱子中有 36 小包，应当在选出
的 6 个箱子中每个选出 6 小包。先把第一只箱子腾空，留
下 6 小包，再从其余 5 箱中每箱取出 6 小包，放回第一只

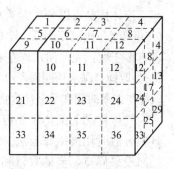

图 1.2 随机采样方法示例

箱子中，然后将第一只箱子中取出的 30 小包分别填满其余 5 个箱子，并将其重新封装
好，放回大批之中。这种做法又称为"回填法"。

为降低成本，实际工作中常常采用非随机采样法。例如，环境分析中的土壤采样，
一般采样深度取耕作层的 20～40cm，布点视情况不同，灌溉污染田块用对角线等距采
样法，小面积的均匀土壤用梅花形采样法，中等面积的用棋盘式采样法，大面积的整地
块用蛇形采样法，如图 1.3 所示。

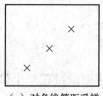  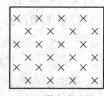 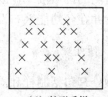

（a）对角线等距采样　　（b）梅花形采样　　（c）棋盘式采样　　（d）蛇形采样

图 1.3 环境分析中土壤采样布点法示例

由于采样收集到的原始样品量常常相当大，需要通过一定的步骤进行缩减。以组成
不均匀的矿石物料为例，原始样品需要经过多次破碎、过筛、混匀和缩分才能获得测定
所需的样品。破碎样品时，由于不同矿物的机械强度不同，破碎程度不同，有的矿会富
集在粗粒中，有的矿会富集在细粒中，因此，过筛时没有通过筛孔的粗粒不能丢弃，应
该重新破碎，直到全部通过筛孔为止。在缩分时，如果样品量较大，则多采用机械分样
器；如果样品量较小，则可用"四分法"进行缩分。将原始样品混匀后，堆成锥状，再
压扁成圆饼状，然后通过中心垂直分割成四等份，弃去任意对角的两份，样品的量便缩
减到原来的一半，如图 1.4 所示。

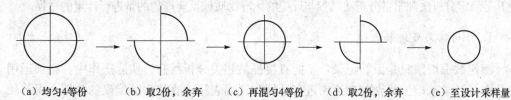

（a）均匀4等份　　（b）取2份，余弃　　（c）再混匀4等份　　（d）取2份，余弃　　（e）至设计采样量

图 1.4 "四分法"缩分样品过程示例

液体样品可以分为天然水（河、湖、海、地下）、用水（饮用、工业、灌溉）、排放水（工业废水、城市污水），均是采上、中、下层水样进行混合。根据分析项目要求，采样位置有多变性：大河河水取左右两岸和中心线；中小河河水采样时，先 3 等分中小河，距岸 1/3 处取样；湖水从四周入口、湖心和出口采样；海水可粗分为近岸和远岸取水；生活污水取样与作息时间和季节性食物种类有关；工业废水取样与产品和工艺过程及排放时间有关。

气体样品的采集主要有网格、同心圆、扇形、功能区等四种布点法。污染源较多而且很分散时用网格布点法。将整个监测区域画成方形网格，在网格线的结点或方格的中心布设采样点，点的数目和间距要根据人力、物力和实际情况决定。有多个较集中的污染源时用同心圆布点法，以污染源为中心，在地面上画出若干个同心圆，再从圆心向周围引出若干条辐射线，同心圆的间距越向外越大（如 4∶10∶20∶40），在每个圆上分别设几个采样点。针对单个高架点源采用扇形布点法，以烟羽流向为轴线，在点源下风方向的地面上定出一个扇形区域作为布点范围，扇形的角度一般约为 45°，也可取 60°，但不宜大于 90°。采样点设在扇形面内距点源不同距离的若干条（如 3、4 条）弧线上，其中有一条弧线必须处在最大落地浓度出现频率最高的距离上（约 10 倍于烟囱有效高度处），每条弧线上至少设三个采样点，彼此间的间隔为 10°～20°。功能区布点法，将要求监测的区域按工业区、居民区、商业区、交通枢纽、文化区、公园等分成若干个功能区，并在各功能区布设一定数量的监测点。

2. 预处理

预处理包括制样和消除干扰两层含义。样品分析时，为了使测量过程产生最大的、有效的响应信号，往往需要建立一个合适的待测样品体系，需要将采集得到的样品转化为测定需要的形态。例如，大多数分析方法要求将待测样品转化为溶液状态，这就需要对固体样品进行浸出，对气体样品进行溶剂吸收，对有悬浮物的液体样品进行过滤，制成可以直接测定的试样。对同一样品的不同分析方法，有着不同的预处理方法。若试样中的共存组分对测定有干扰，尽量以化学掩蔽法来消除它。当掩蔽法不能达到消除干扰的目的时，可以采用化学分离法将干扰组分除去。

3. 测定

在定量分析法中，测定是指进行的有关化学反应的操作过程，以及对参与反应的标准物质或反应产物的量进行计量的过程。在仪器方法的定量分析中，测定是指试样进入分析系统，与能量之间发生相互作用，产生待测组分的强度信号。本书着重强调化学测定方法，尤其是滴定分析法和重量分析法对参与反应的标准物质或反应产物的量进行计量的过程。

4. 分析结果处理和表达

测定数据记录只是原始记录，不能直接提供相关分析信息。实际操作中，必须运用建立在统计学基础上的误差理论来进行计算和正确表达，直接去除错误的数据，误差较小的数据可以通过各种检验法进行验证。只有保证所得数据都是有效的，才能进一步求出平均值或者其他待测量，这是本书除了测定方法外，着重介绍的一个内容。

任务 1.2　认识分析化学实验

任务分析

　　通过本任务学习，学生要明确分析化学实验的任务和目的，在实验中养成遵守实验室规则、不迟到或早退、不涂改原始记录等良好习惯，并按照正确的格式撰写实验报告。由于实验中会经常使用有腐蚀性、有毒、易燃、易爆各类试剂，使用易破损的玻璃仪器、各种电器设备及煤气等，因此为保证实验操作的正常进行，分析人员必须遵守《实验室安全守则》，掌握实验室发生意外事故时的急救方法。

知识平台

1.2.1　熟悉《实验室安全守则》

　　为保证分析人员人身安全，需要在实验前学习《实验室安全守则》，该守则规定如下。

　　(1) 实验室内严禁饮食、吸烟。严禁任何药品入口或接触伤口，不能用玻璃仪器代替餐具。所有试剂、试样均应有标签，绝不可在容器内装有与标签不相符的物质。

　　(2) 实验室内应保持洁净、整齐。报纸、废屑和碎玻璃片、火柴杆等废物应投入垃圾箱内，废酸和废碱应小心倒入废液缸内，中和后排放，以免腐蚀下水道。洒落在实验台上的试剂要随时清理干净。

　　(3) 稀释浓 H_2SO_4 必须在烧杯等耐热容器中进行，且只能将硫酸在不断搅拌下缓缓注入水中，温度过高时应冷却降温后再继续加入。配制氢氧化钠、氢氧化钾等浓溶液时，也必须在耐热容器中进行。如需将酸碱中和，则必须各自先行稀释再中和。

　　(4) 使用浓 HNO_3、浓 H_2SO_4、浓 HCl、浓 $HClO_4$ 或浓 $NH_3 \cdot H_2O$，或有 HCN、NO_2、H_2S、SO_3、Br_2、NH_3 等有毒、腐蚀性气体时，必须在通风橱中进行。若不注意可能引起中毒。

　　(5) 绝不允许任意混合各种化学药品，以免发生事故。使用氰化物、砷化物、汞盐等剧毒物质时要采取防护措施。实验残余的毒物应采取适当的方法处理，切勿随意丢弃或倒入水槽中。装过有毒、强腐蚀性、易燃、易爆物质的器皿，应由操作者亲自洗净。

　　(6) 极易蒸发和引燃的有机溶剂，如乙醚、乙醇、丙酮、苯等，使用时必须远离明火，用后要立即塞紧瓶塞，放入阴凉处。用过的试剂要倒入回收瓶中，不要倒入水槽。

　　(7) 易燃溶剂加热应采用水浴或沙浴，应避免用明火。灼热的物品不能直接放置在实验台上，各种电加热器及其他温度较高的加热器都应放在石棉网或石棉板上。

　　(8) 将玻璃棒、玻璃管、温度计插入或拔出胶塞时应有垫布，且需要有水作润滑剂，不可强行插入或拔出。

（9）实验室内不得有裸露的电线头，不要用电线直接插入电源接通电灯、仪器等，以免引起电火花而导致爆炸和火灾等事故。

（10）实验进行时，不得擅自离开岗位。水、电、煤气、酒精灯等一经使用完毕，立即关闭。实验结束后要洗手，离开实验室时，应认真检查水、电、煤气及门、窗是否已经关好。

1.2.2　掌握实验室意外事故的急救措施

为保证分析人员人身安全，若实验过程中发生意外事故，分析人员还需要掌握必要的急救措施，具体如下。

1. 实验室灭火的紧急措施

原则是移去或隔绝燃料的来源，隔绝空气（氧），降低温度。对于不同物质引起的火灾，采取不同的补救方法。

（1）防止火势蔓延，首先切断电源、熄灭所有加热设备；然后快速移去附近的可燃物，关闭通风装置，减少空气流通。

（2）立即扑灭火焰，设法隔断空气，使温度下降到可燃物的着火点以下。

（3）火势较大时，可用灭火器扑救，灭火器的种类和使用范围如表1.2所示。

表1.2　灭火器的种类和使用范围

种　类	可扑救下列物质引起的火灾	不宜扑救下列物质引起的火灾
CO_2灭火器	油类、电器、酸类物质	K、Na、Mg、Al 等物质
泡沫灭火器	油类、有机溶剂	电器
干粉灭火器	油类、有机物、遇水燃烧物质	—
1211灭火器	油类、有机溶剂、精密仪器、文物档案	—
CCl_4灭火器	电器	不溶于水，密度大于水的易燃与可燃液体

2. 实验室灭火注意事项

（1）能与水发生猛烈作用的物质，如金属 Na、电石、浓 H_2SO_4、P_2O_5、过氧化物等失火时，不能用水灭火，小面积范围燃烧可用防火砂覆盖；比水轻、不溶于水的易燃与可燃液体，如石油烃类化合物和苯类等芳香族化合物失火时，禁止用水扑灭；溶于水或稍溶于水的易燃物与可燃液体，如醇类、醚类、酯类、酮类等失火时，若数量不多，可用雾状水、化学泡沫、皂化泡沫等扑灭；不溶于水，密度大于水的易燃与可燃液体，如 CS_2等引起的火灾，可用水扑灭，因为水能浮在液面上将空气隔绝，禁止使用 CCl_4灭火器。

（2）电气设备及电线着火时，首先用 CCl_4灭火器灭火，电源切断后才能用水扑救。严禁在未切断电源前用水或泡沫灭火器灭火。

（3）回流加热时，若因冷凝管效果不好，易燃蒸气在冷凝管顶端着火，应先切断加热源，再行扑救。绝对不可用塞子或其他物品堵住冷凝管，防止爆炸。

（4）若敞口的器皿中发生燃烧，应尽快先切断加热源，设法盖住器皿口，隔绝空气使火熄灭。

（5）扑灭产生有毒蒸气的火灾时，要特别注意防毒。

3. 实验室意外事故的紧急处理

（1）化学烧伤。化学烧伤是由操作者的皮肤触及腐蚀性化学试剂所致，其急救措施如表 1.3 所示。

表 1.3 化学烧伤的急救措施

腐蚀性试剂	试 剂	急救措施
强酸类	HF 及其盐	酸蚀伤，应立即用大量水冲洗，然后用 2% 的 $NaHCO_3$ 溶液或稀 $NH_3 \cdot H_2O$ 冲洗，最后再用水冲洗，必要时局布注射 10% 葡萄糖酸钙
强碱类	碱金属的氢化物、浓 $NH_3 \cdot H_2O$、氢氧化物	碱蚀伤，先用大量水冲洗，再用约 0.3mol/L HAc 溶液洗，最后用水冲洗。如果碱溅入眼中，则先用 2%～5% 的硼酸溶液洗，再用水洗
氧化剂	30% H_2O_2	立即用水冲洗，然后用 3% $KMnO_4$ 或 2% Na_2CO_3 溶液冲洗。必要时可注射苯巴比妥钠
单质	Br_2	立即用 20% $Na_2S_2O_3$ 溶液冲洗，再用大量水冲洗干净，包上消毒纱布后就医

（2）烫伤。烫伤是操作者身体直接触及高温、过冷物品（低温引起的冻伤，其性质与烫伤类似）所造成的。若被烫伤，可先用稀 $KMnO_4$ 或苦味酸溶液冲洗灼伤处，再在伤口处抹上黄色的苦味酸溶液、烫伤膏、牙膏或万花油，切勿用水冲洗。

（3）割伤。发生割伤后，应先取出伤口内的异物，然后在伤口处涂上红药水或撒上消炎粉后用纱布包扎。

（4）吸入刺激性、有毒气体。当不慎吸入 Cl_2、HCl、Br_2 蒸气时，可吸入少量酒精和乙醚的混合蒸气使之溶解。由于吸入 H_2S 气体而感到不适时，应立即到室外呼吸新鲜空气。

（5）触电。不慎触电时，首先切断电源，必要时进行人工呼吸。

上述意外发生以后，在进行紧急处理后，应送医院进行进一步治疗。

1.2.3 明确分析化学实验的目的和要求

分析化学实验是分析化学课程的实践部分。通过完成实验，可进一步加深对基础理论的理解。通过掌握基本操作技能，培养学生严谨的工作作风，提高学生观察、分析和解决实际问题的能力，树立严格的"量"的概念，为学习后继课程和将来从事分析工作打下坚实的基础。做好分析化学实验，要求学生在实验前认真阅读参考资料或观看录像来明确目的、理解原理和熟悉步骤。实验前撰写预习报告时，提出注意事项；实验中按预习报告独立操作，仔细观察实验现象，认真测定数据，如实记录原始记录；实验后分析实验现象，整理实验数据，从感性认识上升为理性思维。具体要求如下：

（1）不能迟到、早退。学生一般要提前 5min 到实验室，不得迟到，迟到者本次实验成绩扣 20 分。实验完成后，待教师检查实验数据、结果并签字后，学生方可离开实验室。

（2）不能无故缺席实验课。请病假的学生必须有医院的证明，缺实验课者不能补做。

（3）注意安全。不准在实验室内吃东西，实验过程中不要将腐蚀、有毒的试剂溅到皮肤上，出现意外应及时处理。

（4）认真预习，并写出预习实验报告。要求学生实验前查阅有关书籍或文献，领会实验原理，了解实验步骤和注意事项，做到心中有数。实验前写好预习实验报告，包括实验题目、实验目的、实验原理（简单的文字、化学反应式、计算式说明）、主要试剂和仪器、步骤（简单流程）、原始记录表（列好表格）、思考题讨论等。查好有关数据，以便实验时及时、准确地记录和进行数据处理。实验步骤可以用流程图简明扼要地表示。没预习实验的同学不准做实验。

（5）要严格按照操作规范进行实验。实验时要认真操作，基本操作要规范化，掌握并熟练运用基本实验技能。仔细观察实验现象，及时记录实验现象和数据。要善于思考，学会运用所学理论知识解释实验现象，研究实验中的问题。

（6）养成良好的实验习惯。实验过程中要保持实验室肃静，仪器摆放整齐，保持实验台和整个实验室的整洁，不乱扔废纸杂物，保持水池清洁。

（7）认真撰写实验报告。实验报告一般在实验室完成，离开实验室前交给教师，格式要规范化，或按指导教师的要求撰写。若在实验室不能完成实验报告，实验后应尽快写好实验报告，及时交给实验指导教师。

（8）搞好卫生、做好实验结束工作。实验结束后，将实验台、试剂瓶、试剂架等擦拭干净，将垃圾倒在指定位置。值日生负责擦黑板、打扫地面和通风橱等，离开实验室前关好实验室的水、电、气、门和窗等，待教师认可后，方可离开实验室。

（9）爱护公物，注意节约。爱护公物，损坏仪器要按规定及时赔偿。注意节约实验室用水、试剂和各种易耗品。

1.2.4　掌握实验报告的撰写要求

实验报告是专业学习中，实验者把实验目的、方法、步骤、结果和对实验结果的分析等，用简洁的语言写成的书面报告。实验报告要按一定格式书写，要求字迹端正，简明扼要，原始记录、数据处理最好使用表格形式，作图图形准确清楚，报告整齐清洁。

实验报告的内容一般由预习部分、原始记录、结果与讨论等部分组成。

（1）实验前完成预习部分。按实验名称、实验目的、实验原理、试剂和仪器、实验步骤的顺序进行书写。

① 实验名称。用最简练的语言反映实验的内容。

② 实验目的。实验目的要明确，要抓住重点，可以从理论和实践两个方面考虑。在理论上，验证定理定律，并使实验者获得深刻和系统的理解；在实践上，掌握使用仪器或器材使用方法和某物质的合成或制备流程。

③ 实验原理。实验原理要写明依据何种原理、定律或操作方法进行实验，并写明

经过哪几个步骤，还应该绘制出装置的结构示意图，再配以相应的文字说明。

④ 试剂和仪器。实验中用到的所有化学药品仪器设备等，包括药品和试剂、材料和仪器两部分。

（2）实验中完成原始记录。记录内容包括对实验现象、测定数据（含单位）的记录。一切为了印证实验现象而修改数据、假造实验现象的做法都是不允许的。数据应准确、清晰，不得随意涂改。当发现数据读错、测错或算错而需要改动时，可用一横线划去，并在其上方写上正确的数据，并加以说明，保留原数据备查。例如，读取滴定管读数时将23.50mL错看成22.50mL，不能在原始记录上将2涂改成3，应按照以下方式改正：

$$V = \begin{array}{c}23.50\text{mL}\\ \sout{22.50\text{mL}}\end{array}(\text{看错})$$

（3）实验后完成结果与讨论部分。包括对实验现象的分析、解释、结论；原始数据的处理、误差分析、结果讨论等。分析实验成功或失败的原因，写上整个实验过程中及实验后所想到的问题及对这些问题的解释，实验后的心得体会和建议等。

实 验 报 告

院系_____ 实验日期_____

课程_____ 实验名称_____

班级_____ 实验温度_____

姓名_____ 实验湿度_____

学号_____ 实验压强_____

同组_____ 指导教师_____

一、实验目的

二、实验原理

三、试剂

四、仪器

五、实验步骤

六、原始记录

七、结果与讨论

八、思考题

教师签名：_____ 日期：_____年____月____日

项目2　滴定分析实验准备

如前所述，经典分析法包括滴定分析法和重量分析法。本项目将介绍经典分析法常用的化学试剂，并且着重介绍滴定分析法仪器的校准、数据记录等。

任务2.1　认识分析用水和化学试剂

 任务分析

化学实验离不开水，从洗涤仪器到配制溶液都要用到水，分析用水也是一种特殊的化学试剂。为了保证分析结果的准确性，同时节约用水，有必要对分析用水的概念、规格和检验方法进行了解。除了分析用水以外，作为分析人员，还必须熟悉与实验室相关的化学试剂的基础知识，在实验前必须对化学试剂的等级、分析用水的等级和分析用器皿的材质有明确的认识，这样才能避免因盲目追求高纯度造成浪费。

 任务实施

2.1.1　分析用水的检验

1. 实验目的

（1）了解分析用水的分类及等级。
（2）掌握分析用水的检验方法。

2. 实验原理

在分析工作中，洗涤仪器、溶解样品、配制溶液均需用水。根据水中含杂质的多少，可将水分为源水、纯水、高纯水三类。

源水是指日常生活用水。地面水、地下水和自来水都是源水，它是制备纯水的水源。源水中的杂质有悬浮物、胶体、溶解性物质。悬浮物是指直径在 10^{-4} mm 以上的微粒，如细菌、藻类、砂子等；胶体是指直径为 $10^{-8} \sim 10^{-4}$ mm 的微粒，如腐殖酸高分子化合物、溶胶硅酸铁等；溶解性物质是指颗粒直径不大于 10^{-5} mm，在水中呈真溶液状态的分子和离子，如溶解性气体 O_2、CO_2、NH_3，离子 K^+、Na^+、Ca^{2+}、Mg^{2+}、Fe^{3+}、Al^{3+}、CO_3^{2-}、NO_3^-、SO_4^{2-}、Cl^- 等。

纯水是指将源水经预处理除去悬浮物等不溶性杂质后，用蒸馏法或离子交换法进一步纯化除去胶体、溶解性物质而达到一定纯度标准的水。

高纯水是指以纯水为水源，再经离子交换、膜分离，使纯水中的电解质近乎完全除去，将不溶性胶体物质、有机物、细菌、SiO_2 等去除到最低程度。

纯水是分析化学实验中最常用的溶剂和洗涤剂。作为分析用水，GB/T 6682—1992《分析实验室用水规格和试验方法》中规定了相应的规格（表 2.1）、等级、用途和制备（表 2.2）。

表 2.1　分析用水规格

指标名称		一级	二级	三级
pH 范围		—	—	5.0～7.5
电导率（25℃)/(mS/m)	≤	0.01	0.10	0.50
吸光度（254nm，1cm 光程）	≤	0.001	0.01	—
可氧化物质（以 O 计）/(mg/L)	≤		0.08	0.4
蒸发残渣（105℃±2℃)/(mg/L)	≤		1.0	2.0
可溶性硅（以 SiO_2 计）/(mg/L)	≤	0.01	0.02	—

注：① 由于在一级水、二级水的纯度下，难于测定其真实的 pH，因此，对一级水和二级水的 pH 范围不做规定。
② 一级水、二级水的电导率需用新制备的水"在线"测定。
③ 由于在一级水的纯度下，难于测定可氧化物质和蒸发残渣，因此，对其限量不做规定，可用其他条件和制备方法来保证一级水的质量。

表 2.2　分析用水的等级、用途和制备

等级	用途	制备
一级水	用于有严格要求的分析实验，包括对颗粒有要求的实验，如高效液相色谱用水	可用二级水经过石英设备蒸馏或离子交换混合床处理后，再经过 0.2μm 微孔滤膜过滤来制取
二级水	用于无机痕量分析，如原子吸收光谱用水	用多次蒸馏或离子交换等方法制取
三级水	用于一般化学分析实验	用蒸馏或离子交换等方法制取

3. 试剂

甲基红；H_2SO_4（A.R.）；$KMnO_4$（A.R.）；HNO_3（A.R.）；$(NH_4)_2MoO_4$（A.R.）；Na_2SO_4（A.R.）；$NH_3 \cdot H_2O$-NH_4Cl 缓冲溶液（pH≈10）；精密 pH 试纸（5.0～7.5）。

4. 仪器

表面皿；铂电极；pH 玻璃电极；饱和甘汞电极；烧杯（250mL×3）；pH 计；电导率仪；电炉。

5. 实验步骤

1）测定 pH

普通纯水 pH 应为 5.0～7.5（25℃），可用精密 pH 试纸或酸碱指示剂检验。对甲基红不显红色，对溴百里酚蓝不呈蓝色。用 pH 计测定纯水的 pH 时，先用 pH 为 5.0～

8.0 的标准缓冲溶液校正 pH 计，再将 100mL 三级水注入烧杯中，插入玻璃电极和甘汞电极，测定 pH。

2）测定电导率

纯水是微弱导体，水中溶解了电解质，其电导率相应增加。测定电导率应选用适于测定高纯水的电导率仪。一级水、二级水电导率极低，通常只测定三级水。测定三级水电导率时，将 300mL 三级水注入烧杯中，插入光亮铂电极，用电导率仪测定其电导。测得的电导率小于或等于 $5.0\mu S/cm$ 时，即为合格。

3）测定吸光度

将水样分别注入 1cm 和 2cm 的比色皿中，用紫外-可见分光光度计于波长 254nm 处，以 1cm 比色皿中水为参比，测定 2cm 比色皿中水的吸光度。

4）可氧化物的限度实验

将 100mL 二级水或三级水注入烧杯中，然后加入 10.0mL 1mol/L H_2SO_4 溶液和新配制的 1.0mL 0.002mol/L $KMnO_4$ 溶液，盖上表面皿，将其煮沸并保持 5min，与置于另一相同容器中不加试剂的等体积水样做比较。此时溶液呈淡粉色，若未完全退尽则符合可氧化物限度实验，若完全退尽则不符合可氧化物限度实验。

另外，某些情况下，还应对水中的 Ca^{2+}、Mg^{2+}、Cl^- 进行检验。

Ca^{2+}、Mg^{2+} 的检验：取 10mL 待检验的水，加 $NH_3 \cdot H_2O$-NH_4Cl 缓冲溶液（pH $\approx$10），加入 1 滴铬黑 T 指示剂，不显红色为合格。

Cl^- 的检验：取 10mL 待检验的水，用 4mol/L HNO_3 溶液酸化，加 2 滴 1% $AgNO_3$ 溶液，摇匀后未见浑浊现象为合格。

5）测定 SiO_2

SiO_2 的测定方法比较烦琐，一级水、二级水中的 SiO_2 可按 GB/T 6682—1992 中的规定测定。通常使用的三级水可测定水中的硅酸盐。其测定方法是：取 30mL 水于一小烧杯中，加入 5mL 4mol/L HNO_3 溶液、5mL 5% $(NH_4)_2MoO_4$ 溶液，室温下放置 5min 后，加入 5mL 10% Na_2SO_4 溶液，观察是否出现蓝色，若呈现蓝色则不合格。

6. 原始记录

将测定的原始数据记录到表 2.3 中。

表 2.3　分析用水检验原始记录表

指标名称	一级	二级	三级
pH 范围			
电导率（25℃）/(mS/m)			
吸光度（254nm，1cm 光程）			
可氧化物质（以 O 计）/(mg/L)			
蒸发残渣（105℃±2℃）/(mg/L)			
可溶性硅（以 SiO_2 计）/(mg/L)			
Cl^-			
Ca^{2+}、Mg^{2+}			

7. 注意事项

（1）分析用水的储存影响分析用水的质量。各级分析用水均应使用密闭的专用聚乙烯容器。三级水也可使用密闭的专用玻璃容器。新容器在使用前需要用 20％HCl 溶液浸泡 2～3d，再用待测水反复冲洗，并注满待测水浸泡 6h 以上。

（2）各级分析用水在储存期间，其污染主要来源于聚乙烯容器可溶成分的溶解及空气中 CO_2 和其他杂质。所以，一级水不可储存，应在使用前制备。二级水、三级水可提前适量制备，分别储存于预先经过同级水清洗过的相应容器中。各级水在运输过程中应避免污染。

8. 思考题

（1）为什么需要检验分析用水？
（2）分析用水是怎样进行分类的？
（3）什么实验需要使用一级水？什么实验需要使用三级水？

 知识平台

2.1.2　分级化学试剂

除了分析用水以外，其他化学试剂的种类繁多，各国对化学试剂的分类和分级的标准不尽一致，各国的国家标准、行业标准、学会标准也不尽一致。国际标准化组织（ISO）和国际纯粹与应用联合会（IUPAC）对化学试剂均有很多规定，如表 2.4 所示。

表 2.4　IUPAC 对化学标准物质的分级

等　级	分级标准
A 级	原子量标准
B 级	和 A 级最接近的基准物质
C 级	含量为（100±0.02）％的标准试剂，滴定分析标准试剂
D 级	含量为（100±0.05）％的标准试剂，滴定分析标准试剂
E 级	以 C 或 D 级试剂为标准进行的对比测定所得的纯度或相当于这种纯度的试剂，比 D 级纯度低

化学试剂的纯度对实验结果的影响很大，不同的实验对试剂纯度的要求也不同。除了解 IUPAC 对化学试剂的分级外，还必须了解我国对化学试剂的分类标准。化学试剂按组成可分为无机试剂和有机试剂两大类；按用途可分为标准试剂、一般试剂、高纯试剂、特效试剂、专用试剂、指示剂、生化试剂、临床试剂、有机合成基础试剂等。下面简要介绍经典分析法中常用的标准试剂、一般试剂、高纯试剂和专用试剂。

1. 标准试剂

标准试剂是用于衡量其他（待测）物质化学量的标准物质。其特点是主体含量高且准确可靠，能与 SI 制单位换算，得到一致性的标准值。由于标准值是用准确的标准化方法测定的，因此，标准试剂的确定和使用具有国际性。我国标准试剂中，有一部分品种又可以分为两个级别。高一级的是由国家有关单位测定和发放的，即第一基准；低一级的是由生产厂家用第一基准作为标准物来测定其产品的标准。主要国产标准试剂的分类与用途如表 2.5 所示。

表 2.5 主要国产标准试剂的分类与用途

类 别（级别）	相当于 IUPAC	主 要 用 途
容量分析第一基准	C	工作基准试剂的定值
容量分析工作基准（任务 3.1）	D	滴定分析标准溶液的定值
容量分析标准溶液	E	滴定分析法测定物质的含量
杂质分析标准溶液		仪器及化学分析中作为微量杂质分析的标准
一级 pH 基准试剂	C	pH 基准试剂的定值和高精密度 pH 计的校准
pH 基准试剂	D	pH 计的校准（定位）
气相色谱分析标准		气相色谱法进行定性和定量分析
农药分析标准		农药分析
临床分析标准溶液		临床化验
热值分析试剂		热值分析仪的标定
有机元素分析标准	E	有机物的元素分析

2. 一般试剂

一般试剂是实验室中普遍使用的试剂，其规格以试剂中杂质含量的多少来划分，一般可分为四级，从一级到四级杂质含量依次增大，四级试剂已很少见。一级试剂又称为优级纯试剂，纯度最高，杂质含量最低，适合于重要精密的分析工作和科学研究，使用绿色瓶签；二级试剂又称为分析纯试剂，纯度略次于优级纯，适合于重要分析及一般研究工作，使用红色瓶签；三级试剂又称为化学纯试剂，纯度较低，适用于粗略的分析工作，使用蓝色瓶签。我国一般试剂的分级标准和适用范围如表 2.6 所示。

表 2.6 一般试剂的分级标准和适用范围

级别	纯度分类	英文符号	适用范围	标签颜色
一级	优级纯（保证试剂）	G. R.	精密分析实验和科学研究工作	绿色
二级	分析纯	A. R.	重要分析实验和科学一般研究工作	红色
三级	化学纯	C. P.	粗略分析工作	蓝色
四级	实验试剂	L. R.	一般化学实验辅助试剂	棕色或其他颜色
生化试剂	生物染色级	B. R.	生物化学及医用化学实验	咖啡色或玫瑰色

3. 高纯试剂

高纯试剂的特点是杂质含量低（比优级纯基准试剂低），主体含量与优级纯试剂相当，而且规定检验的杂质项目比同种优级纯或基准试剂多 1～2 倍。通常，杂质量控制在 10^{-9}～10^{-6} 数量级的范围内。高纯试剂主要用于微量分析中试样的分解及试液的制备。

高纯试剂多属于通用试剂（如 HCl、$HClO_4$、$NH_3 \cdot H_2O$、Na_2CO_3、H_3BO_3）。目前只有 8 种高纯试剂颁布了国家标准（GB），其他产品一般执行企业标准（Q），在产品的标签上标有"特优"或"超优"字样。

4. 专用试剂

专用试剂是有特殊用途的试剂。其特点是主体含量较高，杂质含量很低。与高纯试剂的区别是：在特定的用途中（如发射光谱分析）存在干扰的杂质成分只需控制在不致产生明显干扰的限度以下。专用试剂种类颇多，如紫外及红外光谱法试剂、色谱分析标准试剂、色谱固定液、核磁共振分析用试剂等。

2.1.3 合理选用分析用水和化学试剂

选用化学试剂时应该遵循节约的原则。同一化学试剂往往由于等级不同，价格差别很大。例如，痕量分析选用高纯试剂或一级品，以降低空白值和避免杂质干扰；仲裁分析或试剂检验选用一、二级品；一般生产车间控制分析选用二、三级品；某些制备实验、冷却浴或加热浴用的试剂可选用工业品；化学分析实验通常使用分析纯试剂；仪器分析实验一般使用优级纯试剂、分析纯试剂或专用试剂。不要认为试剂越纯越好，超越具体条件去选用高纯试剂会造成浪费。本书除指明的试剂外，一般选用分析纯试剂。

在分析工作中，选择试剂的纯度除了要与所用方法相当外，其他条件（如实验室用水、使用器皿）也须与之相适应。若选用优级纯试剂，应使用一级水，所用器皿使用过程中不应有物质溶解到溶液中，以免影响测定的准确度。分析工作者在实验前必须对化学试剂的等级、分析用水的等级和分析用器皿的材质有明确的认识，才能避免因盲目追求高纯度造成的浪费。

任务 2.2 认识和操作滴定分析常用量器

任务分析

作为分析人员，必须熟悉与实验室相关的基础知识和技能，才能全面胜任分析检验工作。这些基础知识和技能除包括实验室安全、分析用水、化学试剂外，还应当包括滴定分析常用量器的基本操作及校准，使用有效数字和法定计量单位正确记录滴定分析原始数据等。

任务实施

2.2.1　洗涤和操作滴定分析常用量器

1. 实验目的

（1）掌握滴定分析常用量器的洗涤方法。
（2）掌握滴定分析常用量器的操作方法。

2. 实验原理

根据实验要求、污物性质、沾污程度和仪器精确度来确定洗涤方案。附着在仪器上的可溶物、尘土和一些不溶物用水刷洗；油污和一些有机物质用去污粉、肥皂刷洗；进行精确的定量实验时，对仪器的洁净程度要求较高，一些具有精确刻度、形状特殊的仪器可用洗衣粉或合成洗涤剂清洗；铬酸洗液具有很强的氧化性，对有机物和油污的去污能力特别强。

3. 试剂

肥皂粉；洗涤剂；铬酸洗液；凡士林。

4. 仪器

滴定管刷；洗耳球；烧杯（250mL×3）；碱式滴定管（50mL×1）；酸式滴定管（50mL×1）；容量瓶（250mL×1）；刻度移液管（10mL×1）；单标记移液管（25mL×1）。

5. 实验步骤

1）洗涤酸式滴定管

首先观察酸式滴定管外观，刻度是否清晰，尖嘴处是否有破裂，内侧是否干净。酸式滴定管在每次使用前后，都应先用自来水清洗，然后用少量蒸馏水润洗3～5次。如果挂水珠，或发现液体成股流下，则说明未洗干净。若用铬酸洗液浸洗，可从上口加入5～10mL洗液，边转动边将滴定管放平，并将滴定管口对着洗液瓶口，以防洗液洒出。将一部分洗液从上口放回原瓶，最后打开旋塞将剩余的洗液从尖嘴处放回原瓶，必要时可加满洗液进行浸泡。完成后用蒸馏水润洗，内壁水珠不成股流下，即为干净。

取出旋塞，用滤纸将旋塞和旋塞套擦干，并注意勿使滴定管内壁的水珠再次进入旋塞套（将滴定管平放在实验台面上。用手指将凡士林涂抹在旋塞的大头、小头和旋塞内侧（图2.1），凡士林涂沫要适当，涂得太少，旋塞转动不灵活，且易漏水；涂得太多，旋塞孔容易被堵塞。凡士林绝对不能涂在旋塞孔的上下两侧，以免旋转时堵住旋塞孔。将旋塞插入旋塞套中，然后向同一方向旋转旋塞（图2.2），直到旋塞和旋塞套上的凡士林完全透明为止。用蒸馏水装满酸式滴定管，将其放在滴定管架上垂直静置几分钟，观察有无水滴漏下，若有漏水，需重新涂凡士林，若尖嘴中有凡士林，用热水来回清洗几次即可。

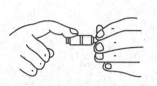
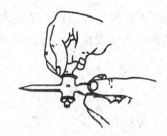

图 2.1　旋塞涂抹凡士林　　　　　图 2.2　插入旋塞向同一方向旋转

2）洗涤碱式滴定管

首先观察碱式滴定管外观，刻度是否清晰，内侧是否干净，橡皮管是否老化没有弹性，尖嘴处是否有破裂等。碱式滴定管在每次使用前后，都应先用自来水清洗，然后用少量蒸馏水润洗 3～5 次。如果挂水珠，或发现液体成股流下，则说明未洗干净。由于碱式滴定管有橡皮管，遇强氧化剂容易老化变质，因此碱式滴定管不能用铬酸洗液进行浸泡洗涤，可将洗涤剂稀释成碱性洗液进行冲洗。为此，从上口加入 5～10mL 碱性洗液，边转动边将滴定管放平，并将滴定管上口对着碱性洗液瓶口，以防碱性洗液洒出，将一部分洗液从上口放回原瓶，最后挤压橡皮管内玻璃珠将剩余的碱性洗液从尖嘴处放回原瓶，必要时可加满碱性洗液进行浸泡。完成后用蒸馏水润洗，内壁水珠不成股流下，即为干净。用蒸馏水装满碱式滴定管，将其放在滴定管架上垂直静置几分钟，观察有无水滴漏下，若有漏水，需重新调整玻璃珠的位置或更换橡皮管。

3）洗涤容量瓶

首先观察容量瓶外观，刻度是否清晰，内侧是否干净，瓶塞是否破裂，瓶塞与瓶口是否配套等。容量瓶在每次使用前后，都应先用自来水清洗，然后用少量蒸馏水润洗 3～5 次。如果挂水珠，或发现液体成股流下，则说明未洗干净。若用铬酸洗液浸洗，可从上口加入洗液进行浸泡，最后打开瓶塞将洗液倒回原瓶。完成后用蒸馏水润洗，内壁水珠不成股流下，即为干净。用蒸馏水装满容量瓶，将其倒置几分钟，观察有无水滴漏下，若有漏水，需重新调整瓶塞的位置。

4）洗涤刻度移液管

首先观察刻度移液管外观，刻度是否清晰，内侧是否干净，尖嘴处是否有破裂等。刻度移液管在每次使用前后，都应先用自来水清洗，然后用少量蒸馏水润洗 3～5 次。如果挂水珠，或发现液体成股流下，则说明未洗干净。可将洗涤剂稀释成碱性洗液进行冲洗。为此，吸入 5～10mL 碱性洗液，边转动边将刻度移液管放平，以防碱性洗液洒出，再将碱性洗液从尖嘴处放回原瓶。完成后用蒸馏水润洗，内壁水珠不成股流下，即为干净。

5）洗涤单标记移液管

首先观察单标记移液管外观，刻度是否清晰，内侧是否干净，尖嘴处是否有破裂等。单标记移液管在每次使用前后，都应先用自来水清洗，然后用少量蒸馏水润洗 3～5 次。如果挂水珠，或发现液体成股流下，则说明未洗干净。可将洗涤剂稀释制成碱性洗液进行冲洗。为此，吸入 5～10mL 碱性洗液，边转动边将单标记移液管放平，以防碱性洗液洒出。再将碱性洗液从尖嘴处放回原瓶。大肚内壁一定要全部浸湿，有必要的时候可以用铬酸洗液缓缓浸泡。完成后用蒸馏水润洗，内壁水珠不成股流下，即为干净。

6. 原始记录

在洗涤滴定分析常用量器的过程中填写表 2.7。

表 2.7　洗涤滴定分析常用量器原始记录表

量器名称	外观	蒸馏水洗涤/次	洗液洗涤/次	蒸馏水洗涤/次	是否涂抹凡士林	是否漏水
50mL 酸式滴定管						
50mL 碱式滴定管						
250mL 容量瓶						
10mL 刻度移液管						
25mL 单标记移液管						

7. 注意事项

（1）玻璃容器和玻璃瓶塞，均不允许使用碱性试剂长期浸泡，以防止碱液和玻璃发生反应。

（2）有试液通过的瓶口，瓶塞严禁涂抹凡士林，以防污染试液。

（3）橡胶制品不能用强氧化剂浸泡，以防老化。

8. 思考题

（1）为什么碱式滴定管不能使用铬酸洗液进行浸泡洗涤？
（2）为什么凡士林不能涂抹在酸式滴定管玻璃旋塞的中间位置？
（3）为什么洗涤常用滴定分析量器时最好不用刷子刷洗？
（4）为什么容量瓶的玻璃瓶塞不需要涂抹凡士林？

 知识平台

2.2.2　认识滴定分析常用量器

滴定管、容量瓶、移液管是分析化学实验中准确测量溶液体积的常用量器。滴定管是滴定操作时准确测量标准溶液体积的一种量器，管壁上有刻度线和数值，最小刻度为 0.1mL，"0" 刻度在上，自上而下数值由小到大。滴定管有常量和微量之分。常量滴定管有酸式和碱式两种。此外，滴定管还有无色和棕色之分，无色的滴定管又有带蓝线和不带蓝线两种。

1. 酸式滴定管

酸式滴定管（图 2.3）下端有玻璃旋塞，用以控制溶液的流出。因碱与玻璃作用会使磨口旋塞粘连而不能转动，故不能盛碱性溶液，只能用来盛酸性溶液、氧化剂、还原剂等溶液。其操作流程如下。

（1）洗涤。酸式滴定管可用自来水冲洗干净后，用去离子水润洗 3 次。有油污的酸式滴定管要用铬酸洗液洗涤。洗前要将酸式滴定管旋塞关闭。管中注入水后，一手拿住酸式滴定管上端无刻度的地方，一手拿住旋塞上方无刻度的地方，边转动酸式滴定管边向管口倾斜，使水浸湿全管。然后直立酸式滴定管，打开旋塞使水从尖嘴口流出。酸式滴定管洗干净的标准是玻璃管内壁不挂水珠。

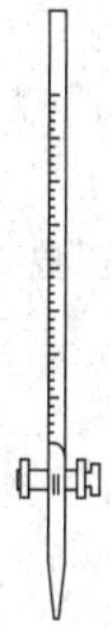

（2）密封与润滑。将管中的水倒掉，平放在台上，把旋塞取出，用滤纸将旋塞和塞槽内的水吸干。用手指蘸少许凡士林，在旋塞芯两头薄薄地涂上一层（导管处不涂凡士林），然后把旋塞插入塞槽内，沿一个方向旋转，直至油膜在旋塞内均匀透明，且旋塞转动灵活。

图 2.3　酸式滴定管

（3）试漏。关闭旋塞，将酸式滴定管注满水，把它固定在滴定管架上，放置 10min，观察管口及旋塞两端是否有水渗出，旋塞不渗水才可使用。

（4）去除气泡。滴定前，酸式滴定管尖嘴部分不能留有气泡，尖嘴外不能挂有液滴。酸式滴定管内装入标准溶液后若尖嘴内有气泡，将影响溶液体积的准确测量。排除气泡的方法是：用右手拿住酸式滴定管无刻度部分使其倾斜约 30°，左手迅速打开旋塞，使溶液快速冲出，将气泡带走。滴定终点时，尖嘴外若挂有液滴，其体积应从滴定液中扣除，标准酸式滴定管的一滴为 0.05mL。

（5）装标准溶液。应先用标准液（5～6mL）润洗酸式滴定管 3 次，洗去管内壁的水膜，以确保标准溶液浓度不变。方法是两手平端酸式滴定管，同时慢慢转动使标准溶液接触整个内壁，并使溶液从酸式滴定管下端尖嘴流出。装液时要将标准溶液摇匀，然后不借助任何器皿直接注入酸式滴定管内。

（6）滴定操作。进行滴定操作时，应将酸式滴定管夹在滴定管架上。左手控制旋塞，大拇指在管前，食指和中指在后，三指轻拿旋塞柄，手指略微弯曲，向内扣住旋塞，避免产生使旋塞拉出的力，向里旋转旋塞使溶液滴出（图 2.4）。酸式滴定管应插入锥形瓶口 1～2cm，右手持瓶，使瓶内溶液沿顺时针方向不断旋转。滴定时应使用酸或碱的稀溶液，滴定过程中眼睛应观察锥形瓶中颜色的变化，而不能看酸式滴定管。掌握好滴定速度（先快滴后慢滴，不能连成水柱，当接近终点时，应一滴一摇），终点前用洗瓶冲洗瓶壁，再继续滴定至终点。

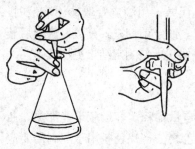

图 2.4　酸式滴定管的使用

（7）读数。最后一滴刚好使指示剂颜色发生明显的改变而且 30s 内不恢复原色时，读出末体积，记录。第一次读数时必须先调整液面在 0.00 刻度。读数时，使酸式滴定管垂直，在装液或放液后 1～2min 内进行，读至小数点后第二位（0.01mL）。无色溶液视线与酸式滴定管液面弯月面最低处相切（图 2.5），$KMnO_4$、I_2 等深色溶液视线与酸式滴定管液面弯月面最高处相切。对于蓝带酸式滴定管，盛溶液后将有似

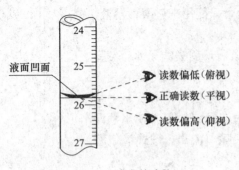

图 2.5　滴定管读数

读数偏低（俯视）
正确读数（平视）
读数偏高（仰视）

液面凹面

两个弯月面的上下两个尖端相交，此上下两尖端相交点的位置，即为读数的正确位置。

（8）后期处理。酸式滴定管使用完毕后应洗净，打开旋塞倒置于酸式滴定管架上。

2. 碱式滴定管

碱式滴定管（图 2.6）下端连有一段橡皮管，管内有玻璃珠，用以控制液体的流出，橡皮管下端连一尖嘴玻璃管。因此，凡能与橡皮起作用的 $AgNO_3$、$KMnO_4$、I_2 等溶液，均不能使用碱式滴定管，碱式滴定管一般用来盛碱溶液。其操作流程如下。

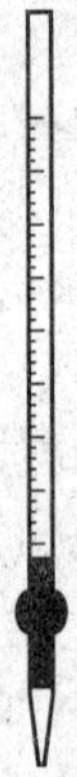

（1）洗涤。由于铬酸洗液有强氧化性，会使橡皮管老化，因此碱式滴定管不能用铬酸洗液洗涤。碱式滴定管可先用自来水冲洗干净后，再用去离子水润洗 3 次。方法是往管中注入水后，一手拿住滴定管上端无刻度的地方，一手拿住橡皮管上方无刻度的地方，边转动滴定管边向管口倾斜，使水浸湿全管。然后直立滴定管，捏挤橡皮管使水从尖嘴口流出。滴定管洗干净的标准是玻璃管内壁不挂水珠。

（2）试漏。给碱式滴定管装满水后夹在滴定管架上静置 5min。若有漏水应更换橡皮管或管内玻璃珠，直至不漏水且能灵活控制液滴为止。

（3）去除气泡。滴定管内装入标准溶液后，要将尖嘴内的气泡排出。方法是把橡皮管向上弯曲，出口上斜，挤捏玻璃珠，使溶液从尖嘴快速喷出，气泡即可随之排掉，如图 2.7 所示。

图 2.6　碱式滴定管

（4）滴定操作。进行滴定操作时，用左手的拇指和食指捏住玻璃珠中部靠上部位的橡皮管外侧，向手心方向捏挤橡皮管，使其与玻璃珠之间形成一条缝隙，溶液即可流出。其他操作同酸式滴定管。

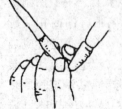

图 2.7　碱式滴定管排气泡

造成滴定误差的因素较多。例如，用滴定管装标准溶液时，滴定管水洗后没润洗就装标准溶液；锥形瓶用待测液润洗；滴定前盛标准溶液的滴定管在尖嘴内有气泡，滴定后气泡消失；滴定后滴定管尖嘴处悬有液滴；滴定时将标准液溅在锥形瓶外；移液管量取待测液溶液时没有遵守自流原则，而用嘴吹；滴定前俯视式读数，滴定后仰视式读数等会造成滴定的正误差；用滴定管取待测溶液时，将滴定管用水洗后未润洗即取待测液；滴定时待测液溅出；滴定前仰视式读数，滴定后俯视式读数会造成滴定负误差。实际操作过程中应避免这些错误，使测定结果更加准确。

3. 容量瓶

容量瓶用于配制体积要求准确的溶液，或于溶液的定量稀释。容量瓶不能加热，瓶塞是磨口的，不能互换，以防漏水。容量瓶有无色和棕色之分，棕色瓶用于配制需要避光的溶液。其操作流程如下。

（1）洗涤。容量瓶可用自来水冲洗干净后，用去离子水润洗 3 次。有油污的容量瓶要用铬酸洗液洗涤。容量瓶洗干净的标准是玻璃管内壁不挂水珠。

（2）试漏。在使用容量瓶之前，要进行如下检查：首先，容量瓶容积与所要求的是否一致；其次，检查瓶塞是否严密不漏水。在检查瓶塞是否漏水时，在瓶中放水到标线附近，塞紧瓶塞，使其倒立 2min，用干滤纸片沿瓶口缝处检查，看有无水珠渗出。如果不漏，再把塞子旋转 180°，塞紧，倒置，试验这个方向有无渗漏。合用的瓶塞必须妥为保护，最好用绳把它系在瓶颈上，以防跌碎或与其他容量瓶搞混。

（3）配制溶液。用容量瓶配制标准溶液时，先将精确称重的试样放在小烧杯中，加入少量溶剂，搅拌使其溶解。沿玻璃棒将溶液定量地移入洗净的容量瓶，然后用洗瓶吹洗烧杯壁 5～6 次，按同法转入容量瓶中。当溶液加到瓶中 2/3 处以后，将容量瓶水平方向摇转几周，使溶液大体混匀。然后，把容量瓶平放在桌子上，慢慢加水到距标线 1cm 左右处，等待 1～2min，使黏附在瓶颈内壁的溶液流下，用滴管伸入瓶颈接近液面处，眼睛平视标线，加水至溶液的弯月面下部与标线相切。立即盖好瓶塞，用一只手的食指按住瓶塞，另一只手的手指托住瓶底（图 2.8），将容量瓶倒转，使气泡上升到顶，此时可将瓶振荡数次。再倒转过来，仍使气泡上升到顶。如此反复 10 次以上，溶液才能混合均匀。

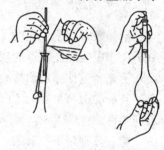

图 2.8　容量瓶的使用方法

4. 移液管

移液管也称为吸量管，用于准确移取一定体积的液体。常见的移液管有刻度移液管和单标记移液管两种。其操作流程如下。

（1）吸液。用拇指及中指握住移液管标线以上部位，将移液管下端伸入适当液面（严禁触底），将洗耳球对准移液管上端，吸入试液至标线以上约 2cm，迅速用食指代替洗耳球堵住管口。取出移液管并靠在盛液容器内壁，然后缓慢转动移液管，使标线以上的试液流至标线，将移液管迅速放入接受容器中，如图 2.9 所示。

（2）放液。使接受容器倾斜而移液管直立，出口尖端接触容器壁。松开食指，使试液自由流出（在使用没有标示有"吹"的移液管时，不得将管内残液吹出），待试液流出后停留 15s，将移液管尖端靠接收器内壁旋转一周，如图 2.10 所示。

图 2.9　吸液

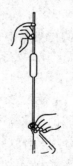

图 2.10　放液

　・ 24 ・　　　　　　　　　　分析化学及实验（第二版）

2.2.3　利用有效数字记录和计算原始数据

生活中有两类数字，一类是精确数字，即规定了数值的数字或从可数物体数出的数字；另一类是不精确数字，即数值具有某种不确定性的数字。所有测量值属于不精确数字。分析结果所表达的不仅仅是试样中待测组分的含量，而且还反映了测量的准确程度。在定量分析中，为了得到准确的分析结果，不但要准确地进行各种测量，而且要正确地记录和计算。因此，在实验数据的记录和结果的计算中，保留几位数字不是任意的，要根据测量仪器、分析方法的准确度来确定。这就涉及有效数字的概念。

1. 有效数字的概念

精确数字可看成无限大位有效数字的数字，有效数字的概念不适用。有效数字就是分析工作中实际能测得的数字。有效数字的位数表明测量仪器的性能和测量本身的精确度，不能通过计算随意提高或降低测量的精确度。在科学实验中，对于任一物理量的测定，其准确度都是有一定限度的。例如，读取滴定管上的刻度：甲同学得到 25.34mL，乙同学得到 25.35mL，丙同学得到 25.33mL，丁同学得到 25.32mL。在这些四位数字中，前三位都是很准确的，第四位数字因为没有刻度，是估计出来的，所以稍有差别。第四位数字不甚准确，称为可疑数字。但它并不是臆造的，所以记录时应该保留它。这四位数字都是有效数字。具体来说，有效数字就是实际能测到的数字。对于可疑数字，除非特别说明，通常理解它可能存在 ±1 或 ±0.5 单位的误差。

有效数字＝若干位确定数字＋一位可疑数字

【例 2.1】　分别用台式天平和分析天平称量某固体样品，称量结果：台式天平称得 12.3g，分析天平称得 12.3202g。指出哪一位是可疑数字。

解

【例 2.2】　4.0g 与 4.00g 有什么差别？

答：两个测量结果具有不同的有效数字。4.0 有两位有效数字，4.00 有三位有效数字。这意味着后一个测量更精准。4.0g 表示被测物质的质量为（4.0±0.1）g，即在 3.9g 与 4.1g 之间；而 4.00g 表示被测物质的质量为（4.00±.0.01）g，即在 3.99g 与 4.01g 之间。

【例 2.3】　0.038 20 有几位有效数字？

答：0.038 20 有四位有效数字。

【例 2.4】　3600 有几位有效数字？

答：3600 的有效数字位数不确定。

2. 有效数字的规定

数字中有关 0 的规定：数字前 0 不计，数字后 0 计入，如 0.034 00 有 4 位有效数字；数字后的 0 含义不清楚时，最好用指数形式表示，如 1000 的有效位数较含糊，但是 1.0×10^3 有 2 位有效数字，1.00×10^3 有三位有效数字，1.000×10^3 有四位有效数字。

其他数字的规定：自然数和常数等不是测量得到的，可看成具有无限多位数（如倍数、分数关系）。数据的第一位数 $\geqslant 8$ 的，可多计一位有效数字，如 9.45×10^4、95.2%、8.65 均可以计为四位有效数字；对数的有效数字位数按小数点后尾数计，如 pH=10.28 有两位有效数字，换算成 $[H^+]$ 应保留两位有效数字，记为 5.2×10^{-11}；误差只需保留 1~2 位有效数字；分析结果中高含量组分（>10%）保留四位有效数字，中含量组分（1%~10%）保留三位有效数字，微含量组分（<1%）保留两位有效数字。

【例 2.5】 以下各数分别有几位有效数字？

1.0008	431 81（测量值）
	431 81（自然数）
0.1000	10.98%
0.0382	1.98×10^{-10}
54	0.0040
0.05	2×10^5
3600	100

答：五位

无限大位

四位/五位

三位

两位

一位

位数较含糊

实验仪器读数的规定：不同的实验仪器，对读数的要求不同，相应的有效数字的保留位数也不一样，具体要求如表 2.8 所示。

表 2.8　不同仪器的读数要求

质量 m/g		体积 V/mL	
分析天平（称至 0.0001g）	12.8228（6） 0.2348（4） 0.0600（3）	滴定管（量至 0.01mL）	26.32（4） 3.97（3）
千分之一天平（称至 0.001g）	0.235（3）	容量瓶	100.0（4） 250.0（4）
1% 天平（称至 0.01g）	4.03（3） 0.23（2）	移液管	25.00（4）
台秤（称至 0.1g）	4.0（2） 0.2（1）	量筒（量至 1mL 或 0.1mL）	25（2） 4.0（2）

3. 数字修约规则——四舍六入五成双

在处理数据的过程中，涉及的各测量值的有效数字位数可能不同，因此需要按下面所述的计算规则，确定各测量值的有效数字位数。各测量值的有效数字位数确定之后，就要将它后面多余的数字舍弃。舍弃多余数字的过程称为"数字修约"，它所遵循的规则称为数字修约规则。在过去，人们习惯采用"四舍五入"数字修约规则，现在则通行"四舍六入五成双"规则，即尾数不大于 4 时舍；尾数不小于 6 时入；尾数等于 5 时，若后面为 0，舍 5 成双，若后面不是 0，皆入。

"四舍六入五成双"与"四舍五入"相比，哪一个更好呢？在回答这个问题前，首先要明白，在数据处理过程中，由数字修约带来的误差肯定是越小越好。下面举例进行说明。

【例 2.6】 有三个测量值分别为 5.35、5.45、5.55，试判断哪种修约规则误差更小？

解　　　　　　　　真值：$5.35+5.45+5.55=16.35$

"四舍五入"：5.4（增）＋5.5（增）＋5.6（增）＝16.5（增）

"四舍六入五成双"：5.4（增）＋5.4（减）＋5.6（增）＝16.4（增）

答：从上面的计算可以看出，"四舍五入"最大的缺点是见 5 就进，它必然会使修约后的测量值系统偏高；而采用"四舍六入五成双"逢 5 时有舍有入，则由 5 的舍入所引起的误差本身可以自相抵消。因此"四舍六入五成双"的数字修约规则误差更小。

【例 2.7】 将 0.324 74、0.324 75、0.324 76、0.324 85 和 0.324 851 修约为 4 位有效数字。

答：

0.324 74	⟶	0.3247
0.324 75	⟶	0.3248
0.324 76	⟶	0.3248
0.324 85	⟶	0.3248
0.324 851	⟶	0.3249

4. 运算规则

在分析结果的计算中，每个测量值的误差都要传递到最后的结果。因此，必须运用有效数字的运算规则，做到合理取舍，既不无原则地保留过多位数使计算复杂化，也不因舍弃任何尾数而使准确度受到损失。运算过程中应先按下述规则将各个数据进行修约，再计算结果。

（1）加减法是绝对误差的传递，结果的绝对误差应不小于各项中绝对误差最大的数。（与小数点后位数最少的数一致）。

【例 2.8】 计算 0.112、12.1、0.3214 三个数的和。

解

$$
\begin{array}{r}
0.112 \\
12.1 \\
+)\quad 0.3214 \\
\hline
12.5
\end{array}
$$

$0.112+12.1+0.3214 \approx 12.5$

答：三个数中 12.1 的小数点后位数只有一位，它的绝对误差最大，以它为准，将各数修约为带一位小数的数字，再相加求和，结果为 12.5。

（2）乘除法是相对误差的传递，结果的相对误差应与各因数中相对误差最大的数相适应（与有效数字位数最少的一致）。

【例 2.9】 计算 0.0121、25.64、1.0578 三个数的乘积。

解 $0.0121 \times 25.64 \times 1.0578 \approx 0.328$

答：三个数中 0.0121 共有三位有效数字，它的相对误差最大，以它为准，将各数修约为三位有效数字，然后相乘，结果为 0.328。

【例 2.10】 量得某人的身高为 67.50in，折合为多少厘米？已知：1in＝2.54cm，换算因子有 2.54cm/1in 和 1in/2.54cm。

正解 $67.50 \times 2.54 \approx 171.4$ （cm）

正答：1、2.54 是规定了数值的数，属精确数（有效位数无限大）。乘除法以有效位数最小的为准。三个数中 67.50 的有效位数最少，以它为准，将各数修约为四位有效数字，然后相乘，结果为 171.4cm。

错解 $67.50 \times 2.54 \approx 171$ （cm）

错答：2.54 有三位有效数字，有效位数最少，以它为准，将各数修约为三位有效数字，然后相乘，结果为 171cm。

错解 $67.50 \times 2.54 \approx 2 \times 10^2$ （cm）

错答：1 有一位有效数字，有效位数最少，以它为准，将各数修约为一位有效数字，然后相乘，结果为 2×10^2 cm。

【例 2.11】 测得某人的质量（m）为 115 磅（lb），试计算以 g 为单位的质量。已知：1 lb＝435.6g，换算因子有 1 lb/453.6g 和 453.6g/1 lb。

正解 $115 \times 453.6 \approx 5.22 \times 10^4$ （g）

正答：1、453.6 是规定了数值的数，属精确数（有效位数无限大）。乘除法以有效位数最小的为准，三个数中 115 有效位数最少，以它为准，将各数修约为三位有效数字，然后相乘，结果为 5.22×10^4 g。

错解 $115 \times 453.6 \approx 5.216 \times 10^4$ （g）

错答：453.6 有四位有效数字，有效位数最少，以它为准，将各数修约为四位有效数字，然后相乘，结果为 5.216×10^4 g。

错解 $115 \times 453.6 \approx 5 \times 10^4$ （g）

错答：1 有一位有效数字，有效位数最少，以它为准，将各数修约为一位有效数字，然后相乘，结果为 5×10^4 g。

（3）如有乘方和开方的情况，有效数字的位数应与原数据相等。

【例 2.12】 计算 6.72 的平方和 9.65 开平方的结果。

解 $6.72^2 = 45.1584 \approx 45.2$

$$\sqrt{9.65} = 3.106\,44\cdots \approx 3.106$$

答：6.72 的平方的结果是 45.2，9.65 的开平方的结果是 3.106。

（4）对数计算。对数值小数点后的有效数字位数应与原数据相等。

【例 2.13】 计算 102 的对数值。

解　　　　　　　　　　　　$\lg 102 = 2.008\cdots \approx 2.01$

答：102 的对数值为 2.01。

2.2.4 利用法定计量单位记录原始数据

所有测量结果被表示为数值和单位的乘积的解题方法称为量纲分析。选用的单位不同，单位之前的数值也随之变化。多种单位制并存给日常生活和科学上的交流带来了诸多不便。

1. 国际单位制 SI

1960 年，第 11 届国际计量大会（CGPM）提出了以六个基本单位为基础的单位制，简称国际单位制 SI（Systeme International d'Unités）。1971 年，第 14 届国际计量大会通过第七个基本单位，以求达到最大程度的一致。SI 制的基本物理量及其单位如表 2.9 所示。

表 2.9　SI 制基本物理量及其单位

物理量	单位	单位符号
长度 l（length）	米（meter）	m
质量 m（mass）	千克（kilogram）	kg
时间 t（time）	秒（second）	s
温度 T（temperature）	开尔文（kelvin）	K
物质的量 n（amount of substance）	摩尔（mole）	mol
电流 I（electric current）	安培（ampere）	A
发光强度 I_v（luminous intensity）	坎德拉（candela）	cd

由表 2.9 中的 7 个基本单位衍生出来的单位称为 SI 导出单位，如体积、密度和浓度的单位都是导出单位（表 2.10～表 2.12）。

表 2.10　SI 制导出单位

物理量	表达式	标准导出单位	常用单位	其他表示示例
体积 V	—	m^3	cm^3，dm^3	mL，L
密度 ρ	$\rho(B) = m_{(B)}/V_{(B)}$	kg/m^3	g/m^3	g/mL
浓度 c	$c(B) = n_{(B)}/V_{(B)}$	mol/m^3	mol/dm^3	mol/L
质量分数 w	—	1	—	—

表 2.11　SI 制中具有专门名称的导出单位

量的名称	单位名称	单位符号	其他表示示例
频率	赫兹	Hz	s^{-1}
力；重力	牛顿	N	$(kg \cdot m)/s^2$
压力；压强；应力	帕斯卡	Pa	N/m^2

续表

量的名称	单位名称	单位符号	其他表示示例
能量；功；热	焦耳	J	N·m
功率；辐射通量	瓦特	W	J/s
电荷量	库仑	C	A·s
电位；电压；电动势	伏特	V	W/A
电容	法拉	F	C/A
电阻	欧姆	Ω	V/A
电导	西门子	S	A/V
磁通量	韦伯	Wb	V·s
磁通量密度；磁感应强度	特斯拉	T	Wb/m^2
电感	亨利	H	Wb/A
摄氏温度	摄氏度	℃	
光通量	流明	lm	cd·sr
光照度	勒克斯	lx	lm/m^2
放射性活度	贝可勒尔	Bq	s^{-1}
吸收剂量	戈瑞	Gy	J/kg
剂量当量	希沃特	Sv	J/kg

表 2.12　用于构成十进倍数和分数的词头

因数	词头名称		符号
	原文（法）	中文	
10^{18}	exa	艾可萨	E
10^{15}	peta	拍它	P
10^{12}	tera	太拉	T
10^9	giga	吉咖	G
10^6	mega	兆	M
10^3	kilo	千	k
10^2	hecto	百	h
10^1	deca	十	da
10^{-1}	deci	分	d
10^{-2}	centi	厘	c
10^{-3}	milli	毫	m
10^{-6}	micro	微	μ
10^{-9}	nano	纳诺	n
10^{-12}	pico	皮可	p
10^{-15}	femto	飞母托	f
10^{-18}	atto	阿托	a

除了以上导出单位外，SI 制还包括两个辅助单位，如表 2.13 所示。

表 2.13　SI 制的辅助单位

量的名称	单位名称	单位符号
平面角	弧度	rad
立体角	球面度	sr

由以上七个基本单位、两个辅助单位、19 个导出单位及 16 个词头，可以得到 44 个 SI 制单位。

2. 非 SI 单位制

完全采用 SI 单位，无疑需要一段时间，因为这涉及放弃人们熟悉了的许多单位和常数。例如，一节时长 40min 的课，一般不会用 SI 单位表达为 2400s。在分析化学中恰当地使用我国的法定计量单位等非 SI 制单位能简化计算，这些单位如表 2.14 所示。

表 2.14　国家选定非 SI 制单位

量的名称	单位名称	单位符号	换算关系和说明
时间	分	min	$1min=60s$
	小时	h	$1h=60min=3600s$
	天（日）	d	$1d=24h=86400s$
平面角	秒	"	$1''=(\pi/648000)\ rad$
	分	'	$1'=60''=(\pi/10800)\ rad$
	度	°	$1°=60'=(\pi/180)\ rad$
旋转速度	转每分	r/min	$1r\cdot min^{-1}=(1/60)\ s^{-1}$
长度	海里	n mile	$1n\ mile=1852m$（只用于航行）
速度	节	kn	$1kn=1n\ mile.h^{-1}=(1852/3600)\ m/s$（只用于航行）
质量	吨	t	$1t=10^3kg$
	原子质量单位	u	$1u\approx1.660540\times10^{-27}kg$
体积	升	L	$1L=1dm^3=10^{-3}m^3$
能	电子伏	eV	$1eV\approx1.602177\times10^{-19}J$
级差	分贝	dB	—
线密度	特克斯	tex	$1tex=1g/km$

法定计量单位是由国家以法令形式规定并强制使用的计量单位。我国的法定计量单位有 44 个国际单位制（含 SI 基本单位、SI 辅助单位、具有专门名称的 SI 导出单位、十进倍数和分数单位）、15 个非国际制单位和组合形式单位。

任务2.3 校准滴定分析常用量器

 任务分析

　　温度变化会引起仪器容积和溶液体积的改变。如果在某一温度下配制溶液，在不同温度下使用，就需要校准。当温度变化不大时，玻璃仪器容积变化的数值很小，可忽略不计，但溶液体积的变化则不能忽略。另一方面，滴定管、移液管、容量瓶等滴定分析常用量器都具有标称容量及国家标准规定的容量允差。合格产品的容量误差往往小于允差，但由于制造工艺的限制、试剂的浸蚀等原因，它们的实际容积与标示容积存在或多或少的差值，如不预先进行容积校准就可能给实验结果带来系统误差。校准仪器容积的方法有绝对校准法和相对校准法两种。

　　本任务首先要完成校准仪器容积的实验。校正值等于实际体积减去标称体积。标称体积标示在容量仪器器壁上，难点在于如何求得实际体积。然后要完成校准溶液体积的实验。校正值等于补正值乘以标称体积，难点在于如何得到溶液在不同温度下的补正值。仪器容积和溶液体积的校准值之和为总校准值。

 任务实施

2.3.1 校准滴定分析常用量器和溶液体积

1. 实验目的

（1）掌握滴定管绝对校准操作。
（2）掌握移液管和容量瓶间相对校准操作。
（3）掌握校准溶液体积的方法。

2. 实验原理

1）允差

　　允差有两层含义，对于测量而言，允差是对指定量值的限定范围或允许范围。允差也常用于测量仪器设备，是指由制造厂调试和检定仪器设备时，仪器设备示值的合格范围。仪器设备的允差是贡献给测量不确定度的一个重要分量。

　　国家标准规定的滴定管、移液管、容量瓶的容量允差如表2.15~表2.17所示。

表 2.15　常用滴定管的容量允差

标称总容量/mL		2	5	10	25	50	100
分度值/mL		0.02	0.02	0.05	0.1	0.1	0.2
容量允差 （±）/mL	A	0.010	0.010	0.025	0.05	0.05	0.10
	B	0.020	0.020	0.050	0.10	0.10	0.20

表 2.16　常用容量瓶的容量允差

标称总容量/mL		5	10	25	50	100	200	250	500	1000	2000
容量允差（±）/mL	A	0.02	0.02	0.03	0.05	0.10	0.15	0.15	0.25	0.40	0.60
	B	0.04	0.04	0.06	0.10	0.20	0.30	0.30	0.50	0.80	1.20

表 2.17　常用移液管的容量允差

标称总容量/mL		2	5	10	20	25	50	100
容量允差（±）/mL	A	0.010	0.015	0.020	0.030	0.030	0.050	0.080
	B	0.020	0.030	0.040	0.060	0.060	0.100	0.160

2）仪器容积的校准

滴定分析常用量器都是以 20℃ 为标准温度来标定和校准的，但使用时往往不是在 20℃，温度变化会引起仪器容积和溶液体积的改变。如果在某一温度下配制溶液，并在同一温度下使用，就不必校准。因为这时所引起的误差在计算时可以抵消。如果在不同的温度下使用，则需要校准。仪器容积的校准的方法有绝对校准法和相对校准法两种。

（1）绝对校准法（称量法）。查表，将不同温度下水的质量换算成 20℃ 时的体积，其换算公式为

$$V_{20} = \frac{m_t}{\rho_t} \tag{2.1}$$

式中，m_t——t℃时在空气中用砝码称得玻璃仪器中放出或装入的纯水的质量，g；

　　　ρ_t——t℃时 1mL 纯水用黄铜砝码称得的质量，g；

　　V_{20}——m_t 纯水换算成 20℃ 时的实际体积，mL。

校准值：

$$\Delta V = V_{20} - V_{标称} \tag{2.2}$$

式中，$V_{标称}$——分析仪器管壁上被校准分度线的读数；

　　　ΔV——校准值。

滴定管校准的容量间隔如表 2.18 所示。

表 2.18　滴定管校准的容量间隔

滴定分析常用量器	容量间隔/mL	两次检定所得同一刻度的体积相差/mL
50mL 滴定管	10	≤0.01
25mL 滴定管	5	≤0.01
3mL 微量滴定管	0.5	≤0.01

（2）相对校准法。将 250mL 容量瓶洗净、晾干，用洗净的 25mL 移液管准确吸取蒸馏水 10 次至容量瓶中，观察容量瓶中水的弯月面下缘是否与标线相切。

3）溶液体积的校准

当温度变化不大时，玻璃仪器容积变化的数值很小，可忽略不计，但溶液体积的变化则不能忽略。溶液体积的改变是由溶液密度的改变所致的，稀溶液密度的变化和水相近。查表可知在不同温度下 1L 水或稀溶液换算到 20℃ 时，其体积应增减的毫升数，校

准值为

$$\Delta V = \frac{V_{补正}}{1000} \times V_{标称} \tag{2.3}$$

式中，$V_{标称}$——分析仪器管壁上被校准分度线的读数；

　　　$V_{补正}$——查表 2.22 得到的溶液的补正值。

3. 试剂

无水乙醇，供干燥容量瓶用。

4. 仪器

酸式滴定管（50mL×1）；容量瓶（250mL×1）；移液管（25mL×1）；具塞锥形瓶（125mL×3，洗净晾干）；称量瓶（15mL×3）；温度计（分度值 0.1℃）。

5. 实验步骤

1）校准滴定管（绝对校准法）

洗净一支 50mL 酸式滴定管，检漏。擦干外壁，倒挂于滴定台 5min 以上。打开旋塞，用洗耳球使水从管尖吸入，仔细观察液面上升过程中是否变形，如果变形，应重新洗涤。

将滴定管注水至零点以上约 5mm 处，垂直挂在滴定台上，排出气泡，等待 30s 后调节液面至 0.00mL 处。

取一个洗净晾干的 125mL 具塞锥形瓶，在天平上称准至 0.001g。打开旋塞，按每秒约 3 滴的速度从滴定管中向锥形瓶放水，注意勿将水沾在瓶口上。当液面降至被校准分度线以上约 0.5mL 处时，关小旋塞，等待 15s。然后迅速将液面调至被校准分度线，随即用锥形瓶内壁靠下挂在尖嘴下的液滴，立即盖上瓶塞进行称量。测量水温后，查表得该温度下的 ρ_t，利用式（2.1）计算被校准分度线的实际体积，再利用式（2.2）计算移液管校准值。以滴定管被校准分度线的标称容量为横坐标，相应的校准值 ΔV 为纵坐标，用直线连接各点绘出校准曲线，如图 2.11 所示。同时，测量水温后，查表得该温度下的 $V_{补正}$，利用式（2.3）校准溶液体积。

2）校准移液管、容量瓶（相对校准法）

将 250mL 容量瓶洗净、晾干，用洗净的 25mL 移液管准确吸取蒸馏水 10 次至容量瓶中，观察容量瓶中水的弯月面下缘是否与标线相切。若正好相切，说明移液管与容量瓶体积的比例为 1:10；若不相切（相差超过 1mm），表示有误差，记下弯月面下缘的位置。

待容量瓶沥干后再校准一次。连续两次实验相符后，用一平直的纸条贴在

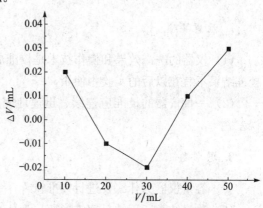

图 2.11　t℃下滴定管校准曲线

与弯月面相切之处，并在纸条上刷蜡或贴一块透明胶布以保护此标记。以后使用的容量瓶与移液管即可按所贴标记配套使用。

6. 原始记录

将仪器校准数据填入表 2.19 和表 2.20 中。

表 2.19　滴定管校准原始记录表

校准分段/mL	瓶/g	瓶+m_t/g	m_t/g	温度/℃	ρ_t/g	滴定管实际体积 V_{20}/mL	滴定管校准值 ΔV_1/mL	溶液补正值 $V_{补正}$/mL	溶液校准值 ΔV_2/mL	$\Delta V=\Delta V_1 +\Delta V_2$
0.00~10.00										
0.00~20.00										
0.00~30.00										
0.00~40.00										
0.00~50.00										

表 2.20　移液管、容量瓶配套性校准原始记录表

量器规格/mL	是否为 1∶10	
	1	2
25mL 移液管		
250mL 容量瓶		

7. 注意事项

（1）仪器的洗涤效果和操作技术是校准成败的关键。如果操作不够正确、规范，其校准结果不宜在以后的实验中使用。

（2）一件仪器的校准应连续、迅速地完成，以避免温度波动和水的蒸发所引起的误差。

8. 思考题

（1）容量仪器为什么要进行校准？

（2）称量纯水所用的具塞锥形瓶，为什么要避免将磨口和瓶塞沾湿？

（3）分段校准滴定管时，为何每次都要从 0.00mL 开始？

 知识平台

2.3.2 示例绝对法校准仪器容积

称量量入式（标示体积为容纳体积，包括器壁所挂液体体积，用"E"表示）或量出式（标示体积为放出液体体积，不包括器壁所挂液体体积，用"E_x"表示）玻璃容器中水的表观质量，并根据该温度下水的密度计算出该玻璃量器在 20℃时的容量，公式为

$$V_t = \frac{m_t}{\rho_{t,水}} \tag{2.4}$$

式中，m_t——t℃时水的质量，g；

$\rho_{t,水}$——t℃时水的密度，g/mL；

V_t——t℃时水的体积，mL。

在 3.98℃时，1mL 纯水在真空中的质量为 1.000g。但国产滴定分析常用量器的体积都是以 20℃为温度标准进行标定的。将称取出的纯水质量换算成体积时，应注意三个因素：一是水的密度随温度的变化而变化，水在 3.98℃的真空中相对密度为 1，高于或低于此温度，其相对密度均小于 1。二是温度对玻璃仪器热胀冷缩的影响。温度改变时，因玻璃的膨胀和收缩，量器的容积也随之而改变，在不同的温度校准时，必须以标准温度为基础加以校准。三是在空气中称量时，空气浮力对纯水质量的影响。校准时，在空气中称量，由于浮力的影响，水在空气中称得的质量必小于在真空中称得的质量，这个减轻的质量应加以校准。在一定的温度下，上述三个因素的校准值是一定的，可以将其合并为一个总校准值。此值表示玻璃仪器中容积（20℃）为 1mL 的纯水在不同温度下，于空气中用黄铜砝码称得的质量（表 2.21）。

表 2.21 玻璃容器中 1mL 的纯水在空气中用黄铜砝码称得的质量

温度/℃	质量/g	温度/℃	质量/g	温度/℃	质量/g	温度/℃	质量/g
1	0.998 24	11	0.998 32	21	0.997 00	31	0.994 64
2	0.998 32	12	0.998 23	22	0.996 80	32	0.994 34
3	0.998 39	13	0.998 14	23	0.996 60	33	0.994 06
4	0.998 44	14	0.998 04	24	0.996 38	34	0.993 75
5	0.998 48	15	0.997 93	25	0.996 17	35	0.993 45
6	0.998 51	16	0.997 80	26	0.995 93	36	0.993 12
7	0.998 50	17	0.997 65	27	0.995 69	37	0.992 80
8	0.998 48	18	0.997 51	28	0.995 44	38	0.992 46
9	0.998 44	19	0.997 34	29	0.995 18	39	0.992 12
10	0.998 39	20	0.997 18	30	0.994 91	40	0.991 77

利用表 2.21 的数据可将不同温度下水的质量换算成 20℃时的体积，其换算公式为式（2.1），校准值公式为式（2.2）。

1. 校准滴定管

将滴定管洗净至内壁不挂水珠，加入纯水，驱除旋塞下的气泡。再取一磨口塞锥形瓶，擦干外壁、瓶口及瓶塞，在分析天平上称取其质量。将滴定管液面弯月面的下缘调节到正好在 0.00mL 处，放出一定体积的水，得到标称容量。并在分析天平上称量水和具塞锥形瓶的质量后，再测定水温，经查表得该温度下 1mL 纯水在空气中用黄铜砝码称得的质量，可计算出此段水的实际体积。实际体积与标称容量之差即为校准值。重复检定一次。两次检定所得同一刻度的体积相差不应大于 0.01mL（注意：至少检定两次），算出各个体积处的校准值（两次平均），以标称容量为横坐标，以校准值 ΔV 为纵坐标，绘制校准值曲线，以备使用滴定管时查取。

【例 2.14】 校准滴定管时，在 21℃时由滴定管中放出 0.00～10.03mL 水，称得其质量为 9.981g，计算该段滴定管在 20℃时的实际体积及校准值。

解 查表 2.21 得，21℃时 ρ_{21}＝0.997 00g/mL，则

$$V_{20} = \frac{m_{21}}{\rho_{21}} = \frac{9.981}{0.997\,00} \approx 10.01(\text{mL})$$

$$\Delta V = 实际体积 - 标称容量 = 10.01 - 10.03 = -0.02(\text{mL})$$

答：该段滴定管在 20℃时的实际体积为 10.01mL，校准值为 －0.02mL。

2. 校准容量瓶

将容量瓶洗涤合格，并将其倒置沥干后放在天平上称量。取蒸馏水充入已称重的容量瓶至刻度，称量并测水温（准确至 0.5℃）。根据该温度下的密度计算真实体积。

【例 2.15】 15℃时，称得 50mL 容量瓶中至刻度线时容纳纯水的质量为 49.920g，计算该容量瓶在 20℃时的实际体积及校准值。

解 查表 2.21 得，15℃时 ρ_{15}＝0.997 93g/mL，则

$$V_{20} = \frac{m_{15}}{\rho_{15}} = \frac{49.920}{0.997\,93} \approx 50.02(\text{mL})$$

$$\Delta V = 实际体积 - 标称容量 = 50.02 - 50.00 = +0.02(\text{mL})$$

答：该容量瓶在 20℃时的实际体积为 50.02mL，校准值为 ＋0.02mL。

3. 校准移液管

将移液管洗净至内壁不挂水珠，取具塞锥形瓶，擦干外壁、瓶口及瓶塞，称量。按移液管使用方法量取已测温的纯水，放入已称重的锥形瓶中，在分析天平上称量盛水的锥形瓶，计算在该温度下的实际体积。

【例 2.16】 24℃时，称得 25mL 移液管中至刻度线时放出水的质量为 24.902g，计算该移液管在 20℃时的实际体积及校准值。

解 查表 2.21 得，24℃时 ρ_{24}＝0.996 38g/mL，则

$$V_{20} = \frac{m_{24}}{\rho_{24}} = \frac{24.902}{0.996\,38} \approx 24.99(\text{mL})$$

$$\Delta V = 实际体积 - 标称容量 = 24.99 - 25.00 = -0.01(\text{mL})$$

答：该移液管在 20℃时的实际体积为 24.99mL，校准值为−0.01mL。

2.3.3　示例校准溶液体积

滴定分析常用量器都是以 20℃为标准温度来标定和校准的，但使用时往往不是在20℃，温度变化会引起仪器容积和溶液体积的改变。如果在某一温度下配制溶液，在不同温度下使用，就需要校准。溶液体积的改变是由溶液密度的改变所致，稀溶液密度的变化和水相近。表 2.22 列出了在不同温度下 1L 水或稀溶液换算到 20℃时，其体积应增减的毫升数。

表 2.22　不同温度下标准溶液的体积的补正值 (GB/T 601—2002)
[1000mL 溶液由 t℃换算为 20℃时的补正值/(mL/L)]

温度/℃	水和0.05mol/L以下各种水溶液	0.1mol/L和0.2mol/L各种水溶液	盐酸溶液 $c_{HCl}=$0.5mol/L	盐酸溶液 $c_{HCl}=$1mol/L	硫酸溶液 $c_{\frac{1}{2}H_2SO_4}$=0.5mol/L，氢氧化钠溶液 c_{NaOH}=0.5mol/L	硫酸溶液 $c_{\frac{1}{2}H_2SO_4}$=1mol/L，氢氧化钠溶液 c_{NaOH}=1mol/L	碳酸钠溶液 $c_{\frac{1}{2}Na_2CO_3}$=1mol/L	氢氧化钾-乙醇溶液 c_{KOH}=0.1mol/L
5	+1.38	+1.7	+1.9	+2.3	+2.4	+3.6	+3.3	—
6	+1.38	+1.7	+1.9	+2.2	+2.3	+3.4	+3.2	—
7	+1.36	+1.6	+1.8	+2.2	+2.2	+3.2	+3.0	—
8	+1.33	+1.6	+1.8	+2.1	+2.2	+3.0	+2.8	—
9	+1.29	+1.5	+1.7	+2.0	+2.1	+2.7	+2.6	—
10	+1.23	+1.5	+1.6	+1.9	+2.0	+2.5	+2.4	+10.8
11	+1.17	+1.4	+1.5	+1.8	+1.8	+2.3	+2.2	+9.6
12	+1.10	+1.3	+1.4	+1.6	+1.7	+2.0	+2.0	+8.5
13	+0.99	+1.1	+1.2	+1.4	+1.5	+1.8	+1.8	+7.4
14	+0.88	+1.0	+1.1	+1.2	+1.3	+1.6	+1.5	+6.5
15	+0.77	+0.9	+0.9	+1.0	+1.1	+1.3	+1.3	+5.2
16	+0.64	+0.7	+0.8	+0.8	+0.9	+1.1	+1.1	+4.2
17	+0.50	+0.6	+0.6	+0.6	+0.7	+0.8	+0.8	+3.1
18	+0.34	+0.4	+0.4	+0.4	+0.5	+0.6	+0.6	+2.1
19	+0.18	+0.2	+0.2	+0.2	+0.2	+0.3	+0.3	+1.0
20	0.00	0.0	0.0	0.0	0.0	+0.0	+0.0	0.0
21	−0.18	−0.2	−0.2	−0.2	−0.2	−0.3	−0.3	−1.1
22	−0.38	−0.4	−0.4	−0.5	−0.5	−0.6	−0.6	−2.2
23	−0.58	−0.6	−0.7	−0.7	−0.8	−0.9	−0.9	−3.3
24	−0.80	−0.9	−0.9	−1.0	−1.0	−1.2	−1.2	−4.2
25	−1.03	−1.1	−1.1	−1.2	−1.3	−1.5	−1.5	−5.3
26	−1.26	−1.4	−1.4	−1.4	−1.5	−1.8	−1.8	−6.4
27	−1.51	−1.7	−1.7	−1.7	−1.8	−2.1	−2.1	−7.5
28	−1.76	−2.0	−2.0	−2.0	−2.1	−2.4	−2.4	−8.5
29	−2.01	−2.3	−2.3	−2.3	−2.4	−2.8	−2.8	−9.6

续表

温度/℃	水和 0.05mol/L 以下各种水溶液	0.1mol/L 和 0.2mol/L 各种水溶液	盐酸溶液 c_{HCl}= 0.5mol/L	盐酸溶液 c_{HCl} =1mol/L	硫酸溶液 $c_{\frac{1}{2}H_2SO_4}$ =0.5mol/L, 氢氧化钠溶液 c_{NaOH} =0.5mol/L	硫酸溶液 $c_{\frac{1}{2}H_2SO_4}$ =1mol/L, 氢氧化钠溶液 c_{NaOH} =1mol/L	碳酸钠溶液 $c_{\frac{1}{2}Na_2CO_3}$ =1mol/L	氢氧化钾-乙醇溶液 c_{KOH} =0.1mol/L
30	−2.30	−2.5	−2.5	−2.6	−2.8	−3.2	−3.1	−10.6
31	−2.58	−2.7	−2.7	−2.9	−3.1	−3.5	—	−11.6
32	−2.86	−3.0	−3.0	−3.2	−3.4	−3.9	—	−12.6
33	−3.04	−3.2	−3.3	−3.5	−3.7	−4.2	—	−13.7
34	−3.47	−3.7	−3.6	−3.8	−4.1	−4.6	—	−14.8
35	−3.78	−4.0	−4.0	−4.1	−4.4	−5.0	—	−16.0
36	−4.10	−4.3	−4.3	−4.4	−4.7	−5.3	—	−17.0

　　注：① 本表数值是以 20℃ 为标准温度以实测法测出。

　　② 表中带有"＋"、"−"号的数值是以 20℃ 为分界。室温低于 20℃ 时的补正值为"＋"，高于 20℃ 时的补正值为"−"。

【例 2.17】 在 10℃时，滴定用去 26.00mL 0.1mol/L 标准溶液，计算在 20℃时该溶液的实际体积。

解 查表 2.22 得，10℃时 1L 0.1mol/L 溶液的补正值为＋1.5mL，则在 20℃时该溶液的体积为

$$26.00 + \frac{1.5}{1000} \times 26.00 \approx 26.04(\text{mL})$$

答：在 20℃时，体积为 26.00mL 的 0.1mol/L 标准溶液的实际体积为 26.04mL。

项目 3　酸碱平衡与强碱滴酸法

　　滴定是一种分析溶液成分的方法。将标准溶液逐滴加入被分析溶液中，用颜色变化、沉淀或电导率变化等来确定反应的终点。它通过两种溶液的定量反应来确定某种溶质的含量。滴定分析简便、快速，常用于测定常量组分（$>1\%$），结果比较准确（相对误差$<0.2\%$）。根据溶液平衡原理不同，可将滴定法分为酸碱滴定法、配位滴定法、氧化还原滴定法和沉淀滴定法等方法。按照操作程序不同，又可将滴定法分为直接滴定法、返滴定法、置换滴定法和间接滴定法等方法。

　　直接滴定法：用已知准确浓度的标准溶液滴定待测溶液，反应速度应较快，化学计量关系确定。

　　返滴定法：返滴定法（又称为回滴法）是在待测试液中准确加入适当过量的标准溶液，待反应完全后，再用另一种标准溶液返滴剩余的第一种标准溶液，从而测定待测组分的含量。这种滴定方式主要用于滴定反应速度较慢或反应物是固体，加入符合计量关系的标准滴定溶液后，反应常常不能立即完成的情况。例如，Al^{3+} 与 EDTA（一种配位剂）溶液反应速度慢，不能直接滴定，可采用返滴定法。

　　置换滴定法：置换滴定法是先加入适当的试剂与待测组分定量反应，生成另一种可滴定的物质，再利用标准溶液滴定反应产物，然后由滴定剂的消耗量，反应生成的物质与待测组分等物质的量的关系计算出待测组分的含量。这种滴定方式主要用于因滴定反应没有定量关系或伴有副反应而无法直接滴定的测定。例如，用 KIO_3 标定 $Na_2S_2O_3$ 溶液的浓度时，就是以一定量的 KIO_3 在酸性溶液中与过量的 KI 作用，析出相当量的 I_2，以淀粉为指示剂，用 $Na_2S_2O_3$ 溶液滴定析出的 I_2，进而求得 $Na_2S_2O_3$ 溶液的浓度。

　　间接滴定法：某些待测组分不能直接与滴定剂反应，但可通过其他的化学反应，间接测定其含量。例如，溶液中 Ca^{2+} 几乎不发生氧化还原反应，但利用它与 $C_2O_4^{2-}$ 作用形成 CaC_2O_4 沉淀，过滤洗净后，加入 H_2SO_4 使其溶解，用 $KMnO_4$ 标准滴定溶液滴定 $C_2O_4^{2-}$，就可间接测定 Ca^{2+} 含量。

任务 3.1　配制与标定强碱标准溶液

 任务分析

　　本任务要完成 NaOH 标准溶液的配制与标定的实验。由于 NaOH 易吸水，其质量称量不准确，不能作为基准试剂直接配制成溶液进行应用，必须使用酸或者酸式盐的基准试剂。先用间接法将 NaOH 配制成近似浓度，再用酸式盐邻苯二甲酸氢钾基准物质标定。由于常见酸和碱是无色溶液，其反应产物溶液也多无色，因此需加入酸碱指示剂后，利用指示剂的颜色变化来指示终点。

任务实施

3.1.1　配制与标定 NaOH 标准溶液

1. 实验目的

（1）学习碱标准溶液的配制方法。
（2）学习用酚酞作为指示剂判断滴定终点。
（3）学习用基准物质标定 NaOH 标准溶液的原理及方法。
（4）练习强碱滴定弱酸的滴定方法。
（5）养成用有效数字和法定计量单位记录、处理数据的习惯。

2. 实验原理

容量法中的"标定"是对所谓的"标准溶液"进行的浓度测定操作，使其有一个准确的浓度数值，以便当作浓度标准溶液使用。标定 NaOH 时，采用邻苯二甲酸氢钾作为基准物质。由于化学计量点时溶液的 pH 约为 9.1，可选酚酞作为指示剂，滴定至溶液由无色变为浅粉色，30s 不退色即为滴定终点，从而计算出 NaOH 溶液的浓度。其反应式为

$$\text{邻}\!\!\begin{array}{c}\text{—COOH}\\\text{—COOK}\end{array} + NaOH \longrightarrow \text{邻}\!\!\begin{array}{c}\text{—COONa}\\\text{—COOK}\end{array} + H_2O$$

3. 试剂

固体氢氧化钠（A.R.）；邻苯二甲酸氢钾（$KHC_8H_4O_4$，简写 KHP，基准物质）；10g/L 酚酞指示剂（1g 酚酞加 100mL95％乙醇溶液）。

4. 仪器

电热干燥箱；分析天平（0.1mg）；称量瓶（15mL×1）；碱式滴定管（50mL×1）；烧杯（500mL×1，250mL×1）；锥形瓶（250mL×4）；量筒（10mL×1，25mL×1，50mL×1）；白滴瓶（60mL×2）；试剂瓶（橡皮塞，500mL×1）；表面皿。

5. 实验步骤

1）0.1mol/L NaOH 溶液的配制

计算配制 500mL0.1mol/L NaOH 溶液所需 NaOH 固体的量。用洁净而干燥的表面皿在台式天平上称取所需 NaOH，迅速置于 500mL 烧杯中，用约 10mL 蒸馏水迅速洗涤两次，以除去 NaOH 表面上少量的 Na_2CO_3，加 150mL 蒸馏水，搅拌使其全部溶解，加水稀释至 500mL，移入带橡皮塞的试剂瓶中，摇匀（加入 0.1g $BaCl_2$ 或 $Ba(OH)_2$，以除去溶液中可能含有的 Na_2CO_3），贴标签备用。

2）0.1mol/L NaOH 溶液的标定

用减量法精确称取在 105～110℃ 电烘箱中干燥至恒重的邻苯二甲酸氢钾基准试剂

三份，每份 0.4~0.6g，分别置于三个锥形瓶中，加蒸馏水 20mL 溶解，每个锥形瓶在滴定前加两滴酚酞指示液（不可同时加指示剂）。用欲标定 NaOH 溶液滴定一个锥形瓶中溶液，终点前用锥形瓶内壁将滴定管尖嘴处半滴靠下，再用洗瓶冲洗瓶壁，反复操作至溶液呈浅粉色，静置 30s 不退色，即为终点。记录消耗 NaOH 溶液的体积读数 V_1。做三次平行实验。

　　3）空白实验

加蒸馏水 20mL 于 250mL 锥形瓶中，加两滴酚酞指示液（10g/L），用欲标定 NaOH 溶液滴定至溶液呈浅粉色，保持 30s 不退色，即为终点，记录消耗 NaOH 溶液的体积读数 V_2。

　　6. 原始记录

配制与标定 NaOH 标准溶液原始记录表如表 3.1 所示。

表 3.1　配制与标定 NaOH 标准溶液原始记录表

日期：＿＿＿＿＿　　天平编号：＿＿＿＿＿

样品编号	1#	2#	3#
（瓶＋$KHC_8H_4O_4$ 质量）前/g			
（瓶＋$KHC_8H_4O_4$ 质量）后/g			
$KHC_8H_4O_4$ 质量/g			
NaOH 溶液体积初读数/mL			
NaOH 溶液体积终读数/mL			
NaOH 溶液读数/mL			
空白实验 NaOH 溶液体积初读数/mL			
空白实验 NaOH 溶液体积终读数/mL			
空白实验消耗 NaOH 溶液体积/mL			

　　7. 结果计算

由以上数据，可根据下列公式计算出 NaOH 的浓度 c_1。

$$c_1 = \frac{m_{KHC_8H_4O_4}}{(V_1 - V_2)M_{KHC_8H_4O_4}} \tag{3.1}$$

式中，c_1——NaOH 溶液的浓度，mol/L；

$m_{KHC_8H_4O_4}$——$KHC_8H_4O_4$ 的质量，g；

$M_{KHC_8H_4O_4}$——$KHC_8H_4O_4$ 的摩尔质量，g/mol；

V_1、V_2——用 $KHC_8H_4O_4$ 标定 NaOH 溶液时消耗 NaOH 溶液和空白实验消耗 NaOH
　　　　溶液的体积，mL。

所有滴定管读数均需校准。

　　8. 注意事项

（1）称取 NaOH 固体时，注意不要撒在操作台上，如有撒落，应及时处理。

（2）NaOH 具有强腐蚀性，不要接触到皮肤、衣服等。

（3）配制 NaOH 溶液时，注意蒸馏水的取用量应当大体有数，用量筒取，不能用烧杯。

（4）配制 NaOH 溶液，以少量蒸馏水洗去固体 NaOH 表面可能含有的 Na_2CO_3 时，不能用玻璃棒搅拌，操作要迅速，以免 NaOH 溶解过多而减小溶液浓度。

（5）溶解 $KHC_8H_4O_4$ 时，不能将玻璃棒伸入锥形瓶搅拌。

（6）酚酞只需加 1～2 滴，多加要消耗 NaOH 引起误差。不可在三个锥形瓶中同时加指示剂。

（7）如果经较长时间终点为红色慢慢退去，这是溶液吸收了空气中的 CO_2 生成碳酸所致，不可继续再次滴加 NaOH 溶液使之退色。

9. 思考题

（1）为什么不能直接用分析纯的质量计算 NaOH 溶液的浓度，而要使用标定法？

（2）称取 NaOH 时，为什么要采用减量称量法迅速称取？

（3）在记录滴定读数的时候应保留几位小数？

（4）怎样计算本实验标定 NaOH 所需 $KHC_8H_4O_4$ 的质量？

 知识平台

3.1.2 定义酸和碱

进行酸碱滴定，首先要弄清楚什么是酸，什么是碱。Arrhenius 电离理论指出，水溶液中能电离出 H^+ 的物质是酸，能电离出 OH^- 的物质是碱。该理论首次赋予了酸碱科学的定义，促进了化学科学的发展，并且至今仍在沿用。然而，电离理论有一定的局限性。它把酸和碱只限于水溶液，又将碱限制为氢氧化物，以至于连氨溶于水中是碱这一事实也不能给以解释。电离理论还未看到，H^+ 在水中无法独立存在，以及许多物质在非水溶液中不能电离出 H^+ 和 OH^- 却也能表现出酸或碱的性质。

本书中所涉及的酸和碱的定义是 Bronsted 酸碱质子理论对 Arrhenius 电离理论的补充，即凡是能给出质子的物质称为酸，能与质子结合的物质称为碱。一种酸给出质子后，剩下的酸根一定具有接受质子的趋势，因而是一种碱；同样，一种碱接受质子后，其生成物必然具有给出质子的趋势，因而是一种酸。酸与碱相互依存的关系可用下式表示为

$$HA \rightleftharpoons H^+ + A^-$$

式中，HA 是酸（能给出质子），HA 给出质子后余下的 A^- 能接受质子，因而是碱。这种因质子得失而互相转变的每一对酸碱，称为共轭酸碱对。一种酸给出质子后生成其共轭碱；碱接受质子后生成其共轭酸。上式中 A^- 是 HA 的共轭碱，而 HA 是 A^- 的共轭酸，HA 与 A^- 是一共轭酸碱对。

酸给出质子形成共轭碱，或碱接受质子形成共轭酸的反应称为酸碱半反应。例如，HAc 和 H_2O 的酸碱半反应。

半反应　　　　　　　　　　　$HAc \rightleftharpoons H^+ + Ac^-$

半反应　　　　　　　　　　　$H^+ + H_2O \rightleftharpoons H_3O^+$

总反应　　　　　　　　　　　$HAc + H_2O \rightleftharpoons Ac^- + H_3O^+$

简化式　　　　　　　　　　　$HAc \rightleftharpoons Ac^- + H^+$

质子的半径小，电荷密度高，这使得游离的质子在水溶液中很难单独存在，或者说只能瞬时出现，因此，共轭酸碱对的半反应在溶液中并不能单独进行，而是当一种酸给出质子时，溶液中必须有一种碱来接受。酸的离解平衡实际是两个酸碱半反应相互作用而达到的平衡。既然水作为碱可以得到质子，那水能不能作为酸失去质子呢？下面列举更多酸和碱的反应进行说明。

$$H_2O + NH_3 \rightleftharpoons OH^- + NH_4^+$$

$$H_2CO_3 + H_2O \rightleftharpoons HCO_3^- + H_3O^+$$

$$H_2O + CO_3^{2-} \rightleftharpoons OH^- + HCO_3^-$$

可见，水既可以作为酸，又可以作为碱。酸碱可以是中性分子，也可以是阳离子或阴离子。质子理论的酸碱概念具有相对性，如 HCO_3^- 在 $HCO_3^- - CO_3^{2-}$ 共轭酸碱对中是酸，而在 $HCO_3^- - H_2CO_3$ 共轭酸碱对中是碱。当酸和碱发生中和反应时，质子并非直接从酸转移到碱，而是通过溶剂水传递的。例如，HCl 与 NH_3 的反应。

半反应　　　　　　　　　　　$HCl + H_2O = H_3O^+ + Cl^-$

半反应　　　　　　　　　　　$NH_3 + H_2O = NH_4^+ + OH^-$

　　　　　　　　　　　$H_3O^+ + OH^- = 2H_2O$

总反应　　　　　　　　　　　$HCl + NH_3 = Cl^- + NH_4^+$

HCl 和 NH_3 在中和反应中生成了各自的共轭碱 Cl^- 和 NH_4^+，质子发生了转移。因此，中和反应实质就是质子转移的反应。

3.1.3　用质子自递得水的离子积常数

由以上讨论可知，溶剂水既能给出质子起酸的作用，又能接受质子起碱的作用。这种既能给出质子又能接受质子的物质称为两性物质。因此，溶剂 H_2O 分子之间也必然存在质子的转移作用。

$$H_2O + H_2O \rightleftharpoons H_3O^+ + OH^-$$

这种两性溶剂水分子之间的质子传递作用，称为质子自递反应。这个反应达到平衡时的平衡常数可用下式表述

$$K_w = \frac{a_{H_3O^+} \cdot a_{OH^-}}{a_{H_2O} \cdot a_{H_2O}} \tag{3.2}$$

由于纯物质的活度等于 1，式 (3.2) 中 $a_{H_2O}=1$（任务 3.2），则公式简化为

$$K_w = a_{H_3O^+} \cdot a_{OH^-} \tag{3.3}$$

若活度系数 $\gamma = 1$（任务 3.2），则公式简化为

$$K_w = [H_3O^+][OH^-] \tag{3.4}$$

在一定温度下，$[H_3O^+]$、$[OH^-]$ 为一定值，K_w 是一个常数，称为水的质子自递常数，又称为水的离子积常数。298K 时，$K_w = 1.0 \times 10^{-14}$。

3.1.4　用 K_a 和 K_b 判断酸和碱的强度

酸碱的强弱取决于它们给出质子或接受质子能力的强弱。酸给出质子的能力越强，则酸性越强；碱得到质子的能力越强，则碱性越强，反之亦然。同类型酸的强弱程度通常用酸的离解常数 K_z 的大小来衡量，同类型碱的强弱程度通常用 K_b 的大小来衡量。

【例 3.1】　将 HF、HAc、HCN 溶于水，判断它们的酸性强弱。

解

$$HF + H_2O \Longleftrightarrow H_3O^+ + F^-, \quad K_a = 6.8 \times 10^{-4}$$

$$HAc + H_2O \Longleftrightarrow H_3O^+ + Ac^-, \quad K_a = 1.8 \times 10^{-5}$$

$$HCN + H_2O \Longleftrightarrow H_3O^+ + CN^-, \quad K_a = 4.9 \times 10^{-10}$$

答：根据 K_a 的大小，三种酸的酸性强弱顺序是 HF＞HAc＞HCN。

【例 3.2】　将 NH_3、$HONH_2$、CH_3NH_2 溶于水，判断它们的碱性强弱。

解

$$NH_3 + H_2O \Longleftrightarrow NH_4^+ + OH^-, \quad K_b = 1.8 \times 10^{-5}$$

$$HONH_2 + H_2O \Longleftrightarrow HONH_3^+ + OH^-, \quad K_b = 9.1 \times 10^{-9}$$

$$CH_3NH_2 + H_2O \Longleftrightarrow CH_3NH_3^+ + OH^-, \quad K_b = 4.2 \times 10^{-4}$$

答：根据 K_b 的大小，3 种碱的碱性强弱顺序是 $CH_3NH_2 ＞ NH_3 ＞ HONH_2$。

3.1.5　明确一元共轭酸碱对 K_a 和 K_b 的关系

酸或碱在水中离解时，产生与其对应的共轭碱或共轭酸。酸与碱共轭，其离解常数 K_a 与 K_b 之间也必然有一定关系，现以一元共轭酸碱对 $NH_3 - NH_4^+$ 为例，说明它们之间的关系。

$$NH_3 + H_2O \Longleftrightarrow NH_4^+ + OH^-, \quad K_b = \frac{[NH_4^+][OH^-]}{[NH_3]}$$

$$NH_4^+ + H_2O \Longleftrightarrow NH_3 + H_3O^+, \quad K_a = \frac{[NH_3][H_3O^+]}{[NH_4^+]}$$

将 K_a 和 K_b 相乘，得

$$K_a \times K_b = \frac{[NH_3][H_3O^+]}{[NH_4^+]} \times \frac{[NH_4^+][OH^-]}{[NH_3]} = [H_3O^+][OH^-]$$

$$K_w = K_a K_b \tag{3.5}$$

从一元共轭酸碱对 K_a 与 K_b 关系式可知：已知一元酸或碱的离解常数，可计算出共轭碱或共轭酸的离解常数。由于 K_w 是常数（一定温度下），共轭酸的 K_a 越大，则其共轭碱的 K_b 就越小，反之亦然。因此，一元强酸的共轭碱弱，一元弱酸的共轭碱强。

【例 3.3】　试计算 Ac^- 的离解常数 K_b 和 NH_4^+ 的离解常数 K_a。

解

$$HAc + H_2O \Longleftrightarrow Ac^- + H_3O^+, \quad K_a = 1.8 \times 10^{-5}$$

$$Ac^- + H_2O \Longleftrightarrow HAc + OH^-, \quad K_b = \frac{K_w}{K_a} = \frac{1.0 \times 10^{-14}}{1.8 \times 10^{-5}} \approx 5.6 \times 10^{-10}$$

$$NH_3 + H_2O \rightleftharpoons NH_4^+ + OH^-, \quad K_b = 1.8 \times 10^{-5}$$

$$NH_4^+ + H_2O \rightleftharpoons NH_3 + H_3O^+, \quad K_a = \frac{K_w}{K_b} = \frac{1.0 \times 10^{-14}}{1.8 \times 10^{-5}} \approx 5.6 \times 10^{-10}$$

答：Ac^- 的离解常数 K_b 为 5.6×10^{-10}，NH_4^+ 的离解常数 K_a 为 5.6×10^{-10}。

3.1.6 拓展多元共轭酸碱对 K_a 和 K_b 的关系

上面所讨论的是一元共轭酸碱对的 K_a 与 K_b 之间的关系。对于多元酸（碱），由于它在水溶液中是分级离解，存在着多个共轭酸碱对，这些共轭酸碱对的 K_a 与 K_b 之间也同样存在一定的关系，但情况较一元酸（碱）复杂。例如，H_3PO_4 的分级离解如下。

$$H_3PO_4 + H_2O \rightleftharpoons H_2PO_4^- + H_3O^+, \quad K_{a1} = \frac{[H_3O^+][H_2PO_4^-]}{[H_3PO_4]} = 7.6 \times 10^{-3}$$

$$H_2PO_4^- + H_2O \rightleftharpoons HPO_4^{2-} + H_3O^+, \quad K_{a2} = \frac{[H_3O^+][HPO_4^{2-}]}{[H_2PO_4^-]} = 6.3 \times 10^{-8}$$

$$HPO_4^{2-} + H_2O \rightleftharpoons PO_4^{3-} + H_3O^+, \quad K_{a3} = \frac{[H_3O^+][PO_4^{3-}]}{[HPO_4^{2-}]} = 4.4 \times 10^{-13}$$

由 K_a 值可知，酸的强度顺序为 $H_3PO_4 > H_2PO_4^- > HPO_4^{2-}$。共轭碱 PO_4^{3-} 将逐级接受质子 H^+。

$$PO_4^{3-} + H_2O \rightleftharpoons HPO_4^{2-} + OH^-$$

$$K_{b1} = \frac{[HPO_4^{2-}][OH^-]}{[PO_4^{3-}]} = \frac{[HPO_4^{2-}][OH^-][H^+]}{[PO_4^{3-}][H^+]} = \frac{K_w}{K_{a3}} = 2.3 \times 10^{-2}$$

$$HPO_4^{2-} + H_2O \rightleftharpoons H_2PO_4^- + OH^-$$

$$K_{b2} = \frac{[H_2PO_4^-][OH^-]}{[HPO_4^{2-}]} = \frac{[H_2PO_4^-][OH^-][H^+]}{[HPO_4^{2-}][H^+]} = \frac{K_w}{K_{a2}} = 1.6 \times 10^{-7}$$

$$H_2PO_4^- + H_2O \rightleftharpoons H_3PO_4 + OH^-$$

$$K_{b3} = \frac{[H_3PO_4][OH^-]}{[H_2PO_4^-]} = \frac{[H_3PO_4][OH^-][H^+]}{[H_2PO_4^-][H^+]} = \frac{K_w}{K_{a1}} = 1.3 \times 10^{-12}$$

H_3PO_4 的共轭碱的碱性强度顺序为 $PO_4^{3-} > HPO_4^{2-} > H_2PO_4^-$，其离解常数之间的关系为

$$K_{a1}K_{b3} = K_{a2}K_{b2} = K_{a3}K_{b1} = K_w$$

【例 3.4】 计算 HCO_3^- 的 K_b。

解 HCO_3^- 为两性物质，可作为碱

$$HCO_3^- + H_2O \rightleftharpoons H_2CO_3 + OH^-, \quad K_{a1} = 4.2 \times 10^{-7}$$

$$K_b = \frac{K_w}{K_{a1}} = \frac{1.0 \times 10^{-14}}{4.2 \times 10^{-7}} \approx 2.4 \times 10^{-8}$$

答：HCO_3^- 的 K_b 为 2.4×10^{-8}。

【例 3.5】 比较同浓度的 NH_3 和 CO_3^{2-} 的碱性强弱。

解 CO_3^{2-} 在水溶液中有以下平衡：

$$CO_3^{2-} + H_2O \rightleftharpoons HCO_3^- + OH^-, \quad K_{a2} = 5.6 \times 10^{-11}$$

$$K_{b1}=\frac{K_w}{K_{a2}}=\frac{1.0\times10^{-14}}{5.6\times10^{-11}}\approx1.8\times10^{-4}$$

答：由于 NH_3 的 $K_b=1.8\times10^{-5}$，因此同浓度的 NH_3 和 CO_3^{2-} 的碱性顺序为 $CO_3^{2-}>NH_3$。

3.1.7 利用标准溶液和基准物质进行滴定分析

在滴定分析法中，不论采用何种滴定方法，都离不开标准溶液，否则无法计算分析结果。标准溶液是一种已知准确浓度的溶液。不是什么试剂都可以直接用来配制标准溶液。能用于直接配制或标定标准溶液的物质，称为基准物质或标准物质。

1. 基准物质

基准物质应该符合下列要求。

（1）试剂的组成应与其化学式完全相符。若含结晶水，如草酸 $H_2C_2O_4\cdot2H_2O$，其结晶水的含量也应该与化学式完全相符。

（2）试剂的纯度应足够高，一般要求在 99.9% 以上，而杂质的含量应少到不影响分析的准确度。

（3）试剂在一般情况下应该很稳定。

（4）试剂最好有比较大的摩尔质量，称取同样的物质的量时质量较大，可以减小称量的相对误差。

（5）试剂参加反应时，应按反应式定量进行，没有副反应。

常用的基准物质有纯金属和纯化合物，如 Ag、Cu、Zn、Gd、Si、Ge、Al、Co、Ni、Fe 和 NaCl、$K_2Cr_2O_7$、Na_2CO_3、$KHC_8H_4O_4$、$Na_2B_4O_7\cdot10H_2O$、As_2O_3、$CaCO_3$ 等。它们的含量一般在 99.9% 以上。有些超纯试剂和光谱纯试剂的纯度很高，但这只说明其中金属杂质含量很低而已，并不表明它的主成分的含量在 99.9% 以上，有时候因为其中含有不定组成的水分和气体杂质，以及试剂本身的组成不固定等原因，使主成分的含量达不到 99.9%，这时就不能用作基准物质了。常用的基准物质的干燥条件和应用范围如表 3.2 所示。

表 3.2 常用的基准物质的干燥条件和应用范围

基准物质		干燥条件/℃	标定对象
名称	化学式		
无水碳酸钠	Na_2CO_3	270~300	酸
硼砂	$Na_2B_4O_7\cdot10H_2O$	相对湿度为60%的恒湿器	酸
草酸	$H_2C_2O_4\cdot2H_2O$	室温，空气干燥	碱或 $KMnO_4$
邻苯二甲酸氢钾	$KHC_8H_4O_4$	105~110	碱
重铬酸钾	$K_2Cr_2O_7$	140~150	还原剂
溴酸钾	$KBrO_3$	130	还原剂
碘酸钾	KIO_3	130	还原剂
三氧化二砷	As_2O_3	室温，干燥器保存	氧化剂

续表

基准物质		干燥条件/℃	标定对象
名称	化学式		
草酸钠	$Na_2C_2O_4$	130	氧化剂
碳酸钙	$CaCO_3$	110	EDTA
锌	Zn	室温，干燥器保存	EDTA
氯化钠	$NaCl$	500~600	$AgNO_3$
氯化钾	KCl	500~600	$AgNO_3$
硝酸银	$AgNO_3$	220~250	氯化物

2. 标准溶液

标准溶液的配制可分为直接法和间接法两种方法。

1）直接法

准确称取一定量基准物质，溶解后倒入容量瓶中定容，配成一定体积的溶液。根据物质质量和溶液体积即可计算出该标准溶液的准确浓度。

【例 3.6】 用 $KHC_8H_4O_4$ 基准物质配制浓度为 0.1000mol/L 标准溶液 200mL，需要称取 $KHC_8H_4O_4$ 多少克？已知：$KHC_8H_4O_4$ 摩尔质量为 204.2g/mol。

解　由于直接法需用容量瓶配制溶液，容量瓶的读数精确到四位有效数字，实际要配制 200.0mL 标准溶液。

$$m = nM$$
$$= cVM = 0.1000 \times 200.0 \times 10^{-3} \times 204.2 = 4.084(g)$$

答：需称取 4.084g $KHC_8H_4O_4$ 才能配制成浓度为 0.1000mol/L 的标准溶液 200mL。

2）间接法

很多物质不能直接用来配制标准溶液，但可将其配制成一种近似于所需浓度的溶液，然后用基准物质（或者已经用基准物质标定过的标准溶液）来标定它的准确浓度。例如，固体 NaOH 具有很强的吸湿性，且易吸收空气中的水分和 CO_2，因而常含有 Na_2CO_3，且含少量的硅酸盐、硫酸盐和氯化物，因此不能直接配制成准确浓度的溶液，而只能配制成近似浓度的溶液，然后用基准物质进行标定，以获得准确浓度。

【例 3.7】 配制 0.1mol/L NaOH 溶液 500mL 并对其进行标定（保留四位有效数字），需要称取多少克 NaOH 和多少克 $KHC_8H_4O_4$？已知：$KHC_8H_4O_4$ 摩尔质量为 204.2g/mol。

解

$$n_{NaOH} = n_{KHC_8H_4O_4}$$
$$n_{NaOH总} = cV = 0.1 \times 500 \times 10^{-3} = 0.05(mol)$$
$$m_{NaOH总} = nM = 0.05 \times 40 = 2(g)$$

用 $KHC_8H_4O_4$ 标定 25.00mL NaOH 时，

$$m_{KHC_8H_4O_4} = nM = 0.1000 \times 25.00 \times 10^{-3} \times 204.2 = 0.5105(g)$$

答：先称取 2g NaOH 固体配制成 0.1mol/L 的 NaOH 溶液，再称取 0.5105g $KHC_8H_4O_4$ 进行标定。

3.1.8　用标准方程计算酸碱滴定结果

1. 标准方程

在滴定反应中，待测物质的基本单元是根据与标准溶液物质进行化学反应的定量关系来确定的。标准方程是根据基本单元推导出来的。

【例 3.8】　用基准物质 $KHC_8H_4O_4$ 标定 NaOH，若基本单元是 NaOH，试写出 NaOH 的浓度表达式。

解

$$KHC_8H_4O_4 + NaOH \Longrightarrow KNaC_8H_4O_4 + H_2O$$

$$n_{KHC_8H_4O_4} = n_{NaOH}$$

$$\frac{m_{KHC_8H_4O_4}}{M_{KHC_8H_4O_4}} = c_{NaOH}V_{NaOH}$$

$$c_{NaOH} = \frac{m_{KHC_8H_4O_4}}{V_{NaOH} \times M_{KHC_8H_4O_4}}$$

只要用分析天平准确称取 $KHC_8H_4O_4$ 基准物质的质量 $m_{KHC_8H_4O_4}$（精确到 0.0001g），用移液管准确量取一个设定的 NaOH 体积（20.00～30.00mL），又已知 $KHC_8H_4O_4$ 的摩尔质量 $M_{KHC_8H_4O_4}$，就可以求出 c_{NaOH}。

上例中的化学反应，其化学计量系数均为 1，下面列举一个化学计量系数不为 1 的反应。

【例 3.9】　用基准物质无水 Na_2CO_3 标定 HCl，以甲基橙为指示剂。①推导 HCl 的浓度表达式；②若以 $1/2Na_2CO_3$ 为基本单元，直接写出 HCl 的浓度表达式。

解　①推导 HCl 的浓度表达式。

$$Na_2CO_3 + 2HCl \Longrightarrow 2NaCl + CO_2 \uparrow + H_2O$$

$$2n_{Na_2CO_3} = n_{HCl}$$

$$\frac{2m_{Na_2CO_3}}{M_{Na_2CO_3}} = c_{HCl}V_{HCl}$$

$$c_{HCl} = \frac{2m_{Na_2CO_3}}{V_{HCl} \times M_{Na_2CO_3}}$$

$$c_{HCl} = \frac{m_{Na_2CO_3}}{V_{HCl} \times \left(\frac{1}{2}M_{Na_2CO_3}\right)}$$

②直接写出 HCl 的浓度表达式。

$$c_{HCl} = \frac{m_{Na_2CO_3}}{V_{HCl} \times (M_{\frac{1}{2}Na_2CO_3})}$$

将上两例推广到酸碱滴定法，若 M 为参照 NaOH 的基本单元，能得到标准方程：

$$c_{标} = \frac{m}{V_{标} \times M} \tag{3.6}$$

对于标准方程来说，无论化学反应的计量关系是不是 1∶1，只要 M 是基本单元，整个方程均没有系数。所以使用标准方程能够简化计算过程。使用标准方程的关键是要学会推算基本单元。

2. 推算基本单元

酸碱反应的基本单元不是分子，而是依据在反应中得失 1 个质子确定的化学式。规定 1 分子 NaOH 得到 1 个质子，计算时以 1 分子 NaOH 为基本单元。推算基本单元，首先要写出化学反应式并配平，然后要推出待测物质与标准物质的计量关系，并用"$=\circ=$"符号（相当于）连接，最后要待测物的基本单元等于标准物质的基本单元。

【例 3.10】 用基准物质 $KHC_8H_4O_4$ 标定 NaOH，若以 $KHC_8H_4O_4$ 表示结果，推算其基本单元。

解 化学反应为

$$KHC_8H_4O_4 + NaOH = KNaC_8H_4O_4 + H_2O$$
$$NaOH =\circ= KHC_8H_4O_4$$

答：若以 $KHC_8H_4O_4$ 表示结果，推算其基本单元为 $KHC_8H_4O_4$。

【例 3.11】 用 NaOH 标准溶液标定 H_2SO_4，若以 H_2SO_4 表示结果，推算其基本单元。

解 化学反应为

$$2NaOH + H_2SO_4 = Na_2SO_4 + 2H_2O$$
$$2NaOH =\circ= H_2SO_4$$
$$NaOH =\circ= \frac{1}{2}H_2SO_4$$

答：若以 H_2SO_4 表示结果，推算其基本单元为 $\frac{1}{2}H_2SO_4$。

3.1.9 示例标准方程计算过程

【例 3.12】 用基准物质 $KHC_8H_4O_4$ 标定 0.1mol/L NaOH 溶液，使用酚酞指示剂。小份标定法是准确称量多份基准物，溶解后标定；大份标定法是准确称取 10 倍计算量的基准物，溶解、定量移入 250mL 容量瓶中配制，然后用移液管移取 25.00mL 标定。试判断本实验应使用哪种标定法，并计算基准物质的称量范围。已知 $M_{KHC_8H_4O_4} = 204.2g/mol$。

解 同等情况下，称取的试样质量越大，其称样操作的相对误差（任务 3.2）越小。用哪种标定法主要在于称样量的多少。

$$KHC_8H_4O_4 + NaOH = KNaC_8H_4O_4 + H_2O$$

$$c_{NaOH} = \frac{m_{KHC_8H_4O_4}}{V_{NaOH} \times M_{KHC_8H_4O_4}}$$

$$m_{KHC_8H_4O_4} = c_{NaOH} V_{NaOH} \times M_{KHC_8H_4O_4}$$

为了方便读数，一般设定滴定体积为滴定管中段的 20.00~30.00mL。

设 $V_{NaOH} = 20.00mL$，则 $m_{KHC_8H_4O_4} = 0.1 \times 20.00 \times 204.2/1000 \approx 0.4$（g）。

设 $V_{NaOH}=30.00mL$，则 $m_{KHC_8H_4O_4}=0.1\times30.00\times204.2/1000\approx0.6$（g）

答：本实验应使用小份标定法，基准物质 $KHC_8H_4O_4$ 的称量范围是 $0.4\sim0.6g$。

任务 3.2　强碱滴定一元强酸模式

 任务分析

　　本任务要完成 0.1000mol/L NaOH 标准溶液滴定同浓度盐酸的实验。滴定时酸和碱刚好反应完全的状态是化学计量点，指示剂的变色点是滴定终点，滴定终点与化学计量点往往不一致，前者偏离后者而造成的误差称为终点误差（或系统误差）。本任务的重点是通过认识误差，在随机误差最低的情况下，将不同指示剂带来的系统误差进行比对，选择滴定误差在合理范围内的指示剂判定滴定终点。难点是要满足酸碱指示剂的变色范围全部或部分落在滴定突跃内，就要找到滴定突跃，进而需要绘制滴定曲线。计算法绘制滴定曲线，以强碱标准溶液加入的体积（或滴定分数）为横坐标，以计算出对应的每一个 pH 为纵坐标，绘制 pH-V 滴定曲线。由于在稀的水溶液中，强酸和强碱是完全电离的（如在 0.01mol/L 的盐酸溶液中，$[H^+]=0.01mol/L$），计算 pH 实际就是计算酸或碱的浓度的负对数。

 任务实施

3.2.1　0.1000mol/L NaOH 标准溶液滴定同浓度盐酸溶液

1. 实验目的

（1）学习强碱滴定一元强酸的方法。
（2）学习用甲基橙、甲基红、酚酞作为指示剂判断滴定终点。
（3）学习突跃范围及指示剂的选择原理。

2. 实验原理

采用任务 3.1 中已经配制并标定好的 0.1000mol/L NaOH 标准溶液，将待标定的盐酸溶液配制到约 0.1mol/L，教师提供甲基橙、甲基红、酚酞三种指示剂。要求滴定至溶液变色，到达滴定终点，从而计算出盐酸溶液的浓度。其反应式为

$$NaOH+HCl{=\!=\!=}NaCl+H_2O$$

由于指示剂从浅色到深色的颜色变化更易观察，若选用甲基橙指示剂，应将盐酸待测溶液装入滴定管，滴定 NaOH 标准溶液由黄色变为橙色；若选用甲基红指示剂，应将盐酸待测溶液装入滴定管，滴定 NaOH 标准溶液由黄色变为橙红色；若选用酚酞指示剂，应将 NaOH 标准溶液装入滴定管，滴定盐酸待测溶液由无色变为浅粉色。

3. 试剂

NaOH 标准溶液 （0.1000mol/L，任务 3.1）；盐酸 （A.R.）；甲基橙指示剂 （1g/L 水溶液，0.1g 甲基橙加 100mL 水）；甲基红指示剂 （1g/L 乙醇溶液，0.1g 甲基红加 100mL95％乙醇）；酚酞指示剂 （10g/L 乙醇溶液，1g 酚酞加 100mL95％乙醇）。

4. 仪器

分析天平 （0.1mg）；酸式滴定管 （50mL×1）；碱式滴定管 （50mL×1）；烧杯 （500mL×1，250mL×3）；锥形瓶 （250mL×4）；量筒 （10mL×1，25mL×1，50mL×1）；移液管 （20mL×1）；白滴瓶 （60mL×3）；试剂瓶 （500mL×1）。

5. 实验步骤

1） 0.10mol/L 盐酸溶液的配制

计算配制 500mL0.10mol/L 盐酸溶液所需 HCl 的量。用洁净而干燥的量筒量取所需盐酸的体积，迅速转移至装有 50mL 蒸馏水的 250mL 烧杯中，稀释后用玻璃棒引流，转移至 500mL 容量瓶中。烧杯用少量蒸馏水冲洗三次，洗液全部转移至容量瓶中，摇匀，定容至刻度，贴标签备用。

2） 0.10mol/L 盐酸溶液的标定

若使用酚酞指示剂，则将任务 3.1 中已经标定好的 NaOH 溶液置于 50mL 碱式滴定管中。用移液管精确量取 20.00mL 约 0.10mol/L 盐酸溶液，置于 250mL 锥形瓶中。加两滴指示液。终点前用锥形瓶内壁将滴定管尖嘴处半滴靠下，再用洗瓶冲洗瓶壁，反复操作直至溶液呈浅粉色。静置 30s 不退色，即为终点。记录消耗 NaOH 溶液的体积读数 V_1。做三次平行实验。

3） 空白实验

加蒸馏水 20mL 于 250mL 锥形瓶中，加两滴指示液，用 NaOH 标准溶液滴定溶液至浅粉色，保持 30s 不退色，即为终点，记录消耗 NaOH 标准溶液的体积读数 V_2。

6. 原始记录

0.1000mol/L NaOH 标准溶液滴定同浓度盐酸溶液原始记录表如表 3.3 所示。

表 3.3 0.1000mol/L NaOH 标准溶液滴定同浓度盐酸溶液原始记录表

日期：_____ 天平编号：_____

样品编号	1#	2#	3#
量取盐酸体积初读数/mL			
量取盐酸体积终读数/mL			
量取盐酸体积/mL			
NaOH 标准溶液体积初读数/mL			
NaOH 标准溶液体积终读数/mL			
NaOH 标准溶液体积/mL			

续表

样品编号	1#	2#	3#
空白实验 NaOH 标准溶液体积初读数/mL			
空白实验 NaOH 标准溶液体积终读数/mL			
空白实验 NaOH 标准溶液体积/mL			

7. 结果计算

由于 NaOH 和盐酸反应是 1：1 的化学计量关系，由以上数据可计算出盐酸的浓度 c_1。

$$c_1 = \frac{c_{NaOH}(V_1 - V_2)}{V_{HCl}} \tag{3.7}$$

式中，c_1——盐酸溶液的浓度，mol/L；

$\quad c_{NaOH}$——NaOH 标准溶液的浓度，mol/L；

$\quad V_{HCl}$——盐酸溶液的体积，mL；

V_1、V_2——用 NaOH 滴定盐酸溶液时消耗 NaOH 溶液和空白实验消耗 NaOH 溶液的
体积，mL。所有滴定管读数均需校准。

8. 注意事项

(1) 指示剂只需加 1~2 滴，多加要消耗 NaOH 引起误差。

(2) 三种指示剂变色时颜色不一样，要仔细观察比对。

9. 思考题

(1) 甲基橙、甲基红、酚酞三种常见酸碱指示剂的颜色如何变化？

(2) 甲基橙、甲基红、酚酞三种常见酸碱指示剂的变色原理是什么？

(3) 指示剂的选择原则是什么？

(4) 用滴定误差判断，在当前浓度下，使用哪种指示剂最好？

 知识平台

3.2.2　区别活度和浓度

1. Arrhenius 电离学说

实验表明，在弱电解质溶液，如 1mL0.1mol/L 蔗糖溶液中，能独立发挥作用的溶质的粒子数目是 0.1mmol 个。在强电解质溶液中则不同，如 1mL0.1mol/L KCl 溶液，发挥作用的粒子的数目并不是 0.1mmol 个，也不是 0.2mmol 个，而是随着 KCl 浓度的不同，其粒子数目呈现出规律性的变化，如表 3.4 所示。

表 3.4　KCl 浓度与实际粒子数目的关系

[KCl]/(mol/L)	0.10　0.05　0.01　0.005　0.001
N（KCl 个数）	0.10　0.05　0.01　0.005　0.001
实际粒子数是 N 的倍数	1.92　1.94　1.97　1.98　1.99

从表中可以看出，KCl 在水溶液中发生离解。KCl 溶液能导电说明离解方式是生成离子，但是离解是不完全的。理由是没有得到两倍的粒子。这是 1887 年阿伦尼乌斯（Arrhenius）提出电离学说时的观点。进一步的研究表明，在 KCl 的水溶液中根本不存在 KCl 分子。这一问题的提出，促进了电解质溶液理论的发展。

2. Debye-Hückel 强电解质溶液理论

1923 年，荷兰科学家德拜（Debye）和德国科学家休克尔（Hückel）提出了强电解质溶液理论，成功地解释了前面提出的矛盾现象。Debye-Hückel 理论指出，在强电解质溶液中不存在分子，电离是完全的。由于离子间的相互作用，正离子的周围围绕着负离子；负离子的周围围绕着正离子。这种现象被称为离子氛。由于离子氛的存在，离子的活动受到限制，正负离子间相互制约。因此 1mol 的离子不能发挥 1mol 粒子的作用。显然溶液的浓度越大，离子氛的作用就越大，离子的真实浓度就越得不到正常发挥。从表 3.4 中看，浓度越大，倍数偏离 2 越远。

3. 浓度、活度和活度系数

若强电解质的离子浓度为 c，由于离子氛的作用，其发挥作用的有效浓度为 a，则有真分数 γ 存在，得

$$a = \gamma c \tag{3.8}$$

比例系数 γ 称为 i 种离子的活度系数，表达实际溶液和理想溶液之间偏差大小。对于强电解质溶液，当溶液的浓度极小时，离子之间的距离是如此之大，以致离子之间的相互作用力可以忽略不计，活度系数就可以视为 1。对其他情况而言，还要弄清楚：测定的结果是用活度还是用浓度来表达；离子强度的变化是否会对计算或测量结果产生不可忽略的影响，若这种影响是不可忽略的，如何进行校正等。

对于高浓度电解质溶液中离子的活度系数，由于情况太复杂，还没有较好的定量计算方法。对于 AB 型电解质稀溶液（$I < 0.1\mathrm{mol/L}$），Debye－Hückel 公式能给出较好的结果：

$$-\lg\gamma_i = 0.512Z_i^2\left[\frac{\sqrt{I}}{1 + B\mathring{a}\sqrt{I}}\right] \tag{3.9}$$

式中，γ——i 种离子的活度系数；

　Z_i——i 种离子的电荷；

　B——常数，25℃时为 0.003 28；

　$\mathring{a}$——离子体积参数，约等于水化离子的有效半径，以 pm（10^{-12}m）计；

　I——溶液中离子的强度。

当离子强度较小时，不考虑离子大小，活度系数可按 Debye-Hückel 极限公式计算：

$$-\lg\gamma_i = 0.5Z_i^2\sqrt{I} \tag{3.10}$$

在近似计算时，也可以采用式（3.10）。

离子强度与溶液中各种离子的浓度及电荷有关，它们的关系为

$$I = \frac{1}{2}\sum_i m_i Z_i^2 \tag{3.11}$$

式中，m_i、Z_i——溶液中 i 种离子的质量摩尔浓度和电荷。

在分析化学中，因浓度一般较小，故在有关计算中，直接以 c 代替 m，得

$$I = \frac{1}{2}\sum_i c_i Z_i^2 \tag{3.12}$$

【例 3.13】 计算 0.10mol/L 盐酸溶液中 H^+ 的活度系数。

解

$$a_{H^+} = \gamma_{H^+} c_{H^+} = \gamma_{H^+} \times 0.10$$

$$I = \frac{1}{2}\sum_i c_i Z_i^2 = \frac{1}{2}(c_{H^+} Z_{H^+}^2 + c_{Cl^-} Z_{Cl^-}^2)$$

$$= \frac{1}{2}(0.10 \times 1^2 + 0.10 \times 1^2) = 0.10$$

由表 3.5 查得 H^+ 的 $\mathring{a}$ 为 900，当 $I=0.10$ 时，再由表 3.6 查得相应的活度系数为 $\gamma_{H^+}=0.83$，故 $a_{H^+}=0.83\times0.10=0.083$（mol/L）。

表 3.5　离子的体积参数 $\mathring{a}$

$\mathring{a}$/pm	一价离子
900	H^+
600	Li^+
500	$CHCl_2COO^-$、CCl_3COO^-
400	Na^+、ClO_2^-、IO_3^-、HCO_3^-、$H_2PO_4^-$、$H_2AsO_4^-$、CH_2COO^-、CH_2ClCOO^-
300	OH^-、F^-、SCN^-、HS^-、ClO_3^-、ClO_4^-、BrO_3^-、IO_4^-、MnO_4^-、K^+、Cl^-、Br^-、I^-、CN^-、NO_2^-、NO_3^-、Rb^+、Cs^+、NH_4^+、Tl^+、Ag^+、$HCOO^-$、H_2Cit^-
$\mathring{a}$/pm	二价离子
800	Mg^{2+}、Be^{2+}
600	Ca^{2+}、Cu^{2+}、Zn^{2+}、Sn^{2+}、Mn^{2+}、Fe^{2+}、Ni^{2+}、Co^{2+}
500	Sr^{2+}、Ba^{2+}、Cd^{2+}、Hg^{2+}、S^{2-}、$S_2O_4^{2-}$、WO_4^{2-}、Pb^{2+}、CO_3^{2-}、SO_3^{2-}、MoO_4^{2-}、$(COO)_2O_2^{2-}$、$HCit^{2-}$
400	Hg_2^{2+}、SO_4^{2-}、$S_2O_3^{2-}$、SeO_4^{2-}、CrO_4^{2-}、HPO_4^{2-}
$\mathring{a}$/pm	三价离子
900	Al^{3+}、Fe^{3+}、Cr^{3+}、Sc^{3+}、Y^{3+}、La^{3+}、In^{3+}、Ce^{3+}、Pr^{3+}、Nd^{3+}、Sm^{3+}
500	Cit^{3-}
400	PO_4^{3-}、$Fe(CN)_6^{3-}$
$\mathring{a}$/pm	四价离子
1100	Th^{4+}、Zr^{4+}、Ce^{4+}、Sn^{4+}
500	$Fe(CN)_6^{2-}$

表 3.6　离子的活度系数

$\mathring{a}$/pm	离子强度						
	0.001	0.0025	0.005	0.01	0.025	0.05	0.1
$\mathring{a}$/pm	一价离子活度系数						
900	0.967	0.950	0.933	0.914	0.88	0.86	0.83
800	0.966	0.949	0.931	0.912	0.88	0.85	0.82
700	0.965	0.948	0.930	0.909	0.875	0.845	0.81
500	0.965	0.948	0.929	0.907	0.87	0.835	0.80
500	0.964	0.947	0.928	0.904	0.865	0.83	0.79
400	0.964	0.947	0.927	0.901	0.855	0.815	0.77
300	0.964	0.945	0.925	0.899	0.85	0.805	0755

续表

$\dot{a}$/pm	二价离子活度系数						
800	0.872	0.813	0.755	0.69	0.595	0.52	0.45
700	0.872	0.812	0.753	0.685	0.58	0.50	0.425
600	0.870	0.809	0.749	0.675	0.57	0.485	0.405
500	0.868	0.805	0.744	0.67	0.555	0.465	0.38
400	0.867	0.803	0.740	0.660	0.545	0.445	0.355
$\dot{a}$/pm	三价离子活度系数						
900	0.738	0.632	0.54	0.445	0.325	0.245	0.18
600	0.731	0.620	0.52	0.415	0.28	0.195	0.13
500	0.728	0.616	0.51	0.405	0.27	0.18	0.115
400	0.725	0.612	0.505	0.395	0.25	0.16	0.095
$\dot{a}$/pm	四价离子活度系数						
1100	0.588	0.455	0.35	0.255	0.155	0.10	0.065
600	0.575	0.43	0.315	0.21	0.105	0.055	0.027
500	0.57	0.425	0.31	0.20	0.10	0.048	0.021

【例 3.14】　计算 0.050mol/L $AlCl_3$ 溶液中 Al^{3+} 和 Cl^- 的活度。

解

$$I = \frac{1}{2}\sum c_1 Z_1^2 = \frac{1}{2}(c_{Al^{3+}} Z_{Al^{3+}}^2 + c_{Cl^-} Z_{Cl^-}^2)$$

$$= \frac{1}{2}(0.050 \times 3^2 + 3 \times 0.050 \times 1^2) = 0.30$$

由表 3.5 查得 Al^{3+} 的 $\dot{a}$ 为 900。但当 $I = 0.30$ 时，由表 3.6 查不到相应的活度系数，只能用 Debye-Hückel 公式计算，已知 $B = 0.00328$，则

$$-\lg\gamma_{Al^{3+}} = 0.512 Z_{Al^{3+}}^2 \left[\frac{\sqrt{I}}{1 + B\dot{a}\sqrt{I}}\right]$$

$$= 0.512 \times 3^2 \times \left[\frac{\sqrt{0.30}}{1 + 0.00328 \times 900 \times \sqrt{0.30}}\right] \approx 0.96$$

$$\gamma_{Al^{3+}} = 0.11, \quad a_{Al^{3+}} = 0.11 \times 0.050 = 0.0055(\text{mol/L})$$

由表 3.5 查得 Cl^- 的 $\dot{a}$ 为 300。但当 $I = 0.30$ 时，由表 3.6 查不到相应的活度系数，只能用 Debye-Hückel 公式计算，已知 $B = 0.00328$，则

$$-\lg\gamma_{Cl^-} = 0.512 Z_{Cl^-}^2 \left[\frac{\sqrt{I}}{1 + B\dot{a}\sqrt{I}}\right]$$

$$= 0.512 \times 1^2 \times \left[\frac{\sqrt{0.30}}{1 + 0.00328 \times 300 \times \sqrt{0.30}}\right] \approx 0.18$$

$$\gamma_{Cl^-} = 0.66, \quad a_{Cl^-} = 0.66 \times 3 \times 0.050 = 0.099(\text{mol/L})$$

答： 0.050mol/L $AlCl_3$ 溶液中 Al^{3+} 的活度为 0.0055mol/L，Cl^- 的活度为 0.099mol/L。

例 3.14 中，比较 $\gamma_{Al^{3+}}$ 和 γ_{Cl^-}，可见离子强度对高价离子的影响要大得多。

通过上述计算可知：影响活度系数 γ 大小的因素有溶液的浓度和离子的电荷数。溶液浓度越大，离子电荷数越高，离子氛作用大，γ 越小，活度越偏离浓度；反之，溶液

浓度越小，离子电荷数越小，γ 越接近于 1，活度和浓度越接近。本书的计算中，如不特殊指出，一般认为稀溶液的 $\gamma=1$，可以用浓度表示活度。

4. 中性分子的活度系数

根据 Debye-Hückel 电解质理论，对于溶液中的中性分子，由于它们在溶液中不是以离子状态存在的，因此在任何离子强度的溶液中，其活度系数均视为 1。实际上并不完全如此，而是随着溶液中离子强度的增加，许多中性分子的活度系数会有所变化。不过这种影响一般不大，所以对于中性分子的活度系数，通常认为近似等于 1。

3.2.3　分析影响酸的离解常数的因素

1. 活度常数

对于化学平衡，若反应物和生成物均以活度表示，根据平衡原理，可得

$$aA + bB \Longrightarrow cC + dD$$

$$K^0 = \frac{a_C^c a_D^d}{a_A^a a_B^b} \tag{3.13}$$

式中，K^0——活度常数，又称为热力学常数，它与温度有关。

2. 浓度常数（离解常数）

分析化学中处理溶液中的化学平衡的有关计算时，常以各组分的浓度代替活度。例如，弱酸 HB 在水中的离解：

$$HB \Longrightarrow H^+ + B^-$$

$$K_a = \frac{[H^+][B^-]}{[HB]} \tag{3.14}$$

式中，K_a——酸的浓度常数，也称为酸的离解常数。

可见，H^+ 浓度越高，K_a 越大，酸性越强，与任务 3.1 中叙述一致。

由于中性分子的活度系数约等于 1，K^0 与 K_a 的关系为

$$K_a^0 = \frac{a_{H^+} a_{B^-}}{a_{HB}} = \frac{[H^+][B^-]}{[HB]} \times \frac{\gamma_{H^+} \gamma_{B^-}}{\gamma_{HB}} \approx K_a \gamma_{H^+} \gamma_{B^-} \tag{3.15}$$

可见，K_a 不仅与温度有关，而且还与溶液的离子强度有关，只有当温度和离子强度一定时，K_a 才是一定的。

在处理酸碱的平衡时，一般忽略离子强度的影响，即不考虑浓度常数与活度常数的区别。这种处理方法能满足一般工作的要求。但应该指出，当需要进行某种精确计算时，如标准缓冲溶液中 pH 的计算，则应该注意离子强度对化学平衡的影响。

3.2.4　计算强碱滴定一元强酸模式下 H^+ 浓度

1. 分析浓度、平衡浓度、酸度、碱度、分布系数的概念

分析浓度是指一定体积溶液中含某种物质的量，包括已离解和未离解两部分，也称为总浓度，用 c 表示。分析浓度和平衡浓度的关系是 $c_{HA} = [HA] + [A^-]$。平衡浓度是

指溶解达到平衡时，溶液中存在的各组分的物质的量浓度，用 [] 表示。

酸的浓度是酸的分析浓度，指单位体积溶液中所含某种酸的物质的量（mol），包括未离解的和已离解的酸的浓度。酸度是指溶液中 H^+ 的浓度或活度，常用 pH 表示，如 $pH=-lg[H^+]$。碱的浓度是碱的分析浓度，指单位体积溶液中所含某种碱的物质的量（mol），包括未离解的和已离解的碱的浓度。碱度是指溶液中 OH^- 的浓度或活度，常用 pOH 表示，如 $pOH=-lg[OH^-]$。

分布系数 δ 是指溶液中某酸碱组分的平衡浓度占其总浓度的分数。分布系数取决于该酸碱物质的性质和溶液 H^+ 浓度，与总浓度无关，能定量说明溶液中的各种酸碱组分的分布情况，且各种存在形式的分布系数的和等于 1。对于弱酸，$c_{HA}\delta_{HA}=[HA]$，$c_{A^-}\delta_{A^-}=[A^-]$，$\delta_{HA}+\delta_{A^-}=1$。通过分布系数，可求得溶液中酸碱组分的平衡浓度。由于强酸在水溶液中是完全电离的，不存在分子形式，酸度对酸碱存在的形态没有影响，即 $\delta_{HA}=0$，$\delta_{A^-}=1$。

2. 代数法求算 H^+ 浓度的思路

代数法求算 H^+ 浓度，可以用物料平衡和电荷平衡推导出质子条件，或者直接写出质子条件，再根据化学平衡关系，推导出 H^+ 浓度的精确表达式。

物料平衡是指在化学平衡体系中，某一给定物质的总浓度，等于各种有关形式平衡浓度之和。例如，浓度为 c 的盐酸溶液物料平衡为 $[Cl^-]=c$。

电荷平衡是指单位体积溶液中阳离子所带正电荷的量（mol）应等于阴离子所带负电荷的量（mol）。

质子平衡是指溶液中得质子后与失质子后产物的质子得失的量相等，反映了溶液中质子转移的量的关系。质子条件式的写法：先选零水准（大量存在、参与质子转移的物质）；将零水准得质子后的形式写在等式的左边，失质子后的形式写在等式的右边；有关浓度项前乘上得失质子数。

【例 3.15】　写出浓度为 c 的盐酸溶液的电荷平衡式。

解
$$HCl \Longrightarrow H^+ + Cl^-，H_2O \Longrightarrow H^+ + OH^-$$
$$[H^+]=[Cl^-]+[OH^-]=c+[OH^-]$$

【例 3.16】　写出浓度为 c 的 $CaCl_2$ 溶液的电荷平衡式。

解
$$CaCl_2 \Longrightarrow Ca^{2+} + 2Cl^-，H_2O \Longrightarrow H^+ + OH^-$$
$$2[Ca^{2+}]+[H^+]=[Cl^-]+[OH^-]=2c+[OH^-]$$

【例 3.17】　写出浓度为 c 的盐酸溶液的质子平衡式。

解

零水准

$$HCl \xrightarrow{\ -H^+\ } Cl^-$$
$$H_3O^+ \xleftarrow{\ +H^+\ } H_2O \xrightarrow{\ -H^+\ } OH^-$$
$$[H^+]=[Cl^-]+[OH^-]=c+[OH^-]$$

3. 计算强电解质溶液酸度

以盐酸溶液为例，介绍强电解质溶液酸度的计算方法。

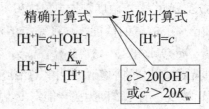

$$c_{A^-} \cdot \delta_{A^-} = c_{A^-} = [A^-]$$

一元强酸：$[H^+] = [A^-] = c_{A^-}$，$pH = -\lg[H^+] = -\lg c_{A^-}$

二元强酸：$[H^+] = 2[A^-] = 2c_{A^-}$，$pH = -\lg[H^+] = -\lg 2c_{A^-}$

【例 3.18】 0.1mol/L HCl 水溶液，其分布系数、平衡浓度、分析浓度、酸度各为多少？

解 HCl 水溶液是一元强酸，则

分布系数：$\delta_{HCl} = 0$，$\delta_{Cl^-} = 1$

分析浓度：$c = 0.1mol/L$

平衡浓度：$[Cl^-] = c = 0.1mol/L$

酸度：$pH = -\lg c_{Cl^-} = -\lg 0.1 = 1$

答：0.1mol/L HCl 水溶液的分布系数为 1，平衡浓度为 0.1mol/L，分析浓度为 0.1mol/L，酸度为 1。

【例 3.19】 298K 时，纯水的 pH 和 pOH 有什么关系？

解 对于反应 $H^+ + OH^- \Longrightarrow H_2O$，有 $K_w = [H^+][OH^-]$。在 298K 时，$K_w = 1.0 \times 10^{-14}$，得

$$[H^+][OH^-] = 1.0 \times 10^{-14}$$

两边取对数，则

$$\lg([H^+][OH^-]) = \lg(1.0 \times 10^{-14})$$
$$\lg[H^+] + \lg[OH^-] = -14$$
$$pH + pOH = 14$$

答：纯水的 pH 和 pOH 之和为 14。

3.2.5 绘制强碱滴定一元强酸滴定曲线

1. 示例计算强碱滴定一元强酸 H^+ 浓度

滴定曲线是以溶液的 pH 为纵坐标，所滴入的滴定剂的物质的量或体积为横坐标所绘制的曲线。计算法绘制滴定曲线时酸碱浓度通常均为 0.1mol/L，用滴定分数 $T\%$ 衡量滴定反应进行的程度。滴定曲线有三个作用，一是滴定终点时确定消耗的滴定剂体积；二是判断滴定突跃的大小以选择指示剂；三是确定滴定终点与化学计量点之差以确定滴定误差。对于强酸强碱反应：

$$OH^- + H^+ \Longrightarrow H_2O$$

$$K_t = \frac{1}{[H^+][OH^-]} = \frac{1}{K_w} = \frac{1}{1.0 \times 10^{-14}} = 1.0 \times 10^{14}$$

反应常数 K_t 较大，说明反应完全程度较高。事实上，在各类酸碱反应中，强酸强碱的反应完全程度最高。这是实施酸碱滴定分析法的前提条件。满足这个条件，计算强酸强碱滴定过程的 pH、绘制滴定曲线才有实际意义。

【例 3.20】 现用 0.10mol/L NaOH 溶液滴定 20.00mL 同浓度盐酸，使用酚酞指示剂，绘制强碱滴定一元强酸的滴定曲线。

解 选用酚酞作为指示剂时，欲使指示剂从浅色（无色）变为深色（浅粉色），应以 NaOH 作滴定剂，盐酸溶液作被滴定体系。选择锥形瓶中盐酸溶液为讨论对象，以滴定中最后挂靠的半滴（±0.02mL）为关键进行计算。

当滴定分数 $T=0.0\%$ 时，锥形瓶中装入待测溶液和指示剂。

$$[H^+] = [Cl^-] = c$$
$$pH = -\lg[H^+] = -\lg c = -\lg 0.10 = 1.00$$

当滴定分数 $T=99.9\%$ 时，锥形瓶中滴入 19.98mL NaOH 溶液，此时盐酸过量 0.02mL。

$$[H^+] = \frac{c_{H^+} V_{H^+} - c_{OH^-} V_{OH^-}}{V_{H^+} + V_{OH^-}}$$
$$= \frac{0.10 \times 20.00 - 0.10 \times 19.98}{20.00 + 19.98} = \frac{0.002}{39.98} \approx 5.0 \times 10^{-5} (mol/L)$$
$$pH = -\lg[H^+] = -\lg(5.0 \times 10^{-5}) \approx 4.30$$

当滴定分数 $T=100.0\%$ 时，锥形瓶中滴入 20.00mL NaOH 溶液，此时酸碱刚好中和。

$$[H^+] = [OH^-] = \sqrt{K_w} = \sqrt{1.0 \times 10^{14}} = 1.0 \times 10^{-7} (mol/L)$$
$$pH = -\lg[H^+] = -\lg(1.0 \times 10^{-7}) = 7.00$$

当滴定分数 $T=100.1\%$ 时，锥形瓶中滴入 20.02mL NaOH 溶液，此时 NaOH 溶液过量 0.02mL。

$$[OH^-] = \frac{c_{OH^-} V_{OH^-} - c_{H^+} V_{H^+}}{V_{H^+} + V_{OH^-}}$$
$$= \frac{0.10 \times 20.02 - 0.10 \times 20.00}{20.00 + 20.02} = \frac{0.002}{40.02} \approx 5.0 \times 10^{-5} (mol/L)$$
$$pOH = -\lg[OH^-] = -\lg(5.0 \times 10^{-5}) \approx 4.30$$
$$pH = 14.00 - pOH = 14.00 - 4.30 = 9.70$$

用相同的方法，还可以计算锥形瓶中加入其他体积 NaOH 标准溶液后的 pH。强碱滴定一元强酸不同滴定分数下的 $[H^+]$ 如表 3.7 所示。

表 3.7 强碱滴定一元强酸不同滴定分数下的 $[H^+]$

NaOH/mL	$T/\%$	剩余 HCl/mL	过量 NaOH/mL	pH	$[H^+]$ 计算
0.00	0.0	20.00	0.00	1.00	$[H^+] = c$
18.00	90.0	2.00	0.00	2.28	
19.80	99.0	0.20	0.00	3.30	$[H^+] = \frac{c_{H^+} V_{H^+} - c_{OH^-} V_{OH^-}}{V_{H^+} + V_{OH^-}}$
19.98	99.9	0.02	0.00	4.30	
20.00	100.0	0.00	0.00	7.00	$[H^+] = [OH^-] = 10^{-7}$

续表

NaOH/mL	$T/\%$	剩余 HCl/mL	过量 NaOH/mL	pH	$[H^+]$ 计算
20.02	100.1	0.00	0.02	9.70	
20.20	101.0	0.00	0.20	10.70	$[OH^-]=\dfrac{c_{OH^-}V_{OH^-}-c_{H^+}V_{H^+}}{V_{H^+}+V_{OH^-}}$
22.00	110.0	0.00	2.00	11.68	
40.00	200.0	0.00	20.00	12.52	

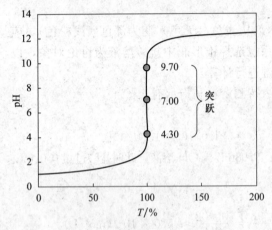

图 3.1　强碱滴定一元强酸曲线

2. 绘制强碱滴定一元强酸滴定曲线

以根据表 3.7 计算出的 pH 为纵坐标，滴定剂的滴定分数为横坐标做图，可得强碱滴定一元强酸曲线，如图 3.1 所示。

3.2.6　分析影响强碱滴定一元强酸突跃的因素

在滴定曲线上，用滴定分数 T 衡量滴定反应进行的程度。pH 滴定突跃就在滴定分数 T 为 99.9% 和 100.1% 两点之间，包括化学计量点。在滴定法中寻找到滴定突跃，可以在满足误差要求下解决指示剂的选择问题，因此具有重要的意义。

强碱滴定 20.00mL 一元强酸时突跃下限是滴入强碱 19.98mL 处（$T=99.9\%$）：

$$E_t=\frac{19.98-20.00}{20.00}\times100\%=-0.1\%$$

强碱滴定 20.00mL 一元强酸时突跃上限是滴入强碱 20.02mL 处（$T=100.1\%$）：

$$E_t=\frac{20.02-20.00}{20.00}\times100\%=+0.1\%$$

可见，滴定突跃内终点误差（相对误差）为 $-0.1\%\sim+0.1\%$。反过来，只要是在滴定突跃内到达终点，其滴定误差都不大于 0.1%。由于滴定终点就是指示剂的变色点，因此变色点必须落在滴定突跃内，变色范围可以全部或者部分落在滴定突跃内。

若用 1 表示突跃下限（$T=99.9\%$），用 2 表示突跃上限（$T=100.1\%$），298K 时化学计量点 pH 等于 7。滴定突跃为 $pH_1\sim(14.00-pOH_2)$。若强碱和一元强酸的浓度同时增加 10 倍，体积不变，则

$$[H^+]_1{}'=\frac{10c_{H^+}V_{H^+}-10c_{OH^-}V_{OH^-}}{V_{H^+}+V_{OH^-}}=10[H^+]_1$$

$$pH_1{}'=pH_1-1$$

$$[OH^-]_2{}'=\frac{10c_{OH^-}V_{OH^-}-10c_{H^+}V_{H^+}}{V_{H^+}+V_{OH^-}}=10[OH^-]_2$$

$$pOH_2{}'=pOH_2-1$$

$$pH_2{}'=14.00-pOH_2{}'=15.00-pOH_2$$

由上述计算过程，可得强碱和一元强酸浓度同时增大 10 倍时突跃下限将减小至
（pH$_1$−1），突跃上限将增加至（15.00−pOH$_2$），滴定突跃对称地增加两个 pH 单位。
当强碱和一元强酸浓度减小 10 倍时，滴定突跃也将对称地减小 2 个 pH 单位。影响滴
定突跃的因素只是 H$^+$ 浓度。基于 0.10mol/L NaOH 溶液滴定同浓度盐酸的计算方法和滴
定突跃（pH 为 4.30～9.70），同理，可以计算并绘制 1.000mol/L、0.010 00mol/L NaOH
溶液滴定同浓度盐酸的滴定曲线，并分别得到滴定突跃（pH 为 3.30～10.70）和（pH 为
5.30～8.70），如图 3.2 所示。

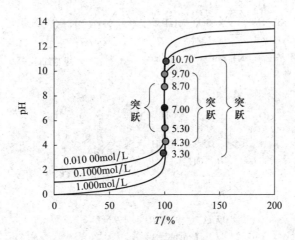

图 3.2　强酸强碱滴定曲线与浓度的关系

3.2.7　选择酸碱指示剂的基本原理

1. 掌握酸碱指示剂的概念

酸碱指示剂是一些弱的有机酸或者有机碱。它们的酸式体、碱式体具有不同的
颜色。

$$HIn \rightleftharpoons H^+ + In^-$$

$$\text{酸式体} \qquad \text{碱式体}$$

$$K_{In} = \frac{[H^+][In^-]}{[HIn]} = K_a, \qquad \frac{K_{In}}{[H^+]} = \frac{[In^-]}{[HIn]}$$

理论上，当酸碱滴定到化学计量点时，希望酸碱指示剂恰好开始变色以便指示终
点。酸式体既不能还未变色，又不能全部变为碱式体，最理想的状态是酸式体和碱式体
各占一半，即 [In$^-$]=[HIn]。此时 K_{In}=[H$^+$]。因此，酸碱指示剂的理论变色点是
pH 等于 pK$_{In}$ 时。溶液中 [In$^-$]/[HIn]≥10 时为指示剂碱式色；溶液中 1/10≤[In$^-$]/
[HIn]≤10 时为指示剂酸碱体混合色；溶液中 [In$^-$]/[HIn]≤1/10 时为指示剂酸式
色。指示剂理论变色 pH 范围为 pK$_{In}$±1。

一定温度下，K_{In} 是常数。[H$^+$] 决定比值大小，影响溶液颜色。要注意的是，实
际与理论的变色范围有差别，深色比浅色灵敏，指示剂的变色范围越窄，指示变色越

敏锐。

2. 认识常用酸碱指示剂

常用酸碱指示剂变色原理如图 3.3 所示。

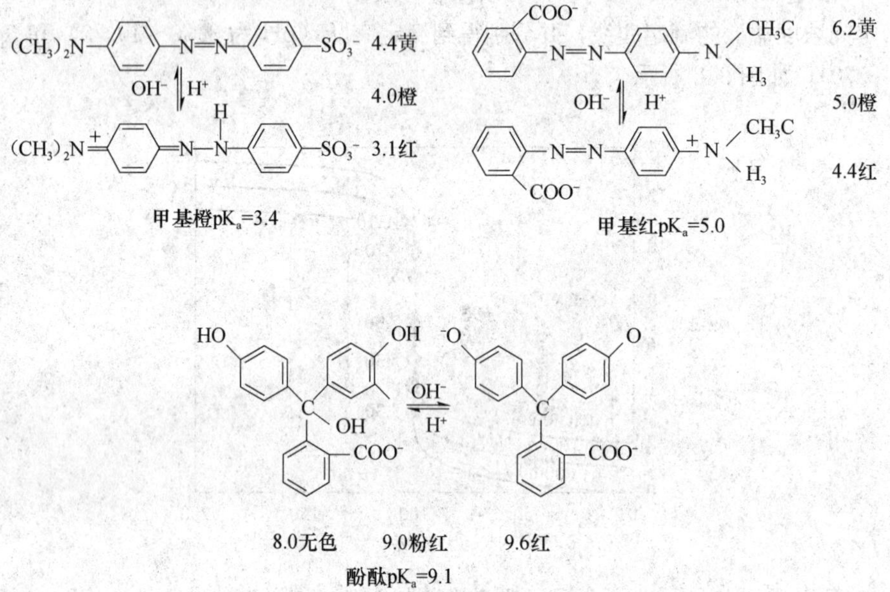

甲基橙 $pK_a=3.4$　　　　甲基红 $pK_a=5.0$

4.4黄　4.0橙　3.1红　　6.2黄　5.0橙　4.4红

8.0无色　　9.0粉红　　9.6红
酚酞 $pK_a=9.1$

图 3.3　甲基橙、甲基红、酚酞三种酸碱指示剂变色原理

常用酸碱指示剂如表 3.8 所示。

表 3.8　常用酸碱指示剂

指示剂	酸式色	碱式色	pK_{In}	pT	变色范围
百里酚蓝 1	红	黄	1.7	2.6	1.2~2.8
甲基黄	红	黄	3.3	3.9	2.9~4.0
溴酚蓝	黄	紫	4.1	4.0	3.0~4.4
甲基橙	红	黄	3.4	4.0	3.1~4.4
溴甲酚绿	黄	蓝	4.9	4.4	3.8~5.4
甲基红	红	黄	5.0	5.0	4.4~6.2
溴甲酚紫	黄	紫	—	6.0	5.2~6.8
溴百里酚蓝	黄	蓝	7.3	7.0	6.0~7.6
酚红	黄	红	8.0	7.0	6.4~8.0
百里酚蓝 2	黄	蓝	8.9	9.0	8.0~9.6
酚酞	无色	红	9.1	—	8.0~9.6
百里酚酞	无色	蓝	10.0	10.0	9.4~10.6

注：pK_{In} 表示理论变色点，pT 为实际观察到的变色点，两者不一定完全相等。

3. 认识混合指示剂

为了使终点观测明显，缩小变色间隔，宜采用混合指示剂。混合指示剂按照使用原料不同可以分为两类：一类是由两种酸碱指示剂混合，由于颜色互补使变色间隔变窄，颜色变化敏锐，如表 3.9 所示；另一类是由一种酸碱指示剂与一种惰性染料相混合，是非酸碱指示剂，颜色不随 pH 变化。由于颜色互补使变色敏锐，其变色间隔不变。颜色变化很清楚，适用于灯光下滴定时用，如表 3.10 所示。

表 3.9　溴甲酚绿-甲基红（pH 为 5.0~5.2）

溶液 pH	溴甲酚绿	甲基红	混合色
<4.0	黄	红	酒红
5.1	绿	橙红	灰
>6.2	蓝	黄	绿

表 3.10　甲基橙-靛蓝（pH 为 3.2~4.4）

溶液 pH	甲基橙	靛蓝	混合色
<3.2	红	蓝	紫
4.1	橙	蓝	浅灰
>4.4	黄	蓝	绿

4. 选择指示剂

正确选择指示剂的目的在于降低终点误差。选择指示剂时应先根据化学计量点的 pH 与指示剂变色点 pT，定性选择酸性范围或碱性范围变色指示剂。由于可查到的 pT 有限，因此还需要根据滴定曲线的滴定突跃来选择指示剂。指示剂变色范围在滴定突跃范围以内或占据一部分均可选用。所选指示剂应使滴定误差小于 0.1%。

0.10mol/L NaOH 溶液滴定同浓度盐酸的滴定突跃 pH 为 4.30~9.70，甲基红（pH 为 4.4~6.2）和酚酞（pH 为 8.0~9.6）的变色范围全部落在该滴定突跃以内，所以滴定时可以选择这两种指示剂，如图 3.4 所示。由于 pH 增加，甲基红由红色变为黄色，酚酞由无色变为粉红色。选用甲基红时用酸滴定碱，选择酚酞时用碱滴定酸才能满足指示剂由浅色变深色的原则。甲基橙的变色范围（pH 为 3.1~4.4）只是部分落在滴

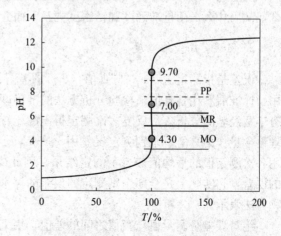

图 3.4　甲基橙、甲基红、酚酞三种指示剂选择原则

定突跃内，此时仍然可以选用甲基橙作为指示剂。随着 pH 增加，甲基橙由红色变为黄

色，应用酸滴定碱可以满足指示剂从浅色变深色的原则，但只能滴至橙色，不能滴至红色，否则将超出滴定突跃，使得终点误差大于 0.1%。

3.2.8　误差、偏差、精准度及判据

科技的发展对分析结果的可靠性提出了更高的要求。结果应经得起时间、空间的检验。国家、部门、实验室之间结果应一致，具有可比性，如化学武器核查、进出口商品检验、酸雨检测等。

定量分析的目的是准确测定被测物质的含量。然而，根据误差公理，误差自始至终存在于一切科学实验之中，绝对真值客观存在但不可测，实验结果中误差与测量结果并存，测量数据在一定范围内波动。因此，对分析者的要求不是消除误差，而是把误差控制在合理的范围内，并在测定结果中对引入的误差进行估计和正确表示。

1. 用准确度与精密度判别数据是否合格

准确度就是测定值与被测组分的真值接近的程度。精密度则是几次平行测定值相互接近的程度。精密度是保证准确度的前提，精密度高准确度不一定高，但准确度高，精密度一定高。下面举例进行说明。

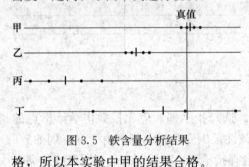

图 3.5　铁含量分析结果

【例 3.21】　图 3.5 表示出甲、乙、丙、丁四个人分析同一试样中铁含量的结果。说明哪个人的分析结果合格。

答：甲的数据精密度高、准确度高，结果可靠；乙的数据精密度高、准确度低；丙的数据精密度低、准确度低；丁的数据精密度低、准确度低。乙、丙、丁的结果均不合格，所以本实验中甲的结果合格。

从上例可以看出，要判别分析数据是否合格，需要使用准确度和精密度的概念，那么，又用什么来衡量准确度和精密度呢？下面介绍误差和偏差的概念。

2. 用误差衡量准确度

误差是指测定值（x）与真值（T）的差异。真值不可能准确知道，实际工作中，用"标准值"代替真值来检验分析方法的准确度。标准值是指采用可靠分析方法，由具有丰富经验的分析人员反复多次测定得出的比较准确的结果。有时也将纯物质中元素的理论含量作为真值。个别测定误差用 $x_1 - T$，$x_2 - T$，$\cdots$，$x_n - T$ 表示。实际上，通常用各次测定值的平均值来表示测定结果，因此应用 x 的平均值减去标准值来表示测定的误差，它实际上是全部个别测定的误差的算术平均值。误差用绝对误差和相对误差两种方法表示。

绝对误差是测量值与真值之间的差值，用 E_a 表示：

$$E_a = \bar{x} - T \tag{3.16}$$

相对误差是绝对误差占真值的百分比，用 E_r 表示：

$$E_r = \frac{E_a}{T} \times 100\% \tag{3.17}$$

误差小，表示测定结果与真值接近，测定的准确度高；反之，误差越大，测定的准确度越低。若测定值大于标准值，为正误差；反之，为负误差。相对误差反映误差在测定结果中所占百分比率，更具有实际意义。因此，常用相对误差表示测定结果的准确度。下面举例说明绝对误差和相对误差的计算方法。

【例 3.22】　分析软锰矿标样中锰的百分含量，五次测量测得 ω_{Mn} 为 37.45%、37.20%、37.50%、37.30%、37.25%，已知标样中锰的含量为 37.41%，计算分析结果的相对误差。

解　$\bar{x} = \dfrac{\sum x_i}{n} = \dfrac{37.45\% + 37.20\% + 37.50\% + 37.30\% + 37.25\%}{5} = 37.34\%$

$$E_a = \bar{x} - T = 37.34\% - 37.41\% = -0.07\%$$

$$E_r = \frac{E_a}{T} \times 100\% = \frac{-0.07\%}{37.41\%} \times 100\% \approx -0.2\%$$

答：分析结果的相对误差为 -0.2%。

3. 误差的分类

误差可分为系统误差、随机误差和过失误差，如图 3.6 所示。

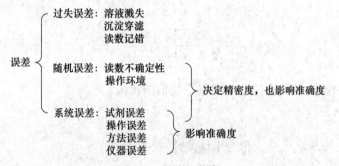

图 3.6　误差的分类

系统误差（又称为可测误差）是指在一定的测量条件下，对同一个被测尺寸进行多次重复测量时，误差的大小和符号（正误差或负误差）保持不变；或者在条件变化时，按一定规律变化的误差。例如，某人的鞋跟不论谁来测、不论测多少次总是偏高 1cm，说明鞋跟的高度是客观存在的，不会忽高忽低，而且可以通过更换鞋跟或锯掉多余的 1cm 来进行校正。可见，系统误差具有单向性、重现性、可校正的特点，不可用增加平行测定次数、采取数理统计的方法消除或减弱。常见的系统误差包括方法误差（如溶解损失、终点误差）、仪器误差（如刻度不准、砝码磨损）、试剂误差（如试剂不纯，可做空白实验校正）、操作误差（如对颜色观察的主观原因）等。

随机误差（又称为不可测误差、偶然误差）是指测量结果与同一待测量的大量重复测量的平均结果之差。例如，对滴定管的标称值 26.10mL，有人读出 26.09mL，还有人读出 26.11mL。由于最后一位是估读的，因此 26.09、26.11 均符合要求，这样就导致数据结果有高有低，且高低数据的数量基本相当。可见，随机误差具有双向性、正态分布、不可校正的特点，可用增加平行测定次数、采取数理统计的方法进行减弱。在不存在系统误差的情况下，测定次数越多其平均值越接近真值，随机误差越小。考虑到实际操作条件，一般可平行测定 4~6 次。

过失误差是由过程中的非随机事件（如工艺泄漏、测量仪表失灵、设备故障等）引发的测量数据严重失真现象，致使测量数据的真实值与测量值之间出现显著差异的误差。有时，人们也把随机误差包含在过失误差中。过失误差是由粗心大意引起，具有可以避免的特点。实际工作中，可以用统计方法检测结果是否为过失引起的，若为过失引起则直接弃去该结果。

4. 偏差衡量精密度

在统计学中，偏差可以用于两个不同的概念，即有偏采样和有偏估计。一个有偏采样是对总样本集非平等采样，而一个有偏估计是指高估或低估要估计的量。偏差是指一组平行测定数据相互接近的程度。在统计学中常用来判定测量值是否为坏值（测量数据存在随机误差）。偏差是代数差，可以为正、负、甚至是零。偏差小，精密度高。

偏差

$$d_i = x_i - \bar{x} \tag{3.18}$$

平均偏差是指各单个偏差绝对值的平均值。

平均偏差：

$$\bar{d} = \frac{\sum\limits_{i=1}^{n} |x_i - \bar{x}|}{n} \tag{3.19}$$

相对平均偏差是指平均偏差与测量平均值的比值。

相对平均偏差：

$$相对平均偏差 = \frac{\bar{d}}{\bar{x}} \times 100\% \tag{3.20}$$

样本标准差是一种量度有限个数据分布的分散程度的标准，用以衡量数据值偏离算术平均值的程度。标准偏差越小，这些值偏离平均值就越少，反之亦然。

样本标准差：

$$s = \sqrt{\frac{\sum\limits_{i=1}^{n} (x_i - \bar{x})^2}{n-1}} \tag{3.21}$$

相对标准偏差是样本标准差与测量结果算术平均值的比值。

相对标准偏差：

$$RSD = \frac{s}{\bar{x}} \times 100\% \tag{3.22}$$

【例 3.23】　分析软锰矿标样中锰的百分含量，5 次测量测得 ω_{Mn} 为 37.45%、37.20%、37.50%、37.30%、37.25%，已知标样中锰的含量为 37.41%，计算并分析结果的精密度。

解　$\bar{x}=\dfrac{\sum x_i}{n}=\dfrac{37.45\%+37.20\%+37.50\%+37.30\%+37.25\%}{5}=37.34\%$

$d_1=x_1-\bar{x}=37.45\%-37.34\%=0.11\%$，　$d_2=37.20\%-37.34\%=-0.14\%$

$d_3=37.50\%-37.34\%=0.16\%$，　$d_4=37.30\%-37.34\%=-0.04\%$

$d_5=37.25\%-37.34\%=-0.09\%$

平均偏差 $\bar{d}=\dfrac{\sum|d_i|}{n}$

$\qquad\qquad=\dfrac{|0.11\%|+|-0.14\%|+|0.16\%|+|-0.04\%|+|-0.09\%|}{5}$

$\qquad\qquad=0.11\%$

相对平均偏差 $=\dfrac{\bar{d}}{\bar{x}}\times100\%=\dfrac{0.11\%}{37.34\%}\times100\%\approx0.29\%$

从例 3.22、例 3.23 两例可以看出，分析软锰矿标样中锰的百分含量，平均偏差为 0.11%，相对平均偏差为 0.29%，说明精密度高；相对误差为 -0.2%，说明准确度高。精密度高表示分析条件稳定，随机误差得到控制，数据有可比性；准确度高表示随机误差和系统误差都很小。因此，本实验精密度高、准确度高，结果可靠。

3.2.9　强碱滴定一元强酸终点误差的计算

1. 基本公式和林邦误差公式

滴定分析法中指示剂变色点（滴定终点）与化学计量点不重合引起的误差称为终点误差。终点误差是一种系统误差，不包括滴定过程中所引起的随机误差。终点误差也是一种相对误差。设以浓度为 c 的 NaOH 溶液滴定体积为 V_0、浓度为 c_0 的盐酸溶液，滴定至终点时用去 NaOH 溶液的体积为 V_{ep}，滴定至化学计量点时体积为 V_{sp}，滴定误差（相对误差）为 E_t。

$$E_t=\frac{n_{滴定剂量过或不足}}{n_{被测物质}}=\frac{n_{滴定剂量过或不足}}{n_{应加入滴定剂总量}}$$

$$E_t=\frac{cV_{ep}-c_0V_0}{c_0V_0}\times100\%$$

滴定到终点时电荷平衡式：

$$[H^+]_{ep}+[Na^+]_{ep}=[OH^-]_{ep}+[Cl^-]_{ep}$$

已知 $[Na^+]_{ep}=\dfrac{cV_{ep}}{V_0+V_{ep}}$，$[Cl^-]_{ep}=\dfrac{c_0V_0}{V_0+V_{ep}}$，则

$$[OH^-]_{ep}-[H^+]_{ep}=[Na^+]_{ep}-[Cl^-]_{ep}=\frac{cV_{ep}}{V_0+V_{ep}}-\frac{c_0V_0}{V_0+V_{ep}}=\frac{cV_{ep}-c_0V_0}{V_0+V_{ep}}$$

$$E_t=\frac{cV_{ep}-c_0V_0}{c_0V_0}=\frac{(V_0+V_{ep})([OH^-]_{ep}-[H^+]_{ep})}{c_0V_0}=\frac{[OH^-]_{ep}-[H^+]_{ep}}{\dfrac{c_0V_0}{V_0+V_{ep}}}=\frac{[OH^-]_{ep}-[H^+]_{ep}}{c_0^{ep}}$$

由于 $V_{ep}\approx V_{sp}$，$E_t=\dfrac{[OH^-]_{ep}-[H^+]_{ep}}{\dfrac{c_0V_0}{V_0+V_{sp}}}$ 令 $c_0^{sp}=\dfrac{c_0V_0}{V_0+V_{sp}}$，得

强碱滴定一元强酸滴定误差基本公式：

$$E_t = \frac{[OH]_{ep} - [H^+]_{ep}}{c_0^{sp}} \times 100\% \tag{3.23}$$

再将式（3.23）换算成林邦误差公式：

由于 $\Delta pH = pH_{ep} - pH_{sp} = -lg[H^+]_{ep} + lg[H^+]_{sp} = lg\frac{[H^+]_{sp}}{[H^+]_{ep}}$，则

$$\frac{[H^+]_{sp}}{[H^+]_{ep}} = 10^{\Delta pH}, \quad [H^+]_{ep} = [H^+]_{sp} \times 10^{-\Delta pH} = \sqrt{K_w} \times 10^{-\Delta pH}$$

$$E_t = \frac{[OH^-]_{ep} - [H^+]_{ep}}{c_0^{sp}} = \frac{\frac{K_w}{[H^+]_{ep}} - [H^+]_{ep}}{c_0^{sp}} = \frac{\frac{K_w}{\sqrt{K_w} \times 10^{-\Delta pH}} - \sqrt{K_w} \times 10^{-\Delta pH}}{c_0^{sp}}$$

$$= \frac{\sqrt{K_w}(10^{\Delta pH} - 10^{-\Delta pH})}{c_0^{sp}} = \frac{10^{\Delta pH} - 10^{-\Delta pH}}{\sqrt{\frac{1}{K_w}} c_0^{sp}}$$

对于强酸与强碱之间的滴定反应：

得林邦误差公式：

$$K_t = \frac{1}{a_{H^+} \times a_{OH^-}} = \frac{1}{K_w}$$

$$E_t = \frac{10^{\Delta pH} - 10^{-\Delta pH}}{\sqrt{K_t} c_0^{sp}} \tag{3.24}$$

式（3.23）、式（3.24）分别是计算强碱滴定一元强酸终点误差的基本公式和林邦误差公式。

2. 示例计算强酸强碱滴定误差

对于强碱滴定强酸，可以使用甲基橙、甲基红、酚酞作为指示剂，分别计算使用各种指示剂的滴定误差。

【例 3.24】 用 0.1000mol/L NaOH 溶液滴定 20.00mL 同浓度盐酸，若选甲基橙作为指示剂，滴至黄色（pH=4.4）为终点，计算终点误差。

解 已知 $c_{sp} = 0.05000mol/L$，终点溶液 pH=4.4，$[H^+] \approx 4 \times 10^{-5}mol/L$，则

$$[OH^-] = \frac{1.0 \times 10^{-14}}{4 \times 10^{-5}} \approx 2 \times 10^{-10} \quad (mol/L)$$

$$E_t = \frac{[OH^-]_{ep} - [H^+]_{ep}}{c_0^{sp}} \times 100\% = \frac{2 \times 10^{-10} - 4 \times 10^{-5}}{0.05000} \times 100\% \approx -0.08\%$$

答：终点误差为 −0.08%。

【例 3.25】 用 0.1000mol/L NaOH 溶液滴定 20.00mL 同浓度盐酸，若选甲基橙作为指示剂，滴至橙色（pH=4.0）为终点，计算终点误差。

解 已知 $c_{sp} = 0.05000mol/L$，终点溶液 pH=4.0，$[H^+] = 1 \times 10^{-4}mol/L$，则

$$[OH^-] = \frac{1.0 \times 10^{-14}}{1 \times 10^{-4}} = 1 \times 10^{-10} \quad (mol/L)$$

$$E_t = \frac{[OH^-]_{ep} - [H^+]_{ep}}{c_0^{sp}} \times 100\% = \frac{1 \times 10^{-10} - 1 \times 10^{-4}}{0.05000} \times 100\% \approx -0.2\%$$

答：终点误差为-0.2%。

【例 3.26】 用 0.1000mol/L NaOH 溶液滴定 20.00mL 同浓度盐酸，若选甲基红作为指示剂，滴至黄色（pH＝6.2）为终点，计算终点误差。

解 已知 $c_{sp}=0.050\,00\text{mol/L}$，终点溶液 pH=6.2，$[H^+]=6\times10^{-7}\text{mol/L}$，则

$$[OH^-]=\frac{1.0\times10^{-14}}{6\times10^{-7}}\approx2\times10^{-8}\ (\text{mol/L})$$

$$E_t=\frac{[OH^-]_{ep}-[H^+]_{ep}}{c_0^{sp}}\times100\%=\frac{2\times10^{-8}-6\times10^{-7}}{0.050\,00}\times100\%\approx-0.002\%$$

答：终点误差为-0.002%。

【例 3.27】 用 0.1000mol/L NaOH 溶液滴定 20.00mL 同浓度盐酸，若选酚酞作为指示剂，滴定至浅粉色（pH＝9.0）为终点，计算终点误差。

解 已知 $c_{sp}=0.050\,00\text{mol/L}$，终点溶液 pH=9.0，$[H^+]=1\times10^{-9}\text{mol/L}$，则

$$[OH^-]=\frac{1.0\times10^{-14}}{1\times10^{-9}}=1\times10^{-5}\ (\text{mol/L})$$

$$E_t=\frac{[OH^-]_{ep}-[H^+]_{ep}}{c_0^{sp}}\times100\%=\frac{1\times10^{-5}-1\times10^{-9}}{0.050\,00}\times100\%\approx+0.02\%$$

答：终点误差为$+0.02\%$。

由上述例子可以看出，NaOH 溶液滴定盐酸时，由于误差公式的分子是碱减去酸的浓度，若终点 pH 大于 7.0（$[OH^-]>[H^+]$），误差为正值；若终点 pH 等于 7.0（$[OH^-]=[H^+]$），误差为零；若终点 pH 小于 7.0（$[OH^-]<[H^+]$），误差为负值。

任务 3.3 强碱滴定一元弱酸模式

 任务分析

本任务要完成 0.1000mol/L NaOH 溶液滴定同浓度 HAc 溶液的实验。重点是选择滴定误差在合理范围内的指示剂判定滴定终点。难点在于要满足酸碱指示剂的变色范围全部或部分落在滴定突跃内，就要绘制滴定曲线、寻找滴定突跃。计算滴定曲线的纵坐标 pH 时，强碱在稀的水溶液中完全电离，HAc 这样的一元弱酸是不完全电离的，0.1mol/L HAc 的水溶液中，c_{H^+} 不等于 0.1mol/L，计算 H^+ 浓度还需使用质子平衡式推导出相应的公式。

 任务实施

3.3.1 0.1000mol/L NaOH 标准溶液滴定同浓度 HAc 溶液

1. 实验目的

（1）学习强碱滴定一元弱酸的方法。

（2）学习用酚酞作为指示剂判断强碱滴定弱酸的滴定终点。

（3）进一步巩固突跃范围及指示剂的相关知识。

2. 实验原理

采用任务 3.1 中已经配制并标定好的 0.1000mol/L NaOH 标准溶液，将待标定的 HAc 溶液配制到约 0.10mol/L，使用酚酞指示剂。滴定至溶液变浅粉色时到达滴定终点，根据基本单元列出标准方程，从而计算出 HAc 溶液的浓度。反应式为

$$NaOH + HAc \xrightarrow{\hspace{1cm}} NaAc + H_2O$$

由于指示剂从浅色到深色的颜色变化更易观察，因此选用酚酞指示剂，应将 NaOH 标准溶液装入滴定管，滴定 HAc 待测溶液由无色变为粉红色。

3. 试剂

NaOH 标准溶液（任务 3.1，0.1000mol/L）；36% HAc（A. R.）；酚酞指示剂（10g/L 乙醇溶液，1g 酚酞加 100mL 95% 乙醇）。

36% HAc 换算成物质的量浓度：常温下溶质是固体的，其溶液的百分浓度（%）是质量比体积；而常温下溶质为液体时，其百分比浓度是体积比体积。HAc 常温下为液态，故 36% 是体积比体积，即 100mL 溶液中含 36mL HAc。查附录 1 得 $\rho_{HAc} = 1.05g/mL$，故 36mL HAc 的质量 $m = 1.05g/mL \times 36mL = 37.8g$。$M_{HAc} = 60g/mol$，36mL HAc 的物质的量 $n = 37.8g/60(g/mol) = 0.63mol$。36% HAc 溶液的物质的量浓度 $c = 0.63mol/100mL = 6.3mol/L$。

4. 仪器

分析天平（0.1mg）；碱式滴定管（50mL×1）；烧杯（500mL×1，250mL×3）；锥形瓶（250mL×4）；量筒（10mL×1，25mL×1，50mL×1）；白滴瓶（60mL×3）；试剂瓶（500mL×1）；移液管（10mL×1，20mL×1）。

5. 实验步骤

1）0.10mol/L HAc 溶液的配制

计算配制 500mL 0.1mol/L HAc 所需 36% HAc 的量。由于 36% HAc 的物质的量浓度为 6.3mol/L，配制 0.1mol/L 的 HAc 溶液，实际就是要将 36% HAc 稀释 63 倍（1 份 36% HAc + 62 份水）。按照 HAc 和水的比例，若要配制 500mL HAc 溶液，需要 8mL 36% HAc 和 496mL 蒸馏水，此时总体积为 504mL 超过了容量瓶容积。考虑到 HAc 易挥发，36% HAc 的实际浓度低于 6.3mol/L，可以移取 8mL 36% HAc，用蒸馏水定容到 500mL 即可。方法是用洁净的移液管量取所需体积的 36% HAc，迅速转移至装有 100mL 蒸馏水的 500mL 容量瓶中。加水至容积 2/3 处，先平摇，再用蒸馏水定容至刻度，最后上下摇动容量瓶使溶液混匀，贴标签备用。

2）0.10mol/L HAc 溶液的标定

将任务 3.1 中已经标定好的 0.1000mol/L NaOH 溶液置于 50.00mL 碱式滴定管中。

用移液管精确量取 20.00mL 浓度约为 0.10mol/L HAc 溶液，置于 250mL 锥形瓶中。加两滴酚酞指示液。终点前用锥形瓶内壁将滴定管尖嘴处半滴靠下，再用洗瓶冲洗瓶壁，反复操作至溶液呈浅粉色，静置 30s 不退色，即为终点，记录消耗 NaOH 溶液的体积读数 V_1。做三次平行实验。

　　3）空白实验

　　加蒸馏水 20mL 于 250mL 锥形瓶中，加两滴酚酞指示液，用 NaOH 标准溶液滴定至溶液呈浅粉色，保持 30s 不退色，即为终点，记录消耗 NaOH 溶液的体积读数 V_2。

6. 原始记录

0.1000mol/L NaOH 溶液滴定同浓度 HAc 溶液原始记录表如表 3.11 所示。

表 3.11　0.1000mol/L NaOH 溶液滴定同浓度 HAc 溶液原始记录表

日期：＿＿＿＿＿

样品编号	1#	2#	3#
量取 36%HAc 溶液体积初读数/mL			
量取 36%HAc 溶液体积终读数/mL			
量取 36%HAc 溶液体积/mL			
NaOH 标准溶液体积初读数/mL			
NaOH 标准溶液体积终读数/mL			
NaOH 标准溶液体积/mL			
空白实验 NaOH 溶液体积初读数/mL			
空白实验 NaOH 溶液体积终读数/mL			
空白实验 NaOH 溶液体积/mL			

7. 结果计算

由以上数据，可根据下列公式计算出 HAc 的浓度 c_1。

$$c_1 = \frac{c_{NaOH}(V_1 - V_2)}{V_{HAc}} \tag{3.25}$$

式中，c_1——HAc 溶液的浓度，mol/L；

　　c_{NaOH}——NaOH 标准溶液的浓度，mol/L；

　　V_{HAc}——HAc 溶液的体积，mL；

　　V_1、V_2——用 NaOH 溶液滴定 HAc 溶液时消耗 NaOH 溶液和空白实验消耗 NaOH 溶液的体积，mL。

　　所有滴定管读数均需校准。

8. 注意事项

（1）指示剂只需加 1~2 滴，多加要消耗 NaOH 引起误差。

（2）36%HAc 换算成物质的量浓度的计算过程较为复杂，应注意掌握。

9. 思考题

（1）用 NaOH 标准溶液滴定盐酸和 HAc 溶液至化学计量点时，溶液的 pH 各为多少?

（2）本实验为什么只能选用酚酞指示剂?

 知识平台

3.3.2　计算强碱滴定一元弱酸模式 H^+ 浓度

1. 用分布系数判断酸度对一元弱酸各形态分布的影响

分布系数是指溶液中某酸碱组分的平衡浓度占其总浓度的分数，取决于该酸碱物质的性质和溶液 H^+ 浓度，与总浓度无关，能定量说明溶液中的各种酸碱组分的分布情况。各种存在形式的分布系数的和等于1。

$$HAc \rightleftharpoons H^+ + Ac^-,\quad K_a = \frac{[H^+][Ac^-]}{[HAc]}$$

$$\delta_{HAc} = \frac{[HAc]}{c} = \frac{[HAc]}{[HAc]+[Ac^-]} = \frac{[H^+]}{[H^+]+K_a} \tag{3.26}$$

$$\delta_{Ac^-} = \frac{[Ac^-]}{c} = \frac{[Ac^-]}{[HAc]+[Ac^-]} = \frac{K_a}{[H^+]+K_a} \tag{3.27}$$

$$\delta_{HAc} + \delta_{Ac^-} = 1$$

$$[HAc] = c \times \delta_{HAc},\quad [Ac^-] = c \times \delta_{Ac^-}$$

由式（3.26）和式（3.27）可知，当 $[H^+] = K_a$ 时，$\delta_{HAc} = \delta_{Ac^-} = 0.5$。

【例 3.28】 0.1mol/L HAc 溶液，计算 pH=4.00 时，$[HAc]$、$[Ac^-]$ 各为多少?

解 已知 HAc 的 $K_a = 1.8 \times 10^{-5}$，pH=4.00 时，

$$\delta_{HAc} = \frac{[H^+]}{[H^+]+K_a} = \frac{1.0 \times 10^{-4}}{1.0 \times 10^{-4} + 1.8 \times 10^{-5}} \approx 0.85$$

$$[HAc] = c \times \delta_{HAc} = 0.1 \times 0.85 \approx 0.08\ (mol/L)$$

$$\delta_{Ac^-} = \frac{K_a}{[H^+]+K_a} = \frac{1.8 \times 10^{-5}}{1.0 \times 10^{-4} + 1.8 \times 10^{-5}} \approx 0.15$$

$$[Ac^-] = c \times \delta_{Ac^-} = 0.1 \times 0.15 \approx 0.02\ (mol/L)$$

答：pH=4.00 时，$[HAc]$、$[Ac^-]$ 分别为 0.08mol/L 和 0.02mol/L。

从计算可知，δ_{HAc} 与 δ_{Ac^-} 与 pH 有关，说明 pH 会影响 HAc 中各种物质的形态分布。表 3.12 列出了不同 pH 时 HAc 的 δ_{HAc} 与 δ_{Ac^-}。

表 3.12　不同 pH 时 HAc 的 δ_{HAc} 与 δ_{Ac^-}

pH	δ_{HAc}	δ_{Ac^-}
$pK_a - 2.0$	0.99	0.01
$pK_a - 1.3$	0.95	0.05
$pK_a - 1.0$	0.91	0.09
pK_a	0.50	0.50
$pK_a + 1.0$	0.09	0.91
$pK_a + 1.3$	0.05	0.95
$pK_a + 2.0$	0.01	0.99

以 δ_{HAc}、δ_{Ac^-} 对 pH 做图，即可得 HAc 的 δ-pH 图，如图 3.7 所示。

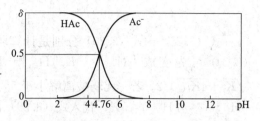

图 3.7 HAc 的 δ-pH 图

2. 依据质子平衡式计算 HAc 的 H^+ 浓度

了解了酸度对一元弱酸各形态分布的影响后，可知 pH 在酸碱滴定中非常重要。依据质子平衡式计算 H^+ 浓度。任务 3.2 中已经学习了强酸水溶液 H^+ 浓度的计算。本任务中要学会计算弱酸水溶液的 H^+ 浓度。

【例 3.29】 试写出 HAc 水溶液的三大平衡式。

解
$$HAc \Longrightarrow H^+ + Ac^-$$

PBE（质子平衡方程）：先选零水准，将零水准得质子后的形式写在等式的左边，失质子后的形式写在等式的右边；有关浓度项前乘上得失质子数。

零水准

$$HAc \xrightarrow{\ -H^+\ } Ac^-$$

$$H_3O^+ \xleftarrow{\ +H^+\ } H_2O \xrightarrow{\ -H^+\ } OH^-$$

$$[H^+] = [Ac^-] + [OH^-]$$

若要计算弱酸的 H^+ 浓度，可以通过质子平衡式直接得出 H^+ 浓度的原始关系式，能简化计算过程。

3. 用准确式、近似式和最简式计算 HAc 的 H^+ 浓度

由于弱酸在水中不能够完全电离，因此其 H^+ 浓度不能够简单地与弱酸的量相等同。计算的原则是先写出质子平衡式，得到计算 H^+ 的原始公式，再将公式中的未知量变换成已知量。下面以 HAc 的 H^+ 浓度计算为例说明弱酸中 H^+ 浓度的计算方法。

$$[H^+] = [Ac^-] + [OH^-]$$

由于 $HAc \Longrightarrow H^+ + Ac^-$ 中 $K_a = [H^+][Ac^-]/[HAc]$，代入上式得

$$[H^+] = \frac{K_a[HAc]}{[H^+]} + \frac{K_w}{[H^+]}$$

$$[H^+]^2 = K_a[HAc] + K_w$$

物料平衡式 $c_a = [HAc] + [Ac^-]$ 变为 $[HAc] = c_a - [Ac^-]$，代入上式得

$$[H^+]^2 = K_a(c_a - [Ac^-]) + K_w$$

质子平衡式 $[H^+] = [Ac^-] + [OH^-]$ 变为 $[Ac^-] = [H^+] - [OH^-]$，代入上式得准确式：

$$[H^+]^2 = K_a(c_a - [H^+] + [OH^-]) + K_w$$

$$[H^+] = \sqrt{K_a(c_a - [H^+] + [OH^-]) + K_w} \tag{3.28}$$

酸不是太弱时且 $K_a c_a \geqslant 20 K_w$，可忽略 $[OH^-]$ 和 K_w，得近似式：

$$[H^+] = \sqrt{K_a(c_a - [H^+])} \tag{3.29}$$

一元弱酸离解小于 5% 时，忽略 $[H^+]$ 得最简式：

$$[H^+] = \sqrt{K_a c_a} \qquad\qquad (3.30)$$

式（3.28）～式（3.30）分别是计算弱酸 H^+ 浓度的准确式、近似式和最简式。式（3.29）可先变成 $[H^+]^2 + K_a[H^+] - K_a c_a = 0$，再求方程正根 $[H^+] = (-K_a + \sqrt{K_a^2 + 4K_a c_a})/2$。若一元弱酸离解小于 5%，式（3.29）忽略 $[H^+]$ 所引起的相对误差 $[H^+]/(c_a - [H^+]) < 5\%$，代入式（3.29）得

$$\frac{[H^+]}{c_a - [H^+]} = \frac{K_a}{[H^+]} < 5\%$$

再将式（3.30）代入得

$$E_t = \frac{[H^+]}{c_a - [H^+]} = \frac{K_a}{[H^+]} = \frac{K_a}{\sqrt{K_a c_a}} = \sqrt{\frac{K_a}{c_a}} < 5\%$$

$$\frac{K_a}{c_a} < 2.5 \times 10^{-3} \qquad 或 \qquad \frac{c_a}{K_a} > 400$$

若式（3.29）忽略 $[H^+]$ 所引起的相对误差小于 10%，则 $c_a/K_a > 100$；若式（3.29）忽略 $[H^+]$ 所引起的相对误差小于 4.5%，则 $c_a/K_a > 500$。可以根据滴定时对误差的具体要求来计算 c_a/K_a 的值。

总之，计算弱酸 H^+ 浓度时，若要使用准确式，只需要正确写出质子平衡方程进行变换即可；若要使用近似式，必须满足条件 $K_a c_a \geqslant 20K_w$；若要使用最简式，必须满足 $K_a c_a \geqslant 20K_w$ 和 $K_a/c_a < 2.5 \times 10^{-3}$ 两个前提条件。

【例 3.30】 计算 0.20mol/L $Cl_2CHCOOH$ 溶液的 pH。已知：$K_a(Cl_2CHCOOH) = 5.5 \times 10^{-2}$。

解 首先判断应使用近似式还是最简式。

$$K_a c_a = 5.5 \times 10^{-2} \times 0.20 = 1.1 \times 10^{-2} \gg 20K_w$$

$$\frac{c_a}{K_a} = \frac{0.20}{5.5 \times 10^{-2}} = 3.6 \ll 400$$

不满足最简式的要求，故应使用近似式。

$$[H^+] = \sqrt{K_a(c_a - [H^+])}$$
$$= \sqrt{5.5 \times 10^{-2} \times (0.20 - [H^+])}$$
$$[H^+]^2 = 5.5 \times 10^{-2} \times (0.20 - [H^+])$$

求得

$$[H^+] \approx 8.0 \times 10^{-2} \ (mol/L), \quad pH \approx 1.10$$

答：0.20mol/L $Cl_2CHCOOH$ 溶液的 pH 为 1.10。

例 3.30 若使用最简式计算 pH，则

$$[H^+] = \sqrt{K_a c_a} = \sqrt{5.5 \times 10^{-2} \times 0.20} \approx 1.0 \times 10^{-1} \ (mol/L), \quad pH = 1.00$$

两个结果的相对误差

$$E_r = \frac{1.00 - 1.10}{1.10} \times 100\% \approx -9.09\%$$

4. 用准确式、近似式和最简式计算 NaAc 的 OH⁻ 浓度

弱碱在水中不能够完全电离，其 OH⁻ 浓度不能够简单地与弱碱的量相等同。计算的原则是先写出质子平衡式，得到计算 OH⁻ 浓度的原始公式，再将公式中的未知量变换成已知量。下面以 NaAc 的 OH⁻ 浓度计算为例说明弱碱中 H⁺ 浓度的计算方法。

零水准

$$HAc \xleftarrow{+H^+} Ac^-$$

$$H_3O^+ \xleftarrow{+H^+} H_2O \xrightarrow{-H^+} OH^-$$

$$[HAc]+[H^+]=[OH^-]$$

由于 $HAc \rightleftharpoons H^+ + Ac^-$ 中 $K_a=[H^+][Ac^-]/[HAc]$，代入上式得

$$[OH^-]=\frac{\dfrac{K_w}{[OH^-]}[Ac^-]}{K_a}+\frac{K_w}{[OH^-]}$$

$$[OH^-]=\frac{K_w[Ac^-]}{K_a[OH^-]}+\frac{K_w}{[OH^-]}$$

$$[OH^-]^2=\frac{K_w[Ac^-]}{K_a}+K_w$$

由于 $K_w=K_aK_b$，代入上式得

$$[OH^-]^2=K_b[Ac^-]+K_w$$

物料平衡式 $c_b=[HAc]+[Ac^-]$ 变为 $[Ac^-]=c_b-[HAc]$，代入上式得

$$[OH^-]^2=K_b(c_b-[HAc])+K_w$$

质子平衡式 $[HAc]+[H^+]=[OH^-]$ 变为 $[HAc]=[OH^-]-[H^+]$，代入得准确式：

$$[OH^-]^2=K_b(c_b-[OH^-]+[H^+])+K_w$$

$$[OH^-]=\sqrt{K_b(c_b-[OH^-]+[H^+])+K_w} \tag{3.31}$$

若碱不是太弱，且 $K_bc_b \geqslant 20K_w$，忽略 $[H^+]$ 和 K_w 得近似式：

$$[OH^-]=\sqrt{K_b(c_b-[OH^-])} \tag{3.32}$$

一元弱酸离解小于 5% 时，忽略 $[OH^-]$ 得最简式：

$$[OH^-]=\sqrt{K_bc_b} \tag{3.33}$$

式（3.31）～式（3.33）分别是计算一元弱碱 NaAc 水溶液 OH⁻ 的准确式、近似式和最简式。式（3.32）可先变成 $[OH^-]^2+K_b[OH^-]-K_ac_b=0$，求方程正根 $[OH^-]=(-K_b+\sqrt{K_b^2+4K_bc_b})/2$。若一元弱碱离解小于 5%，式（3.32）忽略 $[OH^-]$ 所引起的相对误差 $[OH^-]/(c_b-[OH^-])<5\%$，代入式（3.32）得

$$\frac{[OH^-]}{c_b-[OH^-]}=\frac{K_b}{[OH^-]}<5\%$$

再将式（3.33）代入得

$$E_t=\frac{[OH^-]}{c_b-[OH^-]}=\frac{K_b}{[OH^-]}=\frac{K_b}{\sqrt{K_bc_b}}=\sqrt{\frac{K_b}{c_b}}<5\%$$

$$\frac{K_b}{c_b}<2.5\times10^{-3} \quad 或 \quad \frac{c_b}{K_b}>400$$

若式（3.32）忽略［OH$^-$］所引起的相对误差小于 10%，则 $c_b/K_b>100$；若式（3.32）忽略［OH$^-$］所引起的相对误差小于 4.5%，则 $c_b/K_b>500$。可以根据滴定时对误差的具体要求来计算 c_b/K_b 的值。

总结以上过程，与计算弱酸 H$^+$ 浓度相似，计算弱碱 OH$^-$ 浓度时，若要使用准确式，只需要正确写出质子平衡方程进行变换即可；若要使用近似式，必须满足条件 $K_bc_b\geqslant20K_w$。若要使用最简式，必须满足 $K_bc_b\geqslant20K_w$ 和 $c_b/K_b>400$ 两个前提条件。

3.3.3　绘制强碱滴定一元弱酸滴定曲线

1. 弱酸的强度与反应完全程度

对于强碱滴定强酸 OH$^-$＋H$^+$⇌H$_2$O：

$$K_t=\frac{1}{[H^+][OH^-]}=\frac{1}{K_w}=\frac{1}{1.0\times10^{-14}}=1.0\times10^{14}$$

对于强碱滴定一元弱酸 HAc＋OH$^-$⇌H$_2$O＋Ac$^-$：

$$K_t=\frac{[Ac^-]}{[HAc][OH^-]}$$

由于 HAc⇌H$^+$＋Ac$^-$ 中 $K_a=\dfrac{[Ac^-][H^+]}{[HAc]}$，则

$$K_t=\frac{[Ac^-][H^+]}{[HAc][OH^-][H^+]}=\frac{[Ac^-][H^+]}{[HAc]}\times\frac{1}{[OH^-][H^+]}=\frac{K_a}{K_w}<\frac{1}{K_w} \ (K_a<1)$$

结果说明，强碱滴定一元弱酸时滴定反应常数比强碱滴定一元强酸时小，说明其反应的完全程度较强碱滴定一元强酸时差。弱酸的强度是决定反应完全的主要因素，K_a 越大，K_t 就越大，滴定反应常数足够大才能使滴定反应准确进行，计算 pH、绘制滴定曲线才有实际意义。

2. 示例计算强碱滴定一元弱酸模式下 H$^+$ 浓度

为了更好地选择指示剂，以便更加准确地分析被测溶液的组成和含量，有必要对被滴定系统的 pH 进行计算。

【例 3.31】 现用 0.1000mol/L NaOH 溶液滴定 20.00mL 同浓度 HAc 溶液，使用酚酞指示剂，绘制强碱滴定一元弱酸的滴定曲线。已知：HAc 的 $K_a=1.8\times10^{-5}$。

解　使用酚酞指示剂时，欲使指示剂从浅色（无色）变为深色（粉红），NaOH 溶液作为滴定剂，HAc 溶液是被滴定体系。选择 HAc 溶液进行讨论。

当滴定分数 $T=0.0\%$ 时，计算 pH 首先要判断使用一元弱酸近似式还是最简式。

$$K_ac_a=1.8\times10^{-5}\times0.1000=1.8\times10^{-6}\gg20K_w$$

$$\frac{c_a}{K_a}=\frac{0.1000}{1.8\times10^{-5}}\approx5.6\times10^3\gg400$$

使用最简式 $[H^+]=\sqrt{K_ac_a}=\sqrt{1.8\times10^{-5}\times0.1000}=1.3\times10^{-3}$ (mol/L)，pH≈2.89。

当滴定分数 $T=99.9\%$ 时，加入 19.98mL NaOH 溶液生成大量 NaAc，剩余 0.02mL HAc 溶液，形成 HAc-NaAc 缓冲体系，根据 $HAc \rightleftharpoons H^+ + Ac^-$ 写出 K_a 表达式：

$$K_a = \frac{[H^+][Ac^-]}{[HAc]}, \quad [H^+] = \frac{K_a[HAc]}{[Ac^-]}$$

$$[HAc] = \frac{0.1000 \times 0.02}{20.00 + 19.98} \quad 且 \quad [Ac^-] = \frac{0.1000 \times 19.98}{20.00 + 19.98}$$

$$[H^+] = 1.8 \times 10^{-5} \times \frac{\dfrac{0.1000 \times 0.02}{20.00 + 19.98}}{\dfrac{0.1000 \times 19.98}{20.00 + 19.98}}$$

$$= 1.8 \times 10^{-5} \times \frac{0.02}{19.98} \approx 1.8 \times 10^{-5} \times 0.001 = 1.8 \times 10^{-8} (mol/L)$$

$$pH \approx 7.74$$

当滴定分数 $T=100.0\%$ 时，到达化学计量点，此时 HAc 全部被中和生成 NaAc，生成强碱弱酸盐 NaAc，溶液显弱碱性。计算 pOH 首先要判断是使用近似式还是最简式。

$$K_b c_b = \frac{1.0 \times 10^{-14}}{1.8 \times 10^{-5}} \times 0.1000 \approx 5.6 \times 10^{-11} \gg 20K_w$$

$$\frac{c_b}{K_b} = \frac{0.1000}{\dfrac{1.0 \times 10^{-14}}{1.8 \times 10^{-5}}} = 1.8 \times 10^{8} \gg 400$$

使用最简式 $[OH^-] = \sqrt{K_b c_b} = \sqrt{\dfrac{1.0 \times 10^{-14}}{1.8 \times 10^{-5}} \times \dfrac{0.1000 \times 20.00}{20.00 + 20.00}} \approx 5.3 \times 10^{-6} (mol/L)$

$$pOH \approx 5.28, \quad pH = 14.00 - 5.28 = 8.72$$

当滴定分数 $T=100.1\%$ 时，加入 NaOH 溶液生成大量 NaAc，剩余 0.02mL NaOH 溶液，可以忽略 Ac^- 的碱性。

$$[OH^-] = c_{NaOH} - [HAc] \approx c_{NaOH}$$

$$[OH^-] = \frac{0.02 \times 0.1000}{20.00 + 20.02} \approx 5.0 \times 10^{-5} (mol/L)$$

$$pOH \approx 4.30, \quad pH = 14.00 - 4.30 = 9.70$$

用同样的方法，计算其他体积 0.1000mol/L NaOH 溶液滴定 20.00mL 同浓度 HAc 或 HA 溶液的 pH，如表 3.13 所示。

表 3.13　0.1000mol/L NaOH 溶液滴定 20.00mL 同浓度 HAc 或 HA 溶液的 pH

NaOH/mL	$T/\%$	组成	pH_{HAc}	pH_{HA}	$[H^+]$ 计算
0.00	0.0	HA	2.89	4.00	$[H^+] = \sqrt{K_a(c_a - [H^+] + [OH^-]) + K_w}$
10.00	50.0	$HA+A^-$	4.76	7.00	
18.00	90.0	$HA+A^-$	5.71	7.95	
19.80	99.0	$HA+A^-$	6.67	9.00	$[H^+] = \dfrac{K_a[HAc]}{[Ac^-]}$
19.96	99.8	$HA+A^-$	7.46	9.56	
19.98	99.9	$HA+A^-$	7.74	9.70	
20.00	100.0	A^-	8.72	9.85	$[OH^-] = \sqrt{K_b(c_b - [OH^-] + [H^+]) + K_w}$

续表

NaOH/mL	$T/\%$	组成	pH$_{HAc}$	pH$_{HA}$	[H$^+$] 计算
20.02	100.1	A$^-$+OH$^-$	9.70	10.00	
20.04	100.2	A$^-$+OH$^-$	10.00	10.13	[OH$^-$] $=c_{NaOH}$
20.20	101.0	A$^-$+OH$^-$	10.70	10.70	
22.00	110.0	A$^-$+OH$^-$	11.68	11.68	

注：$K_{aHAc}=10^{-4.76}$，$K_{aHA}=10^{-7.00}$。

3. 绘制强碱滴定一元弱酸滴定曲线

根据计算得到的各 pH（表 3.13）可以绘制强碱滴定一元弱酸滴定曲线（图 3.8）。由图可以看出，滴定前弱酸溶液比强酸溶液 pH 高。滴定开始后，反应产生的 Ac$^-$ 浓度逐渐增大，HAc 浓度不断降低，溶液的缓冲容量增大，pH 变化缓慢，50% 的 HAc 被滴定时，溶液缓冲容量最大，曲线平坦；接近化学计量点时，HAc 浓度已经很低，溶液的缓冲作用显著减弱，继续加入 NaOH 溶液，溶液的 pH 较快地增大。到达化学计量点时，体系为 Ac$^-$ 弱碱溶液，曲线在弱碱性范围内出现突跃。化学计量点后为 NaAc-NaOH 混合溶液，Ac$^-$ 碱性较弱可以忽略离解，曲线与 NaOH 溶液滴定盐酸的曲线基本重合。

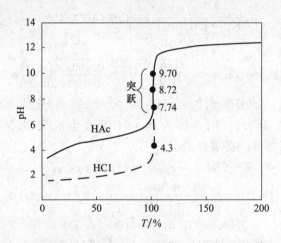

图 3.8 NaOH 溶液滴定同浓度 HAc 溶液曲线

3.3.4 分析影响强碱滴定一元弱酸突跃的因素

已知只要是在滴定突跃内到达终点，其滴定误差都不大于 0.1%。由于滴定终点就是指示剂的变色点，因此变色点必须落在滴定突跃内，变色范围可以全部或者部分落在滴定突跃内。强碱滴定一元弱酸的滴定突跃与强碱滴定一元强酸的滴定突跃是不一样的，影响滴定突跃的因素除了一元弱酸的浓度外，还有一元弱酸的强弱。下面以 NaOH 滴定 HAc 为例进行说明，如图 3.9 所示。

若用 1 表示突跃范围下限（$T=99.9\%$），用 2 表示化学计量点（$T=100.0\%$），用 3 表示突跃范围上限（$T=100.1\%$），滴定突跃为 pH$_1$～（14.00-pOH$_3$）。当强碱和一元弱酸的浓度同时增加 10 倍时，由于 [H$^+$] 决定于 [HAc]、[Ac$^-$] 之比，与其总浓

度无关，不同浓度弱酸的滴定曲线合为一条曲线，此时

$$[H^+]_1' = \frac{K_a[HAc]}{[Ac^-]} = [H^+]_1, pH_1' = pH_1$$

$$[OH^-]_2' = \sqrt{10K_bc_b} = \sqrt{10}[OH^-]_2', pH_2' = 14.50 - pOH_2$$

$$[OH^-]_3' = 10c_{NaOH} = 10[OH^-]_3, pH_3' = 15.00 - pOH_3$$

由计算可得，强碱和一元弱酸浓度同时增大 10 倍时，突跃下限将不变（pH_1），化学计量点将增加至（$14.50 - pOH_2$），突跃上限将增加至（$15.00 - pOH_3$），滴定突跃单向增加一个 pH 单位。1.000mol/L、0.010 00mol/L NaOH 溶液滴定同浓度 HAc 溶液的滴定曲线，滴定突跃 pH 分别为 $7.74 \sim 10.70$ 和 $7.74 \sim 8.70$，如图 3.9 所示。若把滴定曲线按照化学计量点前后分为两段，则碱的浓度影响强碱滴定一元弱酸滴定曲线后半段，且一元强碱浓度越高，滴定突跃越大。

那么，影响强碱滴定一元弱酸滴定曲线前半段的因素是什么呢？根据化学计量点前公式 $[H^+] = K_a[HAc]/[Ac^-]$ 可知，一元弱酸酸性越强，K_a 越大，H^+ 浓度增加造成滴定突跃下限 pH 越低，会增加滴定突跃的范围。

因此，强碱滴定一元弱酸的滴定突跃在弱碱性区域，比滴定同浓度一元强酸的突跃小，浓度的影响更小。酸浓度一定，K_a 增大，突跃范围增大；K_a 一定，酸浓度增大，突跃范围增大，如图 3.10 所示。下面讨论进行酸碱滴定时一元弱酸的浓度和强度条件。

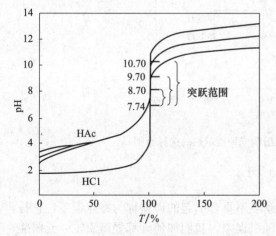 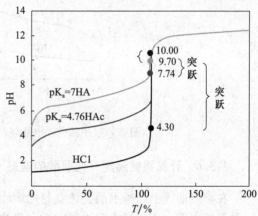

图 3.9 不同浓度 NaOH 滴定 HAc 曲线　　图 3.10 NaOH 滴定不同强度一元弱酸曲线

【例 3.32】　用 0.1000mol/L NaOH 溶液滴定同浓度的某一元弱酸，滴定突跃 pH 为 $9.70 \sim 10.00$，能否准确滴定？已知：$pK_a = 7.0$。

答：本例题中假设化学计量点 pH 为 9.85，且刚好有一种指示剂变色点 pT 为 9.85。由于人眼观察有 ± 0.3 个 pH 单位的出入（滴定误差为 0.2%），因此实际指示剂的 pH 变色范围为（$9.85 - 0.3$）$\sim$（$9.85 + 0.3$），即 $9.55 \sim 10.15$。此时指示剂的变色范围大于滴定突跃。若滴定终点在突跃范围外，就不能控制滴定误差小于 0.1%。若一元弱酸更弱，K_a 小于 10^{-7}，则滴定突跃更小，滴定准确度更低。

对于 0.1000mol/L 的一元弱酸，通常能准确滴定的条件是 $K_a \geqslant 10^{-7}$，或 $K_ac_a \geqslant 10^{-8}$。

3.3.5 选择强碱滴定一元弱酸指示剂

正确选择指示剂的目的在于降低终点误差。选择指示剂时应先根据化学计量点的 pH 与指示剂变色点的 pT 值，定性选择酸性范围或碱性范围变色指示剂。由于可查到的 pT 值有限，因此还需要根据滴定曲线的滴定突跃来选择指示剂。指示剂变色范围在滴定突跃范围以内或占据一部分均可选用。所选指示剂应使滴定误差小于 0.1%。

0.1000mol/L NaOH 溶液滴定同浓度 HAc 溶液的指示剂有两种选择方法。一种是根据反应产物定性地选择酸性或碱性范围内变色的指示剂。由于 NaOH 和 HAc 的反应产物 NaAc 的 pH 为 9.1，因此可以选择在碱性范围变色的酚酞指示剂。另种是根据滴定突跃选择指示剂。由于滴定突跃 pH 为 7.74～9.70，不能选用变色范围不在滴定突跃内的甲基橙（pH 为 3.1～4.4）、甲基红（pH 为 4.4～6.2），如图 3.11 所示。随着 pH 增加，酚酞（pH 为 8.0～9.6）从无色变为粉红色，变色范围全部落在该滴定突跃以内，所以强碱滴定一元弱酸时可以选择酚酞指示剂。

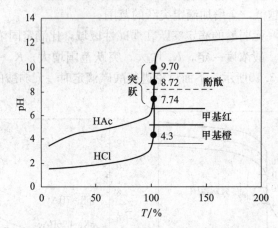

图 3.11　甲基橙、甲基红、酚酞三种指示剂的选择原则

3.3.6 计算强碱滴定一元弱酸的误差

在滴定曲线上，指示剂变色点与化学计量点不重合引起的误差称为终点误差，它是一种系统误差，不包括滴定过程中所引起的随机误差。我们如何计算强碱滴定一元弱酸的终点误差呢？

用 NaOH 溶液滴定一元弱酸 HAc。滴定过程中，溶液中始终存在着 H^+、Na^+、Ac^-、OH^- 四种离子。

根据物料平衡式 $[Ac^-]=\dfrac{c_{HAc}V_{HAc}}{V_{HAc}+V_{NaOH}}-[HAc]$

$$[Na^+]=\dfrac{c_{NaOH}V_{NaOH}}{V_{HAc}+V_{NaOH}}$$

根据电荷平衡式 $[H^+]+[Na^+]=[Ac^-]+[OH^-]$

$$[H^+]+\dfrac{c_{NaOH}V_{NaOH}}{V_{HAc}+V_{NaOH}}=\dfrac{c_{HAc}V_{HAc}}{V_{HAc}+V_{NaOH}}-[HAc]+[OH^-]$$

$$c_{NaOH}V_{NaOH} - c_{HAc}V_{HAc} = (V_{HAc} + V_{NaOH})([OH^-] - [H^+] - [HAc]),$$

$$E_t = \frac{c_{NaOH}V_{NaOH} - c_{HAc}V_{HAc}}{c_{HAc}V_{HAc}} = \frac{(V_{HAc} + V_{NaOH})([OH^-] - [H^+] - [HAc])}{c_{HAc}V_{HAc}}$$

一般地，滴定终点时生成的 NaAc 为强碱弱酸盐显弱碱性，$[H^+] \approx 0$，上式简化为

$$E_t = \frac{V_{HAc} + V_{NaOH}}{c_{HAc}V_{HAc}}([OH^-] - [HAc])$$

$$E_t = \frac{[OH^-] - [HAc]}{c_{HAc}^{ep}} \times 100\%$$

$$E_t = \left\{ \frac{[OH^-]}{c_{HAc}^{ep}} - \delta_{epHAc} \right\} \times 100\%$$

再简化为

$$E_t = \frac{\dfrac{K_w}{[H^+]_{ep}} - \dfrac{[H^+]_{ep}[Ac^-]_{ep}}{K_a}}{c_{HAc}^{ep}} \tag{3.34}$$

令 $\Delta pH = pH_{ep} - pH_{sp} = -lg[H^+]_{ep} + lg[H^+]_{sp} = lg\dfrac{[H^+]_{sp}}{[H^+]_{ep}}$，

$$则 \frac{[H^+]_{sp}}{[H^+]_{ep}} = 10^{\Delta pH}$$

强碱滴定一元弱酸终点生成强碱弱酸盐，呈弱碱性。

$$[OH^-]_{sp} = \sqrt{K_b c_{Ac^-}}, \quad [H^+]_{sp} = \sqrt{\frac{K_a K_w}{c_{Ac^-}^{sp}}}$$

$$[H^+]_{ep} = [H^+]_{sp} \times 10^{-\Delta pH} = \sqrt{\frac{K_a K_w}{c_{Ac^-}^{sp}}} \times 10^{-\Delta pH}$$

$$[Ac^-]_{ep} \approx c_{Ac^-}^{sp} \approx c_{HAc}^{ep}$$

$$[H^+]_{ep} = \sqrt{\frac{K_a K_w}{c_{HAc}^{ep}}} \times 10^{-\Delta pH}$$

代入式（3.34），得

$$E_t = \left\{ \frac{K_w}{\sqrt{\dfrac{K_a K_w}{c_{HAc}^{ep}}} \times 10^{-\Delta pH}} - \frac{\sqrt{\dfrac{K_a K_w}{c_{HAc}^{ep}}} \times 10^{-\Delta pH} \times c_{HAc}^{ep}}{K_a} \right\} \Big/ c_{HAc}^{ep}$$

$$= \left\{ \frac{10^{\Delta pH}}{\sqrt{\dfrac{K_a}{K_w c_{HAc}^{ep}}}} - \frac{10^{-\Delta pH}}{\sqrt{\dfrac{K_a}{K_w c_{HAc}^{ep}}}} \right\} \Big/ c_{HAc}^{ep} = \frac{10^{\Delta pH} - 10^{-\Delta pH}}{\sqrt{\dfrac{K_a}{K_w} c_{HAc}^{ep}}}$$

对于强碱滴定一元弱酸

$$K_t = \frac{K_a}{K_w} = \frac{1}{K_b}$$

得到强碱滴定一元弱酸的林邦误差公式

$$E_t = \frac{10^{\Delta pH} - 10^{-\Delta pH}}{\sqrt{K_t c_{HAc}^{ep}}} \tag{3.35}$$

式（3.34）、式（3.35）分别是强碱滴定一元弱酸滴定误差的基本公式和林邦误差公式。

【例 3.33】 计算用 0.1000mol/L NaOH 溶液滴定 20.00mL 同浓度 HAc 溶液至 pH＝9.0 的终点误差。已知：$K_a = 1.8 \times 10^{-5}$。

解　终点时为 0.050 00mol/L 的 Ac^- 溶液，$pH_{ep} = 9.0$，则

$$E_t = \left\{ \frac{[OH^-]_{ep}}{c_{HAc}^{ep}} - \delta_{ep\,HAc} \right\} \times 100\%$$

$$= \left\{ \frac{[OH^-]_{ep}}{c_{HAc}^{ep}} - \frac{[H^+]_{ep}}{[H^+]_{ep} + K_a} \right\} \times 100\%$$

$$= \left(\frac{1 \times 10^{-5}}{0.050\,00} - \frac{1 \times 10^{-9}}{1 \times 10^{-9} + 1.8 \times 10^{-5}} \right) \times 100\% \approx +0.01\%$$

答：终点误差为 +0.01%。

【例 3.34】 计算 0.1000mol/L NaOH 溶液滴定 20.00mL 同浓度 HAc 溶液至 pH＝7.0 的终点误差。已知：$K_a = 1.8 \times 10^{-5}$。

解　终点时为 0.050 00mol/L 的 Ac^- 溶液，$pH_{ep} = 7.0$，则

$$E_t = \left\{ \frac{[OH^-]_{ep}}{c_{HAc}^{ep}} - \delta_{ep\,HAc} \right\} \times 100\%$$

$$= \left\{ \frac{[OH^-]_{ep}}{c_{HAc}^{ep}} - \frac{[H^+]_{ep}}{[H^+]_{ep} + K_a} \right\} \times 100\%$$

$$= \left(\frac{1 \times 10^{-7}}{0.050\,00} - \frac{1 \times 10^{-7}}{1 \times 10^{-7} + 1.8 \times 10^{-5}} \right) \times 100\% \approx -0.6\%$$

答：终点误差为 -0.6%。

【例 3.35】 用林邦误差公式法计算用 0.1000mol/L NaOH 溶液滴定同浓度 HAc 溶液至 pH＝9.0 和 pH＝7.0 的终点误差。已知：$K_a = 1.8 \times 10^{-5}$。

解　终点时为 0.050 00mol/L 的 Ac^- 溶液，将 $[OH^-] = \sqrt{K_b c_b}$ 代入 $[H^+] = \dfrac{K_w}{[OH^-]}$，得

$$[H^+] = \frac{K_w}{\sqrt{K_b c_b}} = \frac{K_w}{\sqrt{\dfrac{K_w}{K_a} c_b}} = \sqrt{\frac{K_w^2}{\dfrac{K_w}{K_a} c_b}} = \sqrt{\frac{K_w^2 \times K_a}{K_w \times c_b}} = \sqrt{\frac{K_w \times K_a}{c_b}}$$

$$[H^+] = \sqrt{\frac{1.0 \times 10^{-14} \times 1.8 \times 10^{-5}}{0.050\,00}} \approx 2 \times 10^{-9}\,(mol/L), \quad pH \approx 8.7$$

当 $pH_{ep} = 9.0$ 时，$\Delta pH = pH_{ep} - pH_{sp} = 9.0 - 8.7 = 0.3$，则

$$E_t = \frac{10^{0.3} - 10^{-0.3}}{\sqrt{0.050\,00 \times \dfrac{K_a}{K_w}}} = \frac{10^{0.3} - 10^{-0.3}}{\sqrt{0.050\,00 \times \dfrac{1.8 \times 10^{-5}}{1.0 \times 10^{-14}}}} \approx 0.02\%$$

当 $pH_{ep} = 7.0$ 时，$\Delta pH = pH_{ep} - pH_{sp} = 7.0 - 8.7 = -1.7$，则

$$E_t = \frac{10^{-1.7} - 10^{1.7}}{\sqrt{0.050\,00 \times \dfrac{K_a}{K_w}}} = \frac{10^{-1.7} - 10^{1.7}}{\sqrt{0.050\,00 \times \dfrac{1.8 \times 10^{-5}}{1.0 \times 10^{-14}}}} \approx -0.5\%$$

答：终点误差为-0.5%。

由例 3.35 可知影响误差大小的因素有两点。由 ΔpH 大小可知道选择的指示剂是否恰当，ΔpH 小，终点离化学计量点近，E_t 就小。$K_t c$ 反映体系的反应完全程度，即反应完全程度取决于弱酸浓度 c 和强度 K_a。反应完全程度高的体系，滴定曲线的突跃范围就大。

由于 $E_t = \dfrac{10^{\Delta pH} - 10^{-\Delta pH}}{\sqrt{K_t c_{sp}}}$，则

$$K_t c_{sp} = \left(\dfrac{10^{\Delta pH} - 10^{-\Delta pH}}{E_t}\right)^2$$

若要求指示剂的误差 $\Delta pH = 0.3$，$E_t = 0.2\%$，则

$$K_t c_{sp} = \left(\dfrac{10^{0.3} - 10^{-0.3}}{0.2\%}\right)^2$$

由于 $K_t = \dfrac{K_a}{K_w}$，$c_{sp} = \dfrac{c}{2}$，则

$$K_a c = \left(\dfrac{10^{0.3} - 10^{-0.3}}{2 \times 10^{-3}}\right)^2 \times 2 \times 10^{-14} \approx 1.0 \times 10^{-8}$$

对于弱酸的滴定，若指示剂能检测化学计量点附近 ± 0.3pH 的变化，滴定误差为 $\pm 0.2\%$，通常以 $K_a c \geqslant 10^{-8}$ 或 $K_{a1} c \geqslant 10^{-8}$ 作为弱酸能否准确滴定的界限。当 ΔpH 和 E_t 改变时，滴定的界限也随着改变。

任务 3.4　强碱滴定多元弱酸模式

 任务分析

本任务要完成 0.1000mol/L NaOH 标准溶液滴定半倍浓度 $H_2C_2O_4$ 溶液的实验，学会计算强碱滴定二元弱酸模式下被滴定体系 H^+ 浓度，且要自己选择指示剂判定滴定终点。难点在于使用强碱滴定多元弱酸林邦误差公式判断多元酸能否被分步准确滴定，并根据计算得到的化学计量点选择指示剂。与本项目前几个任务相同的是，强碱在稀的水溶液中完全电离；不同的是，$H_2C_2O_4$ 这样的二元弱酸是不能完全电离的，在 0.1mol/L $H_2C_2O_4$ 的水溶液中，c_{H^+} 不等于 0.2mol/L。

 任务实施

3.4.1　0.1000mol/L NaOH 标准溶液滴定半倍浓度 $H_2C_2O_4$ 溶液

1. 实验目的

（1）学习强碱滴定二元弱酸的方法。

（2）练习使用指示剂滴定终点的判断。

（3）掌握突跃范围及指示剂的选择原理。

2. 实验原理

采用任务 3.1 中已经配制并标定好的 0.1000mol/L NaOH 标准溶液，将待滴定 $H_2C_2O_4$ 溶液（草酸溶液）配制到约 0.05mol/L（浓度约为 0.1000mol/L 的一半，称为半倍浓度）。若将化学计量点时生成的二元弱碱当成一元弱碱处理，计算其 pH 为 8.60。可以选择 pT 为 8.3、pH 变色范围为 8.2～8.4、从玫瑰色到紫色的甲酚红-百里酚蓝指示剂。使用甲酚红-百里酚蓝滴定至溶液变玫瑰色（滴定误差小于 5%）时到达滴定终点，从而计算出 $H_2C_2O_4$ 溶液的浓度。其反应式为

$$2NaOH + H_2C_2O_4 = Na_2C_2O_4 + 2H_2O$$

3. 试剂

NaOH 标准溶液（0.1000mol/L，任务 3.1）；$H_2C_2O_4 \cdot 2H_2O$（A.R.）；甲酚红-百里酚蓝指示剂（一份 1g/L 甲酚红钠盐水溶液，一份 1g/L 百里酚蓝钠盐水溶液）。

4. 仪器

分析天平（0.1mg）；碱式滴定管（50mL×1）；烧杯（500mL×1，250mL×3）；锥形瓶（250mL×4）；量筒（10mL×1，25mL×1，50mL×1）；白滴瓶（60mL×3）；试剂瓶（500mL×1）；移液管（10mL×1，20mL×1）；容量瓶（500mL×1）。

5. 实验步骤

1）0.05mol/L $H_2C_2O_4$ 溶液的配制

计算配制 500mL 0.05mol/L $H_2C_2O_4$ 溶液所需 $H_2C_2O_4 \cdot 2H_2O$ 的量。用分析天平准确称取所需 $H_2C_2O_4 \cdot 2H_2O$ 的质量，转移至 250mL 烧杯中，加 50mL 一级水，搅拌、溶解，用玻璃棒引流转移至 500mL 容量瓶中。烧杯用少量一级水冲洗三次，洗液全部转移至容量瓶中，摇匀，定容至刻度，贴标签备用。

2）0.05mol/L $H_2C_2O_4$ 溶液的滴定

将 NaOH 标准溶液置于 50.00mL 碱式滴定管中。用移液管精确量取 20.00mL 约 0.05mol/L $H_2C_2O_4$ 溶液，置于 250mL 锥形瓶中。加两滴甲酚红-百里酚蓝指示液后 $H_2C_2O_4$ 溶液呈黄色。终点前用锥形瓶内壁将滴定管尖嘴处半滴靠下，再用洗瓶冲洗瓶壁，反复操作至溶液呈玫瑰色，静置 30s 不退色，即为终点，记录消耗 NaOH 标准溶液的体积读数 V_1。做三次平行实验。

3）空白实验

加一级水 20.00mL 于 250mL 锥形瓶中，加两滴指示液，用 NaOH 标准溶液滴定至溶液变色，保持 30s 不退色，即为终点，记录消耗 NaOH 标准溶液的体积读数 V_2。

6. 原始记录

0.1000mol/L NaOH 溶液滴定半倍浓度 $H_2C_2O_4$ 溶液原始记录表如表 3.14 所示。

表 3.14 0.1000mol/L NaOH 溶液滴定半倍浓度 $H_2C_2O_4$ 溶液原始记录表

日期：_____ 天平编号：_____

样品编号	1#	2#	3#
称取 $H_2C_2O_4 \cdot 2H_2O$ 质量初读数/g			
称取 $H_2C_2O_4 \cdot 2H_2O$ 质量终读数/g			
称取 $H_2C_2O_4 \cdot 2H_2O$ 质量/g			
NaOH 标准溶液体积初读数/mL			
NaOH 标准溶液体积终读数/mL			
NaOH 标准溶液体积/mL			
空白实验 NaOH 溶液体积初读数/mL			
空白实验 NaOH 溶液体积终读数/mL			
空白实验 NaOH 溶液体积/mL			

7. 结果计算

由以上数据，可根据下列公式计算出 $H_2C_2O_4$ 的浓度 c_1。

$$c_1 = \frac{c_{NaOH}(V_1 - V_2)}{2V_{H_2C_2O_4}} \tag{3.36}$$

式中，c_1——$H_2C_2O_4$ 溶液的浓度，mol/L；

c_{NaOH}——NaOH 标准溶液的浓度，mol/L；

$V_{H_2C_2O_4}$——草酸溶液的体积，mL；

V_1、V_2——分别为用 NaOH 溶液滴定 $H_2C_2O_4$ 溶液时消耗 NaOH 溶液和空白实验消耗 NaOH 溶液的体积，mL。

所有滴定管读数均需校准。

8. 注意事项

（1）草酸为较强的弱酸，对皮肤有刺激作用，不能直接接触皮肤，使用时应佩戴防护用品。

（2）由于三级水和自来水中含有 Ca^{2+}，其能够和 $C_2O_4^{2-}$ 反应生成 CaC_2O_4 沉淀，配制 $H_2C_2O_4$ 溶液时不能够使用三级水和自来水，只能使用一级水。

（3）指示剂只需加 1~2 滴，多加要消耗 NaOH 引起误差。

（4）使用甲酚红-百里酚蓝指示剂，用碱滴定酸时，将被测溶液从黄色滴至玫瑰色，终点 pH 约为 8.3，滴至紫色容易过量。

9. 思考题

（1）分别用 NaOH 溶液滴定盐酸、HAc 溶液和 $H_2C_2O_4$ 溶液达计量点时，溶液的 pH 是否相同？

（2）为什么用 NaOH 溶液滴定 $H_2C_2O_4$ 溶液时，不需要加入两次指示剂？

 知识平台

3.4.2 计算强碱滴定二元弱酸模式 H^+ 浓度

1. 用分布系数判断酸度对二元弱酸各形态分布的影响

分布系数是指溶液中某酸碱组分的平衡浓度占其总浓度的分数，取决于该酸碱物质

的性质和溶液 H^+ 浓度，与总浓度无关，能定量说明溶液中的各种酸碱组分的分布情况。各种存在形式的分布系数的和等于1。

$$H_2C_2O_4 \Longrightarrow H^+ + HC_2O_4^-, \qquad K_{a1} = \frac{[H^+][HC_2O_4^-]}{[H_2C_2O_4]}$$

$$HC_2O_4^- \Longrightarrow H^+ + C_2O_4^{2-}, \qquad K_{a2} = \frac{[H^+][C_2O_4^{2-}]}{[HC_2O_4^-]}$$

$$\delta_2 = \frac{[H_2C_2O_4]}{c} = \frac{[H_2C_2O_4]}{[H_2C_2O_4] + [HC_2O_4^-] + [C_2O_4^{2-}]}$$

$$= \frac{1}{\dfrac{[H_2C_2O_4] + [HC_2O_4^-] + [C_2O_4^{2-}]}{[H_2C_2O_4]}}$$

$$= \frac{1}{1 + \dfrac{[HC_2O_4^-]}{[H_2C_2O_4]} + \dfrac{[C_2O_4^{2-}]}{[H_2C_2O_4]}}$$

$$= \frac{1}{1 + \dfrac{K_{a1}}{[H^+]} + \dfrac{K_{a1}K_{a2}}{[H^+]^2}}$$

$$= \frac{[H^+]^2}{[H^+]^2 + K_{a1}[H^+] + K_{a1}K_{a2}} \tag{3.37}$$

$$\delta_1 = \frac{[HC_2O_4^-]}{c} = \frac{K_{a1}[H^+]}{[H^+]^2 + K_{a1}[H^+] + K_{a1}K_{a2}} \tag{3.38}$$

$$\delta_0 = \frac{[C_2O_4^{2-}]}{c} = \frac{K_{a1}K_{a2}}{[H^+]^2 + K_{a1}[H^+] + K_{a1}K_{a2}} \tag{3.39}$$

【例3.36】 0.1mol/L $H_2C_2O_4$ 溶液，计算 pH=4.00 时，$[H_2C_2O_4]$、$[HC_2O_4^-]$、$[C_2O_4^{2-}]$ 各为多少？已知：$H_2C_2O_4$ 的 $K_{a1} = 5.9 \times 10^{-2}$，$K_{a2} = 6.4 \times 10^{-5}$。

解 当 pH=4.00 时，有

$$\delta_2 = \frac{[H^+]^2}{[H^+]^2 + K_{a1}[H^+] + K_{a1}K_{a2}}$$

$$= \frac{(1.0 \times 10^{-4})^2}{(1.0 \times 10^{-4})^2 + 5.9 \times 10^{-2} \times 1.0 \times 10^{-4} + 5.9 \times 10^{-2} \times 6.4 \times 10^{-5}}$$

$$= \frac{1.0 \times 10^{-8}}{1.0 \times 10^{-8} + 5.9 \times 10^{-6} + 3.8 \times 10^{-9}}$$

$$= \frac{0.010}{0.010 + 5.9 + 0.0038} = \frac{0.010}{5.9} \approx 1.7 \times 10^{-3}$$

$$[H_2C_2O_4] = c\delta_2 = 0.1 \times 1.7 \times 10^{-3} \approx 2 \times 10^{-4} \ (mol/L)$$

$$\delta_1 = \frac{K_{a1}[H^+]}{[H^+]^2 + K_{a1}[H^+] + K_{a1}K_{a2}} \approx \frac{5.9 \times 10^{-6}}{5.9 \times 10^{-6}} = 1.0$$

$$[HC_2O_4^-] = c\delta_1 = 0.1 \times 1.0 = 0.1 \ (mol/L)$$

$$\delta_0 = \frac{K_{a1}K_{a2}}{[H^+]^2 + K_{a1}[H^+] + K_{a1}K_{a2}} \approx \frac{3.8 \times 10^{-9}}{5.9 \times 10^{-6}} \approx 6.4 \times 10^{-4}$$

$$[C_2O_4^{2-}] = c\delta_0 = 0.1 \times 6.4 \times 10^{-4} \approx 6 \times 10^{-5} \ (mol/L)$$

答：pH＝4.00 时，$[H_2C_2O_4]$、$[HC_2O_4^-]$、$[C_2O_4^{2-}]$ 分别为 2×10^{-4} mol/L、0.1mol/L 和 6×10^{-5} mol/L。

以 δ_2、δ_1、δ_0 对 pH 做图，即可得 $H_2C_2O_4$ 的 δ－pH 图（$pK_{a1}=1.22$，$pK_{a2}=4.19$），如图 3.12 所示。

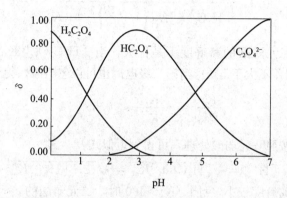

图 3.12 $H_2C_2O_4$ 的 δ－pH 图

2. 依据质子平衡式计算 $H_2C_2O_4$ 的 H^+ 浓度

了解了酸度对二元弱酸各形态分布的影响后，可知 pH 在酸碱滴定中非常重要。依据质子平衡式计算 H^+ 浓度。任务 3.3 中已经学习了一元弱酸水溶液 H^+ 浓度的计算。本任务中要学习计算二元弱酸水溶液 H^+ 浓度的计算。

【例 3.37】 试写出 $H_2C_2O_4$ 水溶液的质子平衡式。

解   零水准

$$H_2C_2O_4 \xrightarrow{\ -H^+\ } HC_2O_4^-$$

$$H_2C_2O_4 \xrightarrow{\ -2H^+\ } C_2O_4^{2-}$$

$$H_3O^+ \xleftarrow{\ +H^+\ } H_2O \xrightarrow{\ -H^+\ } OH^-$$

$$[H^+]=[HC_2O_4^-]+2[C_2O_4^{2-}]+[OH^-]$$

3. 用准确式、近似式、最简式计算二元弱酸（碱）H^+ 浓度

由 $H_2C_2O_4$ 水溶液的质子平衡式，得

$$[H^+]=\frac{[H_2C_2O_4]K_{a1}}{[H^+]}+\frac{2[HC_2O_4^-]K_{a2}}{[H^+]}+\frac{K_w}{[H^+]}$$

$$=\frac{[H_2C_2O_4]K_{a1}}{[H^+]}+\frac{\dfrac{2[H_2C_2O_4]K_{a1}}{[H^+]}K_{a2}}{[H^+]}+\frac{K_w}{[H^+]}$$

$$=\frac{[H_2C_2O_4]K_{a1}}{[H^+]}+\frac{2[H_2C_2O_4]K_{a1}K_{a2}}{[H^+]^2}+\frac{K_w}{[H^+]}$$

$$[H^+]^2 = [H_2C_2O_4]K_{a1} + \frac{2[H_2C_2O_4]K_{a1}K_{a2}}{[H^+]} + K_w$$

$$[H^+] = \sqrt{[H_2C_2O_4]K_{a1} + \frac{2[H_2C_2O_4]K_{a1}K_{a2}}{[H^+]} + K_w}$$

$$= \sqrt{[H_2C_2O_4]K_{a1}\left(1 + \frac{2K_{a2}}{[H^+]}\right) + K_w} \tag{3.40}$$

一般情况下，二元弱酸的离解度不是很大，当 $[H_2C_2O_4]K_{a1} \approx K_{a1}c \geqslant 20K_w$ 时，K_w 可忽略，相对误差不大于 5%。当第二级电离也可以忽略时，得

$$\frac{2K_{a2}}{[H^+]} \approx \frac{2K_{a2}}{\sqrt{K_{a1}c}} < 0.05 \ll 1$$

此时二元弱酸可以按照一元弱酸处理，可得到近似式：

$$[H^+] = \sqrt{[H_2C_2O_4]K_{a1}} = \sqrt{(c-[H^+])K_{a1}} \tag{3.41}$$

当二元弱酸的离解度较小，且 $c_a/K_a > 400$ 时，二元弱酸的 $c \approx [H_2C_2O_4]$，可得最简式：

$$[H^+] = \sqrt{K_{a1}c_a} \tag{3.42}$$

若将二元弱碱处理成一元弱碱，可得二元弱碱最简式

$$[OH^-] = \sqrt{K_{b1}c_b} \tag{3.43}$$

【例 3.38】 计算 0.10mol/L $H_2C_2O_4$ 溶液的 pH。已知：$K_{a1} = 5.9 \times 10^{-2}$，$K_{a2} = 6.4 \times 10^{-5}$。

解 首先判断应使用最简式还是近似式。

$$K_{a1}c = 0.10 \times 5.9 \times 10^{-2} = 5.9 \times 10^{-3} \gg 20K_w$$

$$\frac{2K_{a2}}{\sqrt{K_{a1}c}} = \frac{2 \times 6.4 \times 10^{-5}}{\sqrt{5.9 \times 10^{-3}}} \approx \frac{2 \times 6.4 \times 10^{-5}}{7.7 \times 10^{-2}} \approx 1.7 \times 10^{-3} < 0.05 \ll 1$$

$$\frac{c_a}{K_{a1}} = \frac{0.10}{5.9 \times 10^{-2}} \approx 1.7 < 400$$

从判别条件可知应该使用近似式，则

$$[H^+] = \sqrt{(c-[H^+])K_{a1}} = \sqrt{5.9 \times 10^{-2}(0.10-[H^+])}$$

$$[H^+]^2 = 5.9 \times 10^{-3} - 5.9 \times 10^{-2}[H^+]$$

$$[H^+]^2 + 5.9 \times 10^{-2}[H^+] - 5.9 \times 10^{-3} = 0$$

求得

$$[H^+] = \frac{-5.9 \times 10^{-2} + \sqrt{(5.9 \times 10^{-2})^2 + 4 \times 5.9 \times 10^{-3}}}{2}$$

$$\approx \frac{-5.9 \times 10^{-2} + \sqrt{3.5 \times 10^{-3} + 2.4 \times 10^{-2}}}{2} \approx \frac{-5.9 \times 10^{-2} + 0.17}{2} \approx 0.055 \ (\text{mol/L})$$

$$pH \approx 1.26$$

答：0.10mol/L $H_2C_2O_4$ 溶液的 pH 为 1.26。

4. 用准确式、近似式、最简式计算两性物质 H^+ 浓度

由于 NaOH 溶液滴定 $H_2C_2O_4$ 溶液的第一化学计量点产物 $NaHC_2O_4$ 是一个既能失去质子又能得到质子的两性物质，要计算化学计量点的 pH，实际就是计算 $NaHC_2O_4$ 在水溶液中的 pH。

零水准

$$HC_2O_4^- \xrightarrow{-H^+} C_2O_4^{2-}$$

$$H_2C_2O_4 \xleftarrow{+H^+} HC_2O_4^-$$

$$H_3O^+ \xleftarrow{+H^+} H_2O \xrightarrow{-H^+} OH^-$$

$$[H_2C_2O_4]+[H^+]=[C_2O_4^{2-}]+[OH^-]$$

$$\frac{[H^+]^2[HC_2O_4^-]}{K_{a1}}+[H^+]^2=K_{a2}[HC_2O_4^-]+K_w$$

$$[H^+]^2=\frac{K_{a2}[HC_2O_4^-]+K_w}{\frac{[HC_2O_4^-]}{K_{a1}}+1}=\frac{K_{a1}(K_{a2}[HC_2O_4^-]+K_w)}{[HC_2O_4^-]+K_{a1}}$$

$$[H^+]=\sqrt{\frac{K_{a1}(K_{a2}[HC_2O_4^-]+K_w)}{[HC_2O_4^-]+K_{a1}}}$$

若 $K_{a1}\gg K_{a2}$，$\Delta pK_a\geqslant3.2$，$[HC_2O_4^-]\approx c$，得准确表达式

$$[H^+]=\sqrt{\frac{K_{a1}(K_{a2}c+K_w)}{c+K_{a1}}} \tag{3.44}$$

若 $K_{a2}c\geqslant20K_w$，则 K_w 可忽略，得近似式：

$$[H^+]=\sqrt{\frac{K_{a1}K_{a2}c}{c+K_{a1}}} \tag{3.45}$$

若 $c>K_{a1}$，则 K_{a1} 可以忽略，得最简式：

$$[H^+]=\sqrt{K_{a1}K_{a2}} \tag{3.46}$$

3.4.3　计算强碱滴定二元弱酸滴定误差

由于二元弱酸草酸 $K_{a1}=5.9\times10^{-2}$，$K_{a2}=6.4\times10^{-5}$，因此理论上应有两个滴定突跃，但第一突跃与第二突跃是否重合，第一突跃如何选择指示剂，第二突跃选择指示剂，以及两个化学计量点能不能被分步准确滴定，还要通过计算强碱滴定二元弱酸误差进行分析。

滴定 $H_2C_2O_4$ 时，滴定至第一化学计量点 $HC_2O_4^-$ 附近时，

物料平衡：$\quad\quad\quad c_a=[H_2A]+[HA^-]+[A^{2-}]$

电荷平衡：$\quad\quad [H^+]+[Na^+]=[HA^-]+2[A^{2-}]+[OH^-]$

$$[H^+]+c_{NaOH}=[HA^-]+2[A^{2-}]+[OH^-]$$

质子平衡：$\quad\quad\quad [H^+]=[HA^-]+2[A^{2-}]+[OH^-]$

电荷平衡-物料平衡：$c_{NaOH}^{ep}-c_{H_2A}^{ep}=[A^{2-}]-[H_2A]+[OH^-]-[H^+]$

在第一化学计量点附近时：

$$E_t = \frac{c_{NaOH}^{ep} - c_{H_2A}^{ep}}{c_{H_2A}^{sp1}} = \frac{[A^{2-}]_{ep} - [H_2A]_{ep} + [OH^-]_{ep} - [H^+]_{ep}}{c_{H_2A}^{sp1}}$$

此时 $[OH^-]_{ep}$、$[H^+]_{ep}$ 均很小，可以忽略不计。

$$H_2A \rightleftharpoons HA^- + H^+ ,\quad K_{a1} = \frac{[HA^-][H^+]}{[H_2A]}$$

$$HA^- \rightleftharpoons A^{2-} + H^+ ,\quad K_{a2} = \frac{[A^{2-}][H^+]}{[HA^-]}$$

$$E_t = \frac{[A^{2-}]_{ep} - [H_2A]_{ep} + [OH^-]_{ep} - [H^+]_{ep}}{c_{H_2A}^{sp1}}$$

$$= \frac{[A^{2-}]_{ep} - [H_2A]_{ep}}{c_{H_2A}^{sp1}}$$

$$= \frac{\dfrac{K_{a2}[HA^-]_{ep}}{[H^+]_{ep}} - \dfrac{[H^+]_{ep}[HA^-]_{ep}}{K_{a1}}}{c_{H_2A}^{sp1}}$$

由于 $\Delta pH = pH_{ep} - pH_{sp} = -lg[H^+]_{ep} + lg[H^+]_{sp} = lg\dfrac{[H^+]_{sp}}{[H^+]_{ep}}$，则 $\dfrac{[H^+]_{sp}}{[H^+]_{ep}} = 10^{\Delta pH}$。

第一化学计量点生成两性物质

$$[H^+] = \sqrt{K_{a1}K_{a2}}$$

$$[H^+]_{ep} = [H^+]_{sp} \times 10^{-\Delta pH} = \sqrt{K_{a1}K_{a2}} \times 10^{-\Delta pH},\quad [HA^-]_{ep} \approx c_{H_2A}^{sp1}$$

$$E_t = \frac{\dfrac{K_{a2}[HA^-]_{ep}}{[H^+]_{ep}} - \dfrac{[H^+]_{ep}[HA^-]_{ep}}{K_{a1}}}{c_{H_2A}^{sp1}}$$

$$= \frac{\dfrac{K_{a2}c_{H_2A}^{sp1}}{\sqrt{K_{a1}K_{a2}} \times 10^{-\Delta pH}} - \dfrac{\sqrt{K_{a1}K_{a2}} \times 10^{-\Delta pH}c_{H_2A}^{sp1}}{K_{a1}}}{c_{H_2A}^{sp1}} = \frac{10^{\Delta pH}}{\sqrt{\dfrac{K_{a1}}{K_{a2}}}} - \frac{10^{-\Delta pH}}{\sqrt{\dfrac{K_{a1}}{K_{a2}}}}$$

得到二元弱酸的林邦误差公式

$$E_t = \frac{10^{\Delta pH} - 10^{-\Delta pH}}{\sqrt{\dfrac{K_{a1}}{K_{a2}}}} \tag{3.47}$$

3.4.4　用误差判断二元弱酸能否被分步准确滴定

二元弱酸 　　　　　$H_2C_2O_4 \xrightarrow{-H^+} HC_2O_4^- \xrightarrow{-H^+} C_2O_4^{2-}$

反应常数 　　　　　$K_{t1} = \dfrac{K_{a1}}{K_w},\quad K_{t2} = \dfrac{K_{a2}}{K_w}$

由于二元弱酸的 K_{a1}、K_{a2} 均小于1，因此两个反应常数 K_{t1}、K_{t2} 均小于强碱滴定一元

强酸的反应常数 $K_t = 1/K_w$。说明强碱与二元弱酸的反应程度不如与一元强酸的反应程度高。尽管如此，像强碱滴定一元弱酸一样，只要二元弱酸的 K_{a1}、K_{a2} 足够大，能够使得反应的完全程度达到 99.9% 以上，即 $K_a c_a \geqslant 10^{-8}$，仍然可以使用滴定分析法准确滴定。

根据二元弱酸林邦误差公式，若人眼的观察误差 ΔpH 为 0.3，$E_t \leqslant 0.5\%$，则

$$E_t = \frac{10^{0.3} - 10^{-0.3}}{\sqrt{\dfrac{K_{a1}}{K_{a2}}}} \leqslant 0.5\%$$

$$\frac{K_{a1}}{K_{a2}} \geqslant \left(\frac{10^{0.3} - 10^{-0.3}}{0.5\%}\right)^2$$

可得分步滴定判据

$$\frac{K_{a1}}{K_{a2}} \geqslant 1.0 \times 10^5 \tag{3.48}$$

由以上准确滴定和分步滴定的判据可知，强碱准确分步滴定二元弱酸时，必须满足 $K_{a1} c_a \geqslant 10^{-8}$、$K_{a2} c_a \geqslant 10^{-8}$ 且 $K_{a1}/K_{a2} \geqslant 10^5$。对于浓度为 0.1mol/L 草酸溶液，由 $K_{a1} = 5.9 \times 10^{-2}$，$K_{a2} = 6.4 \times 10^{-5}$ 得 $K_{a1} c_a \geqslant 10^{-8}$，$K_{a2} c_a \geqslant 10^{-8}$，两个化学计量点均可以进行准确滴定。但由于 $K_{a1}/K_{a2} \approx 10^{-3} < 10^5$，因此不能进行分步滴定。所以，强碱滴定草酸是二元酸被一次准确滴定。

【例 3.39】 通过计算 0.10mol/L $Na_2C_2O_4$ 溶液的化学计量点的 pH，指出可以选择哪种指示剂指示终点。已知：$K_{a1} = 5.9 \times 10^{-2}$，$K_{a2} = 6.4 \times 10^{-5}$。

解 首先判断有几个化学计量点，再分别计算每个化学计量点的 pH。

$$K_{a1} c_a = 5.9 \times 10^{-2} \times 0.10 = 5.9 \times 10^{-3} > 10^{-8}$$

$$K_{a2} c_a = 6.4 \times 10^{-5} \times 0.10 = 6.4 \times 10^{-6} > 10^{-8}$$

$$\frac{K_{a1}}{K_{a2}} = \frac{5.9 \times 10^{-2}}{6.4 \times 10^{-5}} \approx 1.0 \times 10^3 < 10^5$$

由计算可知，NaOH 溶液滴 $H_2C_2O_4$ 溶液时不能分步滴定，但是可以准确一步滴定到第二化学计量点，生成 $Na_2C_2O_4$。将二元弱碱 $Na_2C_2O_4$ 近似处理成一元弱碱，则

$$[OH^-] = \sqrt{K_{b1} c_b} = \sqrt{\frac{K_w}{K_{a2}} c_b} = \sqrt{\frac{1.0 \times 10^{-14}}{6.4 \times 10^{-5}} \times 0.10} \approx 4.0 \times 10^{-6} \ (mol/L)$$

$$pOH \approx 5.40, \quad pH = 14.00 - 5.40 = 8.60$$

答：此时可以选择 pT 为 8.3、pH 变色范围为 8.2~8.4、从玫瑰色变为紫色的甲酚红-百里酚蓝指示剂。

3.4.5　判断三元弱酸能否被分步准确滴定

1. 三元弱酸在水溶液中分步离解

根据二元弱酸分步准确滴定条件，只有离解常数足够大且满足 $K_a c_a \geqslant 10^{-8}$ 时，滴定反应才能完全进行。如果第二步离解常数也比较大，为使第二步中和反应不影响第一步滴定的准确度，相邻的两级离解常数应相差足够大且满足 $\Delta pK_a \geqslant 5$，此时第一步滴定误差不大于 0.5%。由于多元弱酸的 ΔpK_a 一般不太大，因此对分步滴定的准确度不

能要求太高。

2. 强碱滴定三元弱酸的滴定可行性判断

与强碱滴定二元弱酸 H_2A 类似，可以得出强碱分步准确滴定三元弱酸 H_3A 的条件，如表 3.15 所示。

表 3.15　强碱滴定三元弱酸 H_3A 的条件

$K_{a1}c_a \geqslant 10^{-8}$	$K_{a1}/K_{a2} \geqslant 10^5$	$K_{a2}c_a \geqslant 10^{-8}$	$K_{a2}/K_{a3} \geqslant 10^5$	$K_{a3}c_a \geqslant 10^{-8}$	结　　论
√	√	×	×	×	分步准确滴定 H_3A
√	×	√	√	×	分步准确滴定 H_2A^-
√	×	√	×	√	准确滴定 HA^{2-}
√	√	√	×	×	分步准确滴定 H_3A、H_2A^-
√	√	√	√	√	分步准确滴定 H_3A、H_2A^-、HA^{2-}

注："√"表示符合条件，"×"表示不符合条件。

表 3.15 总结了强碱分步准确滴定三元弱酸 H_3A 的一般规律，下面举例进行说明。

【例 3.40】　计算用 0.1000mol/L NaOH 标准溶液滴定 20.00mL 同浓度 H_3PO_4 溶液需要消耗 NaOH 溶液的体积。已知：$K_{a1} = 7.6 \times 10^{-3}$，$K_{a2} = 6.3 \times 10^{-8}$，$K_{a3} = 4.4 \times 10^{-13}$。

解

$H_3PO_4 \rightleftharpoons H^+ + H_2PO_4^-$，$K_{a1}c_a = 7.6 \times 10^{-3} \times 0.10 = 7.6 \times 10^{-4} > 10^{-8}$，且 $K_{a1}/K_{a2} \approx 10^5$，可以准确滴定 H_3PO_4；

$H_2PO_4^- \rightleftharpoons H^+ + HPO_4^{2-}$，$K_{a2}c_a = 6.3 \times 10^{-8} \times 0.10 = 6.3 \times 10^{-9} \approx 10^{-8}$，且 $K_{a2}/K_{a3} \approx 10^5$，勉强分步准确滴定 $H_2PO_4^-$；

$HPO_4^{2-} \rightleftharpoons H^+ + PO_4^{3-}$，$K_{a3}c_a = 4.4 \times 10^{-13} \times 0.10 = 4.4 \times 10^{-14} \ll 10^{-8}$，不能准确滴定 HPO_4^{3-}。

答：由于只能将 H_3PO_4 准确分步滴定至 HPO_4^{2-}，因此应消耗 NaOH 标准溶液 40.00mL。

3.4.6　认识强碱滴定三元弱酸曲线

对于三元弱酸的分步准确滴定，由于计算全部的滴定突跃太复杂，可以简化为计算化学计量点的 pH，并根据化学计量点的 pH 选择合适的指示剂。下面举例进行说明。

【例 3.41】　计算用 0.1000mol/L NaOH 标准溶液滴定 20.00mL 同浓度 H_3PO_4 溶液的化学计量点，并指出每个计量点处应该使用哪种指示剂指示终点。已知：$K_{a1} = 7.6 \times 10^{-3}$，$K_{a2} = 6.3 \times 10^{-8}$，$K_{a3} = 4.4 \times 10^{-13}$。

解　由于只能将 H_3PO_4 分步准确滴定至 HPO_4^{2-}，第一化学计量点生成 NaH_2PO_4 和第二化学计量点生成的 Na_2HPO_4 均为两性物质，H_3PO_4 的浓度约为 0.10mol/L。

第一化学计量点时：

$K_{a2}c=6.3\times10^{-8}\times0.10=6.3\times10^{-9}\geqslant20K_w$

$c=0.10$，$K_{a1}=7.6\times10^{-3}$，$c>K_{a1}$

$[H^+]=\sqrt{K_{a1}K_{a2}}=\sqrt{7.6\times10^{-3}\times6.3\times10^{-8}}\approx2.2\times10^{-5}$（mol/L），pH≈4.66

选择甲基橙为指示剂，并以指示剂刚变为黄色时为终点，误差不大于 0.5%，如图 3.13 所示。

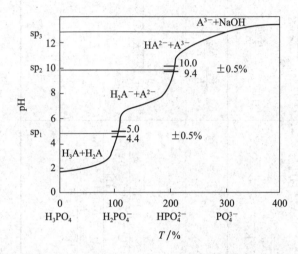

图 3.13　NaOH 溶液滴定 0.1mol/L H_3PO_4 溶液的滴定曲线

第二化学计量点时：

$K_{a3}c=4.4\times10^{-13}\times0.10=4.4\times10^{-14}\approx20K_w$

$c=0.10$，$K_{a2}=6.3\times10^{-8}$，$c>K_{a2}$

$[H^+]=\sqrt{K_{a2}K_{a3}}=\sqrt{6.3\times10^{-8}\times4.4\times10^{-13}}\approx1.7\times10^{-10}$（mol/L），pH≈9.77

若选用酚酞为指示剂，只能以指示剂呈较深的红色作为终点；若选用百里酚酞为指示剂，应以刚出现浅蓝色作为终点，误差不大于 0.5%，如图 3.13 所示。如果加入 $CaCl_2$，滴定到第三化学计量点时，为了防止 $Ca_3(PO_4)_2$ 沉淀的溶解，应该选用酚酞作为指示剂。

3.4.7　判断混合酸能否被准确滴定

混合酸的滴定条件与二元弱酸滴定条件类似，如表 3.16 所示。

表 3.16　强碱滴定混合酸 HA＋HB 的条件

$K_{HA}c_{HA}\geqslant10^{-8}$	$K_{HA}c_{HA}/K_{HB}c_{HB}\geqslant10^5$	$K_{HB}c_{HB}\geqslant10^{-8}$	结　　论
√	√	×	在较弱酸 HB 的存在下，分步准确滴定较强酸 HA
√	√	√	在较弱酸 HB 的存在下，分步准确滴定 HA、HB
√	×	√	准确滴定 HA、HB 的总量

注："√"表示符合条件，"×"表示不符合条件。

3.4.8　强碱滴定强酸和弱酸的区别

强碱滴定强酸和弱酸的区别如表 3.17 所示。

表 3.17　强碱滴定强酸和弱酸的区别

序号	项目	一元强酸	一元弱酸	二元弱酸	三元弱酸（两性）
1	[H]计算条件	$[H]=c_a+\dfrac{K_w}{[H]}$ $c_a>20K_w$ $[H]=c_a$	$[H]=\sqrt{K_a(c_a-[H])}+K_w$ ① $K_ac_a\geqslant20K_w$ $[H]=\sqrt{K_a(c_a-[H])}$ ② $c_a/K_a\geqslant400$ $[H]=\sqrt{K_ac_a}$	$[H]=\sqrt{c_aK_{a1}\left(1+2\dfrac{K_{a2}}{[H]}\right)+K_w}$ ① $K_{a1}c_a\geqslant20K_w$ $[H]=\sqrt{c_aK_{a1}\left(1+\dfrac{2K_{a2}}{[H]}\right)}$ ② $\dfrac{2K_{a2}}{\sqrt{c_aK_{a1}}}<0.05\leqslant1$ $[H]=\sqrt{K_{a1}c_a}$	$[H]=\sqrt{\dfrac{K_{a1}\left(K_{a2}[HA^-]+K_w\right)}{[HA^-]+K_{a1}}}$ ① $K_{a1}\gg K_{a2}$，$\Delta pK_a\geqslant3.2$; $[H]=\sqrt{\dfrac{K_{a1}(K_{a2}c_a+K_w)}{c_a+K_{a1}}}$ ② $K_{a2}c_a>20K_w$ $[H]=\sqrt{\dfrac{K_{a1}K_{a2}c_a}{c_a+K_{a1}}}$
2	滴定反应常数	$\dfrac{1}{K_w}$ 大	$\dfrac{K_a}{K_w}$ 小	$\dfrac{K_{a1}}{K_w}$，$\dfrac{K_{a2}}{K_w}$	$\dfrac{K_{a1}}{K_w}$，$\dfrac{K_{a2}}{K_w}$，$\dfrac{K_{a3}}{K_w}$
3	分布系数	$\delta_{HA}=0$ $\delta_{A^-}=1$	$\delta_{HA}=\dfrac{[H]}{[H]+K_a}$ $\delta_{A^-}=\dfrac{K_a}{[H]+K_a}$	$\delta_{H_2A}=\dfrac{[H]^2}{[H]^2+K_{a1}[H]+K_{a1}K_{a2}}$ $\delta_{HA^-}=\dfrac{K_{a1}[H]}{[H]^2+K_{a1}[H]+K_{a1}K_{a2}}$ $\delta_{A^{2-}}=\dfrac{K_{a2}K_{a1}}{[H]^2+K_{a1}[H]+K_{a1}K_{a2}}$	$\delta_{H_3A}=\dfrac{[H]^3}{[H]^3+K_{a1}[H]^2+K_{a1}K_{a2}[H]+K_{a1}K_{a2}K_{a3}}$ $\delta_{H_2A}=\dfrac{K_{a1}[H]^2}{[H]^3+K_{a1}[H]^2+K_{a1}K_{a2}[H]+K_{a1}K_{a2}K_{a3}}$ $\delta_{HA^{2-}}=\dfrac{K_{a2}K_{a1}[H]}{[H]^3+K_{a1}[H]^2+K_{a1}K_{a2}[H]+K_{a1}K_{a2}K_{a3}}$ $\delta_{A^{3-}}=\dfrac{K_{a1}K_{a2}K_{a3}}{[H]^3+K_{a1}[H]^2+K_{a1}K_{a2}[H]+K_{a1}K_{a2}K_{a3}}$

续表

序号	项目	一元强酸	一元弱酸	二元弱酸	三元弱酸（两性）
4	滴定误差 E_t	$E_t = \dfrac{10^{\Delta pH} - 10^{-\Delta pH}}{\sqrt{K_t c_0^{sp}}}$	$E_t = \dfrac{10^{\Delta pH} - 10^{-\Delta pH}}{\sqrt{c_{HAc}^{sp} K_t}}$	$E_t = \dfrac{10^{\Delta pH} - 10^{-\Delta pH}}{\sqrt{\dfrac{K_{a1}}{K_{a2}}}}$	$E_t = \dfrac{10^{\Delta pH} - 10^{-\Delta pH}}{\sqrt{\dfrac{K_{a1}}{K_{a2}}}}$
5	分步滴定条件	可以	可以	$\dfrac{K_{a1}}{K_{a2}} \geq 10^5$	$\dfrac{K_{a1}}{K_{a2}} \geq 10^5$, $\dfrac{K_{a2}}{K_{a3}} \geq 10^5$
6	准确滴定推导，设 $E_t < 0.2\%$，$\Delta pH = 0.3$	$0.2\% > \dfrac{10^{0.3} - 10^{-0.3}}{\sqrt{\dfrac{1}{K_w} \times \dfrac{c_0}{2}}}$ $c_a > 1.494 \times 10^{-4}$	$0.2\% > \dfrac{10^{0.3} - 10^{-0.3}}{\sqrt{\dfrac{c_0}{2} \times \dfrac{K_a}{K_w}}}$ $K_a c_a > 10^{-8}$	$0.5\% > \dfrac{10^{0.3} - 10^{-0.3}}{\sqrt{\dfrac{K_{a1}}{K_{a2}}}}$ $\dfrac{K_{a1}}{K_{a2}} \geq 10^5$	$0.5\% > \dfrac{10^{0.3} - 10^{-0.3}}{\sqrt{\dfrac{K_{a1}}{K_{a2}}}}$ $\dfrac{K_{a1}}{K_{a2}} \geq 10^5$, $\dfrac{K_{a2}}{K_{a3}} \geq 10^5$
7	准确滴定条件		① $K_a \geq 10^{-7}$ ② $K_a c_a \geq 10^{-8}$	① $K_{a1} \geq 10^{-7}$ $K_{a1} c_a \geq 10^{-8}$ ② $K_{a2} \geq 10^{-7}$ $K_{a2} c_a \geq 10^{-8}$	① $K_{a1} c_a \geq 10^{-7}$ $K_{a1} c_a \geq 10^{-8}$ ② $K_{a2} \geq 10^{-7}$ $K_{a2} c_a \geq 10^{-8}$ ③ $K_{a3} \geq 10^{-7}$ $K_{a3} c_a \geq 10^{-8}$

任务 3.5　强碱滴定极弱酸模式

任务分析

　　常温下，硼酸为白色鳞片状晶体，微溶于冷水，在热水中溶解度明显增大，这是由于温度升高硼酸中的部分氢键断裂。硼酸大量用于搪瓷和玻璃工业，还可以作为防腐剂、医药消毒剂、润滑剂等。因此，需要准确测定硼酸的浓度。

　　由于硼酸在水溶液中是一种极弱的酸（$K_a = 5.8 \times 10^{-10}$），不满足强碱滴定弱酸的要求（$K_a c_a \geqslant 10^{-8}$），因此直接用强碱不能准确滴定硼酸。但硼酸能与一些多元醇［如甘油（丙三醇）、甘露醇等］配位而形成较强的配位酸，这种配位酸的离解常数为 10^{-6} 左右，就能够使用强碱标准溶液进行滴定。

　　本任务首先要指导学生完成测定硼酸纯度的实验。难点在于使用强碱滴定极弱酸时需要先将极弱酸进行强化，这种思路与前面所学的模式完全不一样，具有一定代表意义。

任务实施

测定硼酸纯度

1. 实验目的

（1）掌握强化法测定硼酸的原理和方法。
（2）熟悉硼酸试样的干燥方法。
（3）熟练滴定分析操作技术。

2. 实验原理

　　硼酸是一种极弱的酸（$K_a = 5.8 \times 10^{-10}$），因此不能直接用 NaOH 标准溶液滴定。但硼酸能与一些多元醇［如甘油（丙三醇）、甘露醇等］配位而生成较强的配位酸，这种配位酸的离解常数为 10^{-6} 左右，因此就可以用强碱标准溶液进行滴定。

　　甘油和硼酸反应如下：

$$2\text{HC—OH} \begin{array}{c} \text{H}_2\text{C—OH} \\ | \\ | \\ \text{H}_2\text{C—OH} \end{array} + \text{H}_3\text{BO}_3 \longrightarrow \text{H} \left[\begin{array}{c} \text{H}_2\text{C—O} \qquad \text{O—CH}_2 \\ \diagdown \quad \diagup \\ \text{HC—O} \rightarrow \overset{\text{B}}{\underset{}{}} \quad \text{O—CH} \\ \diagup \quad \diagdown \\ \text{H}_2\text{C—OH} \quad \text{HO—CH}_2 \end{array} \right] + 3\text{H}_2\text{O}$$

　　滴定反应如下：

$$H\left[\begin{array}{c} H_2C-OO-CH_2 \\ \diagdownB\diagup \\ HC-OO-CH \\ | | \\ H_2C-OHHO-CH_2 \end{array}\right] + NaOH \longrightarrow Na\left[\begin{array}{c} H_2C-OO-CH_2 \\ \diagdownB\diagup \\ HC-OO-CH \\ | | \\ H_2C-OHOH-CH_2 \end{array}\right] + H_2O$$

在化学计量点时，pH 为 9 左右，可用酚酞或百里酚酞作为指示剂。

3. 试剂

NaOH 标准溶液（0.1000mol/L，任务 3.1）；酚酞指示剂（10g/L 乙醇溶液）；中性甘油（甘油与水按 1∶1 体积比混合，用胶头滴管吸取几滴保留。在混合液中加两滴酚酞指示剂，用 NaOH 标准溶液滴定至浅粉色，再用保留的几滴混合液滴定至恰好无色，备用）。

4. 仪器

分析天平（0.1mg）；碱式滴定管（50mL×1）；烧杯（500mL×1，250mL×3）；锥形瓶（250mL×4）；量筒（10mL×1，25mL×1，50mL×1）；白滴瓶（60mL×3）；试剂瓶（500mL×1）；移液管（10mL×1，20mL×1）；容量瓶（500mL×1）。

5. 实验步骤

准确称取 0.2g 硼酸试样（预先置硫酸干燥器中干燥）于 250mL 锥形瓶中，加入 20mL 中性甘油，微热使其溶解，迅速放冷至室温，加两滴酚酞指示剂，用 0.1000mol/L NaOH 标准溶液滴定。终点前用锥形瓶内壁将滴定管尖嘴处半滴靠下，再用洗瓶冲洗瓶壁，反复操作至溶液呈浅粉色，再加 3mL 中性甘油，浅粉色不消失即为终点。记录消耗 NaOH 标准溶液的体积读数 V_1。

空白实验时加 20.00mL 蒸馏水于 250mL 锥形瓶中，加两滴酚酞指示剂，用 NaOH 标准溶液滴定至溶液呈浅粉色，再加 3mL 中性甘油，浅粉色不消失即为终点。记录消耗 NaOH 标准溶液的体积读数 V_2。

6. 原始记录

测定硼酸纯度原始记录表如表 3.18 所示。

表 3.18　测定硼酸纯度原始记录表

日期：_____ 天平编号：_____

样品编号	1#	2#	3#
称取 H_3BO_3 质量初读数/g			
称取 H_3BO_3 质量终读数/g			
称取 H_3BO_3 质量/g			
NaOH 标准溶液体积初读数/mL			
NaOH 标准溶液体积终读数/mL			
NaOH 标准溶液体积/mL			
空白实验 NaOH 溶液体积/mL			

7. 结果计算

根据以上数据，可计算出硼酸的纯度 $w_{H_3BO_3}$

$$w_{H_3BO_3} = \frac{c_{NaOH}(V_1 - V_2) \times 10^{-3} \times M_{H_3BO_3}}{m}$$ (3.49)

式中，$w_{H_3BO_3}$——试样中 H_3BO_3 的百分含量，%；

c_{NaOH}——NaOH 标准溶液的浓度，mol/L；

$M_{H_3BO_3}$——H_3BO_3 的摩尔质量，g/mol；

V_1、V_2——用 NaOH 标准溶液滴定硼酸溶液时消耗 NaOH 标准溶液和空白实验消耗 NaOH 溶液的体积，mL。

所有滴定管读数均需校准。

8. 注意事项

加入 3mL 中性甘油后，若浅粉色消失，需继续滴定。再加甘油混合液，反复操作至溶液浅粉红色不再消失为止，通常加 2 次甘油即可。

9. 思考题

(1) 硼酸能否直接用 NaOH 标准滴定溶液滴定？本实验为什么用强化法？

(2) 除甘油外，还有哪些物质能使硼酸强化？

(3) 使硼酸强化为什么需使用中性甘油？怎样制得中性甘油？

(4) 本实验中用 NaOH 标准溶液滴定至溶液显浅粉色后，为什么还要加 3mL 中性甘油，以浅粉色不消失为终点？

项目 4 酸碱平衡与强酸滴碱法

本项目与项目 3 均属于酸碱平衡和酸碱滴定法的范畴。通过对项目 3 的学习，可以将本项目所描述的强酸滴定碱的模式看作对项目 3 的强化。本项目的重点是让学生在掌握酸碱滴定模式的基础上，学习对分析数据的统计处理。这种对数据的处理能力，要体现在后面项目 5～项目 8 的每一任务中。

任务 4.1 配制与标定强酸标准溶液

 任务分析

本任务要完成盐酸标准溶液的配制与标定实验。为了获得较大的滴定突跃，酸碱滴定法常用强酸和强碱作为标准溶液。当需加热或在浓度较高的情况下宜用稳定性好的 H_2SO_4 标准溶液，但其电离常数较小，滴定突跃也较小，指示剂终点变色的敏锐性稍差，还能与某些阳离子生成硫酸盐沉淀。HNO_3 因具有氧化性，本身稳定性较差，还能破坏某些指示剂，所以应用较少。$HClO_4$ 是一种很好的标准溶液，但其价格昂贵，一般不使用，只有在非水滴定中用到。因此，最常用的强酸标准溶液是盐酸标准溶液。标定盐酸或 H_2SO_4 溶液可用无水 Na_2CO_3 或 $Na_2B_4O_7 \cdot 10H_2O$ 作为基准物质。$Na_2B_4O_7 \cdot 10H_2O$ 的缺陷是其所带的结晶水数量必须在严格的恒湿条件下才能与分子式准确相符，所以常按照 GB/T 601—2002《化学试剂标准滴定溶液的制备》专用基准级无水 Na_2CO_3 来标定酸标准溶液。

 任务实施

4.1.1 配制与标定盐酸标准溶液

1. 实验目的

（1）学习配制盐酸标准溶液。
（2）巩固用减量法称取基准物质的方法。
（3）学习用基准物质无水 Na_2CO_3 标定盐酸溶液的方法。

2. 实验原理

市售盐酸（分析纯）相对密度为 1.19，含 HCl 为 37%，其物质的量浓度约为

12mol/L。浓盐酸易挥发，不能直接配制成准确浓度的盐酸溶液。因此，常将浓盐酸稀释成所需近似浓度，然后用基准物质进行标定。

当用无水 Na_2CO_3 为基准物质标定盐酸溶液的浓度时，由于 Na_2CO_3 易吸收空气中的水分，因此使用前应在 270～300℃ 条件下干燥至恒重，密封保存在干燥器中。称量时的操作应迅速，防止再吸水而产生误差。标定盐酸的反应式为

$$2HCl + Na_2CO_3 \Longrightarrow 2NaCl + H_2CO_3$$
$$H_2CO_3 \Longrightarrow CO_2 \uparrow + H_2O$$

由于滴定到第二化学计量点时，才能将基准物质无水 Na_2CO_3 全部反应完全，此时产物是 H_2CO_3。已知 298K 时饱和 H_2CO_3 溶液的 pH 约为 4.0，故选用甲基橙作为指示剂，滴定至溶液由黄色变为橙色为滴定终点；也可以选用溴甲酚绿-甲基红混合指示剂，滴定至溶液由绿色变为暗红色。

3. 试剂

盐酸（相对密度 1.19）；无水 Na_2CO_3 基准物质；甲基橙指示剂（1g/L 水溶液，0.1g 甲基橙加 100mL 水）。

4. 仪器

酸式滴定管（50mL×1）；烧杯（500mL×1，250mL×3）；锥形瓶（250mL×4）；量筒（10mL×1，25mL×1，50mL×1）；称量瓶（15mL×1）；白滴瓶（60mL×2）；试剂瓶（500mL×1）。

5. 实验步骤

1）0.10mol/L 盐酸溶液的配制

通过计算求出配制 500mL0.1mol/L 盐酸溶液所需浓盐酸（相对密度 1.19，约 12mol/L）的体积。首先在 500mL 容量瓶中加入 100mL 蒸馏水，然后用移液管移取计算量的浓盐酸，转移至容量瓶中，摇匀、定容，贴上标签后待标定。考虑到浓盐酸的挥发性，配制时所取的浓盐酸量应比计算的适当多些。

2）0.10mol/L 盐酸溶液的标定

用称量瓶按差减称量法称取三份 0.12～0.2g 已烘干的基准物质无水 Na_2CO_3，分别放入 250mL 锥形瓶中。各加入 20.00mL 蒸馏水使其溶解，加两滴甲基橙指示液（不能同时加指示剂），用盐酸溶液滴定。终点前用锥形瓶内壁将滴定管尖嘴处半滴靠下，用洗瓶再冲洗瓶壁，反复操作至溶液呈橙色，静置 30s 不退色，再剧烈摇动锥形瓶加速 H_2CO_3 分解（或将溶液加热煮沸 2min 赶除 CO_2，冷却后），再次滴定至橙色即为终点，记录消耗盐酸溶液的体积读数 V_1。做三次平行实验。

3）空白实验

加入 20mL 蒸馏水放入 250mL 锥形瓶中，加两滴甲基橙指示液，用盐酸溶液滴定至溶液由黄色变为橙色，剧烈摇动锥形瓶赶除 CO_2 后，再次将溶液滴定至橙色即为终点，记下消耗盐酸滴定溶液的体积 V_2。

6. 原始记录

无水 Na_2CO_3 标定盐酸溶液原始记录表如表 4.1 所示。

表 4.1 无水 Na_2CO_3 标定盐酸溶液原始记录表

日期：_____   天平编号：_____

样品编号	1#	2#	3#
（瓶＋Na_2CO_3 质量）前/g			
（瓶＋Na_2CO_3 质量）后/g			
Na_2CO_3 质量/g			
盐酸溶液体积初读数/mL			
盐酸溶液体积终读数/mL			
盐酸溶液体积/mL			
空白实验盐酸溶液体积初读数/mL			
空白实验盐酸溶液体积终读数/mL			
空白实验盐酸溶液体积/mL			

7. 结果计算

由于基本单元之间的反应计量关系为 1，若基本单元用 $\frac{1}{2}Na_2CO_3$ 表示，通过酸碱滴定标准公式，由以上数据可计算出盐酸溶液的浓度 c_1。

$$c_1 = \frac{m_{Na_2CO_3}}{(V_1 - V_2)M_{\frac{1}{2}Na_2CO_3}} \tag{4.1}$$

式中，c_1——盐酸溶液的浓度，mol/L；

　$m_{Na_2CO_3}$——Na_2CO_3 基准试剂的质量，g；

$M_{\frac{1}{2}Na_2CO_3}$——Na_2CO_3 基本单元的摩尔质量，g/mol；

V_1、V_2——用盐酸滴定 Na_2CO_3 时消耗盐酸溶液和空白实验消耗盐酸溶液的体积，mL。所有滴定管读数均需校准。

8. 注意事项

（1）标定时，一般采用小份标定。在标准溶液浓度较稀（如 0.01mol/L），基准物质摩尔质量较小时，若采用小份称量误差较大，可采用大份标定，即稀释法标定。

（2）由于 Na_2CO_3 标定盐酸实验仅要求滴定剂与被滴定物质的物质的量相等，因此需要精确称取 Na_2CO_3 的质量来计算其物质的量。

（3）基准物质无水 Na_2CO_3 易吸水，称量时要放在称量瓶中用差减法称量，称量时称量瓶盖子必须要盖好。

（4）取用浓盐酸的操作应在通风橱中进行。

9. 思考题

（1）配制盐酸溶液时，量取浓盐酸的体积是如何计算的？

（2）标定盐酸溶液时，基准物质无水 Na_2CO_3 的质量是如何计算的？

（3）为什么滴定到终点前需要剧烈摇动锥形瓶或将溶液加热至沸？

知识平台

4.1.2　无水 Na_2CO_3 标定盐酸溶液的标准公式

【例 4.1】　用基准物质无水 Na_2CO_3 标定盐酸溶液，使用甲基橙指示剂。若以 Na_2CO_3 表示结果，推算其基本单元。

解　甲基橙指示剂（变色 pH 为 $3.2\sim4.4$），此时最终产物为 H_2CO_3，溶液显酸性。

$$Na_2CO_3 + 2HCl = 2NaCl + H_2CO_3$$
$$H_2CO_3 = CO_2\uparrow + H_2O$$
$$Na_2CO_3 \multimap 2HCl \multimap 2NaOH$$
$$NaOH \multimap \frac{1}{2}Na_2CO_3$$

答：若以 Na_2CO_3 表示结果，推算其基本单元为 $\frac{1}{2}Na_2CO_3$。

【例 4.2】　用基准物质无水 Na_2CO_3 标定盐酸溶液，使用酚酞指示剂。若以 Na_2CO_3 表示结果，推算其基本单元。

解　酚酞指示剂（变色 pH 为 $8.0\sim9.6$），此时最终产物为 $NaHCO_3$，溶液显碱性。

$$Na_2CO_3 + HCl = NaHCO_3 + NaCl$$
$$Na_2CO_3 \multimap HCl \multimap NaOH$$
$$NaOH \multimap Na_2CO_3$$

答：若以 Na_2CO_3 表示结果，推算其基本单元为 Na_2CO_3。

由于本任务用基准物质无水 Na_2CO_3 标定盐酸溶液，要反应到第二化学计量点生成 H_2CO_3，因此标准方程为

$$c_{HCl} = \frac{m_{Na_2CO_3}}{V_{HCl} \times M_{\frac{1}{2}Na_2CO_3}} \tag{4.2}$$

式中，c_{HCl}——盐酸待测溶液的浓度，mol/L；

V_{HCl}——盐酸待测溶液的体积，L；

$m_{Na_2CO_3}$——Na_2CO_3 基准物的质量，g；

$M_{\frac{1}{2}Na_2CO_3}$——基本单元的摩尔质量，g/mol。

4.1.3　示例无水 Na_2CO_3 标定盐酸溶液计算过程

【例 4.3】　用基准物质无水 Na_2CO_3 标定 $0.10mol/L$ 盐酸溶液，选用甲基橙指示剂，计算基准物质的称量范围。已知：$M_{\frac{1}{2}Na_2CO_3} = 53.0g/mol$。

解　标准方程为

$$c_{HCl} = \frac{m_{Na_2CO_3}}{V_{HCl} \times M_{\frac{1}{2}Na_2CO_3}}$$
$$m_{Na_2CO_3} = c_{HCl} V_{HCl} M_{\frac{1}{2}Na_2CO_3}$$

为保证便于滴定管读数，一般选取滴定管中段的 $20\sim30mL$ 计算读数，则

$$m_1 = 0.10 \times 20 \times 53.0/1000 \approx 0.11 \ (\text{g})$$

$$m_2 = 0.10 \times 30 \times 53.0/1000 \approx 0.16 \ (\text{g})$$

答：称取基准物质无水 Na_2CO_3 的质量范围为 $0.11 \sim 0.16$ g。

4.1.4 计算强酸滴定二元弱碱（酸）模式下 H^+ 浓度

1. 用分布系数判断酸度对二元弱碱各形态分布的影响

$$H_2CO_3 \rightleftharpoons H^+ + HCO_3^-, \quad K_{a1} = \frac{[H^+][HCO_3^-]}{[H_2CO_3]}$$

$$HCO_3^- \rightleftharpoons H^+ + CO_3^{2-}, \quad K_{a2} = \frac{[H^+][CO_3^{2-}]}{[HCO_3^-]}$$

$$\delta_2 = \frac{[H_2CO_3]}{c} = \frac{[H_2CO_3]}{[H_2CO_3] + [HCO_3^-] + [CO_3^{2-}]} = \frac{1}{\dfrac{[H_2CO_3] + [HCO_3^-] + [CO_3^{2-}]}{[H_2CO_3]}}$$

$$= \frac{1}{1 + \dfrac{[HCO_3^-]}{[H_2CO_3]} + \dfrac{[CO_3^{2-}]}{[H_2CO_3]}} = \frac{1}{1 + \dfrac{K_{a1}}{[H^+]} + \dfrac{K_{a1}K_{a2}}{[H^+]^2}}$$

$$\delta_2 = \frac{[H^+]^2}{[H^+]^2 + K_{a1}[H^+] + K_{a1}K_{a2}} \tag{4.3}$$

$$\delta_1 = \frac{[HCO_3^-]}{c} = \frac{K_{a1}[H^+]}{[H^+]^2 + K_{a1}[H^+] + K_{a1}K_{a2}} \tag{4.4}$$

$$\delta_0 = \frac{[CO_3^{2-}]}{c} = \frac{K_{a1}K_{a2}}{[H^+]^2 + K_{a1}[H^+] + K_{a1}K_{a2}} \tag{4.5}$$

以 δ_2、δ_1、δ_0 对 pH 做图，即可得 H_2CO_3 的 $\delta-$pH 图，如图 4.1 所示。

2. 根据质子平衡式计算 H^+ 浓度

计算强酸滴定二元弱碱 H^+ 浓度的依据依然是质子平衡式。

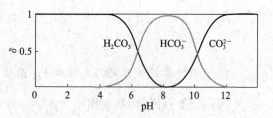

图 4.1 H_2CO_3 的 $\delta-$pH 图

【例 4.4】 试写出 Na_2CO_3 水溶液的质子平衡式（PBE）。

解 第一化学计量点生成 $NaHCO_3$：

零水准

$$H_2CO_3 \xleftarrow{+H^+} HCO_3^- \xrightarrow{-H^+} CO_3^{2-}$$

$$H_3O^+ \xleftarrow{+H^+} H_2O \xrightarrow{-H^+} OH^-$$

$$\text{PBE：} [H_2CO_3] + [H^+] = [CO_3^{2-}] + [OH^-]$$

第二化学计量点生成 Na_2CO_3：

零水准

$$HCO_3^- \xleftarrow{+H^+} CO_3^{2-}$$

$$H_2CO_3 \xleftarrow{+2H^+} CO_3^{2-}$$

$$H_3O^+ \xleftarrow{+H^+} H_2O \xrightarrow{-H^+} OH^-$$

PBE：$[HCO_3^-] + 2[H_2CO_3] + [H^+] = [OH^-]$

3. 用准确式、近似式和最简式计算两性物质 NaHCO₃ 的 H⁺ 浓度

无水 Na_2CO_3 标定盐酸溶液时，第一化学计量点生成 NaHCO₃，根据其 PBE

$$\frac{[H^+][HCO_3^-]}{K_{a1}} + [H^+] = \frac{K_{a2}[HCO_3^-]}{[H^+]} + \frac{K_w}{[H^+]}$$

$$\frac{[H^+]^2[HCO_3^-]}{K_{a1}} + [H^+]^2 = K_{a2}[HCO_3^-] + K_w$$

$$[H^+]^2 = \frac{K_{a2}[HCO_3^-] + K_w}{\frac{[HCO_3^-]}{K_{a1}} + 1} = \frac{K_{a1}(K_{a2}[HCO_3^-] + K_w)}{[HCO_3^-] + K_{a1}}$$

$$[H^+] = \sqrt{\frac{K_{a1}(K_{a2}[HCO_3^-] + K_w)}{[HCO_3^-] + K_{a1}}}$$

若 $K_{a1} \gg K_{a2}$，即 $\Delta pK_a \geqslant 3.2$，$[HCO_3^-] \approx c$，得到准确式

$$[H^+] = \sqrt{\frac{K_{a1}(K_{a2}c + K_w)}{c + K_{a1}}} \tag{4.6}$$

若 $K_{a2}c > 20K_w$，则 K_w 可忽略，得到近似式

$$[H^+] = \sqrt{\frac{K_{a1}K_{a2}c}{c + K_{a1}}} \tag{4.7}$$

若 $c > 20K_{a1}$，则 K_{a1} 可以忽略，得到最简式

$$[H^+] = \sqrt{K_{a1}K_{a2}} \tag{4.8}$$

4. 示例计算强酸滴定二元弱碱 H⁺ 浓度

【例 4.5】 计算用基准物质无水 Na_2CO_3 标定 0.10mol/L 盐酸溶液的 pH，绘制滴定曲线并选择指示剂。已知：H_2CO_3 的 $K_{a1} = 4.2 \times 10^{-7}$，$K_{a2} = 5.6 \times 10^{-11}$，消耗 Na_2CO_3 和盐酸溶液均为 20.00mL 左右。

解 首先判断能否分步准确滴定。由于 Na_2CO_3 和 HCl 是 1：2 反应，消耗 Na_2CO_3 和盐酸均为 20.00mL 左右，当盐酸浓度为 0.10mol/L 时，Na_2CO_3 溶液浓度约为 0.05mol/L。

$$K_{b1} = \frac{K_w}{K_{a2}} = \frac{1.0 \times 10^{-14}}{5.6 \times 10^{-11}} \approx 1.8 \times 10^{-4}, \qquad K_{b2} = \frac{K_w}{K_{a1}} = \frac{1.0 \times 10^{-14}}{4.2 \times 10^{-7}} \approx 2.4 \times 10^{-8}$$

$$\frac{K_{b1}}{K_{b2}} = \frac{1.8 \times 10^{-4}}{2.4 \times 10^{-8}} = 7.5 \times 10^3 < 1.0 \times 10^5$$

$K_{b1}c_b = 1.8 \times 10^{-4} \times 0.05 = 9.0 \times 10^{-6} > 1.0 \times 10^{-8}$，可准确滴到第一化学计量点；

$K_{b2}c_b = 2.4 \times 10^{-8} \times 0.05 = 0.12 \times 10^{-8} \approx 1.0 \times 10^{-8}$，勉强能准确滴到第二化学计量点。

第一化学计量点生成两性物质 NaHCO₃ 酸式盐：由于 $K_{a1} \gg K_{a2}$，$K_{a2}c = 5.6 \times$

$10^{-11} \times 0.05 = 2.8 \times 10^{-12} > 20K_w$；$20K_{a1} = 20 \times 4.2 \times 10^{-7} = 8.4 \times 10^{-6} < c$，因此可以使用最简式计算两性物质的 H^+ 浓度：

$$[H^+] = \sqrt{K_{a1}K_{a2}} = \sqrt{4.2 \times 10^{-7} \times 5.6 \times 10^{-11}} \approx 4.9 \times 10^{-9} \ (mol/L)，pH \approx 8.3$$

第二化学计量点生成二元弱酸 H_2CO_3，CO_2 饱和溶液约为 $0.040 mol/L$，计算 H^+ 浓度：

$$[H^+] = \sqrt{K_{a1}c} = \sqrt{4.2 \times 10^{-7} \times 0.040} \approx 1.3 \times 10^{-4} \ (mol/L)，pH \approx 3.9$$

4.1.5 认识强酸滴定二元弱碱 Na_2CO_3 的滴定曲线

用强酸滴定二元弱碱有两个滴定突跃。从图 4.2 可以明显看出，此时，第一化学计量点的 pH 为 8.3，第二化学计量点的 pH 为 3.9。

与强碱滴定弱酸类似，强酸滴定二元弱碱滴定突跃受碱的浓度和强度的影响。对于用基准物质无水 Na_2CO_3 标定盐酸溶液，实际是用 HCl 滴定锥形瓶中 Na_2CO_3，由于 K_{b1}、K_{b2} 差别不大，因此第一化学计量点突跃不太明显；由于 K_{b2} 不够大，因此第二化学计量点也不够理想。

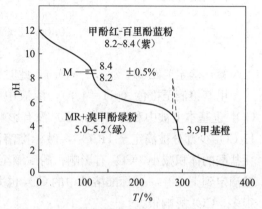

图 4.2 基准物质无水 Na_2CO_3 标定 0.10mol/L 盐酸溶液的滴定曲线

4.1.6 选择指示剂指示强酸滴定二元弱碱 Na_2CO_3 的终点

用基准物质无水 Na_2CO_3 标定 0.10mol/L 盐酸溶液的第一化学计量点 pH 为 8.3，一般可用酚酞作为指示剂。由于第一化学计量点突跃不太明显，为了准确判断第一终点，一可以采用将指示剂加入另一份 $NaHCO_3$ 溶液中作为参比液，进行指示剂校正；二可以使用混合指示剂，如甲酚红-百里酚蓝混合指示剂，它的 pH 变色范围为 8.2（玫瑰）~8.4（紫色），若采用它指示终点，能获得较好的结果，误差约为 0.5%。

第二化学计量点 pH 为 3.9。第二化学计量点突跃也不够理想，选用甲基橙作为指示剂是合适的。但是，由于此时容易形成 CO_2 过饱和溶液，滴定过程中生成的 H_2CO_3 只能慢慢地变为 CO_2，这样就使溶液的酸度稍稍增大，终点出现过早，因此，应注意在滴定终点附近剧烈地摇动锥形瓶。当滴定到溶液变红且 pH≤5.0 时，暂时中断滴定。将溶液加热至沸，除去 CO_2 后 pH 上升至 8.0（图 4.2 中虚线部分），溶液又变为黄色。继续滴定到溶液变为橙色，重复操作 2~3 次直到加热后颜色不变为止。此方法终点敏锐，准确度高。

4.1.7 认识 CO_2 对酸碱滴定的影响

1. NaOH 试剂中或水中含 CO_2

$$CO_2 + H_2O \Longleftrightarrow H_2CO_3$$

【例 4.6】 用 0.5000mol/L 盐酸溶液滴定 20.00mL 同浓度 NaOH 溶液，若被滴定的 NaOH 溶液因吸收 CO_2 有少量变质，应选用哪种指示剂？

解 滴定突跃计算：

当滴定分数 $T=99.9\%$ 时，有

$$[OH^-]=\frac{0.5000\times0.02}{20.00+19.98}\approx0.0002\ (mol/L)$$

$$pOH\approx3.6,\quad pH=14.0-3.6=10.4$$

当滴定分数 $T=100.1\%$ 时，有

$$[H^+]=\frac{0.5000\times0.02}{20.00+20.02}\approx0.0002\ (mol/L)$$

$$pH\approx3.6$$

答：滴定突跃 pH 为 3.6～10.4，此时甲基橙、甲基红、酚酞三种指示剂均适用。

甲基橙滴至橙色（pH=4.0），溶液中 H_2CO_3 基本上不被滴定，碱标准溶液中的 CO_3^{2-} 也基本上被中和为 CO_2，CO_2 没有影响；甲基红滴至橙红色（pH=5.0），溶液中 H_2CO_3 少部分被滴定至 HCO_3^-，碱标准溶液中的 CO_3^{2-} 也少部分被中和至 HCO_3^-，消耗盐酸的体积减小，CO_2 有影响；酚酞滴至浅粉色（pH=9.1），溶液中 H_2CO_3 大部分被滴定到 HCO_3^-，碱标准溶液中的 CO_2 也大部分被中和至 CO_3^{2-}，消耗盐酸的体积减小很多，CO_2 影响很大。

2. NaOH 标准溶液在保存过程中吸收 CO_2

$$2NaOH+CO_2=\!=\!=Na_2CO_3+H_2O$$

【例 4.7】 用 0.5000mol/L NaOH 标准溶液滴定 20.00mL 同浓度盐酸溶液，若 NaOH 标准溶液因吸收 CO_2 有少量变质，应选用哪种指示剂？

答：吸收了 CO_2 的 NaOH 标准溶液滴定盐酸溶液时，用酚酞滴定至浅粉色（pH=9.1），CO_3^{2-} 大部分被中和至 HCO_3^-，消耗 NaOH 标准溶液体积增加，CO_2 影响很大，甲基橙滴定至橙色（pH=4.0），所吸收的 CO_2 又以 CO_2 形式放出，对测定结果无影响。因此应选用甲基橙指示剂。

3. CO_2 对反应速度的影响

$$CO_2+H_2O=\!=\!=H_2CO_3$$
$$99.7\%\qquad\qquad 0.3\%$$

一方面，CO_2 转化成 H_2CO_3 的速度慢，造成终点变色不敏锐。因此，若选用酚酞指示剂，应使溶液保持粉红色 0.5min 不退色为终点。同时，H_2CO_3 分解成 CO_2 的速度也慢，选用甲基橙指示剂时，需加热至沸或剧烈摇动锥形瓶才能将溶液中的 H_2CO_3 变为 CO_2 除去。

在强酸强碱滴定中，选用甲基橙指示剂的最大优点是受 CO_2 影响小。因此，即使溶液稍稀一点（如 0.1mol/L），滴定突跃稍小一点，也可选择甲基橙指示剂。当溶液很稀时，滴定突跃更小，且接近 pH=7.0，此时不能使用甲基橙指示剂，而必须使用甲基红指示剂，这时 CO_2 影响较大，应煮沸溶液，并配制不含 CO_3^{2-} 的标准碱溶液。对于弱酸的滴定，由于化学计量点时形成强碱弱酸盐，化学计量点在碱性范围，CO_2 影响也比较大。

任务4.2   强酸滴定一元弱碱模式

 任务分析

　　本任务首先要完成 0.1000mol/L 盐酸标准溶液滴定同浓度 NH₃·H₂O 的实验。本任务所讨论的酸碱平衡实际上是一元弱碱在水中发生的质子转移平衡，与强碱滴定一元弱酸非常相似，只是滴定曲线的形状与前者刚好相反。化学计量点时由于生成强酸弱碱盐，溶液呈弱酸性，滴定突跃发生在弱酸性范围内。只有选择在弱酸性范围变色的指示剂才是合适的。本任务的重点是通过计算强酸滴定一元弱碱模式下被滴定体系 H⁺ 浓度，绘制滴定曲线并选择指示剂判定滴定终点，最后使用强酸滴定一元弱碱的误差公式判断所选指示剂是否符合要求。

 任务实施

4.2.1   0.1000mol/L 盐酸标准溶液滴定同浓度 NH₃·H₂O 溶液

1. 实验目的

（1）学习强酸滴定一元弱碱的方法。
（2）进一步学习用甲基橙、甲基红作为指示剂判断滴定终点的方法。
（3）进一步学习突跃范围及指示剂的选择原则。

2. 实验原理

　　采用任务 4.1 中已经配制并标定好的 0.1000mol/L 盐酸标准溶液，将待标定的 NH₃·H₂O 溶液配制到约 0.10mol/L，用甲基橙、甲基红等指示剂滴定至溶液变色，到达滴定终点，从而计算出 NH₃·H₂O 溶液的浓度。其反应式为

$$HCl + NH_3 \cdot H_2O === NH_4Cl + H_2O$$

　　与强酸滴定二元弱碱不同的是，0.1000mol/L 盐酸标准溶液滴定同浓度 NH₃·H₂O 的滴定突跃 pH 为 4.30～6.26，产物 NH₄Cl 的 pH 为 5.12，故不能选用酚酞指示剂，而应该选用变色 pH 为 4.4～6.2 的甲基红指示剂。由于指示剂从浅色到深色的颜色变化更易观察，选用甲基红指示剂时，应将盐酸标准溶液装入滴定管，滴定 NH₃·H₂O 溶液由黄色变为橙红色。

3. 试剂

　　盐酸标准溶液（0.1000mol/L，任务 4.1）；NH₃·H₂O（A.R.）；甲基红指示剂（1g/L 乙醇溶液，0.1g 甲基红加 100mL 95％乙醇）。

4. 仪器

分析天平（0.1mg）；酸式滴定管（50mL×1）；烧杯（500mL×1，250mL×3）；锥形瓶（250mL×4）；量筒（10mL×1，25mL×1，50mL×1）；白滴瓶（60mL×3）；试剂瓶（500mL×1）；移液管（10mL×1，20mL×1）。

5. 实验步骤

1）0.10mol/L $NH_3 \cdot H_2O$ 溶液的配制

计算配制 500mL0.10mol/L $NH_3 \cdot H_2O$ 溶液所需 $NH_3 \cdot H_2O$ 量。用移液管量取所需 $NH_3 \cdot H_2O$ 的体积，迅速转移至装有 100mL 蒸馏水的 500mL 容量瓶中，摇匀，定容至刻度，贴标签备用。

2）0.10mol/L $NH_3 \cdot H_2O$ 溶液的标定

将任务 4.1 中已经标定好的盐酸标准溶液置于 50.00mL 酸式滴定管中。用移液管精确量取 20.00mL 约 0.10mol/L $NH_3 \cdot H_2O$ 溶液，置于 250mL 锥形瓶中。加两滴甲基红指示液。终点前用锥形瓶内壁将滴定管尖嘴处半滴靠下，再用洗瓶冲洗瓶壁，反复操作至溶液呈橙红色，静置 30s 不退色，即为终点，记录消耗盐酸标准溶液的体积读数 V_1。做三次平行实验。

3）空白实验

加蒸馏水 20mL 于 250mL 锥形瓶中，加两滴甲基红指示液，用盐酸标准溶液滴定溶液至橙红色，保持 30s 不退色，即为终点，记录消耗盐酸标准溶液的体积读数 V_2。

6. 原始记录

0.1000mol/L 盐酸标准溶液滴定同浓度 $NH_3 \cdot H_2O$ 溶液原始记录表如表 4.2 所示。

表 4.2　0.1000mol/L 盐酸标准溶液滴定同浓度 $NH_3 \cdot H_2O$ 溶液原始记录表

日期：＿＿＿＿　天平编号：＿＿＿＿

样品编号	1#	2#	3#
量取 $NH_3 \cdot H_2O$ 体积初读数/mL			
量取 $NH_3 \cdot H_2O$ 体积终读数/mL			
量取 $NH_3 \cdot H_2O$ 体积/mL			
盐酸标准溶液体积初读数/mL			
盐酸标准溶液体积终读数/mL			
盐酸标准溶液体积/mL			
空白实验盐酸标准溶液体积初读数/mL			
空白实验盐酸标准溶液体积终读数/mL			
空白实验盐酸标准溶液体积/mL			

7. 结果计算

由于 HCl 和 $NH_3 \cdot H_2O$ 是 1:1 的化学计量关系，由以上数据可计算出 $NH_3 \cdot H_2O$ 溶液的浓度 c_1。

$$c_1 = \frac{c_{HCl}(V_1 - V_2)}{V_{NH_3 \cdot H_2O}} \qquad (4.9)$$

式中，c_1——$NH_3 \cdot H_2O$ 溶液的浓度，mol/L；

　　　c_{HCl}——盐酸标准溶液的浓度，mol/L；

$V_{NH_3 \cdot H_2O}$——$NH_3 \cdot H_2O$ 溶液的体积，mL；

　V_1、V_2——用盐酸溶液滴定 $NH_3 \cdot H_2O$ 溶液时消耗盐酸标准溶液和空白实验消耗盐酸溶液的体积，mL。

　　　所有滴定管读数均需校准。

8. 注意事项

（1）指示剂只需加 1～2 滴，多加要消耗盐酸标准溶液引起误差。

（2）盐酸和 $NH_3 \cdot H_2O$ 溶液均易挥发，应在通风橱中进行操作。

9. 思考题

（1）用盐酸标准溶液分别滴定 NaOH 溶液和 $NH_3 \cdot H_2O$ 溶液，滴定突跃的 pH 各为多少？

（2）用盐酸标准溶液分别滴定 NaOH 溶液和 $NH_3 \cdot H_2O$ 溶液，分别可以选用哪种指示剂？

 知识平台

4.2.2　计算强酸滴定一元弱碱模式下 H^+ 浓度

1. 依据质子平衡式计算 H^+ 浓度

根据质子平衡式可以先计算出一元弱碱的 OH^- 浓度，再换算为 H^+ 浓度。

零水准

$$NH_4^+ \xleftarrow{\ +H^+\ } NH_3$$

$$H_3O^+ \xleftarrow{\ +H^+\ } H_2O \xrightarrow{\ -H^+\ } OH^-$$

$$[NH_4^+] + [H^+] = [OH^-]$$

2. 用准确式、近似式和最简式计算 $NH_3 \cdot H_2O$ 溶液的 OH^- 浓度

根据质子平衡式可得

$$[OH^-] = [H^+] + [NH_4^+]$$

由于 $NH_4^+ \rightleftharpoons H^+ + NH_3$ 中 $K_a = [H^+][NH_3]/[NH_4^+]$，代入上式得

$$[OH^-] = \frac{K_w}{[OH^-]} + \frac{\dfrac{K_w}{[OH^-]}[NH_3]}{K_a}$$

$$[OH^-]^2 = \frac{K_w[NH_3]}{K_a} + K_w$$

由于 $K_w=K_aK_b$，代入上式得

$$[OH^-]^2=K_b[NH_3]+K_w$$

MBE：$c_b=[NH_3]+[NH_4^+]$ 变为 $[NH_3]=c_b-[NH_4^+]$，代入上式得

$$[OH^-]^2=K_b(c_b-[NH_4^+])+K_w$$

PBE：$[NH_4^+]+[H^+]=[OH^-]$ 变为 $[NH_4^+]=[OH^-]-[H^+]$，代入得准确式：

$$[OH^-]=\sqrt{K_b(c_b-[OH^-]+[H^+])+K_w} \tag{4.10}$$

若碱不是太弱，且 $K_bc_b\geqslant20K_w$，忽略 $[H^+]$ 和 K_w 得近似式

$$[OH^-]=\sqrt{K_b(c_b-[OH^-])} \tag{4.11}$$

一元弱碱离解小于 5% 时，忽略 $[OH^-]$ 得最简式

$$[OH^-]=\sqrt{K_bc_b} \tag{4.12}$$

式（4.10）～式（4.12）分别是计算一元弱碱 $NH_3\cdot H_2O$ 溶液 OH^- 的准确式、近似式和最简式。式（4.11）可先变成 $[OH^-]^2+K_b[OH^-]-K_ac_b=0$，求方程正根 $[OH^-]=(-K_b+\sqrt{K_{b2}+4K_bc_b})/2$。若一元弱碱离解小于 5%，式（4.11）忽略 $[OH^-]$ 所引起的相对误差 $[OH^-]/(c_b-[OH^-])<5\%$，代入式（4.11）得

$$\frac{[OH^-]}{c_b-[OH^-]}=\frac{K_b}{[OH^-]}<5\%$$

再将式（4.12）代入得

$$E_t=\frac{[OH^-]}{c_b-[OH^-]}=\frac{K_b}{[OH^-]}=\frac{K_b}{\sqrt{K_bc_b}}=\sqrt{\frac{K_b}{c_b}}<5\%$$

$$\frac{K_b}{c_b}<2.5\times10^{-3} \quad 或 \quad \frac{c_b}{K_b}>400$$

若式（4.11）忽略 $[OH^-]$ 所引起的相对误差小于 10%，则 $c_b/K_b>100$；若式（4.11）忽略 $[OH^-]$ 所引起的相对误差小于 4.5%，则 $c_b/K_b>500$。可以根据滴定时对误差的具体要求来计算 c_b/K_b 的值。

与计算弱酸 H^+ 浓度相似，计算弱碱 OH^- 浓度时，若要使用准确式，只需要正确写出质子平衡式进行变换即可；若要使用近似式，必须满足条件 $K_bc_b\geqslant20K_w$；若要使用最简式，必须满足 $K_bc_b\geqslant20K_w$ 和 $c_b/K_b>400$ 两个前提条件。

3. 用准确式、近似式和最简式计算 NH_4Cl 溶液的 H^+ 浓度

零水准

$$NH_4^+ \xrightarrow{-H^+} NH_3$$

$$H_3O^+ \xleftarrow{+H^+} H_2O \xrightarrow{-H^+} OH^-$$

PBE：$[H^+]=[NH_3]+[OH^-]$

由于 $NH_4^+ \rightleftharpoons H^++NH_3$ 中 $K_a=[H^+][NH_3]/[NH_4^+]$，代入上式得

$$[H^+]=\frac{K_a[NH_4^+]}{[H^+]}+\frac{K_w}{[H^+]}$$

$$[H^+]^2=K_a[NH_4^+]+K_w$$

MBE：$c_a = [NH_4^+] + [NH_3]$ 变为 $[NH_4^+] = c_a - [NH_3]$，代入上式得

$$[H^+]^2 = K_a(c_a - [NH_3]) + K_w$$

PBE：$[H^+] = [NH_3] + [OH^-]$ 变为 $[NH_3] = [H^+] - [OH^-]$，代入上式得准确式

$$[H^+] = \sqrt{K_a(c_a - [H^+] + [OH^-]) + K_w} \qquad (4.13)$$

酸不是太弱时，且 $K_a c_a \geqslant 20K_w$，可忽略 $[OH^-]$ 和 K_w 得近似式

$$[H^+] = \sqrt{K_a(c_a - [H^+])} \qquad (4.14)$$

一元弱酸离解小于 5% 时，忽略 $[H^+]$ 得最简式：

$$[H^+] = \sqrt{K_a c_a} \qquad (4.15)$$

式 (4.13)～式 (4.15) 分别是计算弱酸 H^+ 的准确式、近似式和最简式。式 (4.14) 可先变成 $[H^+]^2 + K_a[H^+] - K_a c_a = 0$，再求方程正根 $[H^+] = (-K_a + \sqrt{K_{a}^2 + 4K_a c_a})/2$。若一元弱酸离解小于 5%，式 (4.13) 忽略 $[H^+]$ 所引起的相对误差 $[H^+]/(c_a - [H^+]) < 5\%$，代入式 (4.14) 得

$$\frac{[H^+]}{c_a - [H^+]} = \frac{K_a}{[H^+]} < 5\%$$

再将式 (4.15) 代入得

$$E_t = \frac{[H^+]}{c_a - [H^+]} = \frac{K_a}{[H^+]} = \frac{K_a}{\sqrt{K_a c_a}} = \sqrt{\frac{K_a}{c_a}} < 5\%$$

$$\frac{K_a}{c_a} < 2.5 \times 10^{-3} \quad 或 \quad \frac{c_a}{K_a} > 400$$

若式 (4.14) 忽略 $[H^+]$ 所引起的相对误差小于 10%，$c_a/K_a > 100$；若式 (4.14) 略去 $[H^+]$ 所引起的相对误差小于 4.5%，$c_a/K_a > 500$。可以根据滴定时对误差的具体要求来计算 c_a/K_a 的值。

总结以上过程，计算弱酸 H^+ 浓度时，若要使用准确式，只需要正确写出质子平衡式进行变换即可；若要使用近似式，必须满足条件 $K_a c_a \geqslant 20K_w$；若要使用最简式，必须满足 $K_a c_a \geqslant 20K_w$ 和 $c_a/K_a > 400$ 两个前提条件。

4.2.3 绘制强酸滴定一元弱碱滴定曲线

示例计算强酸滴定一元弱碱 H^+ 浓度。

【例 4.8】 选用甲基红指示剂，用 0.1000mol/L 盐酸标准溶液滴定 20.00mL 同浓度 $NH_3 \cdot H_2O$ 溶液，计算滴定突跃的 pH 范围。已知：$NH_3 \cdot H_2O$ 的 $K_b = 1.8 \times 10^{-5}$。

解 选用甲基红指示剂时，欲使指示剂的颜色由黄色变为橙红色，盐酸作为滴定剂，$NH_3 \cdot H_2O$ 溶液是被滴定体系。首先判断能不能使用滴定法，再计算其滴定突跃的 pH 范围。

$$NH_4^+ \rightleftharpoons NH_3 + H^+, \qquad K_a = \frac{[NH_3][H^+]}{[NH_4^+]}$$

$$K_t = \frac{[NH_4^+]}{[NH_3][H^+]} = \frac{1}{K_a} = \frac{K_b}{K_w} = \frac{1.8 \times 10^{-5}}{1.0 \times 10^{-14}} = 1.8 \times 10^9$$

当滴定分数 $T = 0.0\%$ 时，被滴定溶液为一元弱碱 $NH_3 \cdot H_2O$ 溶液

$$K_b c_b = 1.8 \times 10^{-5} \times 0.10 = 1.8 \times 10^{-6} > 20K_w$$

$$\frac{c_b}{K_b} = \frac{0.10}{1.8 \times 10^{-5}} \approx 5.6 \times 10^3 > 400$$

最简式 $[OH^-] = \sqrt{K_b c_b} = \sqrt{1.8 \times 10^{-5} \times 0.10} \approx 1.3 \times 10^{-3}$ （mol/L）

$$pOH \approx 2.89, \quad pH = 14.00 - 2.89 = 11.11$$

当滴定分数 $T = 99.9\%$ 时，被滴定溶液为 NH_3-NH_4^+ 缓冲体系，此时加入盐酸标准溶液 19.98mL，$NH_3 \cdot H_2O$ 溶液过量 0.02mL。

$$[NH_3] = \frac{0.1000 \times 0.02}{20.00 + 19.98}, \quad [NH_4^+] = \frac{0.1000 \times 19.98}{20.00 + 19.98}$$

$$[OH^-] = K_b \frac{[NH_3]}{[NH_4^+]} = 1.8 \times 10^{-5} \times \frac{\dfrac{0.1000 \times 0.02}{20.00 + 19.98}}{\dfrac{0.1000 \times 19.98}{20.00 + 19.98}}$$

$$= 1.8 \times 10^{-5} \times \frac{0.02}{19.98} \approx 1.8 \times 10^{-8} \text{(mol/L)}$$

$$pOH \approx 7.74, \quad pH = 14.00 - 7.74 = 6.26$$

当滴定分数 $T = 100.0\%$ 时，被滴定溶液为 NH_4Cl 溶液，此时加入盐酸标准溶液 20.00mL，NH_3 刚好完全反应。

$$K_a c_a = \frac{1.0 \times 10^{-14}}{1.8 \times 10^{-5}} \times 0.10 \approx 5.6 \times 10^{-11} > 20K_w$$

$$\frac{c_a}{K_a} = \frac{0.10}{\dfrac{1.0 \times 10^{-14}}{1.8 \times 10^{-5}}} = 1.8 \times 10^8 > 400$$

最简式 $[H^+] = \sqrt{K_a c_a} = \sqrt{\dfrac{1.0 \times 10^{-14}}{1.8 \times 10^{-5}} \times 0.10} \approx 7.5 \times 10^{-6}$ （mol/L）

$$pH \approx 5.12$$

当滴定分数 $T = 100.1\%$ 时，此时加入盐酸标准溶液 20.02mL，盐酸过量 0.02mL。

$$[H^+] = c_{HCl} = \frac{0.02 \times 0.1000}{20.00 + 20.02} \approx 5.0 \times 10^{-5}$$ （mol/L）

$$pH \approx 4.30$$

按照例 4.8 可以计算出 0.1000mol/L 盐酸标准溶液滴定 20.00mL 同浓度 $NH_3 \cdot H_2O$ 的 pH，如表 4.3 所示。

表 4.3　用 0.1000mol/L 盐酸标准溶液滴定 20.00mL 同浓度 $NH_3 \cdot H_2O$ 溶液的 pH

HCl/mL	$T/\%$	组成	pH	$[H^+]$ 计算
0.00	0.0	$NH_3 \cdot H_2O$	11.11	$[OH^-] = \sqrt{K_b (c_b - [OH^-] + [H^+]) + K_w}$
18.00	90.0	NH_3-NH_4^+	8.30	
19.96	99.8	NH_3-NH_4^+	6.56	$[OH^-] = K_b \dfrac{[NH_3]}{[NH_4^+]}$
19.98	99.9	NH_3-NH_4^+	6.26	
20.00	100.0	NH_4^+	5.12	$[H^+] = \sqrt{K_a (c_a - [H^+] + [OH^-]) + K_w}$

续表

HCl/mL	$T/\%$	组成	pH	$[H^+]$ 计算
20.02	100.1	$H^+ + NH_4^+$	4.30	
20.20	101.0	$H^+ + NH_4^+$	3.30	
22.00	110.0	$H^+ + NH_4^+$	2.30	$[H^+] = c_{HCl}$
40.00	200.0	$H^+ + NH_4^+$	1.30	

根据计算出的盐酸标准溶液滴定分数与 pH 的对应关系做图，绘制滴定曲线，如图 4.3 所示。

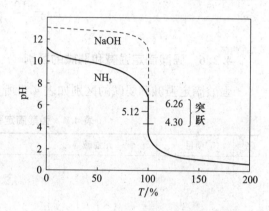

4.2.4　讨论影响强酸滴定一元弱碱滴定曲线的因素

强酸滴定一元弱碱时，化学计量点与滴定突跃的 pH 都在酸性范围，其中化学计量点 pH 为 5.12，突跃 pH 范围为 4.30～6.26。与影响一元弱酸滴定突跃相似，影响强酸滴定一元弱碱模式下滴定突跃的主要因素是弱碱的强度 K_b 和弱酸的浓度 c_a。若强酸要准确滴定一元弱碱，需满足条件

图 4.3　0.1000mol/L 盐酸标准溶液滴定 20.00mL 同浓度 $NH_3 \cdot H_2O$ 溶液的滴定曲线

$K_b c_b \geqslant 10^{-8}$。此时，在酸性范围内变色的甲基红（pH 为 4.4～6.2，pT 为 5.0）或溴甲酚紫（pH 为 5.2～6.8，pT 为 6.0）是合适的指示剂。

4.2.5　计算强酸滴定一元弱碱终点误差

0.1000mol/L 盐酸标准溶液滴定 20.00mL 同浓度 $NH_3 \cdot H_2O$ 溶液的过程中，溶液中始终存在着 H^+、NH_4^+、OH^- 三种离子。

$$NH_4^+ \Longrightarrow NH_3 + H^+, \qquad K_a = \frac{[NH_3]_{ep}[H^+]_{ep}}{[NH_4^+]_{ep}}$$

$$[NH_3]_{ep} = \frac{K_a[NH_4^+]_{ep}}{[H^+]_{ep}}$$

$$E_t = \frac{[H^+]_{ep} - [NH_3]_{ep}}{c_{NH_3}^{ep}} = \frac{[H^+]_{ep} - \dfrac{K_a[NH_4^+]_{ep}}{[H^+]_{ep}}}{c_{NH_3}^{ep}} \tag{4.16}$$

由于 $\Delta pH = pH_{ep} - pH_{sp} = -\lg[H^+]_{ep} + \lg[H^+]_{sp} = \lg\dfrac{[H^+]_{sp}}{[H^+]_{ep}}$，则 $\dfrac{[H^+]_{sp}}{[H^+]_{ep}} = 10^{\Delta pH}$。

由于强酸滴定一元弱碱终点的产物为强酸弱碱盐，因此呈酸性。

$$[H^+]_{sp} = \sqrt{K_a c_{NH_4^+}^{ep}}, \quad c_{NH_4^+}^{ep} \approx c_{NH_3}^{ep}, \quad [H^+]_{ep} = \sqrt{K_a c_{NH_3}^{ep}} \times 10^{-\Delta pH}$$

$$E_t = \frac{\sqrt{K_a c_{NH_3}^{ep}} \times 10^{-\Delta pH} - \dfrac{K_a c_{NH_3}^{ep}}{\sqrt{K_a c_{NH_3}^{ep}} \times 10^{-\Delta pH}}}{c_{NH_3}^{ep}}$$

$$= \frac{\sqrt{K_a c_{NH_3}^{ep}}(10^{-\Delta pH}-10^{\Delta pH})}{c_{NH_3}^{ep}} = \frac{10^{-\Delta pH}-10^{\Delta pH}}{\sqrt{\frac{c_{NH_3}^{ep}}{K_a}}}$$

由于强酸滴定一元弱碱 $K_t = K_b/K_w = 1/K_a$，则得到林邦误差公式

$$E_t = \frac{10^{-\Delta pH}-10^{\Delta pH}}{\sqrt{c_{NH_3}^{ep} K_t}} \tag{4.17}$$

4.2.6　强酸滴定强碱和弱碱的区别

强酸滴定强碱和弱碱的区别如表 4.4 所示。

表 4.4　强酸滴定强碱和弱碱的区别

序号	项目	一元强碱	一元弱碱	二元弱碱
1	$[OH^-]$ 的计算	$[OH^-]=c_b$	$[OH^-]=\sqrt{K_b(c_b-[OH^-]+[OH^+])}$　① $\frac{c_b}{K_w}>20$　$[OH^-]=\sqrt{K_b(c_b-[OH^-])}$　② $\frac{c_b}{K_b}>400$　$[OH^-]=\sqrt{K_b c_b}$	$[OH^-]=\sqrt{K_{b1}c_b}$
2	滴定反应常数 K_t	$\frac{1}{K_w}$大	$\frac{K_b}{K_w}$小	$\frac{K_{b1}}{K_w}$, $\frac{K_{b2}}{K_w}$
3	滴定误差 E_t	$E_t=\frac{10^{-\Delta pH}-10^{\Delta pH}}{\sqrt{K_t c_b^{sp}}}$	$E_t=\frac{10^{-\Delta pH}-10^{\Delta pH}}{\sqrt{K_t c_b^{ep}}}$	$E_t=\frac{10^{-\Delta pH}-10^{\Delta pH}}{\sqrt{\frac{K_{b1}}{K_{b2}}}}$
4	准确滴定条件估算设 $E_t<0.2\%$, $\Delta pH=-0.3$	$0.2\%>\frac{10^{+0.3}-10^{-0.3}}{\sqrt{\frac{1}{K_w}\times\frac{c_b}{2}}}$　$c_b>1.494\times10^{-4}$	$0.2\%>\frac{10^{+0.3}-10^{-0.3}}{\sqrt{\frac{K_b}{K_w}\times\frac{c_b}{2}}}$　$K_b c_b>10^{-8}$	$0.2\%>\frac{10^{+0.3}-10^{-0.3}}{\sqrt{\frac{K_{b1}}{K_{b2}}}}$　$\frac{K_{b1}}{K_{b2}}=5.6\times10^5$
5	准确滴定条件		① $K_b\geq10^{-7}$　② $K_b c_b\geq10^{-8}$	① $K_b\geq10^{-7}$　$K_{b1}c_b\geq10^{-8}$　② $K_{b2}\geq10^{-7}$　$K_{b2}c_b\geq10^{-8}$

任务 4.3　强酸滴定混合碱模式

 任务分析

　　膨松剂在饼干、糕点等食品的加工中普遍应用。运用膨松剂使所加工的食品形成致密多孔组织而蓬松酥口，$NaHCO_3$ 是常用的碱性膨松剂。$NaHCO_3$ 分解后残留 Na_2CO_3，使成品呈碱性，影响口味，使用不当还会使成品表面呈黄色斑点。因此，Na_2CO_3、$NaHCO_3$ 是食品质量检验标准的一个重要指标。本任务要完成测定试样中 Na_2CO_3、$NaHCO_3$ 的含量，使学生巩固强酸滴定碱的知识，学会使用双指示剂测定混合碱含量。本任务的难点是判断混合碱的类型。

 任务实施

4.3.1　测定混合碱中 Na_2CO_3、$NaHCO_3$ 的含量

1. 实验目的

（1）掌握双指示剂测定试样中 Na_2CO_3、$NaHCO_3$ 含量的原理及方法。
（2）巩固滴定分析操作技术。
（3）培养学生理论联系实际的应用能力。

2. 实验原理

　　Na_2CO_3、$NaHCO_3$ 混合溶液用盐酸标准滴定溶液滴定到第一化学计量点时，pH 为 8.32，选用酚酞或酚红-百里酚蓝混合指示剂。若用混合指示剂并以相同浓度 $NaHCO_3$ 为参比液滴定，误差可达 0.5%。第二化学计量点 pH 为 3.89，选用甲基指示剂。
　　反应式如下：

$$Na_2CO_3 + HCl = NaHCO_3 + NaCl$$
$$NaHCO_3 + HCl = NaCl + H_2O + CO_2\uparrow$$

3. 试剂

　　盐酸标准溶液（任务 4.1）；甲基橙指示剂（1g/L 水溶液，0.1g 甲基橙加 100mL 水）；酚酞指示剂（10g/L 乙醇溶液，1g 酚酞加 100mL 95% 乙醇）；待测混合碱试样（1mol/L Na_2CO_3＋1mol/L $NaHCO_3$）。

4. 仪器

　　分析天平（0.1mg）；称量瓶（15mL×1）；酸式滴定管（50mL×1）；烧杯（500mL× 1，250mL×3）；锥形瓶（250mL×4）；量筒（10mL×1，25mL×1，50mL×1）；白滴

瓶（60mL×3）；试剂瓶（500mL×1）；容量瓶（250mL×1）；移液管（25mL×1，10mL×1）。

5. 实验步骤

用移液管准确移取 25mL 混合碱试样，转移至 250mL 容量瓶中，加水稀释，摇匀后定容至刻度。准确移取 10mL，加五滴指示液，用 0.1000mol/L 盐酸标准溶液滴定。终点前用锥形瓶内壁将滴定管尖嘴处半滴靠下，再用洗瓶冲洗瓶壁，反复操作至浅粉色刚刚退色，静置 30s 不变化，即为终点，记录消耗盐酸标准溶液的体积读数 V_1。再加两滴甲基橙指示剂，继续用盐酸标准溶液滴定至橙色，记录消耗盐酸标准溶液的体积读数 V_2。做三次平行实验。

空白实验时，加 10mL 蒸馏水于 250mL 锥形瓶中，加入 5 滴酚酞指示液，用 0.1000mol/L 盐酸标准溶液滴定至混合溶液刚好退色，保持 30s 不变色，即为终点，记录消耗盐酸标准溶液的体积读数 V_3。再加 2 滴甲基橙指示剂，继续用盐酸标准溶液滴定至橙色，记录消耗盐酸标准滴定溶液的体积读数 V_4。

6. 原始记录

试样中 Na_2CO_3、$NaHCO_3$ 含量测定原始记录表如表 4.5 所示。

表 4.5　试样中 Na_2CO_3、$NaHCO_3$ 含量测定原始记录表

日期：_____ 天平编号：_____

样品编号	1#	2#	3#
称取试样质量初读数/g			
称取试样质量终读数/g			
称取试样质量/g			
Na_2CO_3 消耗盐酸标准溶液体积初读数/mL			
Na_2CO_3 消耗盐酸标准溶液体积终读数/mL			
Na_2CO_3 消耗盐酸标准溶液体积/mL			
空白实验 Na_2CO_3 消耗盐酸标准溶液体积/mL			
$NaHCO_3$ 消耗盐酸标准溶液体积初读数/mL			
$NaHCO_3$ 消耗盐酸标准溶液体积终读数/mL			
$NaHCO_3$ 消耗盐酸标准溶液体积/mL			
空白实验 $NaHCO_3$ 消耗盐酸标准溶液体积/mL			

7. 结果计算

根据以上数据，可以计算出 Na_2CO_3、$NaHCO_3$ 的含量 $\rho_{Na_2CO_3}$ 和 ρ_{NaHCO_3}。

$$\rho_{Na_2CO_3} = \frac{c_{HCl} \times (V_1 - V_3) M_{Na_2CO_3}}{V \times \frac{25}{250}} \times 100\% \tag{4.18}$$

$$\rho_{NaHCO_3} = \frac{c_{HCl} \times (V_2 - V_4) M_{NaHCO_3}}{V \times \frac{25}{250}} \times 100\% \tag{4.19}$$

式中　　　$\rho_{Na_2CO_3}$、ρ_{NaHCO_3}——Na_2CO_3、$NaHCO_3$ 的含量，g/L；

c_{HCl}——盐酸标准溶液的浓度，mol/L；

V——移取稀释后的待测液的体积，mL；

V_1（酚酞）、V_2（甲基橙）——测定时消耗的盐酸标准溶液体积，mL；

V_3（酚酞）、V_4（甲基橙）——空白实验分别消耗盐酸标准溶液的体积，mL。

所有滴定管读数均需校准。

8. 注意事项

（1）最好用 $NaHCO_3$ 的酚酞溶液（浓度相当）作为对照。在达到第一终点前，滴定速度不能过快，否则造成溶液中 HCl 局部过浓，引起 CO_2 的损失，带来较大的误差；滴定速度也不能太慢，摇动要均匀。

（2）近终点时，一定要充分摇动，以防形成 CO_2 的过饱和溶液而使终点提前到达。第一步滴定时，颜色刚变为无色时最好，否则会影响下一步滴定的颜色观察。

9. 思考题

（1）Na_2CO_3、$NaHCO_3$ 的含量在食品的质量检验中有何意义？

（2）除 Na_2CO_3、$NaHCO_3$ 组成的混合碱外，由两种物质组成的混合碱还有哪些？

 知识平台

4.3.2 示例计算混合碱中各组分的含量

无机混合碱的组分主要有 NaOH、Na_2CO_3 和 $NaHCO_3$，由于 NaOH 和 $NaHCO_3$ 会发生以下反应

$$NaOH + NaHCO_3 = Na_2CO_3 + H_2O$$

因此，NaOH 和 $NaHCO_3$ 不能共存。NaOH 俗称烧碱，在生产和存放过程中易吸收空气中的 CO_2，因而常常含有少量杂质 Na_2CO_3。所以混合碱的组成有五种形式：三种组分任何一种单独存在，或者 NaOH 和 Na_2CO_3 混合，或者 Na_2CO_3 和 $NaHCO_3$ 混合。如果是单一组分化合物，可用盐酸标准溶液直接滴定；如果是两种组分的混合物，测定其中各组分的含量可用双指示剂法。

【例 4.9】 如何判断混合碱是 NaOH 和 Na_2CO_3 的混合，还是 Na_2CO_3 和 $NaHCO_3$ 的混合？

解 用酚酞作为指示剂时，NaOH 和 Na_2CO_3 分别被中和成 H_2O 和 $NaHCO_3$，$NaHCO_3$ 不被滴定，消耗盐酸标准溶液的体积为 V_1。用甲基橙作为指示剂时，$NaHCO_3$ 被中和至 CO_2，消耗盐酸标准溶液的体积为 V_2。反应式如下所示。

第一步

$$Na_2CO_3 + HCl = NaHCO_3 + NaCl, \quad NaOH + HCl = NaCl + H_2O$$

$$V_{Na_2CO_3消耗HCl} + V_{NaOH消耗HCl} = V_1$$

第二步

$$NaHCO_3 + HCl = NaCl + H_2O + CO_2 \uparrow$$

$$V_{NaHCO_3 消耗 HCl} = V_2$$

根据以上分析，可得出消耗盐酸标准溶液体积与混合碱组成的关系，如表 4.6 所示。

表 4.6　消耗盐酸标准溶液体积与混合碱组成的关系

V_1 和 V_2 的关系	溶液的组成	V_1 和 V_2 的关系	溶液的组成
$V_1=0$ 且 $V_2>0$	$NaHCO_3$	$V_1>V_2$	$NaOH+Na_2CO_3$
$V_1=V_2$	Na_2CO_3	$V_1<V_2$	$Na_2CO_3+NaHCO_3$

任务 4.4　强酸滴定一元强碱模式下测量数据的处理和表达

 任务分析

本任务要完成 0.1000mol/L 盐酸溶液滴定同浓度 NaOH 溶液的实验。使学生强化强酸滴定强碱模式下被滴定体系 H^+ 浓度的计算，且要自己选择指示剂判定滴定终点；学会计算强酸滴定一元强碱的滴定误差，并用计算所得滴定误差反过来验证指示剂是否选择正确。本任务的难点是获得测量数据后，如何对测量数据进行处理和表达。

 任务实施

4.4.1　0.1000mol/L 盐酸溶液滴定同浓度 NaOH 溶液

1. 实验目的

（1）学习强酸滴定一元强碱的方法。
（2）巩固用甲基橙、甲基红、酚酞指示剂判断滴定终点的方法。
（3）巩固突跃范围计算及指示剂的选择原则。

2. 实验原理

采用任务 4.1 中已经配制并标定好的 0.1000mol/L 盐酸标准溶液，将待标定的 NaOH 溶液配制到约 0.10mol/L，教师提供甲基橙、甲基红、酚酞三种指示剂。滴定至溶液变色，到达滴定终点，从而计算出 NaOH 溶液的浓度。其反应式为

$$NaOH+HCl \rule[0.5ex]{1.5em}{0.4pt} NaCl+H_2O$$

由于指示剂从浅色到深色的颜色变化更易观察，若选用甲基橙指示剂，应将盐酸标准溶液装入滴定管，滴定 NaOH 溶液由黄色变为橙色；若选用甲基红指示剂，应将盐酸标准溶液装入滴定管，滴定 NaOH 溶液由黄色变为橙红色；若选用酚酞指示剂，应将 NaOH 待测溶液装入滴定管，滴定盐酸标准溶液由无色变为粉红色。

3. 试剂

盐酸标准溶液（任务 4.1）；氢氧化钠（A.R.）；甲基橙指示剂（1g/L 水溶液，

0.1g 甲基橙加 100mL 水）；甲基红指示剂（1g/L 乙醇溶液，0.1g 甲基红加 100mL 95％乙醇）；酚酞指示剂（10g/L 乙醇溶液，1g 酚酞加 100mL 95％乙醇）。

4. 仪器

分析天平（0.1mg）；称量瓶（15mL×1）；酸式滴定管（50mL×1）；烧杯（500mL×1，250mL×3）；锥形瓶（250mL×4）；量筒（10mL×1，25mL×1，50mL×1）；白滴瓶（60mL×3）；试剂瓶（500mL×1）；容量瓶（500mL×1）；移液管（20mL×1）。

5. 实验步骤

1）0.10mol/L NaOH 溶液的配制

计算配制 500mL 0.1mol/L NaOH 溶液所需 NaOH 的质量。用分析天平称量所需 NaOH 的质量，倒入 250mL 烧杯中，加入 50mL 蒸馏水，搅拌、溶解。待冷却至室温后，转移至 500mL 容量瓶中。烧杯用少量蒸馏水冲洗三次，洗液全部转移至容量瓶中，摇匀，定容至刻度，贴标签备用。

2）0.10mol/L NaOH 溶液的标定

将任务 4.1 中已经标定好的盐酸溶液置于 50mL 酸式滴定管中。用移液管精确量取 20.00mL 约 0.10mol/L NaOH 溶液，置于 250mL 锥形瓶中。为了降低 CO_2 对酸碱滴定的影响，加两滴甲基橙指示液。终点前用锥形瓶内壁将滴定管尖嘴处半滴靠下，再用洗瓶冲洗瓶壁，反复操作至溶液呈橙色，静置 30s 不退色，即为终点。记录消耗盐酸标准溶液的体积读数 V_1。做六次平行实验。

3）指示剂的校准

如果用甲基橙作为指示剂，是从黄色滴到橙色（pH＝4.0），不易观察，有时甚至还可能滴过一点，故将有＋0.2％以上的误差。在这种情况下，最好进行校正。校正的方法是取 40mL0.05mol/L 的 NaCl 溶液，加入与滴定时相同量的甲基橙（终点时溶液的组成），然后滴加 0.1000mol/L 盐酸标准溶液至颜色正好与被滴定的溶液颜色相同为止，把所消耗的盐酸标准溶液体积 V_2 从滴定 NaOH 时所用的盐酸标准溶液体积中减去。

4）空白实验

加 20mL 蒸馏水于 250mL 锥形瓶中，加 2 滴甲基橙指示液，用盐酸标准溶液滴定 NaOH 溶液至橙色，保持 30s 不退色，即为终点，记录消耗盐酸标准溶液的体积读数 V_3。

6. 原始记录

0.1000mol/L 盐酸滴定同浓度 NaOH 溶液原始记录表如表 4.7 所示。

表 4.7　0.1000mol/L 盐酸滴定同浓度 NaOH 溶液原始记录表

日期：_____　　天平编号：_____

样品编号	1#	2#	3#	4#	5#	6#
量取 NaOH 溶液体积初读数/mL						
量取 NaOH 溶液体积终读数/mL						

续表

样品编号	1#	2#	3#	4#	5#	6#
量取 NaOH 溶液体积/mL						
盐酸标准溶液体积初读数/mL						
盐酸标准溶液体积终读数/mL						
盐酸标准溶液体积/mL						
空白实验盐酸标准溶液体积初读数/mL						
空白实验盐酸标准溶液体积终读数/mL						
空白实验盐酸标准溶液体积/mL						

7. 结果计算

由于 HCl 和 NaOH 之间的反应计量关系为 1 : 1，可计算出 NaOH 溶液的浓度 c_1。

$$c_1 = \frac{c_{HCl}(V_1 - V_2 - V_3)}{V_{NaOH}} \tag{4.20}$$

式中　　　c_1——NaOH 溶液的浓度，mol/L；

　　　　c_{HCl}——盐酸标准溶液的浓度，mol/L；

　　　V_{NaOH}——NaOH 溶液的体积，mL；

V_1、V_2、V_3——用盐酸滴定 NaOH 溶液、指示剂校准和空白实验时消耗盐酸溶液的
　　　　　　　　体积，mL。

所有滴定管读数均需校准。

8. 注意事项

（1）指示剂只需加 1~2 滴，多加要消耗盐酸引起误差。

（2）三种指示剂变色时颜色不一样，要仔细观察比对。

9. 思考题

（1）指示剂的选择原则是什么？

（2）用误差判断，在当前浓度下，使用哪种指示剂最好？

（3）试述本实验与任务 3.2 中实验的异同之处。

 知识平台

4.4.2　计算强酸滴定一元强碱模式下 H⁺ 浓度

1. 根据质子平衡式计算 H⁺ 浓度

根据质子平衡式，可以先计算出一元强碱的 OH⁻ 浓度，再换算为 H⁺ 浓度。

$$[OH^-] = [A^-] = c_b, \qquad [H^+] = \frac{K_w}{[OH^-]} = \frac{K_w}{c_b}$$

$$pH = -\lg[H^+] = -\lg\frac{K_w}{c_b} = 14.00 + \lg c_b$$

2. 示例计算强酸滴定一元强碱 H^+ 浓度

【例 4.10】　选用甲基橙作为指示剂，用 0.1000mol/L 盐酸标准溶液滴定 20.00mL 同浓度 NaOH 溶液，计算滴定突跃的 pH 范围。

解　当滴定分数 $T=0.0\%$ 时，滴定开始前：

$$pH=14.00+\lg c_b=14.00+\lg0.10=13.00$$

当滴定分数 $T=99.9\%$ 时，滴定到化学计量点前，锥形瓶中滴入 19.98mL 盐酸溶液，此时 NaOH 溶液过量 0.02mL

$$[OH^-]=\frac{c_{OH^-}V_{OH^-}-c_{H^+}V_{H^+}}{V_{H^+}+V_{OH^-}}$$

$$=\frac{0.10\times20.00-0.1000\times19.98}{20.00+19.98}=\frac{0.002}{39.98}\approx5.0\times10^{-5}(mol/L)$$

$$pOH=-\lg[OH^-]\approx4.30,\quad pH=14.00-pOH=9.70$$

当滴定分数 $T=100.0\%$ 时，滴定到化学计量点，锥形瓶中滴入 20.00mL 盐酸溶液，此时 NaOH 溶液刚好反应完全，由于 298K 时，$K_w=1.0\times10^{-14}$，则

$$[H^+]=[OH^-]=\sqrt{K_w}=\sqrt{1.0\times10^{-14}}=1.0\times10^{-7}\ (mol/L)$$

$$pH=7.00$$

当滴定分数 $T=100.1\%$ 时，滴定到化学计量点后，锥形瓶中滴入 20.02mL 盐酸溶液，此时盐酸溶液过量 0.02mL，则

$$[H^+]=\frac{c_{H^+}V_{H^+}-c_{OH^-}V_{OH^-}}{V_{H^+}+V_{OH^-}}$$

$$=\frac{0.1000\times20.02-0.10\times20.00}{20.00+20.02}=\frac{0.002}{40.02}\approx5.0\times10^{-5}(mol/L)$$

$$pH\approx4.30$$

答：298K 时，0.1000mol/L 盐酸标准溶液滴定 20.00mL 同浓度 NaOH 溶液的滴定突跃 pH 范围为 4.30～9.70，化学计量点的 pH 为 7.00。

4.4.3　绘制滴定曲线并找出滴定突跃

图 4.4 是以 0.1000mol/L 盐酸标准溶液滴定 20.00mL 同浓度 NaOH 的滴定曲线。

根据任务 3.2 中强碱滴定一元强酸滴定曲线结论，强酸、强碱滴定时，若强酸、强碱的浓度同时增加 10 倍，则滴定突跃对称地增加两个 pH 单位；若强酸、强碱浓度同时减小 10 倍，滴定突跃对称地减小两个 pH 单位。可知，当计算出的 0.1000mol/L 盐酸标准

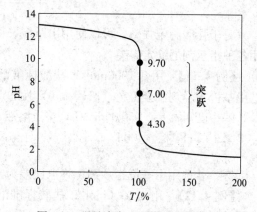

图 4.4　强酸滴定一元强碱滴定曲线

溶液滴定同浓度 NaOH 溶液的滴定突跃 pH 为 4.30～9.70 时，1.000mol/L 盐酸标准溶液滴定同浓度 NaOH 溶液的滴定突跃 pH 为 3.30～10.70，且 0.010 00mol/L 盐酸标准溶液滴定同浓度 NaOH 溶液的滴定突跃 pH 为 5.30～8.70，如图 4.5 所示。

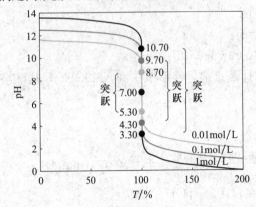

4.4.4　选择指示剂判断强酸滴定一元强碱滴定终点

本任务与任务 3.2 相比，所得滴定曲线形状相同，但位置相反。本任务中，酚酞和甲基红都可以用作指示剂。如果用甲基橙作为指示剂，是从黄色滴到橙色（pH＝4.0），不易观察，有时甚至还可能滴过一点，故将存在 ＋0.2% 以上的误差。在这种情况下，最好进行校正。校正的方法是取 40mL

图 4.5　不同浓度盐酸滴定 NaOH 溶液滴定曲线

0.05mol/L 的 NaCl 溶液，加入与滴定时相同量的甲基橙（终点时溶液的组成），然后滴加 0.1000mol/L 盐酸标准溶液至颜色正好与被滴定的溶液颜色相同为止，把所消耗的盐酸标准溶液体积从滴定 NaOH 溶液时所用的盐酸标准溶液体积中减去。

4.4.5　计算强酸滴定一元强碱滴定误差

当用盐酸标准溶液滴定 NaOH 溶液时，滴定误差的计算公式为

$$E_t = \frac{n_{过量或不足的标准溶液}}{n_{应加入的待测溶液}} = \frac{n_{过量或不足的标准溶液}}{n_{应加入滴定剂}}$$

$$= \frac{(c_{HCl}^{ep} - c_{NaOH}^{ep}) \times V_{ep}}{c_{NaOH}^{sp} \times V_{sp}} \times 100\%$$

由于 $V_{ep} \approx V_{sp}$，则

$$E_t = \frac{c_{HCl}^{ep} - c_{NaOH}^{ep}}{c_{NaOH}^{sp}} \times 100\% \tag{4.21}$$

对于强酸滴定强碱，可以使用甲基橙、甲基红、酚酞等指示剂，下面将分别计算使用各种指示剂的滴定误差。

【例 4.11】 用 0.1000mol/L 盐酸标准溶液滴定 20.00mL 同浓度 NaOH 溶液，若选甲基橙指示剂滴至橙色（pH＝4.0）为终点，计算终点误差。

解　已知 $c_{sp} = 0.050\,00$mol/L，终点溶液 pH＝4.0，则 [H^+]＝1.0×10^{-4}mol/L，有

$$E_t = \frac{[H^+]_{ep} - [OH^-]_{ep}}{c_{sp}} \times 100\% = \frac{1.0 \times 10^{-4} - 1.0 \times 10^{-10}}{0.050\,00} \times 100\% \approx +0.2\%$$

答：若选用甲基橙指示剂，终点误差为 ＋0.2%。

【例 4.12】 用 0.1000mol/L 盐酸标准溶液滴定 20.00mL 同浓度 NaOH 溶液，若选甲基红指示剂滴至橙红（pH＝6.2）为终点，计算终点误差。

解　已知 $c_{sp}=0.05000\,mol/L$，终点溶液 pH=6.2，则 $[H^+]\approx6.3\times10^{-7}\,mol/L$，有

$$[OH^-]=\frac{1.0\times10^{-14}}{6.3\times10^{-7}}\approx1.6\times10^{-8}\ (mol/L)$$

$$E_t=\frac{[H^+]_{ep}-[OH^-]_{ep}}{c_{sp}}\times100\%=\frac{6.3\times10^{-7}-1.6\times10^{-8}}{0.05000}\times100\%\approx+0.0012\%$$

答：若选用甲基红指示剂，终点误差为 +0.0012%。

【例 4.13】 用 0.1000mol/L 盐酸标准溶液滴定 20.00mL 同浓度 NaOH 溶液，若以酚酞为指示剂，滴定至浅红色（pH=9.0）为终点，计算终点误差。

解　已知 $c_{sp}=0.05000\,mol/L$，终点溶液 pH=9.0，则 $[H^+]=1.0\times10^{-9}\,mol/L$，有

$$E_t=\frac{[H^+]_{ep}-[OH^-]_{ep}}{c_{sp}}\times100\%=\frac{1.0\times10^{-9}-1.0\times10^{-5}}{0.05000}\times100\%\approx-0.02\%$$

答：若酚酞为指示剂，终点误差为 -0.02%。

由例 4.11~例 4.13 看出，用盐酸标准溶液滴定同浓度的 NaOH 溶液时，由于误差公式的分子是酸减去碱的浓度，若终点 pH>7.00，则 $[OH^-]>[H^+]$，误差为负值；若终点 pH=7.00，则 $[OH^-]=[H^+]$，误差为零；若终点 pH<7.00，则 $[OH^-]<[H^+]$，误差为正值。

4.4.6　认识数据的随机变量及其分布

在分析测试工作中经常要面对大量的数据，通常只是取有限的试样进行测试，根据有限个试样的分析数据，推断出测试对象的总体统计特征。正因为如此，分析测试过程中需要运用数理统计方法对测量数据进行处理和提取信息。

1. 掌握随机变量和分布函数的概念

数理统计是将自然和人类社会中的随机现象作为研究对象，应用统计的方法从中寻找其规律性，并对总体进行描述、估计和推断的一门学科。随机现象处处存在，在对同一个样品进行重复的分析测试时，有可能观察到数种分析结果，表示这种随机出现的分析结果的量就称为随机变量。随机变量尽管千变万化，从大量测试的结果中仍然可以发现，它的变化是有一定规律性的，随机变量 x 与它的取值概率 p 之间存在一定形式的函数关系，称为分布函数。

分析化学中带来最普遍随机变量的误差就是分析测试过程中所存在的不确定性的误差，即随机误差（任务 3.2）。当删去一组数据中由明显过失造成的误差（如配制标准溶液时容量瓶漏水）和系统误差后，如果不确定是否还有非常小的随机误差，无法取舍数据时，应该用数理统计的方法对分析数据进行处理。可见，分析数据的统计处理主要针对随机误差而言。要判断随机误差出现的概率和概率区间，先要了解随机误差的分布。

2. 离散型随机变量和离散型分布函数

随机变量根据其特性，可以分为离散型随机变量和连续型随机变量。当随机变量所取的值可以一一列举出来，可以解决取什么值和以什么样的概率来取值的问题时，即为离散型随机变量。离散型随机变量是一种随机误差，要判断其出现的概率，化学中常用

的离散型分布函数有二项分布和泊松分布。其中分析化学中常用的是二项分布，它的定义是：对随机变量 x 进行 n 次独立试验，如果每项试验结果只出现 A 与其对立事件 $\overline{A}$ 中的一个，在每次试验中出现 A 事件的概率常数是 p，出现 $\overline{A}$ 事件的概率是 $1-p=q$。由于对立事件各自出现的次数 x 的取值应是 $0，1，2，\cdots，n$ 等一系列值，这种离散型分布称为二项式分布。

3. 连续型随机变量和连续型分布函数

如果随机变量所取的值充满某一区间，此时已无法将随机变量值一一列举出来，而且也无法用概率来表示它的某一取值的可能性，而只能用概率来表示随机变量落在某一区间内的可能性，即为连续型随机变量。连续型随机变量也是一种随机误差，要判断其出现的概率区间，分析化学中常用的连续型分布函数有正态分布和抽样分布，主要解决用概率来表示随机变量落在某一区间的可能性的问题。

假若对一个试样做 n 次重复测定，并把所得数据按照大小顺序排列，按相同间距划分成若干组，某一组中的数据有 m 次，那么这一组的 m 与总次数 n 之比 m/n 称为频率，m 称为频数。以每组的频率对数据组作图，就可以得到频率直方图，如图 4.6 所示。

例如，某实验室对一钢铁试样进行分析，测定其含锰质量分数，重复测定 40 次，将所得数据整理，得到频率分布表，如表 4.8 所示。

表 4.8　钢铁试样中锰含量的频率分布

测定的数据组	组距	频数	频率	频率/组距	测定的数据组	组距	频数	频率	频率/组距
4.06~4.10	0.05	2	0.05	1	4.26~4.30	0.05	8	0.20	4
4.11~4.15	0.05	4	0.10	2	4.31~4.35	0.05	4	0.10	2
4.16~4.20	0.05	6	0.15	3	4.36~4.40	0.05	2	0.05	1
4.21~4.25	0.05	12	0.30	6	4.41~4.45	0.05	2	0.05	1

由表 4.8 可知，所有频率之和等于 1。当测量次数少时，测量数据会有较大波动；当测量次数多时，数据的频率分布虽仍有微小波动，却总是稳定在某一常数附近。如果测量次数不断增加，组距分得越来越小，分组越来越多，每一组的最高点的连线最终必将成为一条曲线，称为频率分布曲线，如图 4.7 所示。当测量次数越来越多时，频率也

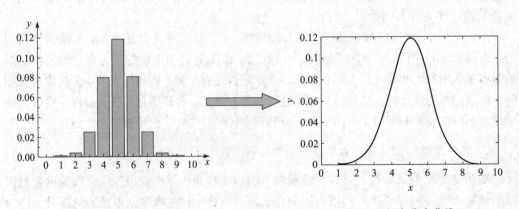

图 4.6　频率直方图　　　　　　　　　图 4.7　频率分布曲线

就会越来越稳定于某个数，这就是说，某一测量结果出现的次数与测量总次数之比会逐渐稳定于某个值，该值就是该测量数据出现的概率。对于同一总体的不同样本，其频率分布可以不同，但该总体的概率分布是唯一确定的。当测量次数趋向无穷大时，组距趋向于 0，数据的频率分布转变为一条正态分布的曲线，如图 4.8 中 A 线。由于正态分布函数等连续型函数主要解决用概率来表示随机变量落在某一区间的可能性，因此正态分布函数又称为概率密度函数，正态分布曲线又称为概率密度曲线。

4. 认识随机误差的正态分布（u 分布）

1809 年，德国数学家 C. F. 高斯（C. F. Gauss）在对天文学进行研究时得到了正态分布，因此，正态分布又称为高斯分布。客观世界中有许多随机现象（如各种测量值的随机误差、射击的偏差、人类的普遍身高等）都是服从正态分布的。若以 x 表示测量值，$f(x)$ 表示概率密度（测量值出现随机误差的概率），

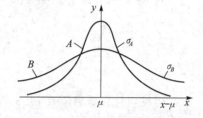

图 4.8 正态分布曲线
（$\mu_A = \mu_B$，$\sigma_B > \sigma_A$）

总体标准差 σ 表示数据的分散程度，μ 表示总体均值（无限次测定数据的平均值），则随机误差为 $x - \mu$，正态分布的概率密度函数可表示为

$$y = f(x) = \frac{1}{\sigma\sqrt{2\pi}} e^{\frac{-(x-\mu)^2}{2\sigma^2}} \tag{4.22}$$

式（4.22）中，当进行无限次测量时，总体均值为

$$\mu = \frac{1}{n}\sum_{i=1}^{n} x_i (n \to \infty) \tag{4.23}$$

当进行无限次测量时，总体标准差为

$$\sigma = \sqrt{\frac{\sum_{i=1}^{n}(x_i - \bar{x})^2}{n}} \quad (n \to \infty) \tag{4.24}$$

当进行无限次测量时，总体方差为

$$\sigma^2 = \frac{\sum_{i=1}^{n}(x_i - \bar{x})^2}{n} \quad (n \to \infty) \tag{4.25}$$

当式（4.22）中 $x = \mu$ 时，正态分布函数可简化为

$$y = f(x) = \frac{1}{\sigma\sqrt{2\pi}} \tag{4.26}$$

式（4.26）称为 $N(\mu, \sigma)$ 正态分布函数。从图 4.8 可以看出，在测量值 x 为无穷大时，出现小误差的概率大，出现大误差的概率小，出现特别大误差的概率极小；出现正误差的概率为 0.5，出现负误差的概率也为 0.5；增加 σ 使得数据分散、曲线平坦，出现误差的概率减小，如图 4.8 中 B 线。由于 σ 取值不同，$N(\mu, \sigma)$ 正态分布不唯一，不能用一条曲线下覆盖的面积来计算随机误差出现的概率。

式（4.22）中，对于一次测定，令

$$u = \frac{x - \mu}{\sigma_x} \tag{4.27}$$

正态分布函数可简化为

$$y = f(x) = \frac{1}{\sigma\sqrt{2\pi}}e^{\frac{-u^2}{2}} \tag{4.28}$$

对 $u\sigma = x - \mu$ 求导，即 $\sigma du = dx$，代入式（4.28）得

$$f(x)dx = \frac{1}{\sqrt{2\pi}}e^{\frac{-u^2}{2}}du = \varphi(u)du$$

$$p(-\infty < x < \infty) = \int_{-\infty}^{\infty}\varphi(u)du = \frac{1}{\sqrt{2\pi}}\int_{-\infty}^{\infty}e^{\frac{-u^2}{2}}du = 1 \tag{4.29}$$

可见，计算概率需要 μ、σ 两个参数，经过积分变量变换后，对于任何正态分布只需对 u 积分即可，这就解决了原来积分计算的麻烦，而且有利于将积分结果制成表格形式，方便查用。表 4.9 就是标准正态分布表，由于积分变量为 u，因此表 4.9 也称为 u 分布表。经过积分变换后的被积函数 $1/\sqrt{2\pi}\exp(-u^2/2)$ 就称为标准正态分布的被积函数，原来均值为 μ、标准差为 σ 的正态分布函数就变成均值为 0、标准差为 1 的标准正态分布函数 $N(0,1)$，标准正态分布曲线如图 4.9 所示。

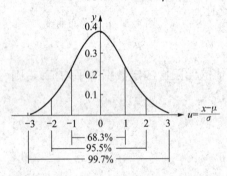

图 4.9　标准正态分布曲线

表 4.9　标准正态分布概率积分表（单侧表）

u_α	0	0.01	0.02	0.03	0.04	0.05	0.06	0.07	0.08	0.09
0.0	0.5000	0.504	0.508	0.512	0.516	0.5199	0.5239	0.5279	0.5319	0.5359
0.1	0.5398	0.5438	0.5478	0.5517	0.5557	0.5596	0.5636	0.5675	0.5714	0.5753
0.2	0.5793	0.5832	0.5871	0.591	0.5948	0.5987	0.6026	0.6064	0.6103	0.6141
0.3	0.6179	0.6217	0.6255	0.6293	0.6331	0.6368	0.6406	0.6443	0.648	0.6517
0.4	0.6554	0.6591	0.6628	0.6664	0.67	0.6736	0.6772	0.6808	0.6844	0.6879
0.5	0.6915	0.6950	0.6985	0.7019	0.7054	0.7088	0.7123	0.7157	0.719	0.7224
0.6	0.7257	0.7291	0.7324	0.7357	0.7389	0.7422	0.7454	0.7486	0.7517	0.7549
0.7	0.758	0.7611	0.7642	0.7673	0.7703	0.7734	0.7764	0.7794	0.7823	0.7852
0.8	0.7881	0.791	0.7939	0.7967	0.7995	0.8023	0.8051	0.8078	0.8106	0.8133
0.9	0.8159	0.8186	0.8212	0.8238	0.8264	0.8289	0.8315	0.834	0.8365	0.8389
1.0	0.8413	0.8438	0.8461	0.8485	0.8508	0.8531	0.8554	0.8577	0.8599	0.8621
1.1	0.8643	0.8665	0.8686	0.8708	0.8729	0.8749	0.877	0.879	0.881	0.8830
1.2	0.8849	0.8869	0.8888	0.8907	0.8925	0.8944	0.8962	0.898	0.8997	0.9015
1.3	0.9032	0.9049	0.9066	0.9082	0.9099	0.9115	0.9131	0.9147	0.9162	0.9177
1.4	0.9192	0.9207	0.9222	0.9236	0.9251	0.9265	0.9278	0.9292	0.9306	0.9319
1.5	0.9332	0.9345	0.9357	0.937	0.9382	0.9394	0.9406	0.9418	0.943	0.9441

续表

u_α	0	0.01	0.02	0.03	0.04	0.05	0.06	0.07	0.08	0.09
1.6	0.9452	0.9463	0.9474	0.9484	0.9495	0.9505	0.9515	0.9525	0.9535	0.9545
1.7	0.9554	0.9564	0.9573	0.9582	0.9591	0.9599	0.9608	0.9616	0.9625	0.9633
1.8	0.9641	0.9648	0.9656	0.9664	0.9671	0.9678	0.9686	0.9693	0.97	0.9706
1.9	0.9713	0.9719	0.9726	0.9732	0.9738	0.9744	0.9750	0.9756	0.9762	0.9767
2.0	0.9772	0.9778	0.9783	0.9788	0.9793	0.9798	0.9803	0.9808	0.9812	0.9817
2.1	0.9821	0.9826	0.9830	0.9834	0.9838	0.9842	0.9846	0.985	0.9854	0.9857
2.2	0.9861	0.9864	0.9868	0.9871	0.9874	0.9878	0.9881	0.9884	0.9887	0.989
2.3	0.9893	0.9896	0.9898	0.9901	0.9904	0.9906	0.9909	0.9911	0.9913	0.9916
2.4	0.9918	0.9920	0.9922	0.9925	0.9927	0.9929	0.9931	0.9932	0.9934	0.9936
2.5	0.9938	0.9940	0.9941	0.9943	0.9945	0.9946	0.9948	0.9949	0.9951	0.9952
2.6	0.9953	0.9955	0.9956	0.9957	0.9959	0.996	0.9961	0.9962	0.9963	0.9964
2.7	0.9965	0.9966	0.9967	0.9968	0.9969	0.997	0.9971	0.9972	0.9973	0.9974
2.8	0.9974	0.9975	0.9976	0.9977	0.9977	0.9978	0.9979	0.9979	0.998	0.9981
2.9	0.9981	0.9982	0.9982	0.9983	0.9984	0.9984	0.9985	0.9985	0.9986	0.9986
3.0	0.9987	0.999	0.9993	0.9995	0.9997	0.9998	0.9998	0.9999	0.9999	1.000 000
3.1	0.999 032	0.999 065	0.999 096	0.999 126	0.999 155	0.999 184	0.999 211	0.999 238	0.999 264	0.999 289
3.2	0.999 313	0.999 336	0.999 359	0.999 381	0.999 402	0.999 423	0.999 443	0.999 462	0.999 481	0.999 499
3.3	0.999 517	0.999 534	0.999 550	0.999 566	0.999 581	0.999 596	0.999 610	0.999 624	0.999 638	0.999 660
3.4	0.999 663	0.999 675	0.999 687	0.999 698	0.999 709	0.999 720	0.999 730	0.999 740	0.999 749	0.999 760
3.5	0.999 767	0.999 776	0.999 784	0.999 792	0.999 800	0.999 807	0.999 815	0.999 822	0.999 828	0.999 885
3.6	0.999 841	0.999 847	0.999 853	0.999 858	0.999 864	0.999 869	0.999 874	0.999 879	0.999 883	0.999 880
3.7	0.999 892	0.999 896	0.999 900	0.999 904	0.999 908	0.999 912	0.999 915	0.999 918	0.999 922	0.999 926
3.8	0.999 928	0.999 931	0.999 933	0.999 936	0.999 938	0.999 941	0.999 943	0.999 946	0.999 948	0.999 950
3.9	0.999 952	0.999 954	0.999 956	0.999 958	0.999 959	0.999 961	0.999 963	0.999 964	0.999 966	0.999 967
4.0	0.999 968	0.999 970	0.999 971	0.999 972	0.999 973	0.999 974	0.999 975	0.999 976	0.999 977	0.999 978
4.1	0.999 979	0.999 980	0.999 981	0.999 982	0.999 983	0.999 983	0.999 984	0.999 985	0.999 985	0.999 986
4.2	0.999 987	0.999 987	0.999 988	0.999 988	0.999 989	0.999 989	0.999 990	0.999 990	0.999 991	0.999 991
4.3	0.999 991	0.999 992	0.999 992	0.999 930	0.999 993	0.999 993	0.999 993	0.999 994	0.999 994	0.999 994
4.4	0.999 995	0.999 995	0.999 995	0.999 995	0.999 996	0.999 996	0.999 996	1.000 000	0.999 996	0.999 996
4.5	0.999 997	0.999 997	0.999 997	0.999 997	0.999 997	0.999 997	0.999 997	0.999 998	0.999 998	0.999 998
4.6	0.999 998	0.999 998	0.999 998	0.999 998	0.999 998	0.999 998	0.999 998	0.999 998	0.999 999	0.999 999
4.7	0.999 999	0.999 999	0.999 999	0.999 999	0.999 999	0.999 999	0.999 999	0.999 999	0.999 999	0.999 999
4.8	0.999 999	0.999 999	0.999 999	0.999 999	0.999 999	0.999 999	0.999 999	0.999 999	0.999 999	0.999 999
4.9	1.000 000	1.000 000	1.000 000	1.000 000	1.000 000	1.000 000	1.000 000	1.000 000	1.000 000	1.000 000

注：本表为单侧表，如当显著性水平 $\alpha=0.05$，概率 $p=95.05\%$ 时，查表得 $u_{0.05}=1.6+0.05=1.65$。若双边检验，如当显著性水平 α 为 0.05 时，查表得 $u_{0.05/2}=1.9+0.06=1.96$。

【例 4.14】 已知某试样中 Co 的百分含量的标准值 $\mu=1.75\%$，$\sigma=0.10\%$，又已知测量时无系统误差，求分析结果落在 $(1.75\pm0.15)\%$ 范围内的概率。

解 $u\sigma=x-\mu$ 变换为 $x=\mu+u\sigma=1.75\%+0.10\%u=(1.75\pm0.15)\%$，所以

$$u=1.50$$

或

$$u=\frac{x-\mu}{\sigma}=\frac{x-1.75\%}{\sigma}=\frac{0.15\%}{0.10\%}=1.50$$

答：查表 4.9，$u=1.50$ 时，$p=0.9332=93.32\%$。

【例 4. 15】 已知某试样中 Co 的百分含量的标准值 $\mu=1.75\%$，$\sigma=0.10\%$，又已知测量时无系统误差，求分析结果大于 2.00% 的概率。

解　$u\sigma=x-\mu$ 变换为 $x=\mu+u\sigma=1.75\%+0.10\%u>2.00\%$，

$$所以 \quad u>2.5$$

或

$$u=\frac{x-\mu}{\sigma}>\frac{(2.00-1.75)\%}{0.10\%}=2.5$$

答：查表 4.9，$u=2.5$ 时，$p=0.9938=99.38\%$，由于大误差出现的概率小，因此分析结果大于 2.00% 的概率 $p'=1-0.9938=0.0062=0.62\%$。

值得注意的是，在无限次测定时，若已知标准差 σ，服从正态分布的还有算术平均值 $\bar{x}$，根据概率论的中心极限定理可知，随机变量 x 的 n 个独立观察值的算术平均值 $\bar{x}$ 也服从均值为 μ、方差为 σ^2/n 的正态分布，即 $N(\mu, \sigma^2/n)$，此时

$$\pm u=\frac{\bar{x}-\mu}{\sigma_{\bar{x}}}=\frac{\bar{x}-\mu}{\sigma/\sqrt{n}} \tag{4.30}$$

并且任何算术平均值 $\bar{x}$ 的分布都可以通过式（4.30）来变换成标准正态分布。

5. 认识随机误差的抽样分布（t 分布）

正态分布是一个总体分布，需要通过观察大量的数据才能得到，通常实验室分析测试中不可能进行大量的测试，因此，经常使用与正态分布有关的抽样分布。常用的抽样分布有 t 分布和 F 分布。

1908 年，英国统计学家戈塞特（W. S. Gosset）证明了在 σ 未知而以样本的标准偏差 S 代替 σ 时，将遵守 t 分布。t 分布的概率密度函数为

$$f(t)=\frac{1}{\sqrt{\pi f}}\frac{\Gamma\left(\frac{f+1}{2}\right)}{\Gamma(\frac{f}{2})}\left(1+\frac{t^2}{f}\right)^{-\frac{f+1}{2}} \quad (-\infty<t<+\infty) \tag{4.31}$$

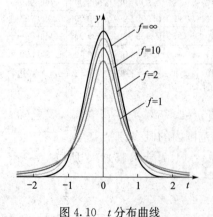

图 4.10　t 分布曲线

式中，Γ 为 Γ 函数，$\Gamma(\gamma)=\int_0^{+\infty}x^{\gamma-1}\mathrm{e}^{-x}\mathrm{d}x$，$\gamma$ 为决定 Γ 函数分布形状的参数；自由度 $f=n-1$ 是和的项数减去该和中各项满足的约束条件数，或者取值不受限制的变量个数。如在分析化学中，对某一试样测定五个数据（n 次），其中仅有四个数据（f）的值在取值时可不受限制，第五个数据的数值则要受到五个数据的平均值的限制。从图 4.10 可以看出，随着自由度 f 的增加，t 分布将逐渐趋向于正态分布。

与标准正态分布一样，t 分布也可以制成分布表（表 4.10），以供使用。一次测量 t 的定义为

$$t=\frac{x-\mu}{S_x} \tag{4.32}$$

式中，进行有限次测量时，样本标准差为

$$S = \sqrt{\dfrac{\sum\limits_{i=1}^{n}(x_i - \overline{x})^2}{n-1}} \tag{4.33}$$

表 4.10　t 分布概率积分表

α 单侧	0.25	0.1	0.05	0.025	0.01	0.005	0.0025	0.001	0.0005
f 双侧	0.5	0.2	0.1	0.05	0.02	0.01	0.005	0.002	0.001
1	1.000	3.078	6.314	12.706	31.821	63.657	127.321	318.309	636.619
2	0.816	1.886	2.920	4.303	6.965	9.925	14.089	22.327	31.599
3	0.765	1.638	2.353	3.182	4.541	5.841	7.453	10.215	12.924
4	0.741	1.533	2.132	2.776	3.747	4.604	5.598	7.173	8.610
5	0.727	1.476	2.015	2.571	3.365	4.032	4.773	5.893	6.869
6	0.718	1.44	1.943	2.447	3.143	3.707	4.317	5.208	5.959
7	0.711	1.415	1.895	2.365	2.998	3.499	4.029	4.785	5.408
8	0.706	1.397	1.860	2.306	2.896	3.355	3.833	4.501	5.041
9	0.703	1.383	1.833	2.262	2.821	3.25	3.690	4.297	4.781
10	0.700	1.372	1.812	2.228	2.764	3.169	3.581	4.144	4.587
11	0.697	1.363	1.796	2.201	2.718	3.106	3.497	4.025	4.437
12	0.695	1.356	1.782	2.179	2.681	3.055	3.428	3.93	4.318
13	0.694	1.35	1.771	2.16	2.650	3.012	3.372	3.852	4.221
14	0.692	1.345	1.761	2.145	2.624	2.977	3.326	3.787	4.140
15	0.691	1.341	1.753	2.131	2.602	2.947	3.286	3.733	4.073
16	0.690	1.337	1.746	2.12	2.583	2.921	3.252	3.686	4.015
17	0.689	1.333	1.74	2.11	2.567	2.898	3.222	3.646	3.965
18	0.688	1.33	1.734	2.101	2.552	2.878	3.197	3.61	3.922
19	0.688	1.328	1.729	2.093	2.539	2.861	3.174	3.579	3.883
20	0.687	1.325	1.725	2.086	2.528	2.845	3.153	3.552	3.85
21	0.686	1.323	1.721	2.08	2.518	2.831	3.135	3.527	3.819
22	0.686	1.321	1.717	2.074	2.508	2.819	3.119	3.505	3.792
23	0.685	1.319	1.714	2.069	2.5	2.807	3.104	3.485	3.768
24	0.685	1.318	1.711	2.064	2.492	2.797	3.091	3.467	3.745
25	0.684	1.316	1.708	2.06	2.485	2.787	3.078	3.45	3.725
26	0.684	1.315	1.706	2.056	2.479	2.779	3.067	3.435	3.707
27	0.684	1.314	1.703	2.052	2.473	2.771	3.057	3.421	3.69
28	0.683	1.313	1.701	2.048	2.467	2.763	3.047	3.408	3.674
29	0.683	1.311	1.699	2.045	2.462	2.756	3.038	3.396	3.659
30	0.683	1.31	1.697	2.042	2.457	2.75	3.03	3.385	3.646
31	0.682	1.309	1.696	2.040	2.453	2.744	3.022	3.375	3.633
32	0.682	1.309	1.694	2.037	2.449	2.738	3.015	3.365	3.622
33	0.682	1.308	1.692	2.035	2.445	2.733	3.008	3.356	3.611
34	0.682	1.307	1.091	2.032	2.441	2.728	3.002	3.348	3.601
35	0.682	1.306	1.69	2.03	2.438	2.724	2.996	3.340	3.591

续表

α 单侧	0.25	0.1	0.05	0.025	0.01	0.005	0.0025	0.001	0.0005
f 双侧	0.5	0.2	0.1	0.05	0.02	0.01	0.005	0.002	0.001
36	0.681	1.306	1.688	2.028	2.434	2.719	2.99	3.333	3.582
37	0.681	1.305	1.687	2.026	2.431	2.715	2.985	3.326	3.574
38	0.681	1.304	1.686	2.024	2.429	2.712	2.98	3.319	3.566
39	0.681	1.304	1.685	2.023	2.426	2.708	2.976	3.313	3.558
40	0.681	1.303	1.684	2.021	2.423	2.704	2.971	3.307	3.551
50	0.679	1.299	1.676	2.009	2.403	2.678	2.937	3.261	3.496
60	0.679	1.296	1.671	2.000	2.39	2.660	2.915	3.232	3.460
70	0.678	1.294	1.667	1.994	2.381	2.648	2.899	3.211	3.436
80	0.678	1.292	1.664	1.99	2.374	2.639	2.887	3.195	3.416
90	0.677	1.291	1.662	1.987	2.368	2.632	2.878	3.183	3.402
100	0.677	1.290	1.660	1.984	2.364	2.626	2.871	3.174	3.390
200	0.676	1.286	1.653	1.972	2.345	2.601	2.839	3.131	3.340
500	0.675	1.283	1.648	1.965	2.334	2.586	2.820	3.107	3.310
1000	0.675	1.282	1.646	1.962	2.330	2.581	2.813	3.098	3.300
∞	0.6745	1.2816	1.6449	1.960	2.3263	2.5758	2.807	3.0902	3.2905

注：单侧问题，若 $\alpha = 0.05$，$f = 7$，两者交汇值记为 $t_{\alpha,f} = t_{0.05,7} = 1.895$；双侧问题，若 $\alpha = 0.010$，$f = 5$，两者交汇值记为 $t_{\alpha/2,f} = t_{0.010/2,5} = 4.032$。

在小样本的情况下（有限的多次测量），当 σ 未知时，几个独立观察值的算术平均值 $\bar{x}$ 也服从均值为 μ，方差为 S^2/n 的正态分布，即

$$\pm t = \frac{\bar{x} - \mu}{S_{\bar{x}}} = \frac{\bar{x} - \mu}{S/\sqrt{n}} \tag{4.34}$$

式中，进行了 n 次有限次测量时，样本平均值 $\bar{x}$ 为

$$\bar{x} = \frac{1}{n} \sum_{i=1}^{n} x_i \tag{4.35}$$

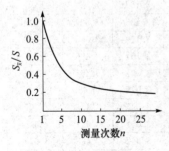

图 4.11 均值标准差与测定次数的关系

根据式（4.34），有限次测量均值标准差与单次测量均值标准差的关系是 $S_{\bar{x}}/S = 1/\sqrt{n}$，$n = 4$ 时，$S_{\bar{x}}/S = 1/2$；$n = 16$ 时，$S_{\bar{x}}/S = 1/4$；$n = 25$ 时，$S_{\bar{x}}/S = 1/5$。测量开始的时候，测量次数对有限次测量的均值标准差影响很大，增加测量次数可以显著减小 $S_{\bar{x}}/S$ 的值，当测量次数增加到 25 以后，$S_{\bar{x}}/S$ 的值几乎不变，如图 4.11 所示。说明从总体中抽出样本进行测量，为了保证准确度又要简化工作，根据图 4.11 均值标准差与测定次数的关系，通常取 5~9 次测量次数。

6. 认识随机误差的抽样分布（F 分布）

如果两个总体都服从正态分布，而且其总体方差 σ^2 相等，那么它们方差的比值应等于 1。对于样本方差而言，S_1^2 和 S_2^2 只是从有数目的试样中测得的，所以即使是同一

个总体中得到的样本方差，亦未必相等。假设

$$F = S_1^2/S_2^2 \quad (S_1^2 > S_2^2) \tag{4.36}$$

考虑到随机因素的影响，F 值应有一个合理的允许范围，它必须用统计的方法来处理，这就需要研究 F 分布。以 F 为变量的概率分布就称为 F 分布，用来说明 $S_1^2/S_2^2 = 1$ 的可能性，它的分布函数是

$$f(F) = \frac{\Gamma\left(\dfrac{f+1}{2}\right)}{\Gamma\left(\dfrac{f_1}{2}\right)\Gamma\left(\dfrac{f_2}{2}\right)} f_1^{\frac{f_1}{2}} f_2^{\frac{f_2}{2}} \frac{F^{\frac{f_1-2}{2}}}{(f_2 + f_1 F)^{\frac{f_1+f_2}{2}}} \quad (0 \leqslant F < \infty) \tag{4.37}$$

式中，Γ——Γ 函数，

f_1、f_2——总体 1、2 的自由度（$S_1 > S_2$）。

不同的 f_1 和 f_2 相组合，在不同置信水平下 F 值不同，如表 4.11~表 4.15 所示。

表 4.11　F 分布概率积分表（$\alpha = 0.005$）

f_1 \ f_2	1	2	3	4	5	6	8	12	24	∞
1	16 211	20 000	21 615	22 500	23 056	23 437	23 925	24 426	24 940	25 465
2	198.5	199.0	199.2	199.2	199.3	199.3	199.4	199.4	199.5	199.5
3	55.55	49.80	47.47	46.19	45.39	44.84	44.13	43.39	42.62	41.83
4	31.33	26.28	24.26	23.15	22.46	21.97	21.35	20.70	20.03	19.32
5	22.78	18.31	16.53	15.56	14.94	14.51	13.96	13.38	12.78	12.14
6	18.63	14.45	12.92	12.03	11.46	11.07	10.57	10.03	9.47	8.88
7	16.24	12.40	10.88	10.05	9.52	9.16	8.68	8.18	7.65	7.08
8	14.69	11.04	9.60	8.81	8.30	7.95	7.50	7.01	6.50	5.95
9	13.61	10.11	8.72	7.96	7.47	7.13	6.69	6.23	5.73	5.19
10	12.83	9.43	8.08	7.34	6.87	6.54	6.12	5.66	5.17	4.64
11	12.23	8.91	7.60	6.88	6.42	6.10	5.68	5.24	4.76	4.23
12	11.75	8.51	7.23	6.52	6.07	5.76	5.35	4.91	4.43	3.90
13	11.37	8.19	6.93	6.23	5.48	5.48	5.08	4.64	4.17	3.65
14	11.06	7.92	6.68	6.00	5.56	5.26	4.86	4.43	3.96	3.44
15	10.80	7.70	6.48	5.80	5.37	5.07	4.67	4.25	3.79	3.26
16	10.58	7.51	6.30	5.64	5.21	4.91	4.52	4.10	3.64	3.11
17	10.38	7.35	6.16	5.50	5.07	4.78	4.39	3.97	3.51	2.98
18	10.22	7.21	6.03	5.37	4.96	4.66	4.28	3.86	3.40	2.87
19	10.07	7.09	5.92	5.27	4.85	4.56	4.18	3.76	3.31	2.78
20	9.94	6.99	5.82	5.17	4.76	4.47	4.09	3.68	3.22	2.69
21	9.83	6.89	5.73	5.09	4.68	4.39	4.01	3.60	3.15	2.61
22	9.73	6.81	5.65	5.02	4.61	4.32	3.94	3.54	3.08	2.55
23	9.63	6.73	5.58	4.95	4.54	4.26	3.88	3.47	3.02	2.48
24	9.55	6.66	5.52	4.89	4.49	4.20	3.83	3.42	2.97	2.43
25	9.48	6.60	5.46	4.84	4.43	4.15	3.78	3.37	2.92	2.38
26	9.41	6.54	5.41	4.79	4.38	4.10	3.73	3.33	2.87	2.33
27	9.34	6.49	5.36	4.74	4.34	4.06	3.69	3.28	2.83	2.29

f_2 \ f_1	1	2	3	4	5	6	8	12	24	∞
28	9.28	6.44	5.32	4.70	4.30	4.02	3.65	3.25	2.79	2.25
29	9.23	6.40	5.28	4.66	4.26	3.98	3.61	3.21	2.76	2.21
30	9.18	6.35	5.24	4.62	4.23	3.95	3.58	3.18	2.73	2.18
40	8.83	6.07	4.98	4.37	3.99	3.71	3.35	2.95	2.50	1.93
60	8.49	5.79	4.73	4.14	3.76	3.49	3.13	2.74	2.29	1.69
120	8.18	5.54	4.50	3.92	3.55	3.28	2.93	2.54	2.09	1.43

表 4.12　F 分布概率积分表（$\alpha=0.01$）

f_2 \ f_1	1	2	3	4	5	6	8	12	24	∞
1	4052	4999	5403	5625	5764	5859	5981	6106	6234	6366
2	98.49	99.01	99.17	99.25	99.30	99.33	99.36	99.42	99.46	99.50
3	34.12	30.81	29.46	28.71	28.24	27.91	27.49	27.05	26.60	26.12
4	21.20	18.00	16.69	15.98	15.52	15.21	14.80	14.37	13.93	13.46
5	16.26	13.27	12.06	11.39	10.97	10.67	10.29	9.89	9.47	9.02
6	13.74	10.92	9.78	9.15	8.75	8.47	8.10	7.72	7.31	6.88
7	12.25	9.55	8.45	7.85	7.46	7.19	6.84	6.47	6.07	5.65
8	11.26	8.65	7.59	7.01	6.63	6.37	6.03	5.67	5.28	4.86
9	10.56	8.02	6.99	6.42	6.06	5.80	5.47	5.11	4.73	4.31
10	10.04	7.56	6.55	5.99	5.64	5.39	5.06	4.71	4.33	3.91
11	9.65	7.20	6.22	5.67	5.32	5.07	4.74	4.40	4.02	3.60
12	9.33	6.93	5.95	5.41	5.06	4.82	4.50	4.16	3.78	3.36
13	9.07	6.70	5.74	5.20	4.86	4.62	4.30	3.96	3.59	3.16
14	8.86	6.51	5.56	5.03	4.69	4.46	4.14	3.80	3.43	3.00
15	8.68	6.36	5.42	4.89	4.56	4.32	4.00	3.67	3.29	2.87
16	8.53	6.23	5.29	4.77	4.44	4.20	3.89	3.55	3.18	2.75
17	8.40	6.11	5.18	4.67	4.34	4.10	3.79	3.45	3.08	2.65
18	8.28	6.01	5.09	4.58	4.25	4.01	3.71	3.37	3.00	2.57
19	8.18	5.93	5.01	4.50	4.17	3.94	3.63	3.30	2.92	2.49
20	8.10	5.85	4.94	4.43	4.10	3.87	3.56	3.23	2.86	2.42
21	8.02	5.78	4.87	4.37	4.04	3.81	3.51	3.17	2.80	2.36
22	7.94	5.72	4.82	4.31	3.99	3.76	3.45	3.12	2.75	2.31
23	7.88	5.66	4.76	4.26	3.94	3.71	3.41	3.07	2.70	2.26
24	7.82	5.61	4.72	4.22	3.90	3.67	3.36	3.03	2.66	2.21
25	7.77	5.57	4.68	4.18	3.86	3.63	3.32	2.99	2.62	2.17
26	7.72	5.53	4.64	4.14	3.82	3.59	3.29	2.96	2.58	2.13
27	7.68	5.49	4.60	4.11	3.78	3.56	3.26	2.93	2.55	2.10
28	7.64	5.45	4.57	4.07	3.75	3.53	3.23	2.90	2.52	2.06
29	7.60	5.42	4.54	4.04	3.73	3.50	3.20	2.87	2.49	2.03

续表

f_2＼f_1	1	2	3	4	5	6	8	12	24	∞
30	7.56	5.39	4.51	4.02	3.70	3.47	3.17	2.84	2.47	2.01
40	7.31	5.18	4.31	3.83	3.51	3.29	2.99	2.66	2.29	1.80
60	7.08	4.98	4.13	3.65	3.34	3.12	2.82	2.50	2.12	1.60
120	6.85	4.79	3.95	3.48	3.17	2.96	2.66	2.34	1.95	1.38
∞	6.64	4.60	3.78	3.32	3.02	2.80	2.51	2.18	1.79	1.00

表 4.13　**F 分布概率积分表**（$\alpha=0.025$）

f_2＼f_1	1	2	3	4	5	6	8	12	24	∞
1	647.8	799.5	864.2	899.6	921.8	937.1	956.7	976.7	997.2	1018
2	38.51	39.00	39.17	39.25	39.30	39.33	39.37	39.41	39.46	39.50
3	17.44	16.04	15.44	15.10	14.88	14.73	14.54	14.34	14.12	13.90
4	12.22	10.65	9.98	9.60	9.36	9.20	8.98	8.75	8.51	8.26
5	10.01	8.43	7.76	7.39	7.15	6.98	6.76	6.52	6.28	6.02
6	8.81	7.26	6.60	6.23	5.99	5.82	5.60	5.37	5.12	4.85
7	8.07	6.54	5.89	5.52	5.29	5.12	4.90	4.67	4.42	4.14
8	7.57	6.06	5.42	5.05	4.82	4.65	4.43	4.20	3.95	3.67
9	7.21	5.71	5.08	4.72	4.48	4.32	4.10	3.87	3.61	3.33
10	6.94	5.46	4.83	4.47	4.24	4.07	3.85	3.62	3.37	3.08
11	6.72	5.26	4.63	4.28	4.04	3.88	3.66	3.43	3.17	2.88
12	6.55	5.10	4.47	4.12	3.89	3.73	3.51	3.28	3.02	2.72
13	6.41	4.97	4.35	4.00	3.77	3.60	3.39	3.15	2.89	2.60
14	6.30	4.86	4.24	3.89	3.66	3.50	3.29	3.05	2.79	2.49
15	6.20	4.77	4.15	3.80	3.58	3.41	3.20	2.96	2.70	2.40
16	6.12	4.69	4.08	3.73	3.50	3.34	3.12	2.89	2.63	2.32
17	6.04	4.62	4.01	3.66	3.44	3.28	3.06	2.82	2.56	2.25
18	5.98	4.56	3.95	3.61	3.38	3.22	3.01	2.77	2.50	2.19
19	5.92	4.51	3.90	3.56	3.33	3.17	2.96	2.72	2.45	2.13
20	5.87	4.46	3.86	3.51	3.29	3.13	2.91	2.68	2.41	2.09
21	5.83	4.42	3.82	3.48	3.25	3.09	2.87	2.64	2.37	2.04
22	5.79	4.38	3.78	3.44	3.22	3.05	2.84	2.60	2.33	2.00
23	5.75	4.35	3.75	3.41	3.18	3.02	2.81	2.57	2.30	1.97
24	5.72	4.32	3.72	3.38	3.15	2.99	2.78	2.54	2.27	1.94
25	5.69	4.29	3.69	3.35	3.13	2.97	2.75	2.51	2.24	1.91
26	5.66	4.27	3.67	3.33	3.10	2.94	2.73	2.49	2.22	1.88
27	5.63	4.24	3.65	3.31	3.08	2.92	2.71	2.47	2.19	1.85
28	5.61	4.22	3.63	3.29	3.06	2.90	2.69	2.45	2.17	1.83
29	5.59	4.20	3.61	3.27	3.04	2.88	2.67	2.43	2.15	1.81
30	5.57	4.18	3.59	3.25	3.03	2.87	2.65	2.41	2.14	1.79

续表

f_1 f_2	1	2	3	4	5	6	8	12	24	∞
40	5.42	4.05	3.46	3.13	2.90	2.74	2.53	2.29	2.01	1.64
60	5.29	3.93	3.34	3.01	2.79	2.63	2.41	2.17	1.88	1.48
120	5.15	3.80	3.23	2.89	2.67	2.52	2.30	2.05	1.76	1.31
∞	5.02	3.69	3.12	2.79	2.57	2.41	2.19	1.94	1.64	1.00

表 4.14　F 分布概率积分表（$\alpha = 0.05$）

f_1 f_2	1	2	3	4	5	6	8	12	24	∞
1	161.4	199.5	215.7	224.6	230.2	234.0	238.9	243.9	249.0	254.3
2	18.51	19.00	19.16	19.25	19.30	19.33	19.37	19.41	19.45	19.50
3	10.13	9.55	9.28	9.12	9.01	8.94	8.84	8.74	8.64	8.53
4	7.71	6.94	6.59	6.39	6.26	6.16	6.04	5.91	5.77	5.63
5	6.61	5.79	5.41	5.19	5.05	4.95	4.82	4.68	4.53	4.36
6	5.99	5.14	4.76	4.53	4.39	4.28	4.15	4.00	3.84	3.67
7	5.59	4.74	4.35	4.12	3.97	3.87	3.73	3.57	3.41	3.23
8	5.32	4.46	4.07	3.84	3.69	3.58	3.44	3.28	3.12	2.93
9	5.12	4.26	3.86	3.63	3.48	3.37	3.23	3.07	2.90	2.71
10	4.96	4.10	3.71	3.48	3.33	3.22	3.07	2.91	2.74	2.54
11	4.84	3.98	3.59	3.36	3.20	3.09	2.95	2.79	2.61	2.40
12	4.75	3.88	3.49	3.26	3.11	3.00	2.85	2.69	2.50	2.30
13	4.67	3.80	3.41	3.18	3.02	2.92	2.77	2.60	2.42	2.21
14	4.60	3.74	3.34	3.11	2.96	2.85	2.70	2.53	2.35	2.13
15	4.54	3.68	3.29	3.06	2.90	2.79	2.64	2.48	2.29	2.07
16	4.49	3.63	3.24	3.01	2.85	2.74	2.59	2.42	2.24	2.01
17	4.45	3.59	3.20	2.96	2.81	2.70	2.55	2.38	2.19	1.96
18	4.41	3.55	3.16	2.93	2.77	2.66	2.51	2.34	2.15	1.92
19	4.38	3.52	3.13	2.90	2.74	2.63	2.48	2.31	2.11	1.88
20	4.35	3.49	3.10	2.87	2.71	2.60	2.45	2.28	2.08	1.84
21	4.32	3.47	3.07	2.84	2.68	2.57	2.42	2.25	2.05	1.81
22	4.30	3.44	3.05	2.82	2.66	2.55	2.40	2.23	2.03	1.78
23	4.28	3.42	3.03	2.80	2.64	2.53	2.38	2.20	2.00	1.76
24	4.26	3.40	3.01	2.78	2.62	2.51	2.36	2.18	1.98	1.73
25	4.24	3.38	2.99	2.76	2.60	2.49	2.34	2.16	1.96	1.71
26	4.22	3.37	2.98	2.74	2.59	2.47	2.32	2.15	1.95	1.69
27	4.21	3.35	2.96	2.73	2.57	2.46	2.30	2.13	1.93	1.67
28	4.20	3.34	2.95	2.71	2.56	2.44	2.29	2.12	1.91	1.65
29	4.18	3.33	2.93	2.70	2.54	2.43	2.28	2.10	1.90	1.64
30	4.17	3.32	2.92	2.69	2.53	2.42	2.27	2.09	1.89	1.62
40	4.08	3.23	2.84	2.61	2.45	2.34	2.18	2.00	1.79	1.51

f_1 / f_2	1	2	3	4	5	6	8	12	24	∞
60	4.00	3.15	2.76	2.52	2.37	2.25	2.10	1.92	1.70	1.39
120	3.92	3.07	2.68	2.45	2.29	2.17	2.02	1.83	1.61	1.25
∞	3.84	2.99	2.60	2.37	2.21	2.09	1.94	1.75	1.52	1.00

表 4.15　F 分布概率积分表（$\alpha=0.1$）

f_1 / f_2	1	2	3	4	5	6	8	12	24	∞
1	39.86	49.50	53.59	55.83	57.24	58.20	59.44	60.71	62.00	63.33
2	8.53	9.00	9.16	9.24	9.29	9.33	9.37	9.41	9.45	9.49
3	5.54	5.46	5.36	5.32	5.31	5.28	5.25	5.22	5.18	5.13
4	4.54	4.32	4.19	4.11	4.05	4.01	3.95	3.90	3.83	3.76
5	4.06	3.78	3.62	3.52	3.45	3.40	3.34	3.27	3.19	3.10
6	3.78	3.46	3.29	3.18	3.11	3.05	2.98	2.90	2.82	2.72
7	3.59	3.26	3.07	2.96	2.88	2.83	2.75	2.67	2.58	2.47
8	3.46	3.11	2.92	2.81	2.73	2.67	2.59	2.50	2.40	2.29
9	3.36	3.01	2.81	2.69	2.61	2.55	2.47	2.38	2.28	2.16
10	3.29	2.92	2.73	2.61	2.52	2.46	2.38	2.28	2.18	2.06
11	3.23	2.86	2.66	2.54	2.45	2.39	2.30	2.21	2.10	1.97
12	3.18	2.81	2.61	2.48	2.39	2.33	2.24	2.15	2.04	1.90
13	3.14	2.76	2.56	2.43	2.35	2.28	2.20	2.10	1.98	1.85
14	3.10	2.73	2.52	2.39	2.31	2.24	2.15	2.05	1.94	1.80
15	3.07	2.70	2.49	2.36	2.27	2.21	2.12	2.02	1.90	1.76
16	3.05	2.67	2.46	2.33	2.24	2.18	2.09	1.99	1.87	1.72
17	3.03	2.64	2.44	2.31	2.22	2.15	2.06	1.96	1.84	1.69
18	3.01	2.62	2.42	2.29	2.20	2.13	2.04	1.93	1.81	1.66
19	2.99	2.61	2.40	2.27	2.18	2.11	2.02	1.91	1.79	1.63
20	2.97	2.59	2.38	2.25	2.16	2.09	2.00	1.89	1.77	1.61
21	2.96	2.57	2.36	2.23	2.14	2.08	1.98	1.87	1.75	1.59
22	2.95	2.56	2.35	2.22	2.13	2.06	1.97	1.86	1.73	1.57
23	2.94	2.55	2.34	2.21	2.11	2.05	1.95	1.84	1.72	1.55
24	2.93	2.54	2.33	2.19	2.10	2.04	1.94	1.83	1.70	1.53
25	2.92	2.53	2.32	2.18	2.09	2.02	1.93	1.82	1.69	1.52
26	2.91	2.52	2.31	2.17	2.08	2.01	1.92	1.81	1.68	1.50
27	2.90	2.51	2.30	2.17	2.07	2.00	1.91	1.80	1.67	1.49
28	2.89	2.50	2.29	2.16	2.06	2.00	1.90	1.79	1.66	1.48
29	2.89	2.50	2.28	2.15	2.06	1.99	1.89	1.78	1.65	1.47
30	2.88	2.49	2.28	2.14	2.05	1.98	1.88	1.77	1.64	1.46
40	2.84	2.44	2.23	2.09	2.00	1.93	1.83	1.71	1.57	1.38
60	2.79	2.39	2.18	2.04	1.95	1.87	1.77	1.66	1.51	1.29
120	2.75	2.35	2.13	1.99	1.90	1.82	1.72	1.60	1.45	1.19
∞	2.71	2.30	2.08	1.94	1.85	1.17	1.67	1.55	1.38	1.00

4.4.7 由抽样分布估计分析测量数据的参数

1. 由抽样分布计算样本参数

将上述 t、F 分布中表示总体参数和样本参数的公式进行归纳，如图 4.12 和图 4.13 所示。

$$无限次测定\begin{cases}集中趋势\quad 总体平均值\ \mu=\dfrac{1}{n}\sum\limits_{i=1}^{n}x_i\,(n\to\infty)\\[3mm]分散程度\begin{cases}总体标准偏差\ \sigma=\sqrt{\dfrac{\sum\limits_{i=1}^{n}(x_i-\bar{x})^2}{n}}\\[5mm]总体方差\quad \sigma^2=\dfrac{\sum\limits_{i=1}^{n}(x_i-\bar{x})^2}{n}\end{cases}\end{cases}$$

图 4.12　总体参数

$$有限次测定\begin{cases}集中趋势\begin{cases}样本平均值\ \bar{x}=\dfrac{1}{n}\sum\limits_{i=1}^{n}x_i\,(n为有限次)\\[2mm]中位数\ x_M：大小排列，n为奇数时是位于中间的数，n\\ 为偶数时是中间两数的平均值。少数次测量适用\end{cases}\\[8mm]分散程度\begin{cases}样本标准偏差\ S=\sqrt{\dfrac{\sum\limits_{i=1}^{n}(x_i-\bar{x})^2}{n-1}}\\[5mm]样本相对标准偏差\ CV=\dfrac{S}{\bar{x}}\times100\%\\[3mm]样本方差\ S^2=\dfrac{\sum\limits_{i=1}^{n}(x_i-\bar{x})^2}{n-1}\\[5mm]平均值的标准偏差\ S_{\bar{x}}=\dfrac{S}{\sqrt{n}}\\[3mm]级差\ R=x_{max}-x_{min}\end{cases}\end{cases}$$

图 4.13　样本参数

如果要估计某国 20 岁女生的身高范围，可以通过测量某国 500 名 20 岁女生的身高范围估算总体的情况。其中，总体就是某国 20 岁女生的身高，总体的个数是趋于无穷大；样本就是某国 500 名 20 岁女生的身高，样本容量是 500。这种通过抽样分布计算有限次测量数据的样本参数，再估算总体参数，并对总体做出科学的判断的过程，就是对分析数据的统计处理，如图 4.14 所示。

2. 总体参数的点估计

由于随机变量可分为离散型和连续型，随机误差的分布函数也有离散型和连续型两类。二项分布等离散型分布函数主要解决测量结果取什么值，以什么样的概率来取这些值的问题；正态分布、抽样分布等连续型分布函数主要解决用概率来表示随机变量落在某一区间的可能性。因此，用样本参数估计总体参数，应包括对总体的特征值（μ、σ^2

等）做出点估计和区间估计两种情况。

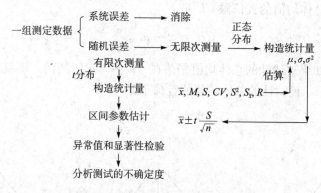

图 4.14 对分析数据的统计处理

点估计是用于估计一个总体的某一未知的单一特征值，如总体均值、总体方差 σ^2 等。一个良好的点估计应该满足以下 4 个条件：一是使得估计值具有趋于被估计参数的渐进性质（一致性）；二是使得估计值在被估计参数附近摆动且具有最小方差（无偏性）；三是使得无偏估计值的方差越小估计值越有效（有效性）；四是充分提取了样本中可利用的所有信息（充分性）。基于以上四个条件，样本的算术平均值 $\bar{x}$ 应是总体均值 μ 的无偏和一致性估计值，样本的标准偏差 S 也是总体偏差 σ 的无偏和一致性估计值。

3. 总体均值的区间估计

从分析测试中获得的样本的数据，还可以用来对样本的总体参数（μ、σ^2 等）做出区间估计。区间估计就是以一定的概率来保证所估计的包含总体特征值的一个域值。

根据正态分布和 t 分布的概念可知，正态分布的一次测量、无限次测量和 t 分布的一次测量、多次测量的计算公式不同，对应的区间估计也不同。

$$\pm u = \frac{\bar{x} - \mu}{\sigma}$$

一次测量 $\pm u = \dfrac{x - \mu}{\sigma_x}$ （4.27）,　　一次测量 $\pm t = \dfrac{x - \mu}{S_x}$ （4.32）

无限测量 $\pm u = \dfrac{\bar{x} - \mu}{\sigma / \sqrt{n}}$ （4.30）,　　多次测量 $\pm t = \dfrac{\bar{x} - \mu}{S / \sqrt{n}}$ （4.34）

　　　　　正态分布　　　　　　　　　　　t 分布

1) 总体均值 μ 的置信区间（σ 已知）

由于无限次测量满足正态分布，因此在已知标准差 σ 的条件下，式（4.32）中总体均值 μ 的公式可变化为

$$\mu = \bar{x} \pm u \frac{\sigma}{\sqrt{n}}$$

双侧问题：如果置信区间是以 $\bar{x}$ 为中心分布的，这就是双侧问题，如图 4.15（a）所示，被估计的总体均值的置信限 CL 是

$$CL = \bar{x} + u_{\alpha/2} \frac{\sigma}{\sqrt{n}} \qquad (4.38)$$

单侧问题：如果被估计的总体均值是落在 $-u_{\alpha} \sim +u_{\alpha}$ 区间内，那就是单侧问题，如图 4.15（b）所示，被估计的总体均值的置信限是

$$CL = \bar{x} + u_{\alpha} \frac{\sigma}{\sqrt{n}} \qquad (4.39)$$

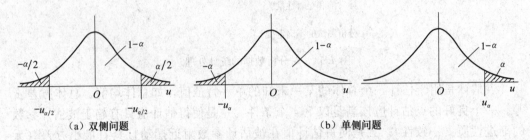

（a）双侧问题　　　　　　　　　　　　（b）单侧问题

图 4.15　双侧估计与单侧估计问题（P 为置信度，显著性水平 $\alpha = 1 - P$）

【例 4.16】 当置信度 $P = 95\%$ 时，如何理解 $\mu = (47.50 \pm 0.10)\%$？

答：表示在 $(47.50 \pm 0.10)\%$ 的区间内包括总体均值 μ 在内的概率为 95%。

【例 4.17】 为测得一标准物质中某元素含量，对它共进行了 80 次的测定，得到样品中该元素的平均含量为 12.37%，标准偏差为 0.056%，若概率为 95%，由此而得到的总体均值应小于何值？

解　"总体均值应小于何值"应属于单侧问题。因为样本数较大（>30），可以近似认为 $\sigma = S$，有 $\bar{x} = 12.37\%$，$\sigma = 0.056\%$，$n = 80$，由于 $P = 0.95$，$\alpha = 1 - 0.95 = 0.05$。

当 $P = 0.95$ 时，查表 4.9 得 $u_{\alpha} = 1.65$，计算结果为

$$UCL = \bar{x} + u_{\alpha} \frac{\sigma}{\sqrt{n}} = 12.37\% + 1.65 \times \frac{0.056\%}{\sqrt{80}} \approx 12.38\%$$

答：总体均值应小于 12.38%。

2）总体均值 μ 的置信区间（σ 未知）

对于抽样分布，σ 经常是未知的（只有在大样本时，如 $n \geqslant 30$ 时，$\sigma \approx S$），此时只能用 t 分布来求得 μ 的置信区间。式（4.30）中总体均值 μ 的公式可变化为

$$\mu = \bar{x} \pm t \frac{S}{\sqrt{n}}$$

双侧问题：被估计的总体均值的置信限 CL 是

$$CL = \bar{x} \pm t_{\alpha/2, f} \frac{S}{\sqrt{n}} \qquad (4.40)$$

单侧问题：被估计的总体均值的置信限 CL 是

$$CL = \bar{x} \pm t_{\alpha, f} \frac{S}{\sqrt{n}} \qquad (4.41)$$

【例 4.18】　对某未知试样中 Cl^- 的百分含量进行测定，四次结果为 47.64%、47.69%、47.52% 和 47.55%，计算置信度为 90%、95% 和 99% 时的总体均值 μ 的置信区间。

解　本例题是有限次测量，对平均值的估计可能偏大，也可能偏小，是双侧估计问题。

$$\bar{x}=\frac{47.64\%+47.69\%+47.52\%+47.55\%}{4}\approx47.60\%,\quad f=4-1=3$$

$$S=\sqrt{\frac{\sum(x-\bar{x})^2}{n-1}}$$

$$=\sqrt{\frac{(47.64\%-47.60\%)^2+(47.69\%-47.60\%)^2+(47.52\%-47.60\%)^2+(47.55\%-47.60\%)^2}{4-1}}$$

$$\approx0.08\%$$

当 $P=90\%$ 时，$t_{0.10,3}=2.35$，$\mu=47.60\%\pm\dfrac{2.35\times0.08\%}{\sqrt{4}}=(47.60\pm0.09)\%$；

当 $P=95\%$ 时，$t_{0.05,3}=3.18$，$\mu=47.60\%\pm\dfrac{3.18\times0.08\%}{\sqrt{4}}=(47.60\pm0.13)\%$；

当 $P=99\%$ 时，$t_{0.01,3}=5.84$，$\mu=47.60\%\pm\dfrac{5.84\times0.08\%}{\sqrt{4}}=(47.60\pm0.23)\%$。

答：当置信度为 90%、95% 和 99% 时，总体均值 μ 的置信区间分别为 (47.60±0.09)%、(47.60±0.13)% 和 (47.60±0.23)%。

由例 4.18 可知，所取置信水平越高，置信区间的范围就越宽。如果平均值的真假值均在图 4.16 所示的位置上，当 f、σ 不变，置信度为 90% 时，真值被排除在置信区间之外，称为"以真为假"；当置信度为 99% 时，假值被包含在置信区间之内，称为"以假为真"。说明置信度越高，置信区间越大，估计区间包含真值的可能性增加。置信区间反映了对参数进行估计的精密度，置信度反映了对参数估计的把握程度。

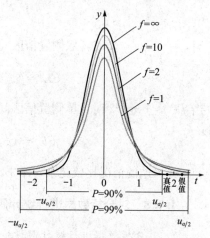

图 4.16　f、σ 不变时置信度 P 与平均值估计值的关系

4. 两个总体均值的区间估计

在分析数据的统计处理时，常常会碰到要求估计两个正态总体均值之差的置信区间，如治理环境污染前后的污染物含量下降的置信区间。

1）已知 σ_1、σ_2

已知 σ_1、σ_2 估计两个正态总体均值之差的置信区间时，由于 $\bar{x}_1$ 服从 $\left(\mu_1,\dfrac{\sigma_1^2}{n_1}\right)$，$\bar{x}_2$ 服从 $\left(\mu_2,\dfrac{\sigma_2^2}{n_2}\right)$，根据不确定度传递法则 $(\bar{x}_1-\bar{x}_2)$ 应服从 $\left(\mu_1-\mu_2,\dfrac{\sigma_1^2}{n_1}+\dfrac{\sigma_2^2}{n_2}\right)$，因此可得

$$u = \frac{(\overline{x}_1 - \overline{x}_2) - (\mu_1 - \mu_2)}{\sqrt{\dfrac{\sigma_1^2}{n_1} + \dfrac{\sigma_2^2}{n_2}}} \tag{4.42}$$

此时，双侧的置信区间为

$$CL = (\overline{x}_1 - \overline{x}_2) \pm \mu_{\alpha/2} \sqrt{\frac{\sigma_1^2}{n_1} + \frac{\sigma_2^2}{n_2}} \tag{4.43}$$

单侧的置信区间为

$$CL = (\overline{x}_1 - \overline{x}_2) \pm \mu_{\alpha} \sqrt{\frac{\sigma_1^2}{n_1} + \frac{\sigma_2^2}{n_2}} \tag{4.44}$$

2）未知 σ_1、σ_2

未知 σ_1、σ_2 估计两个正态总体均值之差的置信区间要分两种情况。一种是未知 σ_1、σ_2，但已知它们是同一总体，即 $\sigma_1^2 = \sigma_2^2$，此时可用合并方差。由于 σ 未知，必须用 S 来计算。来自两个总体的样本方差 S^2 的加权平均值，就是两个方差的合并方差。

$$S_{合并}^2 = \frac{(n_1 - 1)S_1^2 + (n_2 - 1)S_2^2}{n_1 + n_2 - 2} \tag{4.45}$$

此时 $(\overline{x}_1 - \overline{x}_2)$ 应服从 $\left(\mu_1 - \mu_2, \dfrac{S_{合并}^2}{n_1} + \dfrac{S_{合并}^2}{n_2} \right)$。

应用的统计量为

$$t = \frac{(\overline{x}_1 - \overline{x}_2) - (\mu_1 - \mu_2)}{\sqrt{\dfrac{S_{合并}^2}{n_1} + \dfrac{S_{合并}^2}{n_2}}} \tag{4.46}$$

当 $f = n_1 + n_2 - 2$ 时，双侧置信区间为

$$CL = (\overline{x}_1 - \overline{x}_2) \pm t_{\alpha/2, f} S_{合并} \sqrt{\frac{n_1 + n_2}{n_1 n_2}} \tag{4.47}$$

当 $f = n_1 + n_2 - 2$ 时，单侧置信区间为

$$CL = (\overline{x}_1 - \overline{x}_2) \pm t_{\alpha, f} S_{合并} \sqrt{\frac{n_1 + n_2}{n_1 n_2}} \tag{4.48}$$

$\sigma_1^2 \neq \sigma_2^2$ 的情况比较复杂，本书不再讨论。

4.4.8　对分析数据进行统计假设检验

1. 对分析数据进行统计假设检验的步骤

在分析化学中，常用到数理统计中的假设检验，即用随机样本中的测定值来检验关于总体参数（如 μ、σ）相等的假设。通常总是先根据实际问题，提出对随机变量的一种论断，称为统计假设，记为 H_0。然后，从分析样本中获取信息，对 H_0 假设的真伪进行判断，称为检验假设。根据事件概率的大小，对假设做出接受或是不接受的判断。

对分析数据的统计处理过程是用样本来推断总体，当测量次数有限时，这种方法本身就有一定局限性。基于统计处理过程的假设检验因而也不能保证不犯错误，常见错误

有两类：第一类错误是原假设 H_0 本来正确，但是检验的结果却拒绝了 H_0，称为拒真错误，发生的概率记为 α；第二类错误是原假设 H_0 本来不正确，但检验的结果却接受了，称为纳伪错误，发生的概率记为 β。

在样本容量 n 固定时，由于被检验的两个概率分布总是存在一定程度的重叠，α 与 β 不可能同时很小，只要其中一个减小，另一个就会增大。最好是先限定 α，再设法使 β 减小。由于实际操作过程困难，因此一般只对 α 的最大值加以限制，不考虑 β 的大小，这种统计假设检验称为显著性检验，α 被称为显著性水平。它与置信度 P 的关系是 $P=1-\alpha$。

一般地，显著性检验包括以下四个步骤。

第一步，假设 $\bar{x}$、μ_0 或 S、σ_0 之间不存在系统误差，H_0（$\bar{x}=\mu_0$ 或 $S=\sigma_0$）；假设 $\bar{x}$、μ_0 或 S、σ_0 之间存在系统误差，H_1（$\bar{x}\neq\mu_0$ 或 $S\neq\sigma_0$）。由于常考虑第一类错误的最大概率 α，因此主要是假设在统计上相等的状态，可以是随机样本与总体之间的相等，也可以是两个总体之间的相等。

第二步，根据分析测得的样本值 $\bar{x}$ 或 S，按照 u 分布、t 分布、F 分布等不同的概率分布类型，计算出被检验的统计量 u、t、F 等。

第三步，选定一显著性水平 α，用样本容量计算自由度 f，在相应的概率分布表中查出其拒绝域的临界值，如 u_α、t_α、F_α 等。

第四步，做出判断和结论。如果被检验的统计量的计算值 u、t、F 等小于查得的临界值 u_α、t_α、F_α 等，即计算值落在一定置信度下的置信区间内（接受域），此时应接受 H_0，结论是不存在偏倚。反之，如果计算值大于临界值，即计算值落在置信区间之外的拒绝域，此时就应接受 H_1。

通常假设检验中，常将理论值或产品规格所定值当作总体均值 μ 来进行检验。如果有两个样本（属于同一总体）要做检验，若其中一组样本容量 $n\geqslant30$，则其 $\bar{x}$ 就可以当作总体均值 μ，并可对测量次数较少的另一组算术平均值进行检验。

2. $\bar{x}$ 与 μ_0 差别的显著性检验（u 检验）

已知总体均值 μ_0 时，常会遇到将样本平均值 $\bar{x}$ 与总体均值 μ_0 进行比较的问题。例如，已知标准试样，就可以用 u 分布来检验某分析系统（试剂、仪器设备、人员操作、环境等）是否有偏倚，称为 u 检验法。

【例 4.19】 已知某标准钢铁样的含碳量遵从正态分布 N（4.55%，0.11^2）。现某一实验室对其含量进行测量，得到 5 个数据：4.28%、4.40%、4.42%、4.35%、4.30%。该实验室的分析系统是否正常？（$\alpha=0.05$）

解 设 H_0（$\bar{x}=\mu_0$），H_1（$\bar{x}\neq\mu_0$），数据遵从正态分布时用 u 分布：

$$\bar{x}=\frac{4.28\%+4.40\%+4.42\%+4.35\%+4.30\%}{5}=4.35\%$$

$$|u|=\frac{|\bar{x}-\mu_0|}{\sigma/\sqrt{n}}=\frac{|4.35\%-4.55\%|}{0.11\%/\sqrt{5}}\approx4.07$$

双侧检验，$\alpha=0.05$ 时，查表 4.9 得临界值为 $u_{0.05/2}=1.96$。因为 $|u|>u_\alpha$，计

算值落在置信区间外的拒绝域，所以应接受 H_1（$\bar{x} \neq \mu_0$）。

答：分析系统不正常，存在明显偏倚。

3. $\bar{x}$ 与 μ_0 差别的显著性检验（t 检验）

实际工作中，不可能通过无限次测量来求出总体的 σ_0，如果测定的样本数较少，只能求得样本标准偏差 S，此时只能应用 t 分布来进行检验，称为 t 检验法。

【例 4.20】 实验室采用一种新方法来标定标样中的 SiO_2 的含量（$\mu_0 = 34.33\%$），得到以下八个数据：34.30%、34.33%、34.26%、34.38%、34.29%、34.23%、34.23%、34.38%，该方法有无偏倚？（$\alpha = 0.05$）

解 设 H_0（$\bar{x} = \mu_0$），H_1（$\bar{x} \neq \mu_0$），有限次测量遵从 t 分布：

$$\bar{x} = \frac{34.30\% + 34.33\% + 34.26\% + 34.38\% + 34.29\% + 34.23\% + 34.23\% + 34.38\%}{8}$$

$$= 34.30\%$$

$$S = \sqrt{\frac{\sum (x - \bar{x})^2}{n-1}} \approx 0.06$$

$$|t| = \frac{|\bar{x} - \mu_0|}{S/\sqrt{n}} = \frac{|34.30\% - 34.33\%|}{0.06\%/\sqrt{5}} \approx 1.12$$

双侧 t 检验 $f = 8 - 1 = 7$，$\alpha = 0.05$，查表 4.10 得 $t_{0.05/2,7} = 2.365$。因为 $|t| < t_{\alpha}$，计算值落在置信区间内的接受域，所以应接受 H_0（$\bar{x} = \mu_0$）。

答：该方法不存在偏倚。

4. 样本 $\bar{x}_1$ 与 $\bar{x}_2$ 有无显著性差异（u 检验）

实际工作中常见的还有两个总体参数的比较，对于两个样本均值的比较，由式（4.42)构造统计量：

$$u = \frac{(\bar{x}_1 - \bar{x}_2) - (\mu_1 - \mu_2)}{\sqrt{\dfrac{\sigma_1^2}{n_1} + \dfrac{\sigma_2^2}{n_2}}}$$

检验时，总是假设 $\mu_1 = \mu_2$，则

$$u = \frac{\bar{x}_1 - \bar{x}_2}{\sqrt{\dfrac{\sigma_1^2}{n_1} + \dfrac{\sigma_2^2}{n_2}}} \tag{4.49}$$

【例 4.21】 有两瓶制备好的赤铁矿样，经分析其铁的含量分别为 $\bar{x}_1 = 66.44\%$，$n_1 = 4$；$\bar{x}_2 = 66.68\%$，$n_2 = 6$。已知这两个样本的标准差都和总体 $\sigma_0^2 = 0.061$ 无显著性差异，则这两瓶铁矿是否为同一种铁矿？（$\alpha = 0.05$）

解

$$u = \frac{\bar{x}_1 - \bar{x}_2}{\sqrt{\dfrac{\sigma_1^2}{n_1} + \dfrac{\sigma_2^2}{n_2}}} = \frac{66.44\% - 66.68\%}{\sqrt{\dfrac{0.061^2}{4} + \dfrac{0.061^2}{6}}} \approx 1.51$$

双侧问题，$\alpha = 0.05$ 时，查表 4.9 得 $u_{0.05/2} = 1.96$。因为 $u < u_{\alpha}$，计算值落在置信区

内的接受域，所以应接受 $\overline{x}_1 = \overline{x}_2$。

答：这两瓶铁矿属于同一总体，是同一种铁矿。

5. 两个样本 $\overline{x}_1$ 与 $\overline{x}_2$ 有无显著性差异（t 检验）

不同分析人员或同一分析人员用不同的方法来测定同一样品，所得到的平均值一般不相等，此时，若要确定是否同一总体，如果 σ_1 和 σ_2 未知，就要用 t 检验，由式（4.46）构造统计量为

$$t = \frac{(\overline{x}_1 - \overline{x}_2) - (\mu_1 - \mu_2)}{\sqrt{\dfrac{S^2_{合并}}{n_1} + \dfrac{S^2_{合并}}{n_2}}}$$

检验时，总是假设 $\mu_1 = \mu_2$，则

$$t = \frac{\overline{x}_1 - \overline{x}_2}{\sqrt{\dfrac{S^2_{合并}}{n_1} + \dfrac{S^2_{合并}}{n_2}}}, \quad f = n_1 + n_2 - 2 \tag{4.50}$$

应该先做 F 检验判断两个样本方差 S_1^2、S_2^2 是否相同，再选用 t 检验公式。

$$F = S_1^2/S_2^2 (S_1^2 > S_2^2) \tag{4.51}$$

【例 4.22】　在滴定分析中，用一根旧滴定管测定溶液的浓度六次，得样本偏差 $S_1 = 0.055$；再用管尖更细的滴定管测定四次，得到样本偏差 $S_2 = 0.022$。新滴定管的精密度是否显著地优于旧滴定管？（$\alpha = 0.05$）

解　已知新滴定管的管尖更细，误差应更小，它的精密度不会比旧滴定管的精密度差，因此，这是属于单边检测的问题。

$$n_1 = 6, \quad f_1 = 6 - 1 = 5, \quad S_1 = 0.055, \quad S_1^2 \approx 0.0030$$
$$n_2 = 4, \quad f_2 = 4 - 1 = 3, \quad S_2 = 0.022, \quad S_2^2 \approx 0.000\,48$$
$$F = \frac{0.0030}{0.000\,48} \approx 6.3$$

单侧问题，$\alpha = 0.05$ 时，查表 4.14 得 $F_{0.05,5,3} = 9.01$。因为 $F < F_\alpha$，两支滴定管的精密度不存在显著性差异。

答：新滴定管的精密度没有显著地优于旧滴定管。

【例 4.23】　用两种不同方法测定合金中铌的含量，得到如下数据。

方法一：1.26%、1.25%、1.22%。

方法二：1.35%、1.31%、1.33%、1.34%。

两种方法是否存在显著性差异？（$\alpha = 0.05$）

解　由 $n_1 = 3$，　$f_1 = 3 - 1 = 2$，　求得

$$\overline{x}_1 \approx 1.24\%, \quad S_1 \approx 0.021\%, \quad S_1^2 \approx 4.4 \times 10^{-8}$$

由 $n_2 = 4$，　$f_2 = 4 - 1 = 3$，　求得

$$\overline{x}_2 \approx 1.33\%, \quad S_2 \approx 0.017\%, \quad S_2^2 \approx 2.9 \times 10^{-8}$$

所以　$F = \dfrac{S_1^2}{S_2^2} = \dfrac{4.4 \times 10^{-8}}{2.9 \times 10^{-8}} \approx 1.5$

方法一的精密度可能好于或差于方法二，属于双边检验。$\alpha = 0.05$，则双边的显著

性水平为 $0.05 \times 2 = 0.10$。查表 4.15 得 $F_{0.10,2,3} = 5.46$。因为 $F < F_\alpha$，两组数据的精密度不存在显著性差异。

根据式（4.45）：

$$S_{合并} = \sqrt{\frac{(n_1-1)S_1^2 + (n_2-1)S_2^2}{n_1 + n_2 - 2}}$$

$$= \sqrt{\frac{(3-1) \times (0.021\%)^2 + (4-1) \times (0.017\%)^2}{4+3-2}} = 0.019\%$$

应该选用 t 检验法的公式：

$$t = \frac{\bar{x}_1 - \bar{x}_2}{\sqrt{\dfrac{S_{合并}^2}{n_1} + \dfrac{S_{合并}^2}{n_2}}}, \quad f = n_1 + n_2 - 2$$

$$t = \frac{\bar{x}_1 - \bar{x}_2}{S_{合并}} \sqrt{\frac{n_1 n_2}{n_1 + n_2}}$$

$$= \frac{1.24\% - 1.33\%}{0.019\%} \sqrt{\frac{3 \times 4}{3+4}} \approx -6.2$$

$$f = n_1 + n_2 - 2 = 3 + 4 - 2 = 5$$

答：显著性水平为 0.10，查表 4.10 得 $t_{0.10,5} = 2.02$。因为 $|t| > t_\alpha$，两种分析方法之间存在显著性差异。

假设检验的最终结论常用差别是否显著来表示。"差别显著"或"非常显著"只是对于第一类错误发生的概率 α，前者 $\alpha < 0.05$，后者 $\alpha < 0.01$。要指出的是，检验的结果即使接受了 H_0，也并不能证明 H_0 的确是真实的，只是从概率意义上不能否定 H_0 的合理性。假设检验其实只说明了一个广泛采用的原则，即小概率事件的发生是不可能的。通常在 5% 水平显著，在 1% 水平不显著，就可以称为有显著性差异；如果在 1% 水平显著，就称为非常显著差异。

4.4.9　正确表达分析数据的不确定度

在测量科学中，由于与真值相联系的误差概念不可能用于对测量结果的可靠程度的表征，1993 年，经国际纯粹与应用化学联合会（IUPAC）等七个国际组织批准，由国际标准化组织（ISO）出版了《测量不确定度表示指南》（*Guide to the Expression of Uncertainty in Measurement*，GUM）。

1. 分析数据的不确定度

分析化学是一门测量的学科，由于测量的局限性，测量结果必定存在着不确定度，即测量结果具有不确定、不肯定的程度。测量不确定度是测量工作的定量表征，测量必须有不确定度说明才是完整和有意义的。

按照 GUM 的最新定义：不确定度是测量结果所含有的一个参数，用于表征合理赋予被测量值的分散性。因此，可以将不确定度认为是以被测值为中心的一个数值范围，这个数值范围以一定的概率包含着真值。

不确定度与误差的关系如图 4.17 所示。真值被包含在一个以测量值为中心的一定置信概率的置信区间内，它可能处在该区间的任一位置。同时，不确定度是与分布有关的，而误差却是与分布无关的。不确定度与误差均来自于测量器具、测量环境、测量方法、测量对象和校准方法等方面。不确定度通常可以分为标准不确定度和扩展不确定度两类。前者是标准偏差给出的不确定度，后者则用来表达测量值的一个合理的分布区域，又称为范围不确定度。

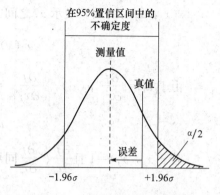

图 4.17　不确定度与误差的关系

2. 正确表达标准不确定度

标准不确定度可以分成三类：A 类标准不确定度 u_A、B 类标准不确定度 u_B 和合成标准不确定度 $u_C(y)$。

A 类标准不确定度是指建立在观察数据的概率分布的基础上，用统计方法评定的标准不确定度。常用标准偏差 S 和极差 R 表示。

$$u_A = S_i \tag{4.52}$$

B 类标准不确定度是指用非统计的方法建立的标准不确定度。如果测量并不是在统计控制状态下来进行重复观察，就得不到实验的标准偏差，只能依赖非统计方法所得到的信息来估计出近似或等价标准偏差。用来估计的信息包括：以前较多的观察数据；对有关技术资料及仪器特性的了解和根据经验的判断；生产部门提供的技术文件中的参数；校准证书、检定证书或其他文件提供的数据，准确度的级别；手册或某些资料给出的参考数据及其不确定度；技术规范中对某些测量方法所规定的重复性限 r 或复现性限 R。

$$u_B = S_j \tag{4.53}$$

【例 4.24】　标称值为 1000g 的砝码在其校准证书上给出的质量为 1000.000 032 5g，且指出这一值的不确定度按 3 倍标准偏差给出为 $240\mu g$，该砝码的标准不确定度为多少？

解　$u_B = 240\mu g / 3 = 80\mu g$。

答：该砝码的标准不确定度为 $80\mu g$。

合成标准不确定度 $u_C(y)$ 是指当测量结果的不确定度由若干标准不确定度分量构成时，按各分量的方差或协方差算得的标准不确定度；主要用于报告分析测试的测量结果，基本物理常数测量的结果和有关 SI 制单位的国际比较的测量结果等。

当测量模型为 $y = f(x_1, x_2, \cdots, x_n)$ 时，合成标准不确定度计算公式为

$$u_C^2(y) = \sum_{i=1}^{n} \left(\frac{\partial f}{\partial x_i} \right)^2 u^2(x_i) + 2 \sum_{i=1}^{n-1} \sum_{j=i+1}^{n} \frac{\partial f}{\partial x_i} \frac{\partial f}{\partial x_j} r(x_i, x_j) u(x_i) u(x_j) \tag{4.54}$$

式中，$u(x_i)$ ——x_i 的不确定度；

$r(x_i, x_j)$ ——x_i 中任两个测量值之间的相关系数；

$u(x_j)$ ——与 x_i 有关系的 x_j 的不确定度。

$r(x_i, x_j)=0$ 时，表示 x_i 之间完全独立无关，则

$$u_{\mathrm{C}}^2(y) = \sum_{i=1}^{n} \left(\frac{\partial f}{\partial x_i}\right)^2 u^2(x_i)$$

由于 $u_i = \left|\dfrac{\partial f}{\partial x_i}\right| u(x_i)$，$\left|\dfrac{\partial f}{\partial x_i}\right| = 1$，因此

$$u_{\mathrm{C}}(y) = \sqrt{\sum u_i^2} \tag{4.55}$$

若 $r(x_i, x_j)=1$ 且 $\dfrac{\partial f}{\partial x_i}$、$\dfrac{\partial f}{\partial x_j}$ 同号；或 $r(x_i, x_j)=-1$ 且 $\dfrac{\partial f}{\partial x_i}$、$\dfrac{\partial f}{\partial x_j}$ 异号，则

$$u_{\mathrm{C}}(y) = \sum_{i=1}^{n} u_i \tag{4.56}$$

【例 4.25】 实验人员称出 7.000g 样品，用了 5g 和 2g 的砝码，已知它们的标准不确定度分别为 0.005g 和 0.002g，试求该样品质量的不确定度。

解 $u_1 = 0.005$g，$u_2 = 0.002$g，x_1 和 x_2 完全独立无关，按照合成不确定度式 (4.55) 计算，则

$$u_{\mathrm{C}}(y) = \sqrt{\sum u_i^2} = \sqrt{0.005^2 + 0.002^2} \approx 0.006(\mathrm{g})$$

答：该样品质量的不确定度为 0.006g。

3. 正确表达扩展不确定度

扩展不确定度是一个确定测量结果区间的量，该区间是将合成不确定度 $u_{\mathrm{C}}(y)$ 乘以包含因子 k 而得到的，表示合理赋予被测量之值分布的大部分可望包含于此区间，其概率应超过 90%。

$$U = k u_{\mathrm{C}}(y) \tag{4.57}$$

式中，U 为扩展不确定度；包含因子 k 为所乘的数学因子，通常取 2～3（基准工作中有较高质量要求的测量取 $k=3$，一般测量取 $k=2$），以保证应有的置信概率。

$U(k=2)$ 是指 2 倍合成不确定度，U_{99} 是以置信概率为 99% 给出的（双侧）置信区间的半宽，即 $k_{99} u_{\mathrm{C}}(y)$，k_{99} 是 t 分布临界值 $t_{0.01/2, f}$。

4. 正确表达相对不确定度

标准不确定度与扩展不确定度都有各自的相对不确定度，即不确定度除以被测量之值 y，常用百分数表示，在不确定度的下角标上增加 rel 字符来表示，如 $u_{\mathrm{A,rel}}$、$U_{\mathrm{rel}}(k=2)$。

$$U_{\mathrm{rel}}(k=2) = \frac{U(k=2)}{|y|} \tag{4.58}$$

【例 4.26】 一分析人员测定金属钠中铁的含量，其中测得一组铁的含量（μg/g）为 7.5、7.5、4.5、4.0、5.5、8.0、7.5、7.5、5.5、8.0。求标准不确定度 u_{A} 和扩展不确定度 U_{95}。

解 由 $n=10$，$f=10-1=9$，求得

$$P=0.95，\alpha=1-0.95=0.05$$

$$\bar{x} = \frac{7.5+7.5+4.5+4.0+5.5+8.0+7.5+7.5+5.5+8.0}{10} \approx 6.6 \ (\mu g/g), \ S \approx 1.5 \ (\mu g/g)$$

标准不确定度为

$$u_A = S_{\bar{x}} = \frac{S}{\sqrt{n}} = \frac{1.5}{\sqrt{10}} \approx 0.48 \ (\mu g/g)$$

查表 4.10 得 $t_{0.05/2,9} = 2.262$，代入式（4.55），得扩展不确定度：

$$U_{95} = k_{95}u_C(y) = t_{0.05/2,9} \times u_A = 2.262 \times 0.48 \approx 1.1 \ (\mu g/g)$$

答：标准不确定度 u_A 为 0.48μg/g，扩展不确定度 U_{95} 为 1.1μg/g。

4.4.10　不确定度的传播及报告

在测量过程中，常常需要多步测量，每一次测量结果都会带来不确定度。因此，最终的不确定度应是这许多不确定度在计算时被传播的结果。通常把这种计算时不确定度传递的过程称为不确定度的传播（也称为误差的传递）。

1. 不确定度的传播

一个被测量值 y，常常需要通过多步间接测量，测出相关被测值 x_1，x_2…再按照一定的函数关系，计算得出 y 的结果。

对于简单情况，设 $y = Ax$，则

$$u^2(y) = A^2 u^2(x) \tag{4.59}$$

或设 $y = x_1 + x_2 + x_3$，则

$$u^2(y) = u^2(x_1) + u^2(x_2) + u^2(x_3) \tag{4.60}$$

对于复杂情况，直接按照公式求偏导数太复杂，可采用先求 y 的相对不确定度的办法，然后计算 y 的不确定度。

设 $y = x_1^{p1} x_2^{p2} x_3^{p3} \cdots x_n^{pn}$，则

$$\left[\frac{u(y)}{y}\right]^2 = p_1^2 \left[\frac{u(x_1)}{x_1}\right]^2 + p_2^2 \left[\frac{u(x_2)}{x_2}\right]^2 + \cdots + p_n^2 \left[\frac{u(x_n)}{x_n}\right]^2 \tag{4.61}$$

【例 4.27】　实验室测量样品中所含 KOH 的质量分数为 w_{KOH}，用盐酸标准溶液进行滴定。已知盐酸标准溶液的浓度为（0.2000 ± 0.0001）mol/L（0.0001mol/L 为浓度不确定度）。使用 B 级滴定管（最大允差 $\Delta = \pm 0.3$mL），滴定至终点共消耗 50.00mL 盐酸标准溶液。所称样品质量 $m = 10.000$g，已知天平和砝码的扩展不确定度为 $U(k=3) = 0.003$g。试求 w_{KOH} 的标准不确定度。

解　根据酸碱滴定的标准公式，忽略空白、滴定管校正值、指示剂校正值时，则

$$w_{KOH} = \frac{c_{HCl} V_{HCl} M_{KOH}}{m \times 1000}$$

本例题要求 w 的标准不确定度，实际是浓度、质量、体积、摩尔质量不确定度的传播。浓度不确定度 $u(c) = 0.0001$mol/L，质量不确定度 $u(m) = 0.003g/3 = 0.001$g。由于例题中滴定管给出的是最大允许误差，因此标准不确定度的应为 Δ/k，取 $k = 3$。因为 $u(V)$ 是通过两次读数之差求得，所以应包括两个分量 $u(V_1)$ 和 $u(V_2)$。

$$u(V_1) = u(V_2) = 0.3/3 = 0.1(mL)$$

$$u(V) = \sqrt{0.1^2 + 0.1^2} \approx 0.1(mL)$$

根据 1997 年公布的相对原子质量表，M_{KOH} 的值为 56.1056，其不确定度远小于 10^{-5}，计算时 $u(M)$ 可以忽略。因此，根据不确定度传播公式可得

$$u(w) = \sqrt{\left(\frac{VM}{m \times 1000}\right)^2 u^2(c) + \left(\frac{cM}{m \times 1000}\right)^2 u^2(V) + \left(\frac{-cVM}{m^2 1000}\right)^2 u^2(m)}$$

$$\approx \sqrt{\left(\frac{50.00 \times 56.1}{10.000 \times 1000}\right)^2 \times 0.0001^2 + \left(\frac{0.2000 \times 56.1}{10.000 \times 1000}\right)^2 \times 0.1^2 + \left(\frac{-0.2000 \times 50.00 \times 56.1}{10.000^2 \times 1000}\right)^2 \times 0.001^2}$$

$$\approx 1.6 \times 10^{-4}$$

答：w_{KOH} 的标准不确定度为 1.6×10^{-4}。

2. 报告测量结果的不确定度

分析化学中，对于测量不确定度的表达，并不只是局限于某几个分析数据误差的表征或仅仅是误差概念的讨论，更重要的是它关系到化学测量的科学性和正确性。测量结果原则上都应该给出不确定度的报告，尤其涉及制定标注、技术鉴定、科学发现等方面的问题，除非该结果不被具体应用。对于报告测量结果的不准确度，还必须完善地提供评定不确定度的所有信息，如分析测试方法、仪器、各种标准乃至常用的常数和其他资料来源等。

报告测量结果的不确定度有两种表达方式。一种是用合成标准不确定度 $u_c(y)$ 表征。例如，对标称值为 100g 的砝码，可以表达为如下形式

$m_s = 100.02147g$，$u_c = 0.35mg$；

$m_s = 100.02147$（35）g（括号里的两位数就是 u_c，与测量结果的最后两位数对齐）；

$m_s = 100.02147$（0.00035）g（括号里的数就是 u_c）。

另一种表达方式是用扩展不确定度 U 表征。通常可直接用 $Y = y \pm U$ 的形式来给出最终的分析测试结果，但必须要加以说明。例如，$m_s = (100.02147 \pm 0.00035)g$ 中，0.00035 即扩展不确定度 $U = ku_c(y)$，还需要说明 $\alpha = 0.05$，$f = 9$ 时，$k = t_{0.05/2,9} = 2.262$，因此还可以表达为 $U_{95} = k_{95}u_C(y)$。不确定度在进行中间计算时，可多保留一位有效数字，在修约时，只入不舍为好。

4.4.11　判断和处理异常值

分析数据的评价主要解决两类问题。一类是分析方法的准确性，即系统误差及偶然误差的判断。利用统计学的方法，检验被处理的问题是否存在统计上的显著性差异，用 u 检验法、t 检验法和 F 检验法判断实验室测定结果准确性。另一类是异常值（可疑数据）的取舍，即过失误差的判断。用 3σ 检验法、Q 检验法或格鲁布斯（Grubbs）检验法确定某个数据是否可用。

在多次重复的测量中，当出现一个明显偏离同一样本其余分析结果的数值时，这个明显的偏离数值称为异常值或可疑值。异常值可能是总体所固有的随机变异性的极端表现，也可能是分析者在分析过程中的失误。在实验过程中，如果已经发现有过失或有充分的技术上、物理上的说明其异常的理由，这个异常值就应该舍弃；如果未发现有过失或充分的理由，则不能随意舍弃，需用统计的方法做出判断。对于已经舍弃的值，也必

须记录舍弃的根据以备查。

1. 3σ 检验法

3σ 检验法是指按照正态分布，出现偏差大于 3σ 的测定值的事件为小概率事件（概率小于 0.3%），因此，有理由将偏差大于 3σ 的离群值判定为异常值。由于 $3\sigma \approx 4\bar{d}$，因此 3σ 检验法又称为 $4\bar{d}$ 检验法。如果 σ 未知，当样本容量大于 20 时，也可以由计算得到样本标准偏差 S 进行检验。此种方法简单，不查表，但由于没有考虑样本容量的影响，因此误差较大，与其他方法矛盾时以其他方法为准。计算时，先求异常值 Q_u 以外数据的平均值和平均偏差。

$$|Q_u - \bar{x}| > 4\bar{d} \tag{4.62}$$

【例 4.28】 测定某药物中 Co 的含量（μg/g），结果如下：1.25、1.27、1.31、1.40。试问 1.40 这个数据应否保留。

解 首先不计异常值 1.40，求得其余数据的平均值、偏差和平均偏差。

平均值为

$$\bar{x} = \frac{1}{n} \sum_{i=1}^{n} x_i = \frac{1.25 + 1.27 + 1.31}{3} \approx 1.28$$

偏差为

$$d_1 = x_1 - \bar{x} = 1.25 - 1.28 = -0.03, \quad d_2 = 1.27 - 1.28 = -0.01, \quad d_3 = 1.31 - 1.28 = 0.03$$

平均偏差为

$$\bar{d} = \frac{|d_1| + |d_2| + |d_3|}{n} = \frac{|-0.03| + |-0.01| + |0.03|}{3} \approx 0.02$$

$$4\bar{d} = 4 \times 0.02 = 0.08$$

所以，异常值与平均值的差的绝对值 $|1.40 - 1.28| = 0.12 > 4\bar{d}$。

答：1.40 这个数据应舍去。

2. 格鲁布斯检验法

格鲁布斯（Grubbs）检验法主要用于检验一个可疑值的情况（一般取 $\alpha = 0.01$）。由于格鲁布斯检验法引入了标准偏差，将正态分布中的两个最重要的样本参数 $\bar{x}$ 及 S 引入进来，因此准确性较高；缺点是计算麻烦。格鲁布斯检验法的统计量为

$$G_1 = \frac{\bar{x} - x_1}{S} \quad \text{或} \quad G_n = \frac{x_n - \bar{x}}{S} \tag{4.63}$$

使用格鲁布斯检验法时，应先将测量值由小到大进行排序，得到 x_1，x_2，…，x_n，然后求出样本标准偏差 S，再计算 G，并根据自由度和置信度查表得到 $G_{\alpha,n}$。若 $G_{计算} > G_{\alpha,n}$，弃去可疑值，反之保留。

【例 4.29】 测定某药物中 Co 的含量（μg/g），结果如下：1.25、1.27、1.31、1.40。用格鲁布斯法判断时，1.40 这个数据应否保留？（置信度为 95%）

解 平均值为

$$\bar{x} = \frac{1}{n} \sum_{i=1}^{n} x_i = \frac{1.25 + 1.27 + 1.31 + 1.40}{4} \approx 1.31 \text{ (μg/g)}$$

偏差为

$$d_1 = x_1 - \bar{x} = 1.25 - 1.31 = -0.06(\mu g/g), d_2 = 1.27 - 1.31 = -0.04(\mu g/g),$$
$$d_3 = 1.31 - 1.31 = 0.00(\mu g/g), d_4 = 1.40 - 1.31 = 0.09(\mu g/g)$$

标准偏差为

$$S = \sqrt{\frac{\sum_{i=1}^{n} d_i^2}{n-1}} = \sqrt{\frac{(-0.06)^2 + (-0.04)^2 + 0.00^2 + 0.09^2}{4-1}} \approx 0.067(\mu g/g)$$

计算值为

$$G_{计算} = \frac{x_n - \bar{x}}{S} = \frac{1.40 - 1.31}{0.067} \approx 1.34$$

答：查表 4.16 得 $G_{0.05,4} = 1.46$，$G_{计算} < G_{0.05,4}$，故 1.40 应该保留。（此结论与 3σ 检验法的结论不符，最后以格鲁布斯检验法为准。）

表 4.16　$G_{a,n}$ 值表（单侧表）

n	显著性水平 α		
	0.05	0.025	0.01
3	1.15	1.15	1.15
4	1.46	1.48	1.49
5	1.67	1.71	1.75
6	1.82	1.89	1.94
7	1.94	2.02	2.10
8	2.03	2.13	2.22
9	2.11	2.21	2.32
10	2.18	2.29	2.41
11	2.23	2.36	2.48
12	2.29	2.41	2.55
13	2.33	2.46	2.61
14	2.37	2.51	2.66
15	2.41	2.55	2.71
20	2.56	2.71	2.88

3. 狄克逊检验法

狄克逊检验法主要用于一个以上可疑值的检验（一般取 $\alpha = 0.01$）。狄克逊检验法的统计量和临界值如表 4.17 所示。

表 4.17　狄克逊检验法的 $f_{a,n}$ 值表（单侧表）及 f_0 计算公式

n	$f_{a,n}$		f_0 计算公式	
	$\alpha=0.01$	$\alpha=0.05$	x_1 可疑时	x_n 可疑时
3	0.988	0.941		
4	0.889	0.765		
5	0.780	0.642	$f_0 = \dfrac{x_2 - x_1}{x_n - x_1}$	$f_0 = \dfrac{x_n - x_{n-1}}{x_n - x_1}$
6	0.698	0.560		
7	0.637	0.507		

续表

n	$f_{a,n}$		f_0 计算公式	
	$\alpha=0.01$	$\alpha=0.05$	x_1 可疑时	x_n 可疑时
8	0.683	0.554		
9	0.635	0.512	$f_0=\dfrac{x_2-x_1}{x_{n-1}-x_1}$	$f_0=\dfrac{x_n-x_{n-1}}{x_n-x_2}$
10	0.597	0.477		
11	0.679	0.576		
12	0.642	0.546	$f_0=\dfrac{x_3-x_1}{x_{n-1}-x_1}$	$f_0=\dfrac{x_n-x_{n-2}}{x_n-x_2}$
13	0.615	0.521		
14	0.641	0.546		
15	0.616	0.525		
16	0.595	0.507		
17	0.577	0.490		
18	0.561	0.475	$f_0=\dfrac{x_3-x_1}{x_{n-2}-x_1}$	$f_0=\dfrac{x_n-x_{n-2}}{x_n-x_3}$
19	0.547	0.462		
20	0.535	0.450		
25	0.489	0.406		
30	0.457	0.376		

4. Q 检验法

Q 检验法是狄克逊检验法（$n=3\sim7$）的特例。先将测量值由小到大进行排序，求出样本标准偏差 f_0，根据自由度和置信度查表得到 $f_{a,n}$。若 $f_0>f_{a,n}$，弃去可疑值，反之保留。

Q 检验法计算简单，可以重复检验至无其他可疑值为止。当数据较少时，舍去一个后，应补加一个数据。缺点是没有充分利用测定数据，仅将可疑值与相邻数据比较，可靠性差；当测定次数少时（如 3～5 次测定），误将可疑值判为正常值的可能性较大。不同显著性水平下 Q 如表 4.18 所示。

表 4.18　不同显著性水平下 Q 表

测定次数（n）		3	4	5	6	7
显著性水平	0.10	0.94	0.76	0.64	0.56	0.51
	0.05	0.98	0.85	0.73	0.64	0.59
	0.01	0.99	0.93	0.82	0.74	0.68

【例 4.30】　测定某药物中 Co 的含量（$\mu g/g$），结果如下：1.25、1.27、1.31、1.40。用 Q 检验法判断时，1.40 这个数据应否保留？（$\alpha=0.10$）

解　已知 $n=4$，则

$$Q_0=\frac{1.40-1.31}{1.40-1.25}=0.60$$

查表 4.18 得 $Q_{0.10,4}=0.76$，$Q_0<Q_{0.10,4}$，故 1.40 这个数据应保留。

从例 4.29 和例 4.30 可以看出，用不同的检验法检验同一组测定数据时，可能会出现不同的结论，因此不能轻易舍弃某一数据。

5. 处理异常值

对异常值做出检验后的处理必须慎重。进行检验时，如果所取置信水平过低，则舍弃的标准过严，原来应该保留的数据也会被弃去（以真为假）；如果所取置信水平过高，则做出舍弃决定的标准过松，原来应该被弃去的数据也会被保留（以假为真）。一般置信水平取 95%。

如果只测量 3～4 次，检验只能弃去严重发散的数据，此时错误结果被保留下来的可能性很大。当重复次数太少时，不要盲目应用检验。最好能增加重复检验的次数，使异常值在平均值中的影响减小。有时也可以用中位数代替平均值来报告结果，以尽量避免异常值的影响。当测量次数为单数时，中位数是指数值大小处在最中间的数；当测量次数为双数时，中位数是指数值大小最中间两个数的平均值。

项目 5　配位平衡与配位滴定法

配位滴定法是以配位反应为基础的分析方法，相当多的配位反应不能满足滴定分析对化学反应的要求。在氨羧配位剂被用作滴定剂以后，配位滴定法才得到了广泛的应用。最常用作滴定剂的氨羧配位剂是乙二胺四乙酸（H_4Y，简称 EDTA）的二钠盐。利用配位滴定法可直接或间接测定约 70 种元素。

任务 5.1　配位滴定法

 任务分析

　　本任务首先要完成 EDTA 标准溶液的配制与标定的实验。利用配位反应的计量关系来定量地求得某种金属离子的浓度。一般地，配位滴定法最常用的标准滴定溶液是 EDTA 标准溶液。EDTA 是乙二胺四乙酸，难溶于水，常温下是溶解度为 0.2g/L 的无色透明溶液。22℃ 时，$Na_2H_2Y_2 \cdot 2H_2O$ 的溶解度是 111g/L。实际工作中通常先将 $Na_2H_2Y_2 \cdot 2H_2O$ 配制成近似浓度，再用基准物质标定。常用的 EDTA 标准溶液的浓度为 $0.01 \sim 0.05$mol/L。与酸碱滴定法相似的是，配位滴定法中也常常利用指示剂来判断终点，但金属指示剂的工作原理与酸碱指示剂不同。

 任务实施

5.1.1　配制与标定 EDTA 标准溶液

1. 实验目的

（1）学习 EDTA 标准溶液的配制及储存方法。
（2）学习 EDTA 标准溶液的标定方法。
（3）学习铬黑 T 指示剂的使用方法及其终点颜色的变化。
（4）巩固 3σ 检验法检验异常值的方法。
（5）巩固精密度和准确度的计算方法。

2. 实验原理

1）间接法配制 EDTA 溶液
EDTA 难溶于水，常温下是溶解度为 0.2g/L 的无色透明溶液。$Na_2H_2Y_2 \cdot 2H_2O$

（EDTA 二钠）是白色微晶粉末，易溶于水，经提纯后可作为基准物质直接配制标准溶液，但提纯方法较复杂。22℃时 $Na_2H_2Y_2 \cdot 2H_2O$ 的溶解度是 111g/L，pH$\approx$4.4，实际工作中通常将其配制成溶液后进行标定（本书用 EDTA 表示 EDTA 二钠溶液）。

2）EDTA 与大多数金属离子的反应条件

EDTA 与大多数金属离子均以 1∶1 进行反应，但要控制好酸度。

3）标定条件

为了使测定结果具有较高的准确度，标定的条件与测定的条件应尽可能相同。在可能的情况下，最好选用被测元素的纯金属或化合物为基准物质。这是因为不同的金属离子与 EDTA 反应的完全程度不同，允许的酸度不同，因而对结果的影响也不同（表 5.1）。

表 5.1　不同条件标定 EDTA

基准试剂	基准试剂处理	滴定条件		终点颜色变化	
		pH	指示剂	从	到
铜片	稀 HNO_3 溶解，除去氧化膜，用水或无水乙醇充分洗涤，在 105℃烘箱中烘 3min，冷却后称量，以（1+1）HNO_3 溶解，再以 H_2SO_4 蒸发除去 NO_2	4.3 HAc-Ac 缓冲溶液	PAN	红	黄
铅	稀 HNO_3 溶解，除去氧化膜，用水或无水乙醇充分洗涤，在 105℃烘箱中烘 3min，冷却后称量，以（1+2）HNO_3 溶解，加热除去 NO_2	10 NH_3-NH_4^+ 缓冲溶液	铬黑 T	红	蓝
		5～6 六亚甲基四胺	二甲酚橙	红	黄
锌片	（1+5）HCl 溶解，除去氧化膜，用水或无水乙醇充分洗涤，在 105℃烘箱中烘 3min，冷却后称量，以（1+1）HCl 溶解	10 NH_3-NH_4^+ 缓冲溶液	铬黑 T	红	蓝
		5～6 六亚甲基四胺	二甲酚橙	红	黄
ZnO	在 900℃灼烧 2h 后，以（1+1）HCl 溶解	10 NH_3-NH_4^+ 缓冲溶液	铬黑 T	红	蓝
		5～6 六亚甲基四胺	二甲酚橙	红	黄
$CaCO_3$	在 105℃烘箱中烘 120min，冷却后称量，以（1+1）HCl 溶解	12.5～12.9（KOH）	甲基百里酚蓝	蓝	灰
		≥12.5	钙指示剂	酒红	蓝
MgO	在 1000℃灼烧后，以（1+1）HCl 溶解	10 NH_3-NH_4^+ 缓冲溶液	铬黑 T K-B	红	蓝

例如，Al^{3+} 与 EDTA 的反应，在过量 EDTA 存在下控制酸度并加热，配位率也只能达到 99% 左右，因此要准确测定 Al^{3+} 含量最好采用纯铝或含铝标样标定 EDTA 溶液，使误差抵消。又如，由实验用水中引入的杂质 Ca^{2+}、Pb^{2+} 在不同的条件下有不同影响，在碱性溶液中滴定时两者均会与 EDTA 配位，在酸性溶液中只有 Pb^{2+} 与 EDTA 配位，在强酸溶液中两者均不与 EDTA 配位。因此，若在相同酸度下标定和测定，这种影响就可以被抵消。

表 5.1 中所列的纯金属，如 Cu、Zn、Pb 等，以及其他纯金属，如 Bi、Cd、Mg、Ni 等，要求纯度在 99.99％以上。金属表面如有一层氧化膜，应先用酸洗去，再用水或乙醇洗涤，并在 105℃烘干数分钟后再称量。若基准试剂为金属氧化物或其盐类，如 Bi_2O_3、$CaCO_3$、MgO、$MgSO_4 \cdot 7H_2O$、ZnO、$ZnSO_4$ 等试剂，在使用前应预先处理。

4）标定方法

用 Zn 或 ZnO 基准物质标定，溶液酸度控制在 pH＝10 的 NH_3-NH_4Cl 缓冲溶液中，以铬黑 T 作为指示剂进行滴定，终点由红色变为纯蓝色；或将溶液酸度控制在 pH 为 5～10 的六亚甲基四胺缓冲溶液中，以二甲酚橙（XO）作为指示剂进行滴定，终点由紫红色变为亮黄色。用 $CaCO_3$ 基准物质标定时，溶液酸度应控制在 pH＞10，用钙指示剂，终点由红色变为蓝色。

3. 试剂

$Na_2H_2Y_2 \cdot 2H_2O$（A. R.）；HCl（A. R.）；KOH（A. R.）；无水乙醇（A. R.）；一级水。

pH＝10 缓冲溶液：称取 5.4g 固体 NH_4Cl，加入 20mL 水，加入 35mL 浓氨水，溶解后形成 NH_3-NH_4Cl 溶液，以水稀释成 100mL，摇匀备用。

铬黑 T 指示剂：称取 0.25g 固体铬黑 T、2.5g 盐酸羟胺，以 60mL 无水乙醇溶解。

4. 仪器

酸式滴定管（50mL×1）；烧杯（500mL×1，250mL×3）；锥形瓶（250mL×7）；移液管（10mL×1，25mL×1）；量筒（10mL×1，25mL×1，50mL×1）；称量瓶（15mL×1）；白滴瓶（60mL×2）；试剂瓶（500mL×1），容量瓶（500mL×1）。

5. 实验步骤

1）配制 0.02mol/L EDTA

常用的 EDTA 标准溶液的浓度为 0.01～0.05mol/L，一般采用间接法配制。EDTA 二钠盐的正常 pH 为 4.4。市售的试剂如果不纯，pH 常低于 4，甚至低于 2。当室温较低时易析出难溶于水的 EDTA，使溶液变浑浊，并且溶液的浓度也发生变化。因此，配制溶液时可用 pH 试纸检查。若溶液 pH 较低，可加几滴 0.1mol/L 的 NaOH 溶液，使溶液的 pH 为 5～6.5，直至变清为止。称取所需 $Na_2H_2Y_2 \cdot 2H_2O$（M＝372.2g/mol）的质量 3.7g，用适量一级水溶解（必要时可加热），溶解后稀释至 500mL，并充分混匀，转移至试剂瓶中，贴上标签，待标定。

2）EDTA 溶液的储存

配制好的 EDTA 溶液应储存在聚乙烯塑料瓶或硬质玻璃瓶中。若储存在软质玻璃瓶中，EDTA 会不断地溶解玻璃中的 Ca^{2+}、Mg^{2+} 等离子，形成配合物，使其浓度不断降低。

3）测 Zn^{2+} 时 EDTA 溶液的标定

用已知 Zn^{2+} 标准溶液标定 EDTA，所测 EDTA 将用于测定未知 Zn^{2+}。

配制 0.020 00mol/L Zn^{2+} 标准溶液：准确称取 0.8137g 基准物质 ZnO，应先用几

滴水润湿，盖上表面皿，滴加浓 HCl 至 ZnO 刚溶解（约 2mL），再加入 25mL 水后定量转入 500mL 容量瓶中，稀释至刻度，摇匀，贴标签备用。

标定 EDTA：用移液管移取 25.00mL Zn^{2+} 标准溶液于 250mL 锥形瓶中，加入 20mL 水，滴加氨水（1+1）至刚出现浑浊，此时 $pH \approx 8$，然后加入 10mL NH_3-NH_4Cl 缓冲溶液，加入四滴铬黑 T 指示剂，用待标定的 EDTA 溶液滴定，终点前用锥形瓶内壁将滴定管尖嘴处半滴靠下，再用洗瓶冲洗瓶壁，反复操作至溶液呈蓝黑色，静置 30s 不退色，即为终点。记录消耗 EDTA 溶液的体积读数 V_1。做六次平行实验。

4）空白实验

加一级水 20mL 于 250mL 锥形瓶中，加 4 滴铬黑 T 指示液，用 EDTA 溶液滴定溶液至蓝黑色，保持 30s 不退色，即为终点，记录消耗 EDTA 溶液的体积读数 V_2。

6. 原始记录

EDTA 配制与标定原始记录表如表 5.2 所示。

表 5.2　EDTA 配制与标定原始记录表

日期：_____　天平编号：_____

样品编号	1#	2#	3#	4#	5#	6#
称取 ZnO 质量初读数/g						
称取 ZnO 质量终读数/g						
称取 ZnO 质量/g						
配制 Zn^{2+} 标准溶液体积/mL						
称取 EDTA 初读数/g						
称取 EDTA 终读数/g						
称取 EDTA/g						
配制 EDTA 标准溶液体积/mL						
加入 EDTA 标准溶液体积/mL						
加入指示剂体积/mL						
加入 NH_3-NH_4^+ 缓冲溶液体积/mL						
Zn^{2+} 标准溶液体积初读数/mL						
Zn^{2+} 标准溶液体积终读数/mL						
Zn^{2+} 标准溶液体积 V_1/mL						
空白实验 Zn^{2+} 标准溶液体积 V_2/mL						

7. 结果计算

由于 EDTA 和大多数金属离子的反应均为 1：1 的化学计量关系，由以上数据可计算出 EDTA 溶液的浓度 c_1

$$c_1 = \frac{c_{Zn^{2+}} V_{Zn^{2+}}}{V_1 - V_2} \tag{5.1}$$

式中，c_1——EDTA 溶液的浓度，mol/L；

　　　$c_{Zn^{2+}}$——Zn^{2+} 标准溶液的浓度，mol/L；

　　　$V_{Zn^{2+}}$——Zn^{2+} 标准溶液的体积，mL；

V_1、V_2——用 Zn^{2+} 标定 EDTA 溶液时消耗 EDTA 溶液的体积和空白实验消耗 EDTA 溶液的体积，mL。

所有滴定管读数均需校准。

8. 注意事项

（1）实验室中常用 Zn 或 ZnO 作为基准物质，由于它们的摩尔质量不大，标定时通常采用称大样法，即先准确称取基准物质，溶解后定量转移至一定体积的容量瓶中配制，再移取一定量溶液标定。

（2）本实验选用 ZnO 作为基准物质配制 Zn^{2+} 标准溶液时，要使基准物质溶解完全，且要定量转移至容量瓶中。

（3）在配位滴定中，使用的蒸馏水是否符合要求十分重要。若配制溶液的蒸馏水中含有 Al^{3+}、Fe^{3+}、Cu^{2+} 等，会使指示剂封闭，影响终点观察；若蒸馏水中含有 Ca^{2+}、Mg^{2+}、Pb^{2+} 等，在滴定中会消耗一定量的 EDTA，对结果产生影响。因此在配位滴定中所用的蒸馏水应符合国家标准 GB/T 6682—2008《分析实验室用水规格和试验方法》中"分析实验室用水的水质规格"中二级以上用水标准。

（4）滴加氨水（1+1）调整溶液酸度时要逐滴加入，且边加边摇动锥形瓶，防止滴加过量，以出现浑浊为限。滴加过快时，可能会使浑浊立即消失，但误以为还没有出现浑浊。加入 NH_3-NH_4Cl 缓冲溶液后，应尽快滴定，不宜放置过久。

（5）铬黑 T 临用前配制。

9. 思考题

（1）什么是配位滴定与配合物？
（2）配制 Zn^{2+} 溶液时，称取的 Zn 或 ZnO 的质量是如何确定的？
（3）EDTA 用于滴定反应，其计量关系是什么？
（4）为什么以铬黑 T 为指示剂标定 EDTA 时要注意调节 pH 为 10？
（5）如何配制 pH＝10 的 NH_3-NH_4^+ 缓冲溶液？
（6）用氨水调节溶液 pH 时，为什么先出现白色沉淀，后沉淀又溶解？

 知识平台

5.1.2 了解配位平衡的理论依据

人们很早就开始接触配位化合物，当时大多用于日常生活，原料也基本上是由天然取得的，如杀菌剂胆矾和用做染料的普鲁士蓝。最早对配合物的研究开始于 1798 年。法国化学家塔萨厄尔首次用二价钴盐、氯化铵与氨水制备出 $CoCl_3 \cdot 6NH_3$，并发现铬、镍、铜、铂等金属及 Cl^-、H_2O、CN^-、CO 和 C_2H_4 也都可以生成类似的化合物。当时并无法解释这些化合物的成键及性质，所进行的大部分实验也只局限于配合物颜色差异的观察、水溶液可被银离子沉淀的摩尔数及电导的测定。对于这些配合物中的成键情况，当时比较盛行的说法借用了有机化学的思想，认为这类分子为链状，只有末端的卤离子可以离解出来，而被银离子沉淀。然而这种说法很牵强，不能说明的事实很多。

1. 配合物的配位理论

1893 年，瑞士化学家维尔纳总结了前人的理论，首次提出了现代的配位键、配位数和配位化合物结构等一系列基本概念，成功解释了很多配合物的电导性质、异构现象及磁性。自此，配位化学才有了本质上的发展。维尔纳配位理论指出，一些金属的化合价除主价外，还可以有副价；配合物分为"内界"和"外界"，内界由中心离子与周围的配位体紧密结合，而外界与内界较易离解。根据这些观点，$CoCl_3 \cdot 4NH_3$ 可以被认为是钴的主价为 3，副价为 4，三个氯离子满足了钴的主价，钴与氨分子的结合使用了副价，副价也表明空间的确定方向。$CoCl_3 \cdot 4NH_3$ 还可被认为是 $[Co(NH_3)_4Cl_2]Cl$，内界是 $[Co(NH_3)_4Cl_2]^+$，外界是 Cl^-。维尔纳的配位理论解释了大量的实验事实，但对副价的本质未能给予明确的解释。

2. 配合物的价键理论

配合物的理论起始于静电理论。而后西季威克与鲍林提出配位共价模型，也就是应用配合物中的价键理论。价键理论认为，配体提供的孤对电子进入了中心离子的空原子轨道，使得配体与中心离子共享这两个电子。配位键的形成经历了三个过程：激发、杂化和成键。其中杂化也称轨道杂化，是能量相近的原子轨道线性组合成为等数量且能量简并杂化轨道的过程。由此衍生出外轨/内轨型配合物的概念，从而通过判断配合物的电子构型及杂化类型就可以得出配合物的磁性、氧化还原反应性质及几何构型。对于很多经典配合物来说，价键理论得出的结果还是比较贴近事实的。配合物的价键理论在这一领域盛行了 20 多年，可以较好地解释配位数、几何构型、磁性等一些性质，但对解释配合物的颜色和光谱无能为力。

3. 配合物的晶体场理论

1923 年由 H. 贝特和 J. H. 范弗利克提出了晶体场理论（CFT）。晶体场理论将配体看作点电荷，并将配位键当作离子键处理，可看作静电理论的延伸。它以不同几何构型中配体对不同空间取向的 d 轨道的作用作为切入点，得出不同取向 d 轨道会发生能级分裂，并建立起分裂能及晶体场稳定化能的概念，以推测配合物的电子组态及稳定性。晶体场理论可以很好地解释配合物的颜色、热力学性质和配合物畸变等现象，但不能合理解释配体的光谱化学序列，也不能很好地应用于特殊高/低价配合物、夹心配合物、羰基配合物和烯烃配合物。

20 世纪 50 年代晶体场理论又发展成配位场理论（LFT）。配位场理论结合了分子轨道理论与晶体场理论，在理论上更加严谨，定量计算则很困难，计算过程中不得不进行近似处理，因而也只能得到近似的结果。

4. 配合物的分子轨道理论

1932 年，美国化学家 R. S. 马利肯（CR. S. Mulliken）和德国化学家 F. 亨德（F. Hund）提出了一种新的共价键理论——分子轨道理论（MO）。分子轨道理论是处理双原子分子及多原子分子结构的一种有效的近似方法，是化学键理论的重要内容。它与价键理论不同。价键理论着重于用原子轨道的重组杂化成键来理解化学，而分子轨道理论则注重于分子轨道的认知，即认为分子中的电子围绕整个分子运动。配合物的分子轨道理论可以得到和晶体场理论一致的结果，又能解释光谱化学系列、有机烯配合物的形成、羰基配合物的稳定性等方面的问题。

5.1.3　认识配合物与配位滴定法

1. 认识配合物

由以上理论可以得出配合物的定义。配位化合物简称配合物，是指由可以给出孤对电子或多个不定域电子的一定数目的离子或分子（称为配体），以及具有接受孤对电子或多个不定域电子的空位的原子或离子按一定的组成和空间构型所形成的化合物。简单配合物由中心原子和单基配位体 NH_3（图 5.1）、Cl^-、F^-、CN^- 等形成。配合物中没有环状结构，常形成逐级配合物，在分析化学中的应用受到限制，主要用于掩蔽剂、显色剂和指示剂。如果以同一种原子作为键合原子对同一中心离子进行配位，由单基配位体所形成的简单基配合物不及由多基配位体所形成的螯合物稳定。

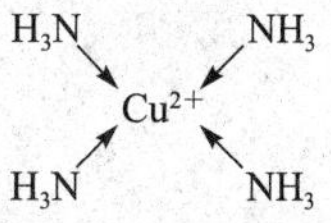

图 5.1　$Cu^{2+}-NH_3$
配合物

螯合物是配合物的一种，结构中一定有一个或多个多齿配体提供多对电子与中心体形成配位键。"螯"本来是指螃蟹的大钳，此名称比喻多齿配体像螃蟹一样用两只大钳紧紧夹住中心体，如图 5.2 所示。在螯合物中，可形成螯合物的配体称为螯合剂。螯合物稳定性高，有时也存在分级配位现象，但控制反应条件能得到所需配合物，且有的螯合剂对金属离子具有一定的选择性，因此，螯合剂广泛用做滴定剂和掩蔽

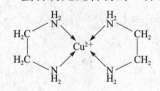

图 5.2　$Cu^{2+}-$乙二胺螯合物

剂等。常用螯合剂有乙二胺、EDTA 等。

2. 认识配位滴定法

配位滴定法是在金属离子与配位剂之间发生配位反应，生成配合物或者螯合物的滴定分析方法。配位滴定法主要用于金属离子含量的测定，也可以用于药物分析、临床检验、食品和生物制品分析及环境监测。

大部分单基配位体发生的配位反应由于生成逐级配合物，产物不唯一，不能用做滴定分析。但极少数由单基配位体发生的配位反应可以用做滴定分析，如汞量法和氰量法。

汞量法通常以 $Hg(NO_3)_2$ 或 $Hg(ClO_4)_2$ 溶液作为滴定剂，生成的 $HgCl_2$ 和 $Hg(SCN)_2$ 是离解度很小的配合物，称为拟盐或假盐。

$$二苯氨基脲$$
$$\downarrow\rightarrow 蓝紫色螯合物$$

滴定 Cl^-：　　　　Hg^{2+}（过量）$+2Cl^-=HgCl_2+Hg^{2+}$（剩余）

$$二苯氨基脲$$
$$\downarrow\rightarrow 蓝紫色螯合物$$

滴定 SCN^-：Hg^{2+}（过量）$+2SCN^-=Hg(SCN)_2+Hg^{2+}$（剩余）

氰量法通常以 KCN 溶液作为滴定剂，滴定 Ag^+、Ni^{2+} 等，或以 $AgNO_3$ 作为滴定剂滴定 CN^-。

$$Ag^+ + 2CN^- = Ag(CN)_2^-$$
$$Ni^{2+} + 4CN^- = Ni(CN)_4^{2-}$$

5.1.4　认识 EDTA 和 EDTA 螯合物

1. 酸度对 EDTA 各形态分布的影响

乙二胺四乙酸（H_4Y）两个羧基上的 H 转移至 N 原子上，可形成双极离子。

$$\begin{array}{c} HOOCH_2C \qquad\qquad\qquad CH_2COO^- \\ \ddot{} \qquad\qquad\qquad\qquad \ddot{} \\ NH^+ - \underset{H_2}{C} - \underset{H_2}{C} - NH^+ \\ ^-\ddot{O}OCH_2C \qquad\qquad\qquad CH_2COOH \end{array}$$

当 H_4Y 溶于水时，如果溶液的酸度很高，它的 2 个羧基可以再接受 H^+，形成 H_6Y^{2+}，EDTA 本身是四元酸，又相当于六元酸，有六级离解平衡：

$$H_6Y^{2+} \Longrightarrow H^+ + H_5Y^+, \quad K_{a1} = \frac{[H^+][H_5Y^+]}{[H_6Y^{2+}]} = 0.13 \approx 10^{-0.9}$$

$$H_5Y^+ \Longrightarrow H^+ + H_4Y, \quad K_{a2} = \frac{[H^+][H_4Y]}{[H_5Y^+]} = 3\times10^{-2} \approx 10^{-1.6}$$

$$H_4Y \Longrightarrow H^+ + H_3Y^-, \quad K_{a3} = \frac{[H^+][H_3Y^-]}{[H_4Y]} = 1\times10^{-2} = 10^{-2.0}$$

$$H_3Y^- \Longrightarrow H^+ + H_2Y^{2-}, \quad K_{a4} = \frac{[H^+][H_2Y^{2-}]}{[H_3Y^-]} = 2.1\times10^{-3} \approx 10^{-2.67}$$

$$H_2Y^{2-} \Longrightarrow H^+ + HY^{3-}, \quad K_{a5} = \frac{[H^+][HY^{3-}]}{[H_2Y^{2-}]} = 6.9\times10^{-7} \approx 10^{-6.16}$$

$$HY^{3-} \Longrightarrow H^+ + Y^{4-}, \quad K_{a6} = \frac{[H^+][Y^{4-}]}{[HY^{3-}]} = 5.5\times10^{-11} \approx 10^{-10.26}$$

根据上述推导，在任何水溶液中，EDTA 总是以 H_6Y^{2+}、H_5Y^+、H_4Y、H_3Y^-、H_2Y^{2-}、HY^{3-} 和 Y^{4-} 七种形式存在。它们的分布分数 δ 与 pH 有关。根据二元弱酸的 δ 公式，可以推算出六元弱酸 EDTA 的 δ。

二元弱酸一步离解：$H_2A \Longrightarrow H^+ + HA^-$，$K_{a1} = \dfrac{[HA^-][H^+]}{[H_2A]}$，$\dfrac{[H_2A]}{[HA^-]} = \dfrac{[H^+]}{K_{a1}}$

二元弱酸二步离解：$HA^- \rightleftharpoons H^+ + A^{2-}$，$K_{a2} = \dfrac{[A^{2-}][H^+]}{[HA^-]}$，$[HA^-] = [A^{2-}]\dfrac{[H^+]}{K_{a2}}$

$$\frac{[H_2A]}{[A^{2-}] \times \dfrac{[H^+]}{K_{a2}}} = \frac{[H^+]}{K_{a1}}$$

$$\frac{[H_2A]}{[A^{2-}]} = \frac{[H^+]^2}{K_{a1}K_{a2}}$$

$$\delta_{A^{2-}} = \frac{[A^{2-}]}{[H_2A]+[HA^-]+[A^{2-}]} = \frac{1}{\dfrac{[H_2A]+[HA^-]+[A^{2-}]}{[A^{2-}]}}$$

$$= \frac{1}{\dfrac{[H^+]^2}{K_{a1}K_{a2}}+\dfrac{[H^+]}{K_{a2}}+1} = \frac{K_{a1}K_{a2}}{[H^+]^2+K_{a1}[H^+]+K_{a1}K_{a2}}$$

$$\delta_{HA^-} = \frac{[HA^-]}{[H_2A]+[HA^-]+[A^{2-}]} = \frac{1}{\dfrac{[H^+]}{K_{a1}}+1+\dfrac{K_{a2}}{[H^+]}} = \frac{K_{a1}[H^+]}{[H^+]^2+K_{a1}[H^+]+K_{a1}K_{a2}}$$

$$\delta_{H_2A} = \frac{[H_2A]}{[H_2A]+[HA^-]+[A^{2-}]} = \frac{1}{1+\dfrac{K_{a1}}{[H^+]}+\dfrac{K_{a1}K_{a2}}{[H^+]^2}} = \frac{[H^+]^2}{[H^+]^2+K_{a1}[H^+]+K_{a1}K_{a2}}$$

以此类推可得 n 元弱酸的 δ 公式

$$\delta_{A^{n-1}} = \frac{1}{1+\dfrac{[H^+]}{K_{an}}+\dfrac{[H^+]^2}{K_{an}K_{a(n-1)}}+\cdots+\dfrac{[H^+]^n}{K_{an-1}K_{an}\cdots K_{a3}K_{a2}K_{a1}}} \tag{5.2}$$

六元弱酸的 δ 公式

$$\delta_{H_6Y^{2+}} = \frac{[H^+]^6}{K_{a1}K_{a2}K_{a3}K_{a4}K_{a5}K_{a6}+K_{a1}K_{a2}K_{a3}K_{a4}K_{a5}[H^+]+\cdots+[H^+]^6} \tag{5.3}$$

$$\delta_{H_5Y^+} = \frac{K_{a1}[H^+]^5}{K_{a1}K_{a2}K_{a3}K_{a4}K_{a5}K_{a6}+K_{a1}K_{a2}K_{a3}K_{a4}K_{a5}[H^+]+\cdots+[H^+]^6} \tag{5.4}$$

$$\delta_{H_4Y} = \frac{K_{a1}K_{a2}[H^+]^4}{K_{a1}K_{a2}K_{a3}K_{a4}K_{a5}K_{a6}+K_{a1}K_{a2}K_{a3}K_{a4}K_{a5}[H^+]+\cdots+[H^+]^6} \tag{5.5}$$

$$\delta_{H_3Y^-} = \frac{K_{a1}K_{a2}K_{a3}[H^+]^3}{K_{a1}K_{a2}K_{a3}K_{a4}K_{a5}K_{a6}+K_{a1}K_{a2}K_{a3}K_{a4}K_{a5}[H^+]+\cdots+[H^+]^6} \tag{5.6}$$

$$\delta_{H_2Y^{2-}} = \frac{K_{a1}K_{a2}K_{a3}K_{a4}[H^+]^2}{K_{a1}K_{a2}K_{a3}K_{a4}K_{a5}K_{a6}+K_{a1}K_{a2}K_{a3}K_{a4}K_{a5}[H^+]+\cdots+[H^+]^6} \tag{5.7}$$

$$\delta_{HY^-} = \frac{K_{a1}K_{a2}K_{a3}K_{a4}K_{a5}[H^+]}{K_{a1}K_{a2}K_{a3}K_{a4}K_{a5}K_{a6}+K_{a1}K_{a2}K_{a3}K_{a4}K_{a5}[H^+]+\cdots+[H^+]^6} \tag{5.8}$$

$$\delta_{Y^{6-}} = \frac{K_{a1}K_{a2}K_{a3}K_{a4}K_{a5}K_{a6}}{K_{a1}K_{a2}K_{a3}K_{a4}K_{a5}K_{a6}+K_{a1}K_{a2}K_{a3}K_{a4}K_{a5}[H^+]+\cdots+[H^+]^6} \tag{5.9}$$

无论 EDTA 的原始存在形式是 H_4Y^{2+} 还是 H_2Y^{2-}，在水溶液中均有

（1）当 $\delta_{H_6Y^{2+}} = \delta_{H_5Y^+}$ 时，$[H^+] = K_{a1}$，交点 $pH = pK_{a1} = 0.9$，说明 $pH < 1$ 时以 H_6Y^{2+} 为主。

（2）当 $\delta_{H_5Y^+} = \delta_{H_4Y}$ 时，$[H^+] = K_{a2}$，交点 $pH = pK_{a2} = 1.6$。

（3）当 $\delta_{H_4Y}=\delta_{H_3Y^-}$ 时 $[H^+]=K_{a3}$，交点 pH＝pK_{a3}＝2.0。

（4）当 $\delta_{H_3Y^-}=\delta_{H_2Y^{2-}}$ 时 $[H^+]=K_{a4}$，交点 pH＝pK_{a4}＝2.67。

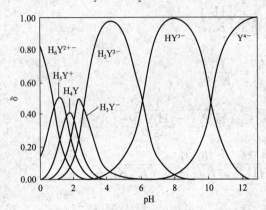

图 5.3　EDTA 各种存在形式的分布分数图

（5）当 $\delta_{H_2Y^{2-}}=\delta_{HY^{3-}}$ 时，$[H^+]=$$K_{a5}$，交点 pH＝p$K_{a5}$＝6.16，说明 2.67＜pH＜6.16 时以 H_2Y^{2-} 为主。

（6）当 $\delta_{HY^{3-}}=\delta_{Y^{4-}}$ 时，$[H^+]=$$K_{a6}$，交点 pH＝p$K_{a6}$＝10.26，说明 pH＞10.26 时以 Y^{4-} 为主。

EDTA 各种存在形式的分布分数图如图 5.3 所示。

2. 金属离子对 EDTA 螯合物各形态分布的影响

EDTA 的立体构型如图 5.4 所示。

EDTA 通常与金属离子 1∶1 反应形成具有多个五元环的螯合物，如图 5.5 所示。

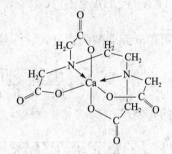

图 5.4　EDTA 的立体构型　　　　图 5.5　M－EDTA 的立体构型

螯合物在工业中用来除去金属杂质，如水的软化、去除有毒的重金属离子等。一些生命必需的物质是螯合物，如血红蛋白和叶绿素中卟啉环上的四个氮原子把金属原子（血红蛋白含 Fe^{3+}，叶绿素含 Mg^{2+}）固定在环中心。

大多数金属离子与 EDTA 螯合时均形成 1∶1 螯合物。只有少数高价金属离子与 ED-TA 螯合时不形成 1∶1 螯合物，如 Mo^{5+} 与 EDTA 形成 Mo∶Y＝2∶1 的螯合物 $(MoO_2)_2Y^{2-}$。大多数金属离子与 EDTA 在酸度较高时形成的酸式螯合物 MHY 不稳定，在碱度较高时形成的碱式螯合物 M(OH)Y 也不稳定。若用 M 表示金属离子，它与 EDTA 形成螯合物时，N—M—O 键合，生成具有多个五元环的螯合物，反应式如下。

$$M^{2+}+H_2Y^{2-}=MY^{2-}+2H^+$$
$$M^{3+}+H_2Y^{2-}=MY^-+2H^+$$
$$M^{4+}+H_2Y^{2-}=MY+2H^+$$

严格地，应根据 pH 将 EDTA 的主要存在形式写入反应，实际使用的是 EDTA 二钠盐，可以用 H_2Y^{2-} 来代表 EDTA。若要使得 EDTA 在溶液中主要以 H_2Y^{2-} 形式存在，需要将 pH 控制在 2.67～6.16。

3. EDTA 螯合物显色规律

EDTA 与无色金属离子生成无色螯合物。与有色金属离子生成颜色更深的螯合物，如表 5.3 所示。螯合物颜色太深，将使目测终点发生困难。

表 5.3　有色 EDTA 螯合物

螯合物	颜　色	螯合物	颜　色
CoY	紫红	Fe(OH) Y$^-$	褐（pH＝6）
CrY$^-$	深紫	FeY$^-$	黄
Cr(OH) Y^{2-}	蓝（pH＞10）	MnY$^-$	紫红
CuY^{2-}	蓝	NiY^{2-}	蓝绿

5.1.5　用标准方程计算配位滴定结果

1. 标准方程

在滴定反应中，待测物质的基本单元是根据与标准溶液物质进行化学反应的定量关系来确定的。标准方程是根据基本单元推导出来的。

【例 5.1】　用基准物质 ZnO 标定 EDTA，若基本单元是 EDTA，试写出 EDTA 的浓度表达式。用 c_{EDTA}、V_{EDTA} 分别代表 EDTA 待测溶液的浓度（mol/L）和体积（L）；用 m_{ZnO}、M_{ZnO} 分别代表 ZnO 的质量（g）和摩尔质量（g/mol）。

解
$$Zn^{2+} + H_2Y^{2-} = ZnY^{2-} + 2H^+$$

$$n_{Zn^{2+}} = n_{EDTA}$$

$$\frac{m_{ZnO}}{M_{ZnO}} = c_{EDTA} V_{EDTA}$$

$$c_{EDTA} = \frac{m_{ZnO}}{V_{EDTA} M_{ZnO}}$$

答：用基准物质 ZnO 标定 EDTA，若基本单元是 EDTA，则 EDTA 的浓度表达式为 $c_{EDTA} = \dfrac{m_{ZnO}}{V_{EDTA} M_{ZnO}}$。

与酸碱滴定类似，配位滴定标准方程是

$$c_{标} = \frac{m}{V_{标} M} \tag{5.10}$$

对于标准方程来说，无论化学反应的计量关系是不是 1∶1，只要 M 是基本单元，整个方程均没有系数。所以使用标准方程能够简化计算过程。使用标准方程的关键是要学会推算基本单元。本任务中，只要用分析天平准确称取 ZnO 基准物质的质量 m_{ZnO}（精确到 0.0001g），配制成标准溶液后，用移液管准确量取一个设定的 ZnO 体积（20.00～30.00mL），又已知 ZnO 的摩尔质量 M_{ZnO}，就可以利用配位滴定的标准方程求出 c_{EDTA}。

2. 推算基本单元

配位反应的基本单元不是分子，而是依据在反应中得失 1 对孤对电子确定的化学式。规定 1 分子 EDTA 失去 1 对孤对电子，计算时以 1 分子 EDTA 为基本单元。基本单元的推算，首先要写出化学反应式并配平；推出待测物质与标准物质的计量关系，并用"═○═"（相当于）连接；待测物的基本单元等于标准物质的基本单元。

5.1.6　示例配制 pH＝10 的 NH_3-NH_4^+ 缓冲溶液

许多配位化合物只在某些 pH 条件下才能存在，如 $[Cu(NH_3)_4]^{2+}$ 离子只能存在于中性和碱性环境中。某些配位体会由于 pH 的变化而发生变化，如 EDTA 是常见的多齿配位体，在 pH 太小时，氨基上的 N 原子会结合质子而失去配位能力，因此配位滴定一定要控制 pH。控制 pH 最常见的办法是利用缓冲溶液。下面通过 NH_3-NH_4^+ 缓冲溶液进行举例。

$$NH_4^+ \rightleftharpoons H^+ + NH_3, \quad K_a = \frac{[H^+][NH_3]}{[NH_4^+]}$$

$$\frac{K_a}{[H^+]} = \frac{[NH_3]}{[NH_4^+]} \approx \frac{n_{NH_3}/V_{NH_3}}{n_{NH_4^+}/V_{NH_4^+}}$$

K_a＝$[H^+]$ 时缓冲比为 1，此时缓冲溶液的缓冲能力最强。

由于在同一溶液中，$V_{NH_3} = V_{NH_4^+}$，因此

$$\frac{K_a}{[H^+]} = \frac{n_{NH_3}}{n_{NH_4^+}} = \frac{c_{NH_3} V_{NH_3}}{\dfrac{m_{NH_4Cl}}{M_{NH_4Cl}}}$$

已知 NH_3 的 $K_b = 1.8 \times 10^{-5}$，$c_{NH_3} = 15\,mol/L$，$M_{NH_4Cl} = 53.5\,g/mol$。pH＝10 时 $[H^+] = 1.0 \times 10^{-10}$，代入上式，得

$$\frac{\dfrac{1.0 \times 10^{-14}}{1.8 \times 10^{-5}}}{1.0 \times 10^{-10}} = \frac{15 \times V_{NH_3}}{\dfrac{m_{NH_4Cl}}{53.5}}$$

$$\frac{m_{NH_4Cl}}{V_{NH_3}} = \frac{1.8 \times 10^{-5} \times 1.0 \times 10^{-10} \times 15 \times 53.5}{1.0 \times 10^{-14}} \approx 144\,(g/L)$$

若取 $V_{NH_3} = 30\,mL$，则

$$m_{NH_4Cl} = 144 \times 30 \times 10^{-3} \approx 4.3\,(g)$$

对于组成相同、组分比相同的缓冲溶液，总浓度较大时缓冲容量较大，缓冲溶液的缓冲能力也较大。所以取 30mL 氨水和 4.3g 氯化铵，溶解后稀释到 100mL 即为 pH＝10 的 NH_3-NH_4^+ 缓冲溶液。稀释倍数过高会造成缓冲容量变小。

任务 5.2 无副反应的配位滴定模式

任务分析

本任务要完成自来水钙硬度的实验。这是配位滴定法滴定某种金属离子的最典型应用。钙硬度是指水中钙的总量，既包括重质碳酸钙又包括硫酸钙。我国采用两种方法表示钙硬度：一种是以每升水中所含 $CaCO_3$ 的质量（mg/L 或 mmol/L）表示，另一种是以每升水中含 10mg CaO 为 $1°d$ 表示。如果水中钙的含量过高，长期饮用会引发结石等疾病。本任务在完成自来水钙硬度实验的基础上，重点是掌握配合物的离解平衡，通过计算稳定常数和条件稳定常数，求出无副反应的配位滴定模式下金属离子的浓度，作出配位滴定曲线，且要自己选择金属指示剂判定滴定终点，最后用林邦误差公式判断所选指示剂是否正确。需要注意的是，无副反应的配位滴定模式是指配位金属离子或 EDTA 均无副反应，指示剂有可能无副反应，也有可能有副反应。

任务实施

5.2.1 测定自来水钙硬度

1. 实验目的

（1）掌握用配位滴定法直接测定自来水中钙硬度的原理和方法。

（2）掌握自来水中钙硬度的表示方法。

（3）掌握金属指示剂的应用条件。

（4）巩固 3σ 检验法检验异常值的方法。

（5）巩固精密度和准确度的计算方法。

2. 实验原理

1）用三乙醇胺掩蔽 Fe^{3+}、Al^{3+} 等共存离子

在滴定前消除干扰的方法：首先考虑通过调整酸度消除干扰（如 Pb^{2+} 干扰 B^{3+} 的测定）。两种离子的 EDTA 配合物稳定常数之差小于五个数量级，考虑配位掩蔽（如测定锌时用氟化物掩蔽 Al^{3+}）。然后考虑通过氧化还原（Fe^{3+} 干扰 B^{3+} 的测定，可加入抗坏血酸还原铁 Fe^{2+}）和沉淀反应来消除干扰。

分析化学中所谓的"掩蔽"，是指离子或分子无须进行分离，仅经过一定的化学反应（通常形成配合物）即可不再干扰分析反应的过程。选择掩蔽剂的一般原则是，所选用的掩蔽剂最好是低毒或无毒的，掩蔽反应的速度应当足够快，掩蔽剂与干扰离子所形

成的配合物的稳定常数必须足够高，与被测离子形成的配合物的稳定常数应尽可能低。掩蔽产物最好是无色或浅色的，而且在水中有足够大的溶解度。

例如，三乙醇胺是金属离子螯合剂，可以用于掩蔽 Fe^{3+}、Al^{3+} 等三价金属离子。三乙醇胺本身呈弱碱性（$K_b = 5.8 \times 10^{-7}$），加入过多，可能消耗显弱酸性的 EDTA（$K_{a1} = 10^{-0.9}$）。直接加入三乙醇胺会导致 Fe^{3+}、Al^{3+} 发生双水解反应生成 Fe_2O_3 和 Al_2O_3 沉淀，失去掩蔽作用，因此三乙醇胺作为掩蔽剂应控制在酸性条件下。基于上述两点，用三乙醇胺作为掩蔽剂时加入量要少，且控制溶液在酸性条件。其中的反应如下。

$$HO{\sim}N({\sim}OH)({\sim}OH) + Al^{3+} \Longrightarrow N\!\!\equiv\!\!Al$$

2）钙硬度的测定

用 NaOH 调节水试样 pH = 12，Mg^{2+} 形成 $Mg(OH)_2$ 沉淀，采用任务 5.1 中已经配制并标定好的 0.020 00mol/L 的 EDTA 标准溶液直接滴定 Ca^{2+} 至终点。金属离子 M 先与钙羧酸指示剂 In 反应，生成红色配合物 MIn，再用 EDTA 滴定至计量点时游离出指示剂 In，溶液呈现指示剂的蓝色。

$$Ca + In(蓝) \Longrightarrow CaIn(红)$$
$$CaIn(红) + Y \Longrightarrow CaY + In(蓝)$$

根据 EDTA 与金属离子 1∶1 进行配位的关系计算出 Ca^{2+} 的浓度，进而根据公式求出钙硬度。

3. 试剂

水试样（自来水）；EDTA 标准溶液（任务 5.1）；钙羧酸指示剂；NaOH（A.R.，4mol/L）；HCl（A.R. 1+1）；三乙醇胺（A.R. 200g/L）；Na_2S（A.R. 20g/L）；一级水；刚果红试纸（pH 为 3.0～5.2，蓝紫色～红色）。

4. 仪器

分析天平（0.1mg）；移液管（10mL×1，25mL×1，50mL×1）；酸式滴定管（50mL×1）；烧杯（500mL×1，250mL×3）；锥形瓶（250mL×7）；量筒（10mL×1，25mL×1，50mL×1）；白滴瓶（60mL×3）；试剂瓶（500mL×1）。

5. 实验步骤

1）钙硬度的测定

用移液管准确移取水试样 100.00mL，置于 250mL 锥形瓶中，加入 1～2 滴盐酸酸化（用刚果红试纸检验变为蓝紫色）煮沸数分钟赶除 CO_2。冷却至 40～50℃，加入 3mL 三乙醇胺溶液、4mL 4mol/L 的 NaOH 溶液、1mL Na_2S 溶液、0.05g 钙指示剂，立即用 0.020 00mol/L 的 EDTA 标准溶液滴定。终点前用锥形瓶内壁将滴定管尖嘴处半滴靠下，再用洗瓶冲洗瓶壁，反复操作至溶液呈蓝黑色，静置 30s 不退色，即为终点。记录消耗 EDTA 标准溶液的体积读数 V_1。做 6 次平行实验。

2）空白实验

加入 100mL 一级水于 250mL 锥形瓶中，加入 1～2 滴盐酸酸化（用刚果红试纸检验变为蓝紫色）煮沸数分钟赶除 CO_2。冷却至 40～50℃，加入 3mL 三乙醇胺溶液、4mL 4mol/L 的 NaOH 溶液、1mL Na_2S 溶液、0.05g 钙指示剂，立即用 0.020 00mol/L 的 EDTA 标准溶液滴定至蓝黑色，保持 30s 不退色，即为终点，记录消耗 EDTA 标准溶液的体积读数 V_2。

6. 原始记录

测量自来水钙硬度原始记录表如表 5.4 所示。

表 5.4 测量自来水钙硬度原始记录表

日期：_____ 天平编号：_____

样品编号	1#	2#	3#	4#	5#	6#
取水样体积初读数/mL						
取水样体积终读数/mL						
取水样体积/mL						
钙硬度消耗 EDTA 标准溶液初读数/mL						
钙硬度消耗 EDTA 标准溶液终读数/mL						
钙硬度消耗 EDTA 标准溶液体积/mL						
钙硬度空白实验消耗 EDTA 标准溶液体积/mL						

7. 结果计算

由于 EDTA 和金属离子 Ca^{2+} 的反应为 1∶1 的化学计量关系，由以上数据可计算出自来水中的钙硬度。我国采用两种方法表示硬度：一种是以每升水中所含 $CaCO_3$ 的质量（mg/L 或 mmol/L）表示

$$钙硬度 = \frac{c_{EDTA}(V_1 - V_2)M_{CaCO_3}}{V_0} \times 10^3 \tag{5.11}$$

另一种是以每升水中含 10mg CaO 为 1° 表示

$$钙硬度 = \frac{c_{EDTA}(V_1 - V_2)M_{CaO}}{10V_0} \times 10^3 \tag{5.12}$$

式中，钙硬度——mg/L；

$\quad c_{EDTA}$——EDTA 标准溶液的浓度，mol/L；

$\quad M_{CaCO_3}$——$CaCO_3$ 的摩尔质量，g/mol；

$\quad M_{CaO}$——CaO 的摩尔质量，g/mol；

$\quad V_0$——自来水水样的体积，mL；

$\quad V_1$、V_2——测定钙硬度时消耗 EDTA 标准溶液的体积和空白实验钙硬度消耗 EDTA 标准溶液的体积，mL。

所有滴定管读数均需校准。

8. 注意事项

（1）滴定速度不能过快，接近终点时要慢，以免滴定过量。

（2）加入 Na_2S 后，若生成的沉淀较多，将沉淀过滤。

9. 思考题

（1）测定钙硬度时为什么要先加盐酸酸化溶液？

（2）以测定 Ca^{2+} 为例，写出终点前后的各反应式。说明指示剂颜色变化的原因。

（3）pH＝12.5 的强碱介质中能否用铬黑 T 作为指示剂？

5.2.2　认识配合物的稳定常数

例如，用 EDTA 标准溶液滴定 Ca^{2+}、Mg^{2+} 离子总量。滴定 Ca^{2+} 的反应式为

$$Ca^{2+} + Y^{4-} \rightleftharpoons CaY^{2-}$$

稳定常数（形成常数）和不稳定常数（离解常数）分别为

$$K_{稳} = \frac{[CaY^{2-}]}{[Ca^{2+}][Y^{4-}]} \tag{5.13}$$

$$K_{不稳} = \frac{[Ca^{2+}][Y^{4-}]}{[CaY^{2-}]} \tag{5.14}$$

在配位反应中，稳定常数越大，生成的配合物越稳定；不稳定常数越大，生成的配合物越不稳定。用 EDTA 标准溶液滴定 Ca^{2+}，若使用钙羧酸指示剂（In），查表得 lgK_{CaY}＝10.69，lgK_{CaIn}＝5.85，说明 CaY 比 CaIn 稳定。

EDTA 螯合物的 $lgK_{稳}$ 如表 5.5 所示。这些数据是在指定温度和离子强度下的稳定常数。

表 5.5　EDTA 螯合物的 $lgK_{稳}$（I＝0.1，20～25℃）

离　子	$lgK_{稳}$	离　子	$lgK_{稳}$	离　子	$lgK_{稳}$
Li^+	2.79	Dy^{3+}	18.30	Co^{3+}	36
Na^+	1.66	Ho^{3+}	18.74	Ni^{2+}	18.62
Be^{2+}	9.3	Er^{3+}	18.85	Pd^{2+}	18.5
Mg^{2+}	8.7	Tm^{3+}	19.07	Cu^{2+}	18.80
Ca^{2+}	10.69	Yb^{3+}	19.57	Ag^+	7.32
Sr^{2+}	8.73	Lu^{3+}	19.83	Zn^{2+}	16.50
Ba^{2+}	7.86	Ti^{3+}	21.3	Cd^{2+}	16.46
Sc^{3+}	23.1	TiO^{2+}	17.3	Hg^{2+}	21.7
Y^{3+}	18.09	ZrO^{2+}	29.5	Al^{3+}	16.3
La^{3+}	15.50	HfO^{2+}	19.1	Ga^{3+}	20.3
Ce^{3+}	15.98	VO^{2+}	18.8	In^{3+}	25.0
Pr^{3+}	16.40	VO_2^+	18.1	Tl^{3+}	37.8
Nd^{3+}	16.6	Cr^{3+}	23.4	Sn^{3+}	22.11
Pm^{3+}	16.75	MoO_2^{2+}	28	Pb^{3+}	18.04
Sm^{3+}	17.14	Mn^{2+}	13.87	Bi^{3+}	27.94
Eu^{3+}	17.35	Fe^{2+}	14.32	Th^{4+}	23.2
Gd^{3+}	17.37	Fe^{3+}	25.1	U(IV)	25.8
Tb^{3+}	17.67	Co^{2+}	16.31		

5.2.3　认识配合物的累积稳定常数

1. 逐级稳定常数和累积稳定常数

5.2.2 中认识的稳定常数是一级配合物的稳定常数。如果金属离子和配位剂能够生成逐级配合物，就涉及逐级稳定常数 K_i。

$$M+L \Longrightarrow ML, \quad K_1 = \frac{[ML]}{[M][L]}, \quad \beta_1 = K_1 = \frac{[ML]}{[M][L]}$$

$$ML+L \Longrightarrow ML_2, \quad K_2 = \frac{[ML_2]}{[ML][L]}, \quad \beta_2 = K_1 K_2 = \frac{[ML_2]}{[M][L]^2}$$

$$ML_2+L \Longrightarrow ML_3, \quad K_3 = \frac{[ML_3]}{[ML_2][L]}, \quad \beta_3 = K_1 K_2 K_3 = \frac{[ML_3]}{[M][L]^3}$$

$$\cdots\cdots$$

$$ML_{n-1}+L \Longrightarrow ML_n, \quad K_n = \frac{[ML_n]}{[ML_{n-1}][L]}, \quad \beta_n = K_1 K_2 \cdots K_n = \frac{[ML_n]}{[M][L]^n} \quad (5.15)$$

若用 K 表示相邻配合物之间的关系，用 β 表示配合物与配体之间的关系，由于 β 表示了 K 之间的关系，因此称为累积稳定常数。

2. 总稳定常数和总不稳定常数

总稳定常数是指最后一级累积稳定常数 β_n。总不稳定常数是指最后一级累积不稳定常数。1∶1 配合物总稳定常数与总不稳定常数互为倒数。

$$K_{总稳} = \beta_n = K_1 K_2 K_3 \cdots K_n = \frac{1}{K_{总不稳}} \quad (5.16)$$

5.2.4　由累积稳定常数计算分布分数

酸碱平衡时，考虑酸度对酸碱各种存在形式分布的影响。配位平衡时，考虑配位体浓度对配合物各级存在形式分布的影响。设溶液中金属离子的总浓度为 c_M，配体总浓度为 c_L，M 与 L 发生逐级配合反应

$$M+L \Longrightarrow ML, \quad [ML] = \beta_1[M][L]$$

$$ML+L \Longrightarrow ML_2, \quad [ML_2] = \beta_2[M][L]^2$$

$$ML_2+L \Longrightarrow ML_3, \quad [ML_3] = \beta_3[M][L]^3$$

$$\cdots\cdots$$

$$ML_{n-1}+L \Longrightarrow ML_n, \quad [ML_n] = \beta_n[M][L]^n$$

根据物料平衡

$$c_M = [M]+[ML]+[ML_2]+\cdots+[ML_n]$$
$$= [M]+\beta_1[M][L]+\beta_2[M][L]^2+\cdots+\beta_n[M][L]^n$$
$$= [M](1+\beta_1[L]+\beta_2[L]^2+\cdots+\beta_n[L]^n)$$
$$= [M](1+\sum_{i=1}^n \beta_i[L]^i) \quad (5.17)$$

按分布分数的定义

$$\delta_M = \frac{[M]}{c_M} = \frac{[M]}{[M]\left(1 + \sum_{i=1}^{n} \beta_i [L]^i\right)} = \frac{1}{1 + \sum_{i=1}^{n} \beta_i [L]^i} \tag{5.18}$$

$$\delta_{ML} = \frac{[ML]}{c_M} = \frac{\beta_1 [M][L]}{[M]\left(1 + \sum_{i=1}^{n} \beta_i [L]^i\right)} = \frac{\beta_1 [L]}{1 + \sum_{i=1}^{n} \beta_i [L]^i} \tag{5.19}$$

$$\delta_{ML_n} = \frac{[ML_n]}{c_M} = \frac{\beta_n [M][L]^n}{[M]\left(1 + \sum_{i=1}^{n} \beta_i [L]^i\right)} = \frac{\beta_n [L]^n}{1 + \sum_{i=1}^{n} \beta_i [L]^i} \tag{5.20}$$

可见，δ 仅仅只是 $[L]$ 的函数，与 c_M 无关。

【例 5.2】 铜氨溶液中，当氨的平衡浓度为 $1.0 \times 10^{-3} \, mol/L$ 时，计算 $\delta_{Cu^{2+}}$、$\delta_{Cu(NH_3)^{2+}}$、…、$\delta_{Cu(NH_3)_5^{2+}}$。已知：铜氨络离子的 $lg\beta_1 \sim lg\beta_5$ 分别为 4.31、7.98、11.02、13.32、12.86。

解 由公式（5.20）得

$$\delta_{ML_5} = \frac{[ML_5]}{c_M} = \frac{\beta_5 [L]^5}{1 + \sum_{i=1}^{5} \beta_i [L]^i}$$

$$1 + \sum_{i=1}^{5} \beta_i [L]^i$$

$$= 1 + 10^{4.31} \times 10^{-3} + 10^{7.98} \times 10^{-3 \times 2} + 10^{11.02} \times 10^{-3 \times 3} + 10^{13.32} \times 10^{-3 \times 4} + 10^{12.86} \times 10^{-3 \times 5}$$

$$\approx 1 + 20.4 + 95.5 + 104.7 + 20.9 + 0.0072 = 242.5$$

$$\delta_{Cu^{2+}} = \frac{1}{242.5} \approx 0.4\%, \quad \delta_{Cu(NH_3)^{2+}} = \frac{20.4}{242.5} \approx 8.41\%$$

$$\delta_{Cu(NH_3)_2^{2+}} = \frac{95.5}{242.5} \approx 39.4\%, \quad \delta_{Cu(NH_3)_3^{2+}} = \frac{104.7}{242.5} \approx 43.2\%$$

$$\delta_{Cu(NH_3)_4^{2+}} = \frac{20.9}{242.5} \approx 8.62\%, \quad \delta_{Cu(NH_3)_5^{2+}} = \frac{0.0072}{242.5} \approx 0.0030\%$$

答：铜氨溶液中，当 NH_3 的浓度为 $1.0 \times 10^{-3} \, mol/L$ 时，$\delta_{Cu^{2+}}$ 为 0.4%，$\delta_{Cu(NH_3)^{2+}}$ 为 8.41%，$\delta_{Cu(NH_3)_2^{2+}}$ 为 39.4%，$\delta_{Cu(NH_3)_3^{2+}}$ 为 43.2%，$\delta_{Cu(NH_3)_4^{2+}}$ 为 8.62%，$\delta_{Cu(NH_3)_5^{2+}}$ 为 0.0030%。

当氨的浓度不同时，可求得相应的 $\delta_{Cu^{2+}} \sim \delta_{Cu(NH_3)_5^{2+}}$，以 $lg[NH_3]$ 为横坐标，以 δ 为纵坐标做图，如图 5.6 所示。

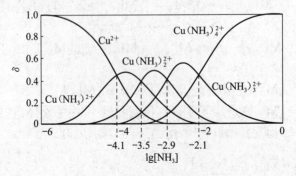

图 5.6　铜氨配合物的分布图

由图 5.6 可以看出，随着 NH_3 的平衡浓度增加，Cu^{2+} 与 NH_3 逐级生成 1∶1、1∶2、…、1∶5的配离子。由于相邻两级配合物的 K 差别不大，因此 NH_3 的平衡浓度在相当大范围内变化时，没有一种配合物的存在形式的 $\delta \approx 1$。而配位滴定法要求 EDTA 与金属离子反应生成的配合物的 $\delta \approx 1$，因此，不能用 NH_3 作为配位剂来滴定 Cu^{2+}。

5.2.5 用稳定常数计算副反应系数

1. 副反应与副反应系数

化学反应中，常把主要考察的一种反应看作主反应；其他与之有关的反应看作副反应。这些副反应能影响主反应中的反应物或生成物的平衡浓度，如图 5.7 所示。

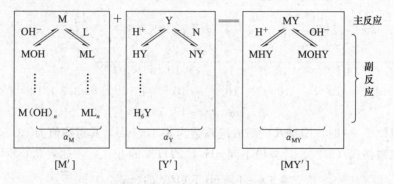

图 5.7 副反应与副反应系数

如果根据平衡关系，把这些影响计算进去，得到未参加主反应组分的浓度 $[X']$（或总浓度）与平衡浓度 $[X]$ 的比值，这就是副反应系数，用 α 表示。

$$\alpha = \frac{[X']}{[X]} = \frac{1}{\delta_X} \tag{5.21}$$

利用副反应系数，可求出实际有效的稳定常数，即条件稳定常数。利用反应物及生成物的总浓度和条件稳定常数处理平衡问题，可以使复杂平衡的计算过程简化。

2. 配位剂 EDTA（Y）的副反应系数

配位剂 EDTA（Y）的副反应系数可以分为酸效应系数 $\alpha_{Y(H)}$ 和共存离子效应系数 $\alpha_{Y(N)}$。

$$\alpha_Y = \frac{[Y']}{[Y]} = \frac{1}{\delta_Y} \tag{5.22}$$

EDTA 是一种广义的碱，当 M 与 Y 配位时，若有 H^+ 会形成 HY 共轭酸。此时 Y 的平衡浓度降低，影响主反应。酸效应是指由于 H^+ 存在，配体参加主反应的能力降低的现象。酸效应系数就是指 H^+ 引起副反应的副反应系数，如图 5.8 所示，用 $\alpha_{L(H)}$ 表示，EDTA 用 $\alpha_{Y(H)}$ 表示。根据式（5.3）可推出六元弱酸的 $\alpha_{Y(H)}$ 公式为

$$\alpha_{Y(H)} = 1 + \frac{[H^+]}{K_{a6}} + \frac{[H^+]^2}{K_{a5}K_{a6}} + \cdots + \frac{[H^+]^6}{K_{a1}K_{a2}K_{a3}K_{a4}K_{a5}K_{a6}}$$

$$\tag{5.23}$$

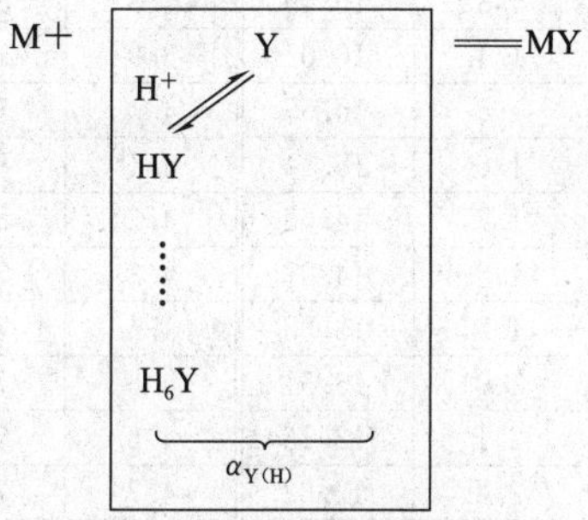

图 5.8 配位剂的酸效应

由式（5.23）可知，酸效应系数只与逐级稳定常数 K 和 H^+ 浓度有关。在一定温度下，逐级稳定常数 K 一定时，酸效应系数只与 H^+ 浓度有关。当 H^+ 浓度为 0 时，不存在酸效应，此时 $\alpha_{Y(H)}=1$。

【例 5.3】 计算 pH＝2.00 时，EDTA 的酸效应系数及其对数值。已知：$pK_{a1} \sim pK_{a6}$ 分别为 0.90、1.60、2.00、2.67、6.16、10.26。

解 判断 EDTA 是六元酸，用式（5.23）进行计算

$$\alpha_{Y(H)} = 1 + \frac{[H^+]}{K_{a6}} + \frac{[H^+]^2}{K_{a5}K_{a6}} + \cdots + \frac{[H^+]^6}{K_{a1}K_{a2}K_{a3}K_{a4}K_{a5}K_{a6}}$$

$$= 1 + \frac{10^{-2.00}}{10^{-10.26}} + \frac{10^{-2.00 \times 2}}{10^{-10.26} \times 10^{-6.16}} + \frac{10^{-2.00 \times 3}}{10^{-10.26} \times 10^{-6.16} \times 10^{-2.67}}$$

$$+ \frac{10^{-2.00 \times 4}}{10^{-10.26} \times 10^{-6.16} \times 10^{-2.67} \times 10^{-2.00}} + \frac{10^{-2.00 \times 5}}{10^{-10.26} \times 10^{-6.16} \times 10^{-2.67} \times 10^{-2.00} \times 10^{-1.60}}$$

$$+ \frac{10^{-2.00 \times 6}}{10^{-10.26} \times 10^{-6.16} \times 10^{-2.67} \times 10^{-2.00} \times 10^{-1.60} \times 10^{-0.90}}$$

$$= 1 + 10^{8.26} + 10^{12.42} + 10^{13.09} + 10^{13.09} + 10^{12.69} + 10^{11.59} \approx 3.3 \times 10^{13}$$

$$\lg\alpha_{Y(H)} \approx 13.51$$

答：pH＝2.00 时，EDTA 的酸效应系数为 3.3×10^{13}，其对数值为 13.51。

还可以根据式（5.23）计算出不同 pH 下 EDTA 的 $\lg\alpha_{Y(H)}$，如表 5.6 所示。

表 5.6　不同 pH 下 EDTA 的 $\lg\alpha_{Y(H)}$

pH	$\lg\alpha_{Y(H)}$	pH	$\lg\alpha_{Y(H)}$	pH	$\lg\alpha_{Y(H)}$	pH	$\lg\alpha_{Y(H)}$	pH	$\lg\alpha_{Y(H)}$
0.0	23.64	2.5	11.90	5.0	6.45	7.5	2.78	10.0	0.45
0.1	23.06	2.6	11.62	5.1	6.26	7.6	2.68	10.1	0.39
0.2	22.47	2.7	11.35	5.2	6.07	7.7	2.57	10.2	0.33
0.3	21.89	2.8	11.09	5.3	5.88	7.8	2.47	10.3	0.28
0.4	21.32	2.9	10.84	5.4	5.69	7.9	2.37	10.4	0.24
0.5	20.75	3.0	10.60	5.5	5.51	8.0	2.27	10.5	0.20
0.6	20.18	3.1	10.37	5.6	5.33	8.1	2.17	10.6	0.16
0.7	19.62	3.2	10.14	5.7	5.15	8.2	2.07	10.7	0.13
0.8	19.08	3.3	9.92	5.8	4.98	8.3	1.97	10.8	0.11
0.9	18.54	3.4	9.70	5.9	4.81	8.4	1.87	10.9	0.09
1.0	18.01	3.5	9.48	6.0	4.65	8.5	1.77	11.0	0.07
1.1	17.49	3.6	9.27	6.1	4.49	8.6	1.67	11.1	0.06
1.2	16.98	3.7	9.06	6.2	4.34	8.7	1.57	11.2	0.05
1.3	16.49	3.8	8.85	6.3	4.20	8.8	1.48	11.3	0.04
1.4	16.02	3.9	8.65	6.4	4.06	8.9	1.38	11.4	0.03
1.5	15.55	4.0	8.44	6.5	3.92	9.0	1.28	11.5	0.02
1.6	15.11	4.1	8.24	6.6	3.79	9.1	1.19	11.6	0.02
1.7	14.68	4.2	8.04	6.7	3.67	9.2	1.10	11.7	0.02
1.8	14.27	4.3	7.84	6.8	3.55	9.3	1.01	11.8	0.01
1.9	13.88	4.4	7.64	6.9	3.43	9.4	0.92	11.9	0.01
2.0	13.51	4.5	7.44	7.0	3.32	9.5	0.83	12.0	0.01
2.1	13.16	4.6	7.24	7.1	3.32	9.6	0.75	12.1	0.01
2.2	12.82	4.7	7.04	7.2	3.10	9.7	0.67	12.2	0.005
2.3	12.50	4.8	6.84	7.3	2.99	9.8	0.59	13.0	0.0008
2.4	12.19	4.9	6.65	7.4	2.88	9.9	0.52	13.9	0.0001

以 pH 为横坐标，以 $\lg\alpha_{Y(H)}$ 为纵坐标，得到 EDTA 的酸效应曲线图，如图 5.9 所示。

除了 M 与 Y 反应外，共存离子 N 也能与 Y 反应，可以看作 Y 的副反应，即所谓的共存离子效应。共存离子能降低 Y 的平衡浓度，与酸效应的作用相同。相应的反应系数为共存离子效应系数，如图 5.10 所示。

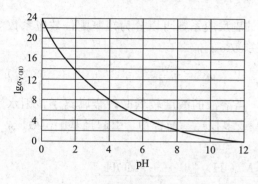

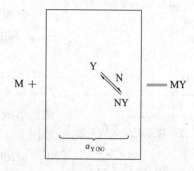

图 5.9　EDTA 酸效应曲线图　　　　　图 5.10　配位剂共存离子效应系数

$$N+Y\Longrightarrow NY, \quad K_{NY}=\frac{[NY]}{[N][Y]}, \quad [NY]=K_{NY}[N][Y]$$

$$\delta_Y=\frac{[Y]}{[Y]+[NY]}=\frac{[Y]}{[Y]+K_{NY}[N][Y]}=\frac{1}{1+K_{NY}[N]}$$

$$\alpha_{Y(N)}=1+K_{NY}[N] \tag{5.24}$$

由式（5.24）可知，当 N 的浓度一定时，$\alpha_{Y(N)}$ 为定值。$\alpha_{Y(N)}$ 增大表示共存离子效应越严重，当 $[N]=0$ 时没有共存离子效应，$\alpha_{Y(N)}=1$。若溶液中有多种共存离子同时对 Y 产生共存离子效应，只有一种或少数几种共存离子效应是主要的，由此决定共存离子效应系数。$\alpha_{Y(N)}$ 只取其中少数影响较大的副反应系数之和，其他的共存离子效应系数可以略去。

$$\alpha_{Y(N)}=\frac{[Y']}{[Y]}=\frac{[Y]+[N_1Y]+[N_2Y]+[N_3Y]+\cdots+[N_nY]}{[Y]}$$

$$=\frac{[Y]+[N_1Y]}{[Y]}+\frac{[Y]+[N_2Y]}{[Y]}+\frac{[Y]+[N_3Y]}{[Y]}+\cdots+\frac{[Y]+[N_nY]}{[Y]}-n+1$$

$$=\alpha_{Y(N_1)}+\alpha_{Y(N_2)}+\alpha_{Y(N_3)}+\cdots+\alpha_{Y(N_n)}-(n-1) \tag{5.25}$$

配合剂 Y 的总副反应系数 α_Y 如图 5.11 所示。

$$\alpha_Y=\frac{[Y']}{[Y]}=\frac{[Y]+[HY]+[H_2Y]+\cdots+[H_nY]+[NY]}{[Y]}$$

$$=\frac{[Y]+[HY]+[H_2Y]+\cdots+[H_nY]}{[Y]}+\frac{[Y]+[NY]}{[Y]}-1$$

$$=\alpha_{Y(H)}+\alpha_{Y(N)}-1 \tag{5.26}$$

【例 5.4】　在 pH=1.5 的溶液中，含有浓度均为 0.010 00mol/L 的 EDTA、Fe^{3+} 及 Ca^{2+}，计算 $\alpha_{Y(Ca)}$ 和 α_Y。已知 $K_{CaY}=10^{10.69}$。

解　查表 5.6，pH=1.5 时，$\lg\alpha_{Y(H)}=15.55$，则

图 5.11　配位剂 Y 的
总副反应系数

$$\alpha_{Y(Ca)} = 1 + K_{CaY} \times [Ca^{2+}] = 1 + 10^{10.69} \times 0.01\,000 = 10^{8.69}$$

$$\alpha_Y = \alpha_{Y(Ca)} + \alpha_{Y(H)} - 1 = 10^{8.69} + 10^{15.55} - 1 \approx 10^{15.55}$$

答：pH＝1.5 时，$\alpha_{Y(Ca)}$ 为 $10^{8.69}$，α_Y 为 $10^{15.55}$。

3. 金属离子 M 的副反应系数

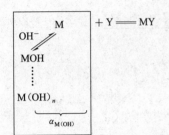

图 5.12　羟基配位效应系数

金属离子 M 的副反应系数可以分为羟基配位效应系数 $\alpha_{M(OH)}$ 和配位效应系数 $\alpha_{M(L)}$。

$$\alpha_M = \frac{[M']}{[M]} \tag{5.27}$$

在水溶液中，当溶液的酸度较低时，金属离子常因水解而形成各种羟基或多核羟基配合物，引起羟基配位效应，如图 5.12 所示。

$$\alpha_{M(OH)} = \frac{[M']}{[M]} = \frac{[M] + [MOH] + [M(OH)_2] + \cdots + [MOH_n]}{[M]}$$

$$= \frac{[M] + \beta_1[M][OH^-] + \beta_2[M][OH^-]^2 + \cdots + \beta_n[M][OH^-]^n}{[M]}$$

$$= 1 + \beta_1[OH^-] + \beta_2[OH^-]^2 + \cdots + \beta_n[OH^-]^n \tag{5.28}$$

由式（5.28）可知，当 OH^- 的浓度一定时，$\alpha_{M(OH)}$ 为定值。$\alpha_{M(OH)}$ 增大表示羟基配位效应越严重，当 $[OH^-]=0$ 时没有羟基配位效应，$\alpha_{M(OH)}=1$。

还可以根据式（5.28）计算不同 pH 下金属离子的 $\lg\alpha_{M(OH)}$，如表 5.7 所示。

表 5.7　不同 pH 下金属离子的 $\lg\alpha_{M(OH)}$

金属离子	I	pH													
		1	2	3	4	5	6	7	8	9	10	11	12	13	14
Ag^+	0.1										0.1	0.5	2.3	5.1
Al^{3+}	2				0.4	1.3	5.3	9.3	13.3	17.3	21.3	25.3	29.3	33.3
Ba^{2+}	0.1													0.1	0.5
Bi^{3+}	3	0.1	0.5	1.4	2.4	3.4	4.4	5.4							
Ca^{2+}	0.1													0.3	1.0
Cd^{2+}	3									0.1	0.5	2.0	4.5	8.1	12.0
Ce^{4+}	1.2	1.2	3.1	5.1	7.1	9.1	11.1	13.1							
Cu^{2+}	0.1								0.2	0.8	1.7	2.7	3.7	4.7	5.7
Fe^{2+}	1									0.1	0.6	1.5	2.5	3.5	4.5
Fe^{3+}	3			0.4	1.8	3.7	5.7	7.7	9.7	11.7	13.7	15.7	17.7	19.7	21.7
Hg^{2+}	0.1			0.5	1.9	3.9	5.9	7.9	9.9	11.9	13.9	15.9	17.9	19.9	21.9
La^{3+}	3									0.3	1.0	1.9	2.9	3.9	
Mg^{2+}	0.1											0.1	0.5	1.3	2.3
Ni^{2+}	0.1									0.1	0.7	1.6			
Pb^{2+}	0.1						0.1	0.5	1.4	2.7	4.7	7.4	10.4	13.4	
Th^{4+}	1				0.2	0.8	1.7	2.7	3.7	4.7	5.7	6.7	7.7	8.7	9.7
Zn^{2+}	0.1								0.2	2.4	5.4	8.5	11.8	15.5	

以 pH 为横坐标，以 $\lg\alpha_{Y(H)}$ 为纵坐标，得到金属离子的羟基配位效应（水解效应）曲线图，如图 5.13 所示。

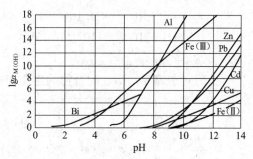

M 与 Y 反应时，若有另一配位剂 L 存在，而 L 能与 M 形成配合物，则主反应会受到影响。配位效应是其他配位剂的存在使金属离子参加主反应能力降低的现象。配位剂引起副反应时的副反应系数为配位效应系数，如图 5.14 所示。

图 5.13   金属离子的羟基配位效应
（水解效应）曲线图

$$\alpha_{M(L)} = \frac{[M']}{[M]} = \frac{[M] + [ML] + [ML_2] + \cdots + [ML_n]}{[M]}$$

$$= \frac{[M] + \beta_1[M][L] + \beta_2[M][L]^2 + \cdots + \beta_n[M][L]^n}{[M]}$$

$$= 1 + \beta_1[L] + \beta_2[L]^2 + \cdots + \beta_n[L]^n \tag{5.29}$$

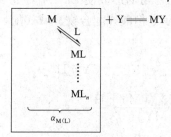

图 5.14   金属离子配位
效应系数

由式（5.29）可知，当 L 的浓度一定时，$\alpha_{M(L)}$ 为定值。$\alpha_{M(L)}$ 增大表示副反应越严重，当 [L]＝0 时没有金属离子配位效应，$\alpha_{M(L)}＝1$。若溶液中有多种配位剂 L_1、L_2、L_3、$\cdots$、L_n 同时对金属离子 M 产生副反应，只有一种或少数几种配位剂的副反应是主要的，由此决定配位效应系数。此时，其他的配位效应系数可以略去。

$$\alpha_{M(L)} = \alpha_{M(L_1)} + \alpha_{M(L_2)} + \cdots + \alpha_{M(L_n)} - (n-1) \tag{5.30}$$

若溶液中有两种配位剂 A 和 B 同时对 M 产生副反应，金属离子的配位效应系数 $\alpha_{M(L)}$ 为

$$\alpha_{M(L)} = \frac{[M']}{[M]} = \frac{[M] + [MA] + [MA_2] + \cdots + [MA_m]}{[M]}$$

$$+ \frac{[M] + [MB] + [MB_2] + \cdots + [MB_n]}{[M]} - \frac{[M]}{[M]}$$

$$= \alpha_{M(A)} + \alpha_{M(B)} - 1 \tag{5.31}$$

若只有一种配位剂 L 时，金属离子的总副反应系数 α_M 为

$$\alpha_M = \frac{[M']}{[M]} = \frac{[M] + [MOH] + [M(OH)_2] + \cdots + [M(OH)_m]}{[M]}$$

$$+ \frac{[M] + [ML] + [ML_2] + \cdots + [ML_n]}{[M]} - \frac{[M]}{[M]}$$

$$= \alpha_{M(OH)} + \alpha_{M(L)} - 1 \tag{5.32}$$

【例 5.5】   用 EDTA 滴定 Zn^{2+} 时，在 0.010mol/L 锌氨溶液中，当游离氨的浓度为 0.10mol/L（pH＝10）时，计算 Zn^{2+} 的 α_{Zn}。已知：$Zn(NH_3)^{2+} \sim Zn(NH_3)_4^{2+}$ 的 $\lg\beta_1 \sim \lg\beta_4$ 分别为 2.37、4.81、7.31、9.46。

解   由式（5.32）可知，$\alpha_{Zn} = \alpha_{Zn(OH)} + \alpha_{Zn(Y)} - 1$，查表5.7，pH＝10时，$\lg\alpha_{Zn(OH)} = 2.4$。则

$$\alpha_{Zn(NH_3)} = 1 + \beta_1[NH_3] + \beta_2[NH_3]^2 + \beta_3[NH_3]^3 + \beta_4[NH_3]^4$$

$$= 1 + 10^{2.37} \times 0.10 + 10^{4.81} \times 0.10^2 + 10^{7.31} \times 0.10^3 + 10^{9.46} \times 0.10^4$$

$$= 1 + 10^{1.37} + 10^{2.81} + 10^{4.31} + 10^{5.46} \approx 10^{5.46}$$

$$\alpha_{Zn} = \alpha_{Zn(NH_3)} + \alpha_{Zn(OH)} - 1 = 10^{5.46} + 10^{2.4} - 1 \approx 10^{5.46}$$

此时可忽略 $\alpha_{Zn(OH)}$，配合物的主要存在形式是 $Zn(NH_3)_3^{2+}$ 和 $Zn(NH_3)_4^{2+}$。

答：当游离氨的浓度为 0.10mol/L 时，Zn^{2+} 的 α_{Zn} 为 $10^{5.46}$。

4. 配合物 MY 的副反应系数

配合物 MY 的副反应系数包括形成酸式配合物效应的系数 α_{MHY} 和形成碱式配合物效应的系数 α_{MOHY}，如图 5.15 所示。

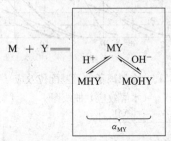

图 5.15　配合物 MY 的副反应系数

在较高酸度下，M 能与 EDTA 生成 MY 和 MHY，酸式配合物的形成使 EDTA 对金属离子 M 的总配位能力增强，对主反应有利；在较低酸度下，M 能与 EDTA 生成 MY 和 MOHY，碱式配合物的形成使 EDTA 对金属离子 M 的总配位能力增强，对主反应有利，如图 5.15 所示。但酸式配合物、碱式配合物不稳定，其副反应系数 α_{MHY}、α_{MOHY} 多忽略不计。

$$MY + H^+ \Longrightarrow MHY, \quad K_{MHY}^H = \frac{[MHY]}{[MY][H^+]}, \quad [MHY] = K_{MHY}^H[MY][H^+]$$

$$\alpha_{MHY} = \frac{[MY']}{[MY]} = \frac{[MY] + [MHY]}{[MY]} = \frac{[MY] + K_{MHY}^H[MY][H^+]}{[MY]}$$

$$\alpha_{MHY} = 1 + K_{MHY}^H[H^+] \tag{5.33}$$

$$\alpha_{MOHY} = 1 + K_{MOHY}^{OH}[OH^-] \tag{5.34}$$

酸式和碱式 EDTA 配合物 $lgK_{稳}$ 如表 5.8 所示。

表 5.8　酸式和碱式 EDTA 配合物 $lgK_{稳}$ 示例

$lgK_{稳}$	Al^{3+}	Ca^{2+}	Cu^{2+}	Fe^{3+}	Mg^{2+}	Zn^{2+}
MY	16.3	10.69	18.80	25.1	8.7	16.50
MHY	2.5	3.1	3.0	1.4	3.9	3.0
MOHY	8.1		2.5	6.5		

5.2.6　各种副反应系数的区别

各种副反应系数的区别如表 5.9～表 5.11 所示。

表 5.9　α_Y

H	N
HY、H_2Y、H_3Y H_4Y、H_5Y、H_6Y	NY
酸效应	共存离子效应 $\alpha_{Y(N)}$
$\alpha_{Y(H)} = \dfrac{[Y] + [HY] + [H_2Y] + \cdots + [H_6Y]}{[Y]}$	$\alpha_{Y(N)} = \dfrac{[Y] + [N_1Y] + [N_2Y] + \cdots + [N_nY]}{[Y]}$ $= \dfrac{[Y] + [N_1Y]}{[Y]} + \dfrac{[Y] + [N_2Y]}{[Y]} + \cdots +$ $\dfrac{[Y] + [N_nY]}{[Y]} - (n-1) \approx \dfrac{[Y] + [N_1Y]}{[Y]}$

H	N
$H+Y=HY,\quad K_1=\dfrac{[HY]}{[H][Y]},\quad [HY]=\beta_1[Y][H]$	
$H+HY=H_2Y,\quad K_2=\dfrac{[H_2Y]}{[H][HY]},\quad [H_2Y]=\beta_2[Y][H]^2$	
$H+H_2Y=H_3Y,\quad K_3=\dfrac{[H_3Y]}{[H][H_2Y]},\quad [H_3Y]=\beta_3[Y][H]^3$	$N+Y=NY,K_{NY}=\dfrac{[NY]}{[N][Y]},$
$H+H_3Y=H_4Y,\quad K_4=\dfrac{[H_4Y]}{[H][H_3Y]},\quad [H_4Y]=\beta_4[Y][H]^4$	$[NY]=K_{NY}[N][Y]$
$H+H_4Y=H_5Y,\quad K_5=\dfrac{[H_5Y]}{[H][H_4Y]},\quad [H_5Y]=\beta_5[Y][H]^5$	
$H+H_5Y=H_6Y,\quad K_6=\dfrac{[H_6Y]}{[H][H_5Y]},\quad [H_6Y]=\beta_6[Y][H]^6$	
$\alpha_{Y(H)}=\dfrac{[Y]+\beta_1[Y][H]+\beta_2[Y][H]^2+\cdots+\beta_6[Y][H]^6}{[Y]}$ $=1+\sum\limits_{i=1}^{n}\beta_i[H]^i$	$\alpha_{Y(N)}=\dfrac{[Y]+[NY]}{[Y]}=\dfrac{[Y]+K_{NY}[N][Y]}{[Y]}$ $=1+K_{NY}[N]$
$\alpha_{Y(H)}=1+\dfrac{[H]}{K_{a6}}+\dfrac{[H]^2}{K_{a6}K_{a5}}+\dfrac{[H]^3}{K_{a6}K_{a5}K_{a4}}+\dfrac{[H]^4}{K_{a6}K_{a5}K_{a4}K_{a3}}$ $+\dfrac{[H]^5}{K_{a6}K_{a5}K_{a4}K_{a3}K_{a2}}+\dfrac{[H]^6}{K_{a6}K_{a5}K_{a4}K_{a3}K_{a2}K_{a1}}$	

$$\alpha_Y=\frac{[Y]+[HY]+[H_2Y]+\cdots+[H_6Y]+[NY]}{[Y]}$$
$$=\frac{[Y]+[HY]+[H_2Y]+\cdots+[H_6Y]}{[Y]}+\frac{[Y]+[NY]}{[Y]}-1=\alpha_{Y(H)}+\alpha_{Y(N)}-1$$

表 5.10 α_M

OH	L
$M(OH)、M(OH)_2、\cdots、M(OH)_n$	$ML、ML_2、\cdots、ML_n$
羟基配位效应 $\alpha_{M(OH)}$	配位效应 $\alpha_{M(L)}$
$\alpha_{M(OH)}=\dfrac{[M]+[MOH]+[M(OH)_2]+\cdots+[(OH)_n]}{[M]}$	$\alpha_{ML}=\dfrac{[M]+[ML]+[ML_2]+\cdots+[ML_n]}{[M]}$
$M+OH=MOH,\quad K_1=\dfrac{[MOH]}{[M][OH]},\quad [MOH]=\beta_1[M][OH]$	$M+L=ML,\quad K_1=\dfrac{[ML]}{[M][L]},\quad [ML]=\beta_1[M][L]$
$M(OH)+OH=M(OH)_2,\quad K_2=\dfrac{[M(OH)_2]}{[MOH][OH]},$ $[M(OH)_2]=\beta_2[M][OH]^2$	$ML+L=ML_2,\quad K_2=\dfrac{[ML_2]}{[ML][L]},$ $[ML_2]=\beta_2[M][L]^2$
$M(OH)_{n-1}+OH=M(OH)_n,\quad K_n=\dfrac{[M(OH)_n]}{[M(OH)_{n-1}][OH]},$ $[M(OH)_n]=\beta_n[M][OH]^n$	$ML_{n-1}+L=ML_n,\quad K_3=\dfrac{[ML_n]}{[ML_{n-1}][L]},$ $[ML_n]=\beta_n[M][L]^n$
$\alpha_{M(OH)}=\dfrac{[M]+[MOH]+[M(OH)_2]+\cdots+[M(OH)_n]}{[M]}$ $=\dfrac{[M]+\beta_1[M][OH]+\beta_2[M][OH]^2+\cdots+\beta_n[M][OH]^n}{[M]}$ $=1+\sum\limits_{i=1}^{n}\beta_i[OH]^n$	$\alpha_{ML}=\dfrac{[M]+[ML]+[ML_2]+\cdots+[ML_n]}{[M]}$ $=\dfrac{[M]+\beta_1[M][L]+\beta_2[M][L]^2+\cdots+\beta_n[M][L]^n}{[M]}$ $=1+\sum\limits_{i=1}^{n}\beta_i[L]^i$

$$\alpha_M=\frac{[M]+[MOH]+[M(OH)_2]+\cdots+[M(OH)_n]+[ML]+[ML_2]+\cdots+[ML_n]}{[M]}$$
$$=\frac{[M]+[MOH]+[(OH)_2]+\cdots+[M(OH)_n]}{[M]}+\frac{[M]+[ML]+[ML_2]+\cdots+[ML_n]}{[M]}-1$$
$$=\alpha_{M(OH)}+\alpha_{M(L)}-1$$

表 5.11 α_{MY}

H	OH
MHY	MOHY
酸式配合物效应	碱式配合物效应
$\alpha_{MHY}=\dfrac{[MY]+[MHY]}{[MY]}$	$\alpha_{MOHY}=\dfrac{[MY]+[MOHY]}{[MY]}$
$MY+H=MHY,\quad K_{MHY}=\dfrac{[MHY]}{[H][MY]}$, $[MHY]=K_{MHY}[MY][H]$	$MY+OH=MOHY,\quad K_{MOHY}=\dfrac{[MOHY]}{[OH][MY]}$, $[MOHY]=K_{MOHY}[OH][MY]$
$\alpha_{MHY}=\dfrac{[MY]+K_{MHY}[MY][H]}{[MY]}$ $=1+K_{MHY}[H]$	$\alpha_{MOHY}=\dfrac{[MY]+[MOHY]}{[MY]}=\dfrac{[MY]+K_{MOHY}[OH][MY]}{[MY]}$ $=1+K_{MOHY}[OH]$

$$\alpha_{MY}=\frac{[MY]+[MHY]+[MOHY]}{[MY]}=\frac{[MY]+[MHY]}{[MY]}+\frac{[MY]+[MOHY]}{[MY]}-1=\alpha_{MHY}+\alpha_{MOHY}-1$$

5.2.7 用副反应系数计算条件稳定常数

在溶液中，金属离子 M 与配位剂 EDTA 反应生成 MY。如果没有副反应发生，当达到平衡时，用稳定常数 K_{MY} 衡量此配位反应进行的程度。

$$M+Y=\!=\!= MY,\quad K_{MY}=\frac{[MY]}{[M][Y]}$$

如果有副反应发生，稳定常数 K_{MY} 将受到 M、Y 及 MY 的副反应的影响。设未参加主反应的 M 的总浓度为 $[M']$，Y 的总浓度为 $[Y']$，生成的 MY、MHY 和 MOHY 的总浓度为 $[MY']$，当达到平衡时，可以得到 $[M']$、$[Y']$ 及 $[MY']$ 表示的配合物的条件稳定常数 K'_{MY}。

$$M'+Y'=\!=\!= MY',\quad K'_{MY}=\frac{[MY']}{[M'][Y']}$$

由于 $[M']=\alpha_M[M]$，$[Y']=\alpha_Y[Y]$，$[MY']=\alpha_{MY}[MY]$，得

$$K'_{MY}=\frac{[MY']}{[M'][Y']}=\frac{\alpha_{MY}[MY]}{\alpha_M[M]\alpha_Y[Y]}=\frac{\alpha_{MY}}{\alpha_M\alpha_Y}\cdot K_{MY}$$

两边取对数，得

$$\lg K'_{MY}=\lg K_{MY}-\lg\alpha_M-\lg\alpha_Y+\lg\alpha_{MY} \tag{5.35}$$

在一定条件下，K_{MY}、α_M、α_Y、α_{MY} 为定值，此时 K'_{MY} 为常数，称为条件稳定常数，又称为表观稳定常数，$[M']$、$[Y']$、$[MY']$ 称为表观浓度。

许多情况下，忽略 MHY 和 MOHY，式 (5.35) 可以简化为

$$\lg K'_{MY}=\lg K_{MY}-\lg\alpha_M-\lg\alpha_Y \tag{5.36}$$

若溶液中无共存离子，酸度又高于金属离子的水解酸度，且不存在其他引起金属离

子副反应的配位剂，式（5.36）还可以简化为

$$\lg K'_{MY} = \lg K_{MY} - \lg \alpha_{Y(H)} \tag{5.37}$$

【例 5.6】   用 EDTA 滴定 Zn^{2+}，计算在 pH=2.00 和 pH=5.00 时，ZnY 的条件稳定常数 K'_{ZnY}。已知：$\lg K_{ZnY}=16.50$。

解   根据式（5.37）可知，本题要计算 K'_{ZnY} 实际是要计算 $\alpha_{Y(H)}$。

查表 5.7，pH=2.00 时，$\lg \alpha_{Y(H)}=13.51$，则

$$\lg K'_{ZnY} = \lg K_{ZnY} - \lg \alpha_{Y(H)} = 16.50 - 13.51 = 2.99$$

查表 5.7，pH=5.00 时，$\lg \alpha_{Y(H)}=6.45$，则

$$\lg K'_{ZnY} = \lg K_{ZnY} - \lg \alpha_{Y(H)} = 16.50 - 6.45 = 10.05$$

答：用 EDTA 滴定 Zn^{2+}，pH=2.00 时条件稳定常数 K'_{ZnY} 为 $10^{2.99}$，pH=5.00 时条件稳定常数 K'_{ZnY} 为 $10^{10.05}$。

若按照例 5.6 将不同 pH 条件下的 ZnY 的条件稳定常数 K'_{ZnY} 都计算出来，可以绘制出 $\lg K'_{ZnY}$-pH 曲线，如图 5.16 所示。

EDTA 能与许多金属离子生成稳定的配合物，其稳定常数均较大，$\lg K_{MY}$ 甚至大于 30。但在实际的反应中，由于存在副反应，条件稳定常数 K'_{MY} 很少超过 20。从图 5.16 中可见，当副反应只有酸效应时，pH 由小变大使得酸效应逐渐减弱，条件稳定常数增大；当 pH 继续增大时，由于羟基配位效应逐渐增强，条件稳定常数又逐渐减小。

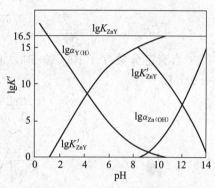

图 5.16 $\lg K'_{ZnY}$-pH 曲线

5.2.8   计算无副反应模式下金属离子的浓度

【例 5.7】   在 pH=12.5 的强碱介质中，使用钙羧酸指示剂，以 0.020 00mol/L 的 EDTA 标准溶液滴定 20.00mL 同浓度 Ca^{2+} 溶液时，求 pCa 的变化情况。已知：$\lg K_{CaY}=10.69$。

解   忽略 α_{MHY}、α_{MOHY}，体系可能有 $\alpha_{Y(H)}$、$\alpha_{Y(N)}$、$\alpha_{M(OH)}$、$\alpha_{M(L)}$。

由于只有一种配位剂，因此无配位效应，$\lg \alpha_{M(L)}=0$。

由于没有共存金属离子，因此无共存离子效应，$\lg \alpha_{Y(N)}=0$。

$$Ca^{2+} + H_2Y^{2-} = CaY^{2-} + 2H^+$$

假设 EDTA 标准溶液对 Ca^{2+} 溶液 pH 无影响，化学计量点时：

$$[OH^-] = \frac{(10^{-14.0+12.5}) \times 20.00}{20.00 + 20.00}$$

$$\approx 0.015(mol/L), pH \approx 12.1$$

查表 5.6，pH 由 12.5 下降到 12.1，$\lg \alpha_{Y(H)} < 0.01$，EDTA 没有酸效应。查表 5.7，$\lg \alpha_{Ca(OH)} < 0.3$，没有羟基配位效应。

本例题可视为无副反应的滴定体系，按照一元强酸碱滴定曲线方法计算。

当滴定分数 $T=0.0\%$ 时，未滴入 EDTA 标准溶液：

$$[Ca^{2+}] = c_{Ca^{2+}} = 0.020(mol/L), \quad pCa = 1.70$$

当滴定分数 $T=99.9\%$ 时，滴入 EDTA 标准溶液 19.98mL，此时 Ca^{2+} 过量 0.02mL：

$$[Ca^{2+}] = \frac{0.020 \times 0.02}{20.00 + 19.98} \approx 1.0 \times 10^{-5}(mol/L), \quad pCa \approx 5.00$$

当滴定分数 $T=100.0\%$ 时，滴入 EDTA 标准溶液 20.00mL，Ca^{2+} 和 EDTA 都刚好反应完全

$$[Ca^{2+}]_{sp} = [Y]_{sp}, [CaY] = \frac{c_{Ca^{2+}}}{2}$$

$$K'_{CaY} = \frac{[CaY]}{[Ca^{2+}][Y]} = \frac{\dfrac{c_{Ca^{2+}}}{2}}{[Ca^{2+}]_{sp}^2}$$

$$[Ca^{2+}]_{sp} = \sqrt{\frac{c_{Ca^{2+}}}{2K'_{CaY}}} = \sqrt{\frac{0.020}{2 \times 10^{10.69}}} \approx 1.0 \times 10^{-6.35}(mol/L), pCa \approx 6.35$$

当滴定分数 $T=100.1\%$ 时，滴入 EDTA 标准溶液 20.02mL，此时 EDTA 过量 0.02mL

$$[Y] = \frac{0.020\,00 \times 0.02}{20.00 + 20.02} \approx 1.0 \times 10^{-5}(mol/L)$$

$$[Ca^{2+}] = \frac{[CaY]}{K'_{CaY}[Y]} = \frac{\dfrac{0.020\,00 \times 20.00}{20.00 + 20.00}}{10^{10.69} \times \dfrac{0.02\,000 \times 0.02}{20.00 + 20.02}}$$

$$\approx \frac{20.00}{10^{10.69} \times 0.02} \approx 2.0 \times 10^{-8}(mol/L)$$

$$pCa \approx 7.70$$

答：在 pH=12.5 的强碱介质中，使用钙羧酸指示剂，以 0.020 00mol/L 的 EDTA 标准溶液滴定 20.00mL 同浓度 Ca^{2+} 溶液时，pCa 化学计量点是 6.35，滴定突跃是 5.00～7.70。

5.2.9　从无副反应模式滴定曲线寻找滴定突跃

若用例 5.7 的方法，将无副反应模式下的 pCa 全部算出，绘制成以 EDTA 滴定分数为横坐标，以 pCa 为纵坐标的滴定曲线，可得图 5.17。在强碱介质中，以 0.020 00mol/L 的 EDTA 标准溶液滴定 20.00mL 同浓度 Ca^{2+} 溶液时，pCa 的滴定突跃为 5.00～7.70。

X 若以相同的方法计算 0.2000mol/L 的 EDTA 标准溶液滴定 20.00mL 同浓度 Ca^{2+} 溶液时，可以得到 pCa 的滴定突跃为 4.00～7.70；以 0.002 000mol/L 的 EDTA 标准溶液滴定 20.00mL 同浓度 Ca^{2+} 溶液时，pCa 的滴定突跃为 6.00～7.70。说明在无副反应的配位滴定模式下，保持 K'_{MY} 不变，影响滴定突跃的重要因素是金属离子浓度 c_M，如图 5.18 所示。

滴定分数 $T=99.9\%$ 时，按照公式

$$[M]' = \frac{10c_M \times 0.02}{20.00 + 19.98}, \quad pM' = pM - 1$$

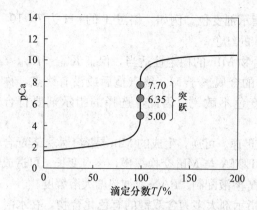

图 5.17　无副反应的配位滴定曲线

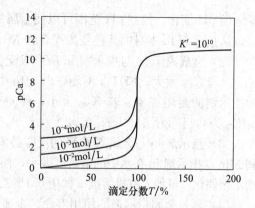

图 5.18　金属离子浓度对配位滴定的影响

在化学计量点以前，金属离子浓度 c_M 增大 10 倍，pM 滴定突跃向下增加 1 个单位。滴定分数 $T=100.0\%$ 时，根据公式

$$[M]'_{sp}=\sqrt{\frac{10c_M}{2K'_{MY}}}=3.16\,[M]_{sp},\quad pM'=pM-0.5$$

化学计量点时，金属离子浓度 c_M 增大 10 倍，pM 滴定突跃向下增加 0.5 个单位。滴定分数 $T=100.1\%$ 时，根据公式：

$$[M]'=\frac{[MY]'}{K'_{MY}[Y]'}=[M],\quad pM'=pM$$

在化学计量点后，条件稳定常数 K'_{MY} 不变，pM 滴定突跃保持不变。

由以上推断可知，无副反应的配位滴定模式下，条件稳定常数 K'_{MY} 一定时，金属离子浓度 c_M 增大，配位滴定突跃向下增加。此时，各种指示剂的变色点落在滴定突跃内的概率变大，在 $\pm0.1\%$ 滴定误差内可选择的金属指示剂更多。

5.2.10　正确选择金属指示剂

1. 了解金属指示剂的工作原理

金属指示剂是一种有机染料，它能与金属离子形成与染料本身不同的有色配合物来指示滴定过程中金属离子浓度的变化。例如，用 EDTA 标准溶液滴定 Mg^{2+} 时选择铬黑 T（HIn^{2-}）作为指示剂，先在 Mg^{2+} 溶液中加入铬黑 T 指示剂，形成与指示剂颜色不同的配合物 $MgIn^-$。

$$HIn^{2-}(蓝)+Mg^{2+}=\!\!=\!\!=H^++MgIn^-(红)$$

再用 EDTA 标准溶液滴定配合物 $MgIn^-$，夺出与指示剂配位的金属离子，释放指示剂。

$$MgIn^-(红)+HY^{3-}=\!\!=\!\!=MgY^{2-}+HIn^{2-}(蓝)$$

2. 控制条件使用金属指示剂

金属离子的显色剂很多，但只有部分能用作金属指示剂。金属指示剂使用时应具备以下四个工作条件。

（1）显色配合物 MIn 与指示剂 In 的颜色应显著不同。金属指示剂多为有机弱酸，颜色随 pH 变化，控制 pH 范围可以使金属指示剂变色。例如，铬黑 T 的 pH 为 7～10，可以从指示剂 In 本身的蓝色变为配合物 MIn 的红色。

（2）金属离子 M 与指示剂 In 所形成配合物 MIn 的稳定性适当，保证 $K_{HIn} < K_{MIn} < K_{MY}$。若 K_{MIn} 太大，EDTA 不能夺出 MIn 中的金属离子 M，终点拖后或没有终点，称为指示剂的封闭现象。若 K_{MIn} 太小，终点变色不敏锐。因此，选择的指示剂要符合 $\lg K'_{MIn} > 4$，且 $\lg K'_{MY} - \lg K'_{MIn} \geqslant 2$。

（3）指示剂 In 与金属离子 M 的反应必须迅速、可逆，生成的 MIn 易溶于水。若配合物 MIn 与指示剂 In 在水中的溶解度太小，使 EDTA 与 MIn 交换缓慢，终点变长，可造成指示剂僵化。可加入有机溶剂（如用 0.1% 乙醇溶液配制）PAN 或加热增大溶解度。

（4）延长金属指示剂的使用寿命。金属指示剂大多为含双键的有色化合物，在水溶液中不稳定，若配成固体混合物则可保存较长时间。例如，铬黑 T 和钙指示剂常用 NaCl 或 KCl 作为稀释剂配制。

3. 计算金属指示剂的变色点

由配位滴定曲线可知，在化学计量点 pM_{sp} 附近，被滴定金属离子的 pM 发生突跃，要求指示剂能在此区间内发生颜色变化，并且在滴定终点时满足 $pM_{ep} \approx pM_{sp}$ 以减少误差。若金属离子 M 也有副反应，应使 $pM'_{ep} \approx pM'_{sp}$。因此，正确选择金属指示剂，必须求出指示剂 In 的变色点，使之落在被测金属离子的 pM 滴定突跃内。

$$M + In \Longrightarrow MIn, K'_{MIn} = \frac{[MIn]_{ep}}{[M]_{ep}[In]_{ep}}$$

$$K'_{MIn}[M]_{ep} = \frac{[MIn]_{ep}}{[In]_{ep}} \tag{5.38}$$

变色点：
$$[MIn]_{ep} = [In]_{ep}$$
$$pM_{ep} = \lg K'_{MIn} \tag{5.39}$$

金属指示剂是有机弱酸，存在酸效应，K'_{MIn} 随 pH 变化而变化。所以与酸碱指示剂不同的是，金属指示剂没有一个确定的变色点。根据式（5.37）可以计算出金属指示剂的变色点

$$pM_{ep} = \lg K_{MIn} - \lg \alpha_{In(H)} \tag{5.40}$$

根据 n 元弱酸的分布分数公式［式（5.2）］和酸效应公式［式（5.22）］，若将金属指示剂看做二元弱酸，其酸效应系数为

$$\alpha_{In(H)} = 1 + \frac{[H^+]}{K_{a2}} + \frac{[H^+]^2}{K_{a1}K_{a2}} \tag{5.41}$$

若将金属指示剂看做三元弱酸，其酸效应系数为

$$\alpha_{In(H)} = 1 + \frac{[H^+]}{K_{a3}} + \frac{[H^+]^2}{K_{a2}K_{a3}} + \frac{[H^+]^3}{K_{a1}K_{a2}K_{a3}} \tag{5.42}$$

4. 认识常用金属指示剂

1）铬黑 T

铬黑 T（eriochrome black T，EBT）即 1-(1-羟基-2-萘偶氮)-6-硝基-2-萘酚-4-磺

酸钠，是一种 NO_2 指示剂，其结构式如图 5.19 所示。

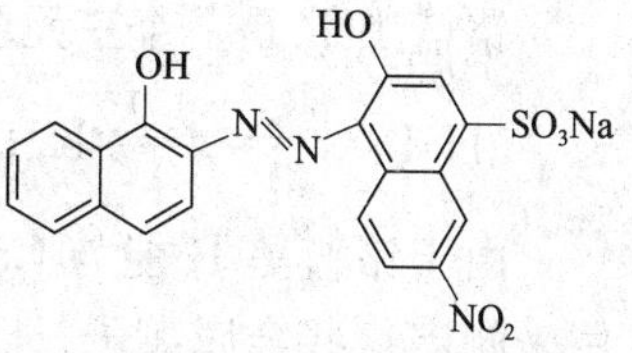

铬黑 T 为黑褐色粉末，略带金属光泽。水溶液不稳定，因此常将铬黑 T 与固体稀释剂 NaCl 混合，配制成固体指示剂使用。铬黑 T 溶于水后结合在磺酸根上的 Na^+ 全部电离，以阴离子 HIn^{2-} 形式存在于溶液中，在水溶液中是三元弱酸的离解平衡：

图 5.19　铬黑 T 的结构式

$$H_3In(红) \underset{pH<7}{\overset{pK_{a1}=3.9}{\rightleftharpoons}} H_2In^-(紫红) \underset{pH=9\sim10}{\overset{pK_{a2}=6.4}{\rightleftharpoons}} HIn^{2-}(蓝) \underset{pH>11}{\overset{pK_{a3}=11.5}{\rightleftharpoons}} In^{3-}(橙)$$

从铬黑 T 在水溶液的离解平衡可以看出，已知铬黑 T 能与许多金属离子形成红色配合物，但只有 pH 为 6.4～11.5 的蓝色才与红色配合物有区别，而 pH<7 或 pH>11 时，配合物颜色与指示剂颜色相似，不宜使用。所以实际上在 pH 为 7～11 时才可以用铬黑 T 来指示滴定终点，尤以 pH 为 9～10 最佳。

由于铬黑 T 能与二价金属配位，如图 5.20 所示，因此常常用来测定 Mg^{2+}、Zn^{2+}、Cd^{2+}、Pb^{2+}、Mn^{2+} 等金属离子。铬黑 T 与 Ca^{2+}、Mg^{2+}、Zn^{2+} 配位时变色点的 pM_t 如表 5.12 所示。

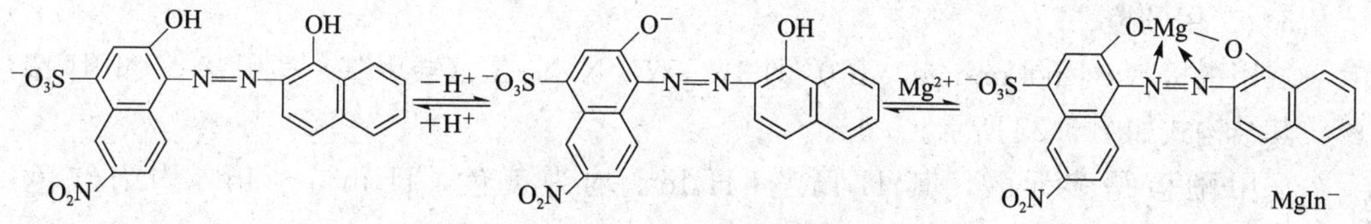

图 5.20　铬黑 T 与 Mg^{2+} 配位的结构式

表 5.12　铬黑 T 变色点的 pM_t

pH	6.0	7.0	8.0	9.0	10.0	11.0	12.0	13.0
pCa_t（至红）	—	0.8	1.8	2.8	3.8	4.7	5.3	5.4
pMg_t（至红）	1.0	2.4	3.4	4.4	5.4	6.3	6.9	7.0
pZn_t（至红）	6.9	8.3	9.3	10.5	12.2	13.9	—	—

注：pM_{ep} 是理论计算的指示剂变色点，pM_t 是实验观察到的指示剂变色点。

2) 钙指示剂

钙指示剂是一类 NN 指示剂，通常包括铬蓝黑 R（又名酸性铬蓝黑、茜素蓝黑、依来铬蓝黑 R）和钙羧酸指示剂两类，其结构式分别如图 5.21 和图 5.22 所示。3,3′-双（甲胺二乙酸）荧光素又称钙黄绿素，也是一种钙指示剂。

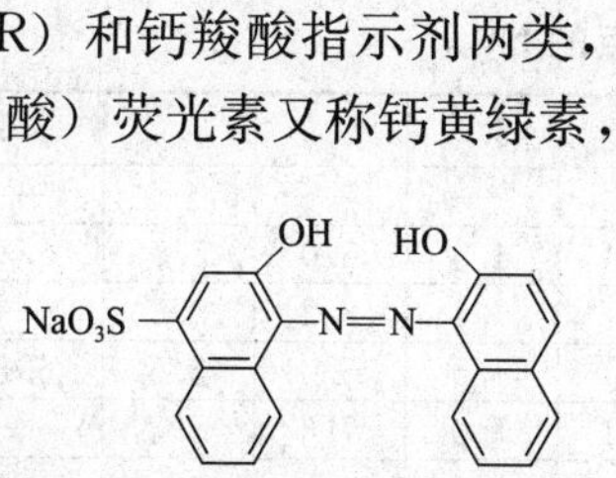

图 5.21　铬蓝黑 R 的结构式

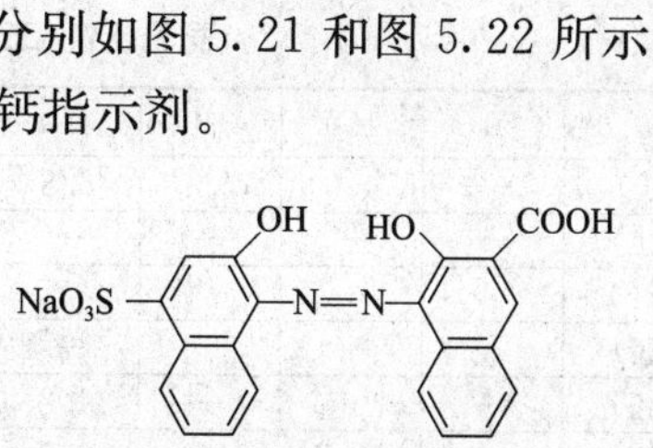

图 5.22　钙羧酸指示剂的结构式

铬蓝黑 R 是一个三元弱酸，在水溶液中的离解平衡为

$$H_3In \xrightarrow[\text{pH}<7.3]{\text{pK}_{a1}=1.0} H_2In^- （红） \xrightarrow[\text{pH}=8\sim13]{\text{pK}_{a2}=7.3} HIn^{2-} （蓝） \xrightarrow[\text{pH}>13.5]{\text{pK}_{a3}=13.5} In^{3-} （粉红）$$

由于铬蓝黑 R 能与 Ca^{2+}、Cu^{2+}、Mg^{2+}、Zn^{2+} 配位生成稳定的配合物，因此常常用来测定这些金属离子。

另一种常用的钙指示剂是钙羧酸指示剂（calconcarboxylic acid）。钙羧酸指示剂又称钙羧酸钠、钙红，学名为 2-羟基-1-（2-羟基-4-磺基-1-萘基偶氮）-3-萘甲酸钠，习惯上也被称为钙指示剂。钙羧酸指示剂是深棕色粉末，溶于乙二醇、乙醚、乙醇和丙酮，不溶于其他有机溶剂，溶于水为紫色，在水溶液中不稳定，通常与 NaCl 固体粉末配成混合物使用。当 pH=13 时，钙羧酸指示剂与 Ca^{2+} 形成红色配合物，可用于测定钙镁混合物中的钙，终点由红色变为蓝色，颜色变化敏锐。钙羧酸指示剂在水溶液中的离解平衡为

$$H_4In \xrightarrow{\text{pK}_{a1}=1\sim2} H_3In^- \xrightarrow[\text{pH}<9.3]{\text{pK}_{a2}=3.8} H_2In^- （红） \xrightarrow[\text{pH}=9\sim13]{\text{pK}_{a3}=9.26} HIn^{2-} （蓝）$$

$$\xrightarrow[\text{pH}>13.7]{\text{pK}_{a4}=13.67} In^{3-} （粉红）$$

3）二甲酚橙

二甲酚橙（xylenol orange，XO）即 3,3'-双 [N,N'-二（羧甲基）氨甲基]-邻甲酚磺酞，其结构式如图 5.23 所示。

二甲酚橙是多元酸，其 $H_7In^+ \sim H_3In^{3-}$ 均为黄色，$H_2In^{4-} \sim In^{6-}$ 均为红色，H_3In^{3-} 的离解平衡为

$$H_3In^{3-} （黄） \xrightarrow[\text{pH}<6.3]{\text{pK}_a=6.3} H^+ + H_2In^{4-} （红）$$

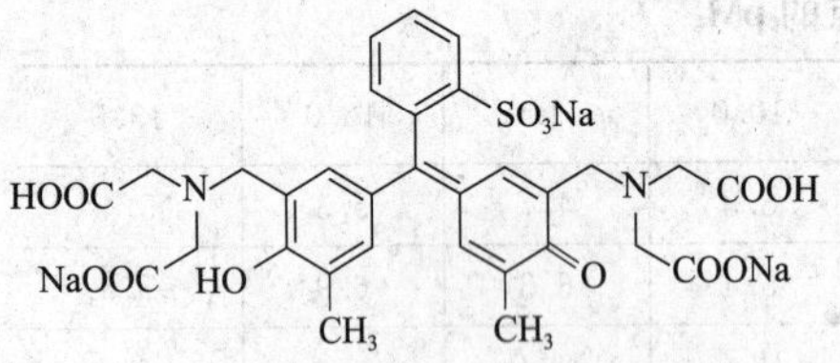

图 5.23　二甲酚橙的结构式

二甲酚橙与金属离子的配合物均为紫红色，由二甲酚橙的离解平衡可以看出，为了保证滴定终点由黄色到红色变色敏锐，二甲酚橙只能在 pH<6.3 的酸性溶液中使用。二甲酚橙可用于许多金属离子的滴定。例如，pH 为 1~2 时滴定 Bi^{3+}，pH 为 2.3~3.5 时滴定 Th^{4+}，pH为 5~6 时滴定 Pb^{2+}、Zn^{2+}、Cd^{2+}、Hg^{2+} 等。表 5.13 列出了由实验测得的二甲酚橙与某些金属离子配合物在不同 pH 时变色点的 pM_t。

表 5.13　二甲酚橙变色点的 pM_t

pH	0	1.0	2.0	3.0	4.0	4.5	5.0	5.5	6.0	6.5	7.0
pBi_t（至红）	—	4.0	5.4	6.8	—	—	—	—	—	—	—
pCd_t（至红）	—	—	—	—	—	4.0	4.5	5.0	5.5	6.3	6.8
pHg_t（至红）	—	—	—	—	—	—	7.4	8.2	9.0	—	—
pLa_t（至红）	—	—	—	—	—	4.0	4.5	5.0	5.6	6.7	—
pPb_t（至红）	—	—	—	4.2	4.8	6.2	7.0	7.6	8.2	—	—
pTh_t（至红）	—	3.6	4.9	6.3	—	—	—	—	—	—	—
pZn_t（至红）	—	—	—	—	—	4.1	4.8	5.7	6.5	7.3	8.0
pZr_t（至红）	7.5	—	—	—	—	—	—	—	—	—	—

4）PAN

PAN 通常指的是 α-PAN，即 1-（2-吡啶偶氮）-2-萘酚，其结构式如图 5.24 所示，与金属离子配位的结构式如图 5.25 所示。

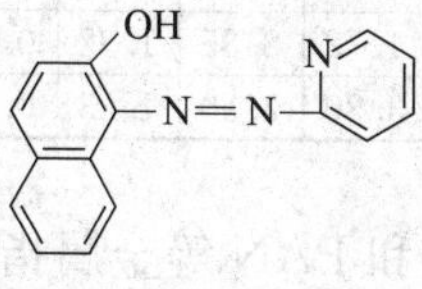

图 5.24　PAN 的结构式 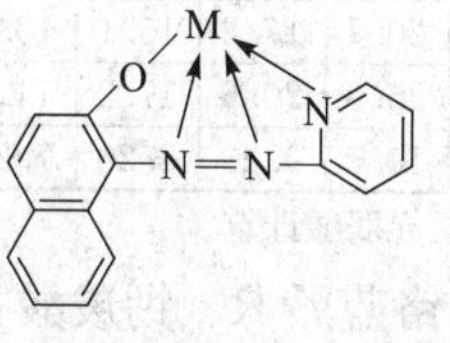　　　图 5.25　PAN 与金属离子配位的结构式

PAN 的杂环 N 原子能接受质子形成 H_2In^+，与金属离子的配合物均为红色。溶液中的离解平衡为

$$H_2In^+（黄绿）\underset{pH<2}{\overset{pK_a=1.9}{\rightleftharpoons}}HIn（黄）\underset{pH>12}{\overset{pK_a=12.2}{\rightleftharpoons}}In^-（淡红）$$

可见，PAN 的适用范围较广，在 pH 为 2～12 时都可以准确指示终点。由于 PAN 难溶于水，常配成乙醇溶液使用，主要用于测量 Cu^{2+}、Zn^{2+}、Cd^{2+}、In^{3+} 等金属离子。而这些离子与 PAN 生成的配合物的溶解度也较小，易形成沉淀或胶体溶液，使变色缓慢。为加快变色过程，可加入乙醇或将溶液适当加热。

实际工作中普遍采用 CuPAN 指示剂，即 CuY 和少许 PAN 组成的混合溶液，在大多数金属离子（包括一些与 PAN 配位不稳定或不显色的离子，如 Ca^{2+}）的滴定中都可以使用。将指示剂加至试液中，CuY、PAN 和被滴定的金属离子 M 之间发生如下置换反应：

加入指示剂：CuY（深蓝）＋PAN（黄）＋M ⇌ CuPAN（红）＋MY

EDTA 滴定：CuPAN（红）＋Y ⇌ CuY（深蓝）＋PAN（黄）

用 EDTA 滴定金属离子 M 至终点时，红色的 CuPAN 转化成 CuY 和黄色的 PAN，由于溶液中有深蓝色的 CuY 共存，实际颜色变化是由紫红色变为绿色。原先加入的 CuY 此时仍恢复为 CuY，故不影响测定结果。使用 CuPAN 指示剂时，先配制 0.025mol/L 的 CuY，每次取 2mL 左右加入试液，再加数滴 0.1% 的 PAN 乙醇溶液即可。表 5.14 列出了由实验测得的 PAN 与某些金属离子配合物在不同 pH 时变色点的 pM_t。

表 5.14　PAN 变色点的 pM_t

pH	3.0	4.0	5.0	6.0	7.0	8.0	9.0	10.0	11.0	12.0	13.0～14.0
pCo_t（至红）	2.8	3.8	4.8	5.8	6.8	7.8	8.8	9.8	10.8	11.6	12.0
pNi_t（至红）	3.5	4.5	6.0	7.9	9.9	11.9	13.9	15.9	17.9	19.5	20.3
pZn_t（至黄）	2.0	3.0	4.0	5.0	6.5	8.3	10.3	12.3	14.3	15.9	16.7

由于铬黑 T、铬蓝黑 R、钙羧酸指示剂、二甲酚橙和 PAN 等金属指示剂都是有机弱酸，除了变色点的 pM_t 与 pH 紧密相关外，副反应酸效应也与酸度有关。严格地，当使用铬黑 T 指示剂时，应该使用三元弱酸分布分数的倒数求出酸效应系数。但为了简化计算过程，一般也可以将指示剂当作二元弱酸来处理。表 5.15 列出了五种金属指示剂的酸效应系数。

表 5.15　5 种金属指示剂的酸效应系数

pH	1.0	2.0	3.0	4.0	5.0	6.0	7.0	8.0	9.0	10.0	11.0	12.0	13.0	14.0
$\lg\alpha_{EBT(H)}$	15.9	13.9	11.9	9.9	7.92	6.06	4.70	3.51	2.50	1.51	0.62	0.12	0.01	
$\lg\alpha_{铬蓝黑R(H)}$	18.8	16.8	14.8	12.8	10.8	8.82	6.98	5.58	4.51	3.50	2.50	1.51	0.61	
$\lg\alpha_{钙羧酸(H)}$	23.7	20.7	17.8	15.1	13.0	10.9	8.93	6.95	5.12	3.44	2.68	1.68	0.75	0.1
$\lg\alpha_{XO(H)}$	29.9	25.0	20.6	17.2	14.1	11.3	8.80	5.70	4.72	2.85	1.32	0.48	0.08	
$\lg\alpha_{PAN(H)}$	12.3	10.5	9.23	8.20	7.20	6.20	5.20	4.20	3.20	2.20	1.23	0.41	0.06	

注：酸效应系数以二元弱酸计算。

上述铬黑 T、铬蓝黑 R、钙羧酸指示剂、二甲酚橙和 PAN 等金属指示剂可以与多种金属离子配位形成稳定的配合物，这些配合物的稳定常数如表 5.16 所示。

表 5.16　金属指示剂与金属离子配位的稳定常数

金属指示剂 ＼ 金属离子	Ba²⁺	Ca²⁺	Cd²⁺	Co²⁺	Cu²⁺	Mg²⁺	Mo²⁺	Pb²⁺	Zn²⁺
铬黑 T $\lg K_1$	3.0	5.4*	12.74	20.0	21.38	7.0*	9.6	13.19	12.9
铬黑 T $\lg K_2$							8.0		7.1

金属指示剂 ＼ 金属离子	Ca²⁺	Cu²⁺	Cu(OH)L	Mg²⁺	Zn²⁺	Zn(OH)L	—	—	—
铬蓝黑 R $\lg K_1$	5.25	21.2	4	7.65	12.5	16.4	—	—	—

金属指示剂 ＼ 金属离子	Ca²⁺
钙羧酸 $\lg K_1$	5.85

金属指示剂 ＼ 金属离子	Bi³⁺	Fe³⁺	Tl³⁺	Nb³⁺	Ni²⁺	Hf⁴⁺	Cd²⁺	Zn²⁺	Zr⁴⁺
pH	1	1.3	2.2	2.5	3.0	9.5	—		
XO $\lg K_1$	5.5	5.7	4.9	6.7	4.8	6.51	3.78*	6.1	7.6

金属指示剂 ＼ 金属离子	Co²⁺	Cu²⁺	Eu³⁺	Ho³⁺	Mn²⁺	Tl³⁺	Zn²⁺		
PAN $\lg K_1$	12.15	12.5*	12.39	12.76	—	2.3	12.7		
PAN $\lg K_2$	12.01	—	11.41	11.60	15.3		11.8		
PAN $\lg K_3$	—	—	10.42	10.44					
PAN $\lg K_4$			9.45	9.28					

注：① 铬黑 T 指示剂 $t=20℃$，离子强度 $I=0.3M$ NaClO₄。* 表示 $t=18\sim22℃$，$I=0.02M$。
② 铬蓝黑 R 指示剂 $t=25℃$，离子强度 $I=0.1M$。
③ 钙羧酸指示剂 $t=24℃$，离子强度 $I=0.1M$ KCl。
④ 二甲酚橙指示剂 $t=20℃$，离子强度 $I=0.2M$。* 表示 $t=25℃$，离子强度 $I=0.2M$ HNO₃。
⑤ PAN 指示剂 $t=18\sim22℃$，离子强度 $I=0.05M$。* 表示 $t=29\sim33℃$，离子强度 $I=0.1M$ NaClO₄。

除了铬黑 T、钙指示剂、二甲酚橙和 PAN 等指示剂外，其他常用金属指示剂见附录 4。

5.2.11　根据所选指示剂判断无副反应配位滴定误差

1. 配位滴定林邦误差公式

与酸碱滴定误差类似，配位滴定终点误差也由指示剂变色点与化学计量点不重合引起。配位滴定误差是一种系统误差，不包括滴定过程中所引起的随机误差。

设 $\Delta pM' = pM'_{ep} - pM'_{sp} = -\lg \dfrac{[M']_{ep}}{[M']_{sp}}$，则 $[M']_{ep} = [M']_{sp} \times 10^{-\Delta pM'}$，同理 $[Y']_{ep} = [Y']_{sp} \times 10^{-\Delta pY'}$。

化学计量点时，$K'^{sp}_{MY} \approx K'^{ep}_{MY}$，且 $[MY]_{sp} \approx [MY]_{ep}$，$[M']_{sp} = [Y']_{sp} = \sqrt{\dfrac{c^{sp}_{M}}{K'_{MY}}}$，则

$$K'^{sp}_{MY} = \frac{[MY]_{sp}}{[M']_{sp}[Y']_{sp}} \approx K'^{ep}_{MY} = \frac{[MY]_{ep}}{[M']_{ep}[Y']_{ep}}$$

$$\frac{[M']_{ep}}{[M']_{sp}} = \frac{[Y']_{sp}}{[Y']_{ep}}$$

$$-\lg \frac{[M']_{ep}}{[M']_{sp}} = -\lg \frac{[Y']_{sp}}{[Y']_{ep}}$$

$$pM'_{ep} - pM'_{sp} = pY'_{sp} - pY'_{ep}$$

$$\Delta pM' = -\Delta pY'$$

$$E_t = \frac{[Y']_{ep} - [M']_{ep}}{c^{sp}_{M}} = \frac{\sqrt{\dfrac{c^{sp}_{M}}{K'_{MY}}} \times 10^{\Delta pM'} - \sqrt{\dfrac{c^{sp}_{M}}{K'_{MY}}} \times 10^{-\Delta pM'}}{c^{sp}_{M}}$$

$$E_t = \frac{10^{\Delta pM'} - 10^{-\Delta pM'}}{\sqrt{K'_{MY} c^{sp}_{M}}} \times 100\% \tag{5.43}$$

为了简化计算，令 $f = 10^{\Delta pM'} - 10^{-\Delta pM'}$，则

$$E_t = \frac{f}{\sqrt{K'_{MY} c^{sp}_{M}}} \times 100\% \tag{5.44}$$

利用式（5.44）计算时，f 可以查表 5.17 求出。

表 5.17 林邦滴定误差 f 换算表

f $\diagdown$ ΔpM / ΔpM	0.000	0.01	0.02	0.03	0.04	0.05	0.06	0.07	0.08	0.09
0.00	0.000	0.046	0.092	0.138	0.184	0.231	0.277	0.324	0.371	0.417
0.10	0.465	0.512	0.560	0.608	0.656	0.705	0.754	0.803	0.853	0.903
0.20	0.954	1.01	1.06	1.11	1.16	1.22	1.28	1.33	1.38	1.44
0.30	1.49	1.55	1.61	1.67	1.73	1.79	1.85	1.92	1.98	2.05
0.40	2.11	2.18	2.25	2.32	2.39	2.46	2.54	2.61	2.69	2.77
0.50	2.85	2.93	3.01	3.09	3.18	3.27	3.36	3.45	3.54	3.63
0.60	3.73	3.83	3.93	4.03	4.14	4.24	4.35	4.46	4.58	4.69
0.70	4.81	4.93	5.06	5.18	5.31	5.45	5.58	5.72	5.86	6.00
0.80	6.15	6.30	6.46	6.61	6.77	6.94	7.11	7.28	7.45	7.63
0.90	7.82	8.01	8.20	8.39	8.60	8.80	9.01	9.23	9.45	9.67
1.00	9.90	10.1	10.4	10.6	10.9	11.1	11.4	11.7	11.9	12.2
1.10	12.5	12.8	13.1	13.4	13.7	14.1	14.4	14.7	15.1	15.4
1.20	15.8	16.2	16.5	16.9	17.3	17.7	18.1	18.6	19.0	19.5
1.30	19.9	20.4	20.9	21.3	21.8	22.3	22.9	23.4	24.0	24.5
1.40	25.1	25.7	26.3	26.9	27.5	28.2	28.8	29.5	30.2	30.9
1.50	31.6	32.3	33.1	33.9	34.6	35.5	36.3	37.1	38.0	38.9

2. 示例计算无副反应配位滴定误差

无副反应的配位滴定模式是指配位金属离子或 EDTA 均无副反应，指示剂有可能无副反应，也有可能有副反应。要计算终点误差，首先要使用配位滴定法林邦误差公式，即式（5.43）。

在林邦误差公式中，存在 $\Delta pM'$、K'_{MY}、c_M^{sp} 等未知量，用表 5.18 理清求解思路。

表 5.18　林邦误差公式中的未知量求解思路

求解 ＼ 未知	c_M^{sp}	K'_{MY}			$\Delta pM'$	
第一步	$c_M/2$	$\lg K'_{MY} = \lg K_{MY} - \lg\alpha_Y - \lg\alpha_M + \lg\alpha_{MY}\,(\lg\alpha_{MY}=0)$			$\Delta pM' = pM'_{ep} - pM'_{sp}$	
第二步	—	$\lg K_{MY}$ 查表	$\alpha_Y = \alpha_{Y(H)} + \alpha_{Y(N)} - 1$	$\alpha_M = \alpha_{M(OH)} + \alpha_{M(L)} - 1$	$pM'_{ep} = \lg K'_{MIn}$	$pM'_{sp} = -\lg\sqrt{\dfrac{\frac{c_M^{sp}}{2}}{K'_{MY}}}$
第三步	—	—	$\alpha_{Y(N)} = 1 + K_{NY}[N]$	$\alpha_{M(L)} = 1 + \beta_1[L] + \cdots + \beta_n[L]^n$	$\lg K'_{MIn} = \lg K_{MIn} - \lg\alpha_{In(H)}$	—
第四步	—	—	$\lg\alpha_{Y(H)}$ 查表或计算	$\lg\alpha_{M(OH)}$ 查表或计算	$\lg K_{MIn}$ 查表	—
第五步	—	—	—	—	$\alpha_{In(H)} = 1 + \dfrac{[H^+]}{K_{a2}} + \dfrac{[H^+]^2}{K_{a2}K_{a1}}$	—

【例 5.8】　在 pH=12.5 的强碱介质中，使用钙羧酸指示剂，以 0.020 00mol/L 的 EDTA 标准溶液滴定 20.00mL 同浓度 Ca^{2+} 溶液时，计算终点误差。已知：$\lg K_{CaY} = 10.69$，钙羧酸指示剂的 $pK_{a3}=9.26$，$pK_{a4}=13.67$。

解　首先判断有无副反应及副反应系数。忽略 α_{MHY}、α_{MOHY}，体系可能有 $\alpha_{Y(H)}$、$\alpha_{Y(N)}$、$\alpha_{M(OH)}$、$\alpha_{M(L)}$ 和 $\alpha_{In(H)}$。

由于只有一种配位剂，因此无配位效应，$\lg\alpha_{M(L)}=0$。

由于没有共存金属离子，因此无共存离子效应，$\lg\alpha_{Y(N)}=0$。

$$Ca^{2+} + H_2Y^{2-} \Longrightarrow CaY^{2-} + 2H^+$$

假设 EDTA 标准溶液对 Ca^{2+} 溶液的 pH 无影响，化学计量点时

$$[OH^-] = \frac{(10^{-14.0+12.5}) \times 20.00}{20.00 + 20.00}$$

$$\approx 0.015(mol/L), pH \approx 12.1$$

查表 5.6，pH 由 12.5 下降到 12.1，$\lg\alpha_{Y(H)} < 0.01$，无 EDTA 的酸效应。

查表 5.7，pH=12.1 时，$\lg\alpha_{Ca(OH)} < 0.3$，无羟基配位效应。

本例题可视为金属离子和 EDTA 均无副反应滴定体系。

$$Ca + Y \Longrightarrow CaY$$

$$\lg K'_{CaY} = \lg K_{CaY} - \lg\alpha_{Y(H)} = 10.69$$

$$[Ca^{2+}]_{sp} = \sqrt{\frac{\frac{c_{Ca^{2+}}}{2}}{K'_{MgY}}} = \sqrt{\frac{\frac{0.020}{2}}{10^{10.69}}} \approx 1.0 \times 10^{-6.34}(mol/L), \quad pCa_{sp} = 6.34$$

$$Ca + In \rightleftharpoons CaIn$$

查表 5.16，$\lg K_{CaIn} = 5.85$。

pH = 12.1 时将钙羧酸指示剂看做二元弱酸 [式（5.41）]，计算酸效应系数。

$$\alpha_{In(H)} = 1 + \frac{[H^+]}{K_{a2}} + \frac{[H^+]^2}{K_{a1}K_{a2}} = 1 + \frac{10^{-12.1}}{10^{-13.67}} + \frac{10^{-12.1 \times 2}}{10^{-9.26} \cdot 10^{-13.67}}$$

$$= 1 + 10^{1.57} + 10^{-1.27} \approx 1 + 39.8 = 40.8$$

$$\lg\alpha_{In(H)} \approx 1.61$$

或查表 5.15 得钙羧酸指示剂的酸效应系数。

$$\lg K'_{CaIn} = \lg K_{CaIn} - \lg\alpha_{In(H)} = 5.85 - 1.61 = 4.24$$

$$pCa_{ep} = \lg K'_{CaIn} = 4.24$$

$$\Delta pCa = pCa_{ep} - pCa_{sp} = 4.24 - 6.34 = -2.10$$

$$E_t = \frac{10^{\Delta pM'} - 10^{-\Delta pM'}}{\sqrt{K'_{MY}c_M^{sp}}} \times 100\% = \frac{10^{-2.10} - 10^{2.10}}{\sqrt{10^{10.69} \times \dfrac{0.020}{2}}} \times 100\%$$

$$\approx \frac{-10^{2.10}}{1.0 \times 10^{4.34}} \times 100\%$$

$$\approx -0.58\%$$

答：在 pH = 12.5 的强碱介质中，使用钙羧酸指示剂，以 0.020 00mol/L 的 EDTA 标准溶液滴定 20.00mL 同浓度 Ca^{2+} 溶液时，终点误差为 −0.58%。所以在 pH = 12.5 时可以用钙羧酸指示剂单独滴定 Ca^{2+}。在同样的条件下，若选用铬黑 T 指示剂，可以用例 5.8 的方法算出滴定误差为 0.040%。虽然滴定误差比使用钙羧酸指示剂还要低，但由于 pH > 11 时铬黑 T 本身为红色，与 Ca^{2+} 结合后生成的配合物也为红色，变色不明显，因此不能用于测定 Ca^{2+}。

任务 5.3　有副反应的配位滴定模式

 任务分析

　　本任务要完成测定自来水总硬度的实验。水的硬度是指溶解在水中的盐类物质的含量，即水中碱土金属总浓度。碱土金属是周期表中 ⅡA 族元素，包括 Be、Mg、Ca、Sr、Ba、Ra。水的总硬度约等于 Ca、Mg 离子总浓度。我国采用两种方法表示钙硬度：一种是以每升水中所含 $CaCO_3$ 的质量（mg/L 或 mmol/L）表示，另一种是以每升水中含 10mg CaO 为 1°d 表示。通常根据硬度的大小，把水分成硬水与软水：8°d 以下为软水，8°d∼16°d 为中硬水，16°d 以上为硬水，30°d 以上为极硬水。硬度又分为暂时性硬度和永久性硬度。由于水中含有重质碳酸钙与重质碳酸镁而形成的硬度，经煮沸后可以去除，这种硬度称为暂时性硬度，又称碳酸盐硬度；水中含硫酸钙和硫酸镁等盐类物质而形成的硬度，经煮沸后也不能去除，称为永久性硬度。以上暂时性和永久性两种硬度合称为总硬度。水质分类如表 5.19 所示。

表 5.19　水质分类

总硬度/d	0～4	4～8	8～16	16～25	25～40	40～60	60 以上
水质	很软水	软水	中硬水	硬水	高硬水	超硬水	特硬水

　　GB 5749—2006《生活饮用水卫生标准》中规定，水的总硬度不得超过 $25°d$。如果硬度过大，饮用后对人体健康与日常生活有一定的影响。如果不是经常饮用硬水的人偶尔饮用了硬水，会造成肠胃功能紊乱，即所谓的"水土不服"；如果用硬水烹调鱼肉、蔬菜，就会因不易煮熟而破坏或降低营养价值；用硬水泡茶会改变茶的色、香、味而降低饮用乐趣；用硬水做豆腐不仅会使产量降低，而且会影响豆腐的营养成分；酿酒的水其硬度不得超过 $4°$，否则酒质浑浊，酒味也会受到影响。我国地域辽阔，各地水质软硬度也程度不一，但总地来说，高原山区水质一般硬度偏高，平原与沿海地区的水质硬度偏低。

　　硬水软化的方法有以下三种。

1. 煮沸法

　　煮沸法只适用于暂时硬水。重质碳酸钙和重质碳酸镁煮沸后生成 $CaCO_3$ 和 $MgCO_3$。由于 $CaCO_3$ 不溶，$MgCO_3$ 微溶，因此 $MgCO_3$ 在进一步加热的条件下还可以与水反应生成更难溶的 $Mg(OH)_2$。由此可见水垢的主要成分为 $CaCO_3$ 和 $Mg(OH)_2$。饮用水一般可用煮沸法使其变软。

$$Ca(HCO_3)_2 \Longrightarrow CaCO_3 \downarrow + H_2O + CO_2 \uparrow$$
$$Mg(HCO_3)_2 \Longrightarrow MgCO_3 \downarrow + H_2O + CO_2 \uparrow$$
$$MgCO_3 + H_2O \Longrightarrow Mg(OH)_2 \downarrow + CO_2 \uparrow$$

2. 石灰-纯碱法

　　在石灰-纯碱法（工业用）中，暂时硬度加入石灰就可以完全消除，HCO_3^- 都被转化成 CO_3^{2-}。而镁的永久硬度在石灰的作用下会转化为等物质的量的钙的硬度，最后被去除。反应过程中，镁都是以 $Mg(OH)_2$ 的形式沉淀，而钙都是以 $CaCO_3$ 的形式沉淀。

3. 离子交换法

　　离子交换法中用到的离子交换剂有无机和有机两种。无机离子交换剂如沸石，有机离子交换剂包括磺化酶等碳质离子交换剂、阴阳离子交换树脂等。一般的离子交换剂在失效后还可以再生。

　　本任务在完成自来水总硬度实验的基础上，重点是掌握配合物的离解平衡，通过计算稳定常数和条件稳定常数，求出有副反应的配位滴定模式下金属离子 M 的浓度，做出配位滴定曲线，且要自己选择金属指示剂判定滴定终点，最后用林邦误差公式判断所选指示剂是否正确。需要注意的是，有副反应的配位滴定模式是指配位金属离子有副反应，或 EDTA 有副反应，或两者均有副反应。指示剂有可能无副反应，也有可能有副反应。

任务实施

5.3.1　测定自来水总硬度

1. 实验目的

(1) 掌握用配位滴定法直接测定自来水总硬度的原理和方法。

(2) 掌握自来水总硬度的表示方法。

(3) 掌握金属指示剂的应用条件。

(4) 巩固 3σ 检验法检验异常值的方法。

(5) 巩固精密度和准确度的计算方法。

2. 实验原理

1) 用三乙醇胺掩蔽 Fe^{3+}、Al^{3+} 等共存离子

三乙醇胺是金属离子螯合剂，可以用于掩蔽 Fe^{3+}、Al^{3+} 等三价金属离子。三乙醇胺本身呈弱碱性（$K_b = 5.8 \times 10^{-7}$），加入过多，可能消耗显弱酸性的 EDTA（$K_{a1} = 10^{-0.9}$）。直接加入三乙醇胺会导致 Fe^{3+}、Al^{3+} 发生双水解反应生成 Fe_2O_3 和 Al_2O_3 沉淀，失去掩蔽作用，因此三乙醇胺作为掩蔽剂应控制在酸性条件下。基于上述两点，用三乙醇胺作为掩蔽剂时加入量要少，且控制溶液在酸性条件。

$$HO\diagdown\diagup N\diagdown\diagup OH \quad + Al^{3+} \;=\!=\; N\diagup\!\!\!\diagdown\!\!\!\diagup\!\!\!\diagdown Al$$

除了三乙醇胺能掩蔽 Fe^{3+}、Al^{3+}，由于 CN^- 能与 Fe^{3+} 形成稳定的配合物，还能用 CN^- 掩蔽 Fe^{3+}。抗坏血酸或盐酸羟胺只能将 Fe^{3+} 还原为 Fe^{2+}，而 FeY^{2-} 的稳定性（$\lg K_{FeY^{2-}} = 14.32$）仍远远大于 CaY（$\lg K_{CaY} = 10.69$）和 MgY（$\lg K_{MgY} = 8.7$），Fe^{2+} 仍严重干扰 Ca^{2+}、Mg^{2+} 的测定，故抗血酸或盐酸羟胺不能用于掩蔽 Fe^{3+}。

2) 水的总硬度测定

用 NH_3-NH_4Cl 缓冲溶液控制水样 pH=10，以铬黑 T 为指示剂，用三乙醇胺掩蔽 Fe^{3+}、Al^{3+} 等共存离子，用 Na_2S 消除 Cu^{2+}、Pb^{2+} 等离子的影响，用 EDTA 标准溶液直接滴定 Ca^{2+} 和 Mg^{2+}，终点时溶液由红色变为纯蓝色。

第一步：根据 $\lg K_{CaY} > \lg K_{MgY}$，$Ca^{2+}$ 先被滴定，Mg^{2+} 后被滴定。由于 $\lg K_{CaEBT} < \lg K_{MgEBT}$，配合物 MgEBT 更稳定，后变色，因此在溶液中先被滴定的是 Ca^{2+}，最后变色的是 MgEBT，滴定的是 Ca^{2+} 和 Mg^{2+} 的总量。

Ca^{2+}（无色）　　　　　　　CaEBT（紫红）　　　　　CaY＋EBT（蓝）

　　　　$\xrightarrow[\text{EBT}\lg K_{MgEBT} = 7.0]{\text{EBT}\lg K_{CaEBT} = 5.4}$　　　　　$\xrightarrow[\lg K_{MgY} = 8.7]{\lg K_{CaY} = 10.69}$

Mg^{2+}（无色）　　　　　　　MgEBT（紫红）　　　　　MgY＋EBT（蓝）

第二步：用 NaOH 调节 pH＝12，将 Mg^{2+} 沉淀后，加入钙指示剂。用 EDTA 标准溶液滴定 Ca^{2+} 总量（任务 5.2）。

$$Ca^{2+}（无色）\qquad\qquad\qquad Ca(OH)_2（微溶）\qquad\qquad\qquad CaY＋EBT（蓝）$$

$$\xrightarrow[pK_{sp\ Mg(OH)_2}=10.74]{\substack{NaOH\\ pH>12}}\qquad\qquad \xrightarrow[lgK_{CaY}=10.69]{EDTA}$$

$$Mg^{2+}（无色）\qquad\qquad\qquad Mg(OH)_2\downarrow$$

第三步：用第一步滴定消耗的 EDTA 减去第二步滴定消耗的 EDTA 的物质的量，就是 Mg^{2+} 总量。

3. 试剂

水试样（自来水）；EDTA 标准溶液（任务 5.1）；pH＝10 的 NH_3-NH_4Cl 缓冲溶液（任务 5.1）；铬黑 T 指示剂（任务 5.1）；HCl（A.R.，1＋1）；三乙醇胺（A.R.，200g/L）；Na_2S（A.R.，20g/L）；一级水；刚果红试纸（pH 为 3.0～5.2，蓝紫色～红色）。

4. 仪器

分析天平（0.1mg）；移液管（10mL×1，25mL×1，50mL×1）；酸式滴定管（50mL×1）；烧杯（500mL×1，250mL×3）；锥形瓶（250mL×6）；量筒（10mL×1，25mL×1，50mL×1）；白滴瓶（60mL×3）；试剂瓶（500mL×1）。

5. 实验步骤

1）总硬度的测定

用移液管移取水试样 100.00mL，置于 250mL 锥形瓶中，加入 1～2 滴盐酸酸化（用刚果红试纸检验变为蓝紫色），煮沸数分钟赶除 CO_2，将可能含有的 $Ca(HCO_3)_2$ 全部转化为 $CaCl_2$。冷却至 40～50℃，加入 3mL 三乙醇胺溶液、5mL NH_3-NH_4Cl 缓冲溶液、1mL Na_2S 溶液、三滴铬黑 T 指示剂，立即用 0.020 00mol/L 的 EDTA 标准溶液滴定。终点前用锥形瓶内壁将滴定管尖嘴处半滴靠下，再用洗瓶冲洗瓶壁，反复操作至溶液呈蓝黑色，静置 30s 不退色，即为终点。记录消耗 EDTA 标准溶液的体积读数 V_1。做六次平行实验。

2）空白实验

加入一级水 100mL 于 250mL 锥形瓶中，加入 1～2 滴盐酸酸化（用刚果红试纸检验变为蓝紫色），煮沸数分钟赶除 CO_2，将可能含有的 $Ca(HCO_3)_2$ 全部转化为 $CaCl_2$。冷却至 40～50℃，加入 3mL 三乙醇胺溶液、5mL NH_3-NH_4Cl 缓冲溶液、1mL Na_2S 溶液、三滴铬黑 T 指示剂溶液，立即用 0.020 00mol/L 的 EDTA 标准溶液滴定至蓝黑色，保持 30s 不退色，即为终点，记录消耗 EDTA 标准溶液的体积读数 V_2。

6. 原始记录

测量自来水总硬度原始记录表如表 5.20 所示。

表 5. 20 测量自来水总硬度原始记录表

日期：_____ 天平编号：_____

样品编号	1#	2#	3#	4#	5#	6#
取水样体积初读数/mL						
取水样体积终读数/mL						
取水样体积/mL						
总硬度消耗 EDTA 标准溶液初读数/mL						
总硬度消耗 EDTA 标准溶液终读数/mL						
总硬度消耗 EDTA 标准溶液体积/mL						
总硬度空白实验消耗 EDTA 标准溶液体积/mL						

7. 结果计算

由于 EDTA 和金属离子 Ca^{2+}、Mg^{2+} 的反应均为 1：1 的化学计量关系，由任务 5.2、任务 5.3 中相关数据可计算出自来水中总硬度和镁硬度。我国采用两种方法表示硬度：一种是以每升水中所含 $CaCO_3$ 的质量（mg/L 或 mmol/L）表示

$$总硬度 = \frac{c_{EDTA}(V_1 - V_2)M_{CaCO_3}}{V_0} \times 10^3 \qquad (5.45)$$

另一种是以每升水中含 10mg CaO 为 1°表示

$$总硬度 = \frac{c_{EDTA}(V_1 - V_2)M_{CaO}}{10V_0} \times 10^3 \qquad (5.46)$$

$$镁硬度 = 总硬度 - 钙硬度 \qquad (5.47)$$

式中，自来水总硬度、镁总硬——mg/L；

c_{EDTA}——EDTA 标准溶液的浓度，mol/L；

M_{CaCO_3}——$CaCO_3$ 的摩尔质量，g/mol；

M_{CaO}——CaO 的摩尔质量，g/mol；

V_0——自来水水样的体积，mL；

V_1、V_2——测定总硬度时消耗 EDTA 标准溶液和空白实验体积，mL。

所有滴定管读数均需校准。

8. 注意事项

（1）滴定速度不能过快，接近终点时要慢，以免滴定过量。

（2）加入 Na_2S 后，若生成的沉淀较多，将沉淀过滤。

9. 思考题

（1）测定硬度时为什么要先加入盐酸酸化溶液？

（2）根据本实验分析结果，评价该水试样的水质。

（3）以测定 Mg^{2+} 为例，写出终点前后的各反应式。说明指示剂颜色变化的原因。

（4）若本实验中仅有 Ca^{2+}，能否用铬黑 T 指示剂准确滴定？

知识平台

5.3.2　计算有副反应模式下金属离子浓度

【例 5.9】 在 pH＝10.0 的氨性缓冲溶液中（忽略氨的配位效应），用铬黑 T 作为指示剂，以 0.020 00mol/L 的 EDTA 标准溶液滴定 20.00mL 同浓度 Ca^{2+} 溶液时，求 pCa 的变化情况。已知：$\lg K_{CaY}=10.69$。

解　忽略 α_{MHY}、α_{MOHY}，体系可能有 $\alpha_{Y(H)}$、$\alpha_{Y(N)}$、$\alpha_{M(OH)}$、$\alpha_{M(L)}$。

由于忽略氨的配位效应后只有一种配位剂，因此无配位效应，$\lg\alpha_{M(L)}=0$。

由于没有共存金属离子，因此无共存离子效应，$\lg\alpha_{Y(N)}=0$。

$$Ca^{2+}+H_2Y^{2-}\Longrightarrow CaY^{2-}+2H^+$$

虽然 EDTA 与 Ca^{2+} 反应会生成 H^+，但由于使用了缓冲溶液，化学计量点时 pH＝10。

查表 5.6，pH＝10 时，$\lg\alpha_{Y(H)}=0.45$，EDTA 有酸效应。

查表 5.7，pH＝10 时，$\lg\alpha_{Ca(OH)}<0.3$，无羟基配位效应。

本例题可视为 EDTA 有酸效应的滴定体系。

$$\lg K'_{CaY}=\lg K_{CaY}-\lg\alpha_{Y(H)}=10.69-0.45=10.24$$

当滴定分数 $T=0.0\%$ 时，未滴入 EDTA 标准溶液：

$$[Ca^{2+}]=c_{Ca^{2+}}=0.020mol/L,\quad pCa\approx1.70$$

当滴定分数 $T=99.9\%$ 时，滴入 EDTA 标准溶液 19.98mL，此时 Ca^{2+} 过量 0.02mL：

$$[Ca^{2+}]=\frac{0.020\times0.02}{20.00+19.98}\approx1.0\times10^{-5}(mol/L),\quad pCa=5.00$$

当滴定分数 $T=100.0\%$ 时，滴入 EDTA 标准溶液 20.00mL，Ca^{2+} 和 EDTA 都刚好反应完全

$$[Ca^{2+}]_{sp}=[Y]_{sp},[CaY]=\frac{c_{Ca^{2+}}}{2}$$

$$K'_{CaY}=\frac{[CaY]}{[Ca^{2+}][Y]}=\frac{\dfrac{c_{Ca^{2+}}}{2}}{[Ca^{2+}]^2_{sp}}$$

$$[Ca^{2+}]_{sp}=\sqrt{\frac{c_{Ca^{2+}}}{2K'_{CaY}}}=\sqrt{\frac{0.020}{2\times10^{10.24}}}=1.0\times10^{-6.12}(mol/L),\quad pCa=6.12$$

当滴定分数 $T=100.1\%$ 时，滴入 EDTA 标准溶液 20.02mL，此时 EDTA 过量 0.02mL：

$$[Y]=\frac{0.020\,00\times0.02}{20.00+20.02}\approx1.0\times10^{-5}(mol/L)$$

$$[Ca^{2+}]=\frac{[CaY]}{K'_{CaY}[Y]}=\frac{\dfrac{0.020\,00\times20.00}{20.00+20.00}}{10^{10.24}\times\dfrac{0.020\,00\times0.02}{20.00+20.02}}$$

$$\approx\frac{20.00}{10^{10.24}\times0.02}\approx5.8\times10^{-8}(mol/L)$$

$$pCa \approx 7.24$$

答：在 pH=10.0 的氨性缓冲溶液中，用铬黑 T 作为指示剂，以 0.020 00mol/L 的 EDTA 标准溶液滴定 20.00mL 同浓度 Ca^{2+} 溶液时，pCa 化学计量点是 6.12，滴定突跃是 5.00～7.24。

【例 5.10】 在 pH=10.0 的氨性缓冲溶液中（忽略氨的配位效应），用铬黑 T 作为指示剂，以 0.020 00mol/L 的 EDTA 标准溶液滴定 20.00mL 同浓度 Mg^{2+} 溶液时，求 pMg 的变化情况。已知：$\lg K_{MgY}=8.7$。

解 与例 5.9 相同，查表 5.6，pH=10 时，$\lg\alpha_{Y(H)}=0.45$，EDTA 有酸效应。

$$\lg K'_{MgY} = \lg K_{MgY} - \lg\alpha_{Y(H)} = 8.7 - 0.45 \approx 8.3$$

当滴定分数 $T=0.0\%$ 时，未滴入 EDTA 标准溶液：

$$[Mg^{2+}] = c_{Mg^{2+}} = 0.020(mol/L) \quad pMg \approx 1.70$$

当滴定分数 $T=99.9\%$ 时，滴入 EDTA 标准溶液 19.98mL，此时 Mg^{2+} 过量 0.02mL：

$$[Mg^{2+}] = \frac{0.020 \times 0.02}{20.00 + 19.98} \approx 1.0 \times 10^{-5}(mol/L), \quad pMg = 5.00$$

当滴定分数 $T=100.0\%$ 时，滴入 EDTA 标准溶液 20.00mL，Mg^{2+} 和 EDTA 都刚好反应完全

$$[Mg^{2+}]_{sp} = [Y]_{sp}, \quad [MgY] = \frac{c_{Mg^{2+}}}{2}$$

$$K'_{MgY} = \frac{[MgY]}{[Mg^{2+}][Y]} = \frac{\frac{c_{Mg^{2+}}}{2}}{[Mg^{2+}]^2_{sp}}$$

$$[Mg^{2+}]_{sp} = \sqrt{\frac{c_{Mg^{2+}}}{2K'_{MgY}}} = \sqrt{\frac{0.020}{2 \times 10^{8.3}}} \approx 7.1 \times 10^{-6}(mol/L), \quad pMg \approx 5.15$$

当滴定分数 $T=100.1\%$ 时，滴入 EDTA 标准溶液 20.02mL，此时 EDTA 过量 0.02mL：

$$[Y] = \frac{0.020\,00 \times 0.02}{20.00 + 20.02} \approx 1.0 \times 10^{-5}(mol/L)$$

$$[Mg^{2+}] = \frac{[MgY]}{K'_{MgY}[Y]} = \frac{\frac{0.020\,00 \times 20.00}{20.00 + 20.02}}{10^{8.3} \times \frac{0.020\,00 \times 0.02}{20.00 + 20.00}}$$

$$\approx \frac{20.00}{10^{8.3} \times 0.02} \approx 5.0 \times 10^{-8}(mol/L)$$

$$pMg \approx 5.30$$

答：在 pH=10.0 的氨性缓冲溶液中，用铬黑 T 作为指示剂，以 0.020 00mol/L 的 EDTA 标准溶液滴定 20.00mL 同浓度 Mg^{2+} 溶液时，化学计量点 pMg 为 5.15，滴定突跃为 pMg5.00～5.30。

5.3.3 从有副反应模式滴定曲线寻找滴定突跃

用与例 5.10 相同的方法可以计算不同滴定分数下的 pM，可绘制滴定曲线，如

图 5.26 所示。可见，配位滴定中影响 pM 突跃大小的主要因素有以下两个。

一是金属离子浓度 c_M 影响配位滴定曲线的前侧和化学计量点。在化学计量点以前，金属离子浓度 c_M 增大 10 倍，pM 滴定突跃向下增加 1 个单位；化学计量点时，金属离子浓度 c_M 增大 10 倍，pM 滴定突跃向下增加 0.5 个单位。

$$[M]' = \frac{10c_M \times 0.02}{20.00 + 19.98}, \quad pM' = pM - 1$$

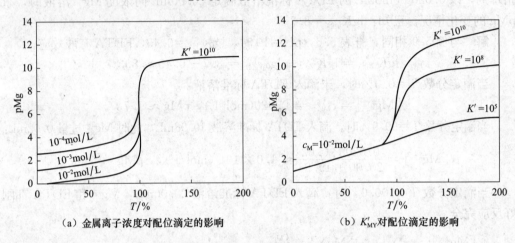

（a）金属离子浓度对配位滴定的影响　　　（b）K'_{MY} 对配位滴定的影响

图 5.26　金属离子浓度和 K'_{MY} 对配位滴定突跃影响的对比

$$[M]'_{sp} = \sqrt{\frac{10c_M}{2K'_{MY}}} = 3.16[M]_{sp}, \quad pM' = pM - 0.5$$

二是条件稳定常数 K'_{MY} 影响化学计量点和滴定曲线后侧。化学计量点时，若条件稳定常数 K'_{MY} 增大 10 倍，pM 滴定突跃向上增加 0.5 个单位；若金属离子浓度 c_M 和条件稳定常数 K'_{MY} 同时增大 10 倍，pM 滴定突跃保持不变。

$$[M]'_{sp} = \sqrt{\frac{c_M}{10 \times 2K'_{MY}}} = 0.32[M]_{sp}, \quad pM' = pM + 0.5$$

$$[M]'_{sp} = \sqrt{\frac{10c_M}{10 \times 2K'_{MY}}} = [M]_{sp}, \quad pM' = pM$$

在化学计量点后，条件稳定常数 K'_{MY} 增大 10 倍，pM 滴定突跃向上增加 1 个单位。

$$[M]' = \frac{[MY]'}{10K'_{MY}[Y]'} = 0.1[M], \quad pM' = pM + 1$$

可知，金属离子浓度 c_M 增大，配位滴定突跃向下增加；条件稳定常数 K'_{MY} 增大，配位滴定突跃向上增加。在金属离子浓度 c_M 保持一定时，可以尽量减少各种副反应，使配位滴定突跃增加，各种指示剂的变色点落在滴定突跃内的概率变大，在 $\pm 0.1\%$ 滴定误差内可选择的金属指示剂更多。

5.3.4　计算有副反应模式下配位滴定误差

与酸碱滴定误差类似，配位滴定终点误差也由指示剂变色点与化学计量点不重合引起。配位滴定误差是一种系统误差，不包括滴定过程中所引起的随机误差。有副反应的配位滴定模式是指配位金属离子有副反应，指示剂有可能无副反应，也有可能有副反应。要计算终点误差，首先要使用配位滴定法林邦误差公式 [式 (5.43)]。

在林邦误差公式中，存在 $\Delta pM'$、K'_{MY}、c_M^{sp} 等未知量，用表 5.20 理清求解思路。

【例 5.11】 在 pH＝10.0 的氨性缓冲溶液中（忽略氨的配位效应），使用铬黑 T 指示剂，以 0.020 00mol/L 的 EDTA 标准溶液滴定 20.00mL 同浓度 Ca^{2+} 溶液时，计算终点误差。已知：lgK_{CaY}＝10.69，lgK_{CaEBT}＝5.4，铬黑 T 的 lgK_{a2}＝6.3，lgK_{a3}＝11.6。

解　与例 5.9 相同，查表 5.6，pH＝10 时，$lg\alpha_{Y(H)}$＝0.45，EDTA 有酸效应。

$$Ca + Y \Longrightarrow CaY$$

$$lgK'_{CaY} = lgK_{CaY} - lg\alpha_{Y(H)} = 10.69 - 0.45 = 10.24$$

$$[Ca^{2+}]_{sp} = \sqrt{\frac{c_{Ca^{2+}}}{2 \times K'_{MgY}}} = \sqrt{\frac{0.020}{2 \times 10^{10.24}}} \approx 7.6 \times 10^{-7}(mol/L), pCa_{sp} \approx 6.12$$

$$Ca + EBT \Longrightarrow CaEBT$$

将铬黑 T 看作二元弱酸 [式 (5.41)]，查表 5.15，pH＝10 时，$lg\alpha_{EBT(H)}$＝1.51，铬黑 T 有酸效应。

$$lgK'_{CaEBT} = lgK_{CaEBT} - lg\alpha_{EBT(H)} = 5.4 - 1.51 \approx 3.9$$

$$pCa_{ep} = lgK'_{CaEBT} = 3.9$$

$$\Delta pCa = pCa_{ep} - pCa_{sp} = 3.9 - 6.12 \approx -2.2$$

$$E_t = \frac{10^{\Delta pM'} - 10^{-\Delta pM'}}{\sqrt{K'_{MY}c_M^{sp}}} \times 100\% = \frac{10^{-2.2} - 10^{2.2}}{\sqrt{10^{10.24} \times \frac{0.020}{2}}} \times 100\% \approx \frac{-10^{2.2}}{1.0 \times 10^{4.12}} \times 100\%$$

$$\approx -1.3\%$$

答：在 pH＝10.0 的氨性缓冲溶液中，使用铬黑 T 指示剂，以 0.020 00mol/L 的 EDTA 标准溶液滴定 20.00mL 同浓度 Ca^{2+} 溶液时，终点误差为 -1.3%。所以在 pH＝10 时，滴定 Ca^{2+} 误差较大，不能单独滴定 Ca^{2+}。

【例 5.12】 在 pH＝10.0 的氨性缓冲溶液中（忽略氨的配位效应），使用铬黑 T 指示剂，以 0.020 00mol/L 的 EDTA 标准溶液滴定 20.00mL 同浓度 Mg^{2+} 溶液时，计算终点误差。已知：lgK_{MgY}＝8.7，lgK_{MgEBT}＝7.0，铬黑 T 的 lgK_{a2}＝6.3，lgK_{a3}＝11.6。

解　与例 5.9 相同，查表 5.6，pH＝10 时，$lg\alpha_{Y(H)}$＝0.45，EDTA 有酸效应。

$$Mg + Y \Longrightarrow MgY$$

$$lgK'_{MgY} = lgK_{MgY} - lg\alpha_{Y(H)} = 8.7 - 0.45 \approx 8.3$$

$$[Mg^{2+}]_{sp} = \sqrt{\frac{c_{Mg^{2+}}}{2K'_{MgY}}} = \sqrt{\frac{0.020}{2 \times 10^{8.3}}} \approx 7.1 \times 10^{-6}(mol/L), pMg_{sp} \approx 5.15$$

$$Mg + EBT \Longrightarrow MgEBT$$

将铬黑 T 看做二元弱酸 [式 (5.41)]，查表 5.15，pH＝10 时，$lg\alpha_{EBT(H)}$＝1.51，铬黑 T 有酸效应。

$$lgK'_{MgEBT} = lgK_{MgEBT} - lg\alpha_{EBT(H)} = 7.0 - 1.51 \approx 5.5$$

$$pMg_{ep} = lgK'_{MgEBT} = 5.5$$

$$\Delta pMg = pMg_{ep} - pMg_{sp} = 5.5 - 5.15 \approx 0.3$$

令 $f = 10^{\Delta pMg} - 10^{-\Delta pMg}$，查表 5.17，$\Delta pMg = 0.3$ 时，$f = 1.49$。

$$E_t = \frac{10^{\Delta pM'} - 10^{-\Delta pM'}}{\sqrt{K'_{MY} c_M^{sp}}} \times 100\% = \frac{1.49}{\sqrt{10^{8.3} \times \dfrac{0.020}{2}}} \times 100\% \approx \frac{1.49}{1.0 \times 10^{3.2}} \times 100\%$$

$$\approx 0.094\%$$

答：在 pH $= 10.0$ 的氨性缓冲溶液中，使用铬黑 T 指示剂，以 0.020 00mol/L 的 EDTA 标准溶液滴定 20.00mL 同浓度 Mg^{2+} 溶液时，终点误差为 0.094%。所以在 pH $= 10$ 时可以单独滴定 Mg^{2+}。

从例 5.11 和例 5.12 可知，pH $= 10$ 时，用 EDTA 滴定 Ca^{2+}，不仅终点误差大（-1.3%），而且终点变色也不明显；用 EDTA 滴定 Mg^{2+}，不仅终点误差小（0.094%），而且终点从红色变为蓝色也比较明显。实际操作时，一般先在被滴定的 Ca^{2+} 溶液中滴加少量 MgY 后再加 EBT，这时就会发生如下置换反应：

$$MgY + EBT + Ca^{2+} \longrightarrow CaY + MgEBT \quad (\lg K_{MgY} = 8.7, \lg K_{CaY} = 10.69)$$

溶液呈 MgEBT 的红色。当以 EDTA 滴定 Ca^{2+} 至化学计量点时，EDTA 就置换 MgEBT 中的 EBT，反应如下：

$$MgEBT + Y \longrightarrow MgY + EBT \quad (\lg K_{MgEBT} = 7.0, \lg K_{MgY} = 8.7)$$

于是溶液便由 MgEBT 的红色变为 EBT 的蓝色，指示滴定终点。由于这个终点变色反应灵敏迅速，因此能得到准确结果。又由于滴定前加入的 MgY 与最后生成的 MgY 的量是相等的，因此加入 MgY 不影响测定结果。MgEBT 称为间接金属指示剂。本任务用 EDTA 滴定 Ca^{2+}、Mg^{2+} 总量，正是利用了 MgEBT 作为间接金属指示剂的功能来降低滴定误差。

任务 5.4　控制酸度分步准确滴定的配位滴定模式

 任务分析

本任务首先要完成混合液中 Pb^{2+}、Bi^{3+} 含量连续滴定的实验。理解配位滴定为什么必须控制酸度范围，以及怎样控制酸度范围。重点是利用金属离子最高酸度酸效应曲线，达到对混合离子进行准确、分步滴定。与任务 5.2、任务 5.3 不同的是，任务 5.2 是求得某一种金属离子的浓度，任务 5.3 是求得某两种金属的总浓度，而本任务是要分步求得某两种金属离子各自的浓度。此外，消除干扰的方法也不同。任务 5.2 是利用 NaOH 先将 Mg^{2+} 沉淀除去后再滴定 Ca^{2+}。任务 5.3 是利用三乙醇胺掩蔽 Fe^{3+}、Al^{3+}，加入 Na_2S 掩蔽 Cu^{2+}、Pb^{2+} 后，再滴定 Ca^{2+}、Mg^{2+} 的总量。在本任务中，Pb^{2+}、Bi^{3+} 的滴定可以做到不加掩蔽剂或沉淀剂，直接控制酸度就能分步、准确滴定。需要注意的是，控制酸度分步准确滴定的配位滴定模式中，一般考虑 EDTA 和指示剂的副反应，尤其是酸效应，很少考虑金属离子的副反应。

任务实施

5.4.1 连续滴定混合液中 Pb^{2+}、Bi^{3+} 含量

1. 实验目的

(1) 掌握控制酸度提高 EDTA 选择性的方法。

(2) 掌握用 EDTA 标准溶液进行连续滴定的原理和方法。

(3) 巩固精密度和准确度的计算方法。

2. 实验原理

1) 干扰离子的掩蔽

用 EDTA 滴定主离子 M 时,常用控制酸度法、掩蔽法消除干扰。在 pH=1 时滴定 Bi^{3+},若有 Fe^{3+} 存在,由于 FeY^- 的稳定常数 ($lgK_{FeY^-} = 25.1$) 与 BiY 的稳定常数 ($lgK_{BiY} = 27.94$) 差不多,因此能干扰测定。此时可以用抗坏血酸和盐酸羟胺将 Fe^{3+} 还原成 Fe^{2+},生成的 FeY^{2-} 的稳定性 ($lgK_{FeY^-} = 14.32$) 远远小于 BiY。与任务 5.3 不同,此条件下,EDTA 首先与 Bi^{3+} 配位,Fe^{2+} 不干扰测定,此时使用三乙醇胺或 KCN,由于酸性太强,二者均被质子化,大大减小了配位能力,不能用于掩蔽 Fe^{3+}。特别是 KCN,在酸性条件下放出有剧毒的 HCN 气体,严禁在 pH<6 的溶液中使用。

2) 连续滴定混合液中 Pb^{2+}、Bi^{3+} 含量

Pb^{2+}、Bi^{3+} 均能与 EDTA 形成稳定的 1∶1 的配合物,可根据有关副反应系数论证对它们分步连续滴定的可能性。lgK_{PbY} 和 lgK_{BiY} 分别为 18.04 和 27.94。由于两者的 lgK 相差很大,因此可利用酸效应控制不同的酸度,用 EDTA 连续滴定 Pb^{2+}、Bi^{3+}。在 Pb^{2+}、Bi^{3+} 的混合溶液中,首先调节溶液的 pH=1,以二甲酚橙为指示剂,Pb^{2+} 在此条件下不与二甲酚橙形成有色配合物,Bi^{3+} 与指示剂形成紫红色配合物,用 EDTA 标准溶液滴定 Bi^{3+},当溶液由紫红色恰变为黄色,即为滴定 Bi^{3+} 的终点。在滴定 Bi^{3+} 后的溶液中,加入六亚甲基四胺溶液,调节溶液 pH 为 5~6。此时 Pb^{2+} 与二甲酚橙形成紫红色配合物,溶液再次呈现紫红色,然后用 EDTA 标准溶液继续滴定。当溶液由紫红色恰转变为黄色时,即为滴定 Pb^2 的终点。反应过程如下:

$$
\begin{array}{ccc}
Bi^{2+} & BiXO(紫红) & BiY + XO(黄) \\
\xrightarrow[\quad lgK_{BiXO}=5.5 \quad]{XO,pH=1} & \xrightarrow[\quad lgK_{BY}=27.94 \quad]{EDTA} & \xrightarrow[\quad lgK_{PbXO} \quad]{pH=6} & \xrightarrow[\quad lgK_{PbY}=18.04 \quad]{EDTA} \\
Pb^{2+} & & PbXO(紫红) & PbY + XO(黄)
\end{array}
$$

3. 试剂

EDTA 标准溶液 (任务 5.1);二甲酚橙指示剂 (2g/L);六亚甲基四胺缓冲溶液 (20%);HNO_3 (A.R. 0.1mol/L,2mol/L);NaOH (A.R.,2mol/L);pH 为 1~5.5 的精密 pH 试纸;Pb^{2+}、Bi^{3+} 混合液 (各约 0.01mol/L):Pb $(NO_3)_2$ 0.83g,

Bi $(NO_3)_3 \cdot 5H_2O$ 1.21g，放入已盛有 30mL 的 HNO_3 的烧杯中，在电炉上微热溶解后，稀释至 250mL。

4. 仪器

分析天平（0.1mg）；移液管（10mL×1，25mL×2）；酸式滴定管（50mL×1）；烧杯（500mL×1，250mL×3）；锥形瓶（250mL×5）；量筒（10mL×1，25mL×1，50mL×1）；白滴瓶（60mL×3）；试剂瓶（500mL×1）。

5. 实验步骤

1）Bi^{3+} 的测定

用 25mL 移液管移取 25.00mLPb^{2+}、Bi^{3+} 混合液到 250mL 锥形瓶中。用 NaOH 溶液（如果配制混合液时加入了大量 HNO_3，pH 可能小于 1）和 HNO_3 调节试液的 pH＝1，然后加入 1～2 滴二甲酚橙指示剂，这时溶液呈紫红色，用 0.020 00mol/L 的 EDTA 标准溶液滴定。终点前用锥形瓶内壁将滴定管尖嘴处半滴靠下，再用洗瓶冲洗瓶壁，反复操作至溶液呈黄色，静置 30s 不退色，即为滴定 Bi^{3+} 的终点。记录消耗 EDTA 溶液的体积读数 V_1。做 4 次平行实验。

空白实验时加 25.00mL 一级水于 250mL 锥形瓶中，用 HNO_3 调节试液的 pH＝1，然后加入 1～2 滴二甲酚橙指示剂，这时溶液呈紫红色，用 0.020 00mol/L 的 EDTA 标准溶液滴定至黄色。保持 30s 不退色，即为终点，记录消耗 EDTA 标准溶液的体积读数 V_2。若调节 pH＝1 后不显示紫红色，说明一级水中无 Bi^{3+}，V_2 记为 0。

2）Pb^{2+} 的测定

向滴定 Bi^{3+} 后的溶液中滴加六亚甲基四胺溶液，至呈现稳定的紫红色后再过量加入 5mL，此时溶液的 pH 为 5～6。用 0.020 00mol/L 的 EDTA 标准溶液滴定，终点前用锥形瓶内壁滴定管尖嘴处半滴靠下，再用洗瓶冲洗瓶壁，反复操作至溶液呈黄色，静置 30s 不退色，即为滴定 Pb^{2+} 的终点。记录消耗 EDTA 标准溶液的体积读数 V_3。做 4 次平行实验。

空白实验时加 25.00mL 一级水于 250mL 锥形瓶中，滴加六亚甲基四胺溶液，至呈现稳定的紫红色后再过量加入 5mL，此时溶液的 pH 为 5～6。用 0.020 00mol/L 的 EDTA 标准溶液滴定至黄色。保持 30s 不退色，即为终点，记录消耗 EDTA 标准溶液的体积读数 V_4。若滴加六亚甲基四胺溶液后不显示紫红色，说明一级水中无 Pb^{2+}，V_4 记为 0。

6. 原始记录

连续滴定混合液中 Pb^{2+}、Bi^{3+} 含量原始记录表如表 5.21 所示。

表 5.21　连续滴定混合液中 Pb^{2+}、Bi^{3+} 含量原始记录表

日期：_____　天平编号：_____

样品编号	1#	2#	3#	4#
测 Bi^{3+} 消耗 EDTA 标准溶液初读数/mL				
测 Bi^{3+} 消耗 EDTA 标准溶液终读数/mL				
测 Bi^{3+} 消耗 EDTA 标准溶液体积/mL				
测 Bi^{3+} 空白实验消耗 EDTA 标准溶液体积/mL				

续表

样品编号	1#	2#	3#	4#
测 Pb^{2+} 消耗 EDTA 标准溶液初读数/mL				
测 Pb^{2+} 消耗 EDTA 标准溶液终读数/mL				
测 Pb^{2+} 消耗 EDTA 标准溶液体积/mL				
测 Pb^{2+} 空白实验消耗 EDTA 标准溶液体积/mL				

7. 结果计算

由于 EDTA 和金属离子 Pb^{2+}、Bi^{3+} 的反应均为 1:1 的化学计量关系，由以上数据可计算出混合溶液中 Pb^{2+}、Bi^{3+} 各自的浓度。

$$c_{Bi^{3+}} = \frac{c_{EDTA}(V_1 - V_2)}{V_0} \tag{5.48}$$

$$c_{Pb^{2+}} = \frac{c_{EDTA}(V_3 - V_4)}{V_0} \tag{5.49}$$

式中，$c_{Bi^{3+}}$、$c_{Pb^{2+}}$——混合液中 Bi^{3+}、Pb^{2+} 的浓度，mol/L；

　　　　c_{EDTA}——EDTA 标准溶液的浓度，mol/L；

　　　　V_0——被滴定混合液的体积，mL。

　　V_1、V_2——测定 Bi^{3+} 时消耗 EDTA 标准溶液的体积和空白实验消耗 EDTA 标准溶液的体积，mL；

　　V_3、V_4——测定 Pb^{2+} 时消耗 EDTA 标准溶液的体积和空白实验消耗 EDTA 标准溶液的体积，mL。

所有滴定管读数均需校准。

8. 注意事项

（1）调节试液的酸度至 pH=1 时，可用精密 pH 试纸检验。为了避免检验时试液被带出而引起损失，可先取另一份相同试液做试验，再按加入的 NaOH 或 HNO_3 的量调节溶液的 pH 后进行滴定。

（2）两次滴定均要在二甲酚橙与金属离子配位显示紫红色以后进行才有意义。

（3）由于本实验终点是从紫红色变为黄色，深色变为浅色的过程不好观察，应注意滴定速度不宜过快，终点控制要恰当。

9. 思考题

（1）用 EDTA 连续滴定多种金属离子的条件是什么？

（2）连续滴定 Pb^{2+}、Bi^{3+} 过程中，锥形瓶中颜色变化的原因是什么？

（3）二甲酚橙指示剂使用的 pH 范围是多少？本实验如何控制溶液的 pH？

（4）EDTA 测定 Pb^{2+}、Bi^{3+} 时，为什么要在 pH=1 时滴定 Bi^{3+}？

（5）EDTA 测定 Pb^{2+}、Bi^{3+} 时，为什么要在 pH 为 5~6 时滴定 Pb^{2+}？

（6）酸度过高或过低对结果有何影响？

知识平台

5.4.2　找出配位滴定法适宜的酸度范围

1. 适宜酸度

很多金属离子在酸度较低时会水解形成氢氧化物沉淀。例如，Mg^{2+} 形成 $Mg(OH)_2$ 后，溶液中的 Mg^{2+} 全部转化为沉淀形式，不利于滴定：

$$M^{n+} + n\,OH^- == M(OH)_n \downarrow$$

那么，是不是酸度越高越好呢？

由公式 $E_t = \dfrac{10^{\Delta pM'} - 10^{-\Delta pM'}}{\sqrt{K'_{MY}c_M^{sp}}}$ 可知，当 c_M^{sp}、$\Delta pM'$、K'_{MY} 减小，E_t 会超过规定的允许误差：

$$\lg K'_{MY} \downarrow \; = \lg K_{MY} - \lg \alpha_{Y(H)} \uparrow$$

酸度高到某一值时，E_t 会超过规定的允许误差。可见，滴定金属离子时应控制适宜的酸度，既不能使金属离子水解形成沉淀，又要保证较小的滴定误差。

2. 最低酸度

最低酸度（也称为水解酸度）是指能准确滴定而不产生沉淀的酸度，用氢氧化物的溶度积（项目7）求得。

$$M^{n+} + n\,OH^- = M(OH)_n \downarrow$$

$$K_{sp} = [M^{n+}][OH^-]^n, \quad [OH^-] = \sqrt[n]{\dfrac{K_{sp}}{[M^{n+}]}}$$

$$[H^+] = \dfrac{K_w}{[OH^-]} = K_w \sqrt[n]{\dfrac{[M^{n+}]}{K_{sp}}}$$

$$pH = -\lg\left(K_w \sqrt[n]{\dfrac{[M^{n+}]}{K_{sp}}}\right) \tag{5.50}$$

3. 最高酸度

最高酸度就是 pH 低到某一值时，E_t 会超过规定的允许误差，此时

$$\lg \alpha_{Y(H)} = \lg K_{MY} - \lg K'_{MY} \tag{5.51}$$

先根据林邦误差公式算出 $\lg K'_{MY}$，再算出 $\lg \alpha_{Y(H)}$，查表 5.6 可以得到对应的 pH。在最高酸度以下，pH 增加，$\alpha_{Y(H)}$ 减小，$\alpha_{M(OH)}$ 增加，K'_{MY} 先增大到最大值再减小。

4. 适宜酸度范围控制

适宜酸度的控制方法是通过加入缓冲溶液，使 pH 介于 pH_{min}（最高酸度）和 pH_{max}（最低酸度）之间。在适宜酸度下，只要有合适的指示终点的方法，就能获得较准确的结果。

【例 5.13】　用 0.02000mol/L 的 EDTA 滴定 20.00mL 同浓度 Fe^{3+} 溶液，若要求 $\Delta pM'=0.2$，$E_t=0.1\%$，计算适宜酸度范围。已知：$lgK_{FeY}=25.1$，$K_{spFe(OH)_3}=0.4\times10^{-37}$。

解　首先判断有无副反应及副反应系数。忽略 α_{MHY}、α_{MOHY}，体系可能有 $\alpha_{Y(H)}$、$\alpha_{Y(N)}$、$\alpha_{M(OH)}$、$\alpha_{M(L)}$。由于只有一种配位剂，$lg\alpha_{M(L)}=0$；由于没有共存金属离子，$lg\alpha_{Y(N)}=0$；假设无羟基配位效应，$lg\alpha_{Mg(OH)}=0$。

在不考虑稀释作用的前提下，由于 EDTA 是广义的六元弱酸，与金属离子反应会释放出两个 H^+，因此将 EDTA 滴加到被测体系中会使被测体系酸度增加。要计算体系的最低酸度，应该在加入 EDTA 以前，此时 $c_{Fe^{3+}}=0.020mol/L$：

$$Fe^{3+}+3\,OH^- =\!=\!= Fe(OH)_3\downarrow$$

$$K_{sp[Fe(OH)_3]}=c_{Fe^{3+}}\left[OH^-\right]^3=0.4\times10^{-37}$$

$$\left[OH^-\right]=\sqrt[3]{\frac{K_{sp[Fe(OH)_3]}}{c_{Fe^{3+}}}}=\sqrt[3]{\frac{0.4\times10^{-37}}{0.020}}\approx1.3\times10^{-12}(mol/L)$$

$$pOH\approx11.9, pH=14.0-11.9=2.1(水解酸度)$$

查表 5.7，pH<3 时，$lg\alpha_{M(OH)}<0.3$，忽略正确。

化学计量点时，加入的 EDTA 最多，此时被滴定体系的酸度最高，可以计算最高酸度。查表 5.17，$\Delta pM'=0.2$ 时，$f=0.954$，代入林邦误差公式

$$E_t=\frac{f}{\sqrt{K'_{MY}c_M^{sp}}}\times100\%$$

$$0.001=\frac{0.954}{\sqrt{K'_{FeY}\times\dfrac{0.020}{2}}}$$

$$K'_{FeY}\approx9.1\times10^7, \quad lgK'_{FeY}\approx7.96$$

$$lg\alpha_{Y(H)}=lgK_{FeY}-lgK'_{FeY}=25.1-7.96\approx17.1$$

查表 5.6，pH≈1.2（最高酸度）。

答：EDTA 滴定 Fe^{3+} 的适宜酸度范围 pH 为 1.2～2.1。

5.4.3　从金属离子最高酸度酸效应曲线判断滴定条件

在配位滴定中，了解各种金属离子滴定时的最高允许酸度，对解决实际问题是有意义的。设 $c_M=0.020mol/L$，$\Delta pM'=0.2$，$E_t=\pm0.1\%$，可以计算各种金属离子滴定时的最高允许酸度。

由图 5.27 可知，ZrO^{2+}、Bi^{3+} 可以在 pH 为 0～1 的强酸性溶液中滴定；Fe^{3+}、Th^{4+}、Hg^{2+} 等可以在 pH 为 1～2 的强酸性溶液中滴定；Cu^{2+}、Pb^{2+}、Zn^{2+}、Cd^{2+}、Ni^{2+}、Mn^{2+}、Co^{2+}、La^{3+} 等可在 pH 为 5～6 的弱酸性溶液中滴定；Ca^{2+}、Mg^{2+} 等的 EDTA 配合物的稳定性较低，必须在 pH 为 9.5～10 的弱碱性溶液中滴定。

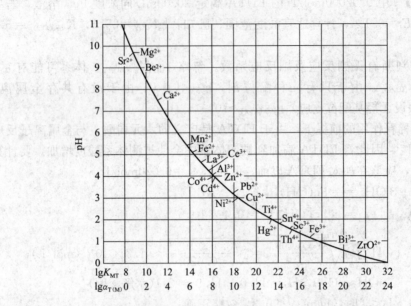

图 5.27　EDTA 滴定金属离子最高酸度酸效应曲线

5.4.4　判断金属离子能否被准确滴定

1. 灵敏度 $\lg f$

判断一种金属离子被准确滴定，可用灵敏度 f 和滴定误差进行计算。对于配位滴定的林邦误差公式 [式 (5.44)]，两边先平方再同时取负对数：

$$-2\lg E_t = -\lg \frac{f^2}{K'_{MY} c_M^{sp}}$$

$$2pE_t = \lg K'_{MY} c_M^{sp} - 2\lg f$$

误差要求 $E_t \leqslant E_{max}$，即

$$\lg K'_{MY} c_M^{sp} - 2\lg f \geqslant 2pE_{max}$$

E_t 的正负取决于 $\Delta pM'$ 的正负。

$$\lg K'_{MY} c_M^{sp} \geqslant 2pE_{max} + 2\lg f \tag{5.52}$$

式中，$\lg f$ 称为检验终点方法的灵敏度。$\lg f$ 越大，灵敏度越差。

2. 准确滴定判别式

在配位滴定中，一般采用金属指示剂来指示终点的到达。即使指示剂的变色点与化学计量点完全一致，也由于人眼目视法的误差，仍有 $\Delta pM' = \pm (0.2 \sim 0.5)$ 的不确定性。

查表 5.17，$\Delta pM' = 0.2$ 时，$f = 0.954$，$\lg f \approx 0$，则

$$\lg K'_{MY} c_M^{sp} \geqslant 2pE_{max} \tag{5.53}$$

可见，当 $E_{max} = 0.1\%$ 时，$\lg K'_{MY} c_M^{sp} \geqslant 6$；当 $E_{max} = 0.3\%$ 时，$\lg K'_{MY} c_M^{sp} \geqslant 5$；当 $E_{max} =$

1.0% 时，$\lg K'_{MY}c^{sp}_M \geqslant 4$。式（5.53）就是金属离子能够被准确滴定的判别式。

5.4.5 判断金属离子能否被分步滴定

1. 影响分步滴定的关键因素

任务 5.2 是先调节 pH＝12，Mg^{2+} 生成沉淀消除干扰后再滴定 Ca^{2+} 的量。任务 5.3 是先调节 pH＝10，加入三乙醇胺掩蔽剂消除 Fe^{3+}、Al^{3+} 的干扰，再加入 Na_2S 与 Cu^{2+}、Pb^{2+} 生成沉淀，最后滴定 Ca^{2+}、Mg^{2+} 的总量。这些多种金属离子共存时的滴定，都要采用掩蔽剂或沉淀剂先除去与待测离子共存的干扰离子。在本任务中，Pb^{2+}、Bi^{3+} 的滴定可以做到不加掩蔽剂或沉淀剂，直接控制酸度滴定。

【例 5.14】 设溶液中有 M、N 两种金属离子，$K_{MY} > K_{NY}$，且 $\Delta pM'=0.2$，$E_{max}=0.3\%$，分析 M、N 能被分步滴定的关键因素。

解 $\Delta pM'=0.2$，$E_t=0.3\%$ 时，根据式（5.53），$\lg K'_{MY}c^{sp}_M \geqslant 5$。由于 $\lg K'_{MY}=\lg K_{MY}-\lg \alpha_Y$，因此

$$\lg K'_{MY}+\lg c^{sp}_M = \lg K_{MY}+\lg c^{sp}_M-\lg \alpha_Y$$
$$\lg K'_{MY}+\lg c^{sp}_M = \lg K_{MY}+\lg c^{sp}_M-\lg(\alpha_{Y(H)}+\alpha_{Y(N)}-1)$$
$$\lg K'_{MY}c^{sp}_M = \lg K_{MY}c^{sp}_M-\lg(\alpha_{Y(H)}+\alpha_{Y(N)})$$

$$\lg K_{MY}c^{sp}_M - \lg K'_{MY}c^{sp}_M = \lg(\alpha_{Y(H)}+\alpha_{Y(N)}) \tag{5.54}$$

答： 从式（5.54）中可以看出，能分步滴定 M 而 N 不干扰的关键是 $\lg(\alpha_{Y(H)}+\alpha_{Y(N)})$ 项。有以下三种情况：$\alpha_{Y(H)} > \alpha_{Y(N)}$、$\alpha_{Y(H)}=\alpha_{Y(N)}$ 和 $\alpha_{Y(H)} < \alpha_{Y(N)}$。只有 $\alpha_{Y(H)} \ll \alpha_{Y(N)}$ 时干扰最严重，若将此情况下 N 不干扰的极限条件求出，就可以不加掩蔽剂或不分离 N 而准确地滴定 M。式（5.54）可变化为

$$\lg K_{MY}c^{sp}_M - \lg K'_{MY}c^{sp}_M = \lg \alpha_{Y(N)}$$

2. 分步滴定判别式

将 $\alpha_{Y(N)}=1+K_{NY}c^{sp}_N \approx K_{NY}c^{sp}_N$ 代入上式

$$\lg K_{MY}c^{sp}_M - \lg K'_{MY}c^{sp}_M = \lg K_{NY}c^{sp}_N$$
$$\lg K_{MY}c^{sp}_M - \lg K_{NY}c^{sp}_N = K'_{MY}c^{sp}_M \geqslant 5 \quad (\lg K_{MY} > \lg K_{NY})$$

配位滴定法分步滴定的判别式

$$\Delta \lg Kc \geqslant 5 \quad (\lg K_{MY} > \lg K_{NY}) \tag{5.55}$$

利用式（5.55），若 $E_{max}=0.3\%$，$\Delta pM'=\pm 0.2$，只要有合适的指示终点方法，在金属离子 M 的适宜酸度，可分步滴定金属离子 M 而金属离子 N 不干扰。

【例 5.15】 用 0.02000mol/L 的 EDTA 滴定 0.02mol/LZn^{2+} 和 0.1mol/L Mg^{2+} 混合溶液中的 Zn^{2+}，能否分步滴定？已知：$\lg K_{ZnY}=16.5$，$\lg K_{MgY}=8.7$。

解 根据选择滴定的判别式 $\Delta \lg Kc \geqslant 5$，要分步滴定时需满足 $\lg K_{MY}c^{sp}_M-\lg K_{NY}c^{sp}_N \geqslant 5$，$\lg K_{ZnY} > \lg K_{MgY}$，$Zn^{2+}$ 是主离子，Mg^{2+} 是干扰离子，则

$$\lg\left(1.0\times 10^{16.5}\times \frac{0.02}{2}\right)-\lg\left(1.0\times 10^{8.7}\times \frac{0.1}{7}\right)\approx 7.6 > 6$$

答：能分步滴定 Zn^{2+}，Mg^{2+} 不干扰，且滴定准确度高。

【例 5.16】 用 0.020 00mol/L 的 EDTA 滴定（27mgAl^{3+} + 65.4mgZn^{2+}）溶液，假设终点总体积为 100mL，能否分步滴定 Zn^{2+}？已知：lgK_{ZnY} = 16.5，lgK_{AlY} = 16.1。

解　lgK_{ZnY} > lgK_{AlY}，Zn^{2+} 是主离子，Al^{3+} 是干扰离子，则

$$c_{Al^{3+}}^{sp} = \frac{27 \times 10^{-3}}{27} \times \frac{1}{100 \times 10^{-3}} = 0.01 (mol/L)$$

$$c_{Zn^{2+}}^{sp} = \frac{65.4 \times 10^{-3}}{65.4} \times \frac{1}{100 \times 10^{-3}} = 0.01 (mol/L)$$

$$\Delta lgKc = lgK_{ZnY} c_{Zn^{2+}}^{sp} - lgK_{AlY} c_{Al^{3+}}^{sp}$$

$$= lg \left(1.0 \times 10^{16.5} \times \frac{0.01}{1.5}\right) - lg \left(1.0 \times 10^{16.1} \times \frac{0.01}{2}\right) \approx 0.5 \ll 5$$

答：此时有 Al^{3+} 存在，不能分步滴定 Zn^{2+}。

5.4.6　提高分步滴定选择性的方法

在生产实践中，用于配位滴定法的试样，往往不是仅含一种金属离子，如何消除共存离子的干扰，提高滴定的选择性是非常重要的。根据直接滴定条件，只要使 $lgK_{MY}' c_M^{sp} \geqslant 5$ 且 $\Delta lgKc \geqslant 5$ 则可只滴定主离子 M 而干扰离子 N 不干扰；然后改变条件，使 $lgK_{NY}' c_N^{sp} \geqslant 5$，就可继续滴定干扰离子 N。提高分步滴定选择性常用如下方法。

1. 掩蔽法

当溶液中主离子 M 与干扰离子 N 共存，且 $\Delta lgKc < 5$ 时，不能分步滴定主离子 M。可以采用配位掩蔽法、沉淀掩蔽法、氧化还原掩蔽法先除去干扰离子，或直接采用其他螯合剂作为滴定剂的方法降低干扰离子 N 的浓度和稳定常数 K，再滴定主离子 M。例如，本任务测 Bi^{3+} 时，Fe^{3+} 也有干扰，可以加抗坏血酸（Vc）或盐酸羟胺使之还原成 Fe^{2+}，这是氧化还原掩蔽法。任务 5.2 中自来水钙硬度的测定是先沉淀 Mg^{2+}，再滴定 Ca^{2+}，这是沉淀掩蔽法。任务 5.3 中测定自来水总硬度时，先加入三乙醇胺，使之与干扰离子 Fe^{3+}、Al^{3+} 生成更稳定的配合物，而不再与 EDTA 作用，这就是配位掩蔽法。由于配位掩蔽法掩蔽效率高、干扰小，主要利用副反应进行掩蔽，主要过程是

$$
\begin{array}{ccccc}
M & + & Y & = & MY \\
\end{array}
$$

$$\alpha_{N(L)} = \frac{c_N}{[N]}, \quad [N] = \frac{c_N}{\alpha_{N(L)}}$$

$$\alpha_{Y(N)} \approx K_{NY}[N] = K_{NY} \frac{c_N}{\alpha_{N(L)}}$$

对于 $lgK_{MY} c_M^{sp} - lgK_{MY}' c_M^{sp} = lg(\alpha_{Y(H)} + \alpha_{Y(N)})$，$\alpha_{Y(H)} > \alpha_{Y(N)}$，$lgK_{MY} c_M^{sp} - lgK_{MY}' c_M^{sp} = lg\alpha_{Y(H)}$，N 被完全掩蔽。

2. 使用其他更特效的配位剂

除 EDTA 这种常用的广谱螯合剂外，一些其他配位剂，它们虽不及 EDTA 应用广泛，但各有其特点，对不同金属离子结合的稳定性差异较大，适当选用可以提高分步滴定选择性。例如，用 EDTA 滴定 Ca^{2+}、Mg^{2+}，由于 $\lg K_{CaY}=10.69$，$\lg K_{MgY}=8.7$，$\Delta \lg K=10.69-8.7=2.0<5$，因此直接滴定时 Mg^{2+} 对 Ca^{2+} 有干扰。但换成使用 EGTA 滴定 Ca^{2+}、Mg^{2+}，由于 $\lg K_{CaL}=10.97$，$\lg K_{MgL}=5.21$，$\Delta \lg K=10.97-5.21=5.76>5$，就可以实现在 Ca^{2+}、Mg^{2+} 共存时直接滴定 Ca^{2+} 而 Mg^{2+} 无干扰。

3. 控制酸度法

在提高分步滴定选择性的方法中，配位掩蔽法虽然比氧化还原掩蔽法和沉淀掩蔽法更简便，但由于加入其他试剂后还需调整滴定条件，因此它还不是最好的提高分步滴定选择性的方法。若仅仅通过调节被测溶液到适当的 pH 范围，使 $\lg K'_{MY} c_M^{sp}$ 达到最大，就能使主离子 M 与 EDTA 的反应更完全、测定的准确度更高，说明控制酸度法比配位掩蔽法更好。

在提高用 EDTA 分步滴定金属离子的选择性时，通常先选择最简单的控制酸度法，其次选择配位掩蔽法，再次选择氧化还原掩蔽法和沉淀掩蔽法。最后，如果这些方法都不能去除共存离子的干扰时，只能使用其他更特效的配位剂。

5.4.7　控制酸度提高分步滴定选择性

在配位滴定中，通常采用金属指示剂判断终点。但金属指示剂的专属性很差，特别是在较低酸度下，往往可与多种金属离子显色，无法指示主离子 M 的终点。因此，提高分步滴定选择性时如果选用控制酸度法，就需要特别注意指示剂的酸效应。仅用适宜酸度范围作为分步滴定的酸度是不合适的。例如，本任务中滴定 Pb^{2+}、Bi^{3+} 的混合溶液时，以二甲酚橙作为指示剂，若在 $pH=1.6$ 时进行滴定，终点会出现返红现象，就是 Pb^{2+} 与二甲酚橙配位所造成的结果。进一步说明了适宜酸度范围的下限对提高分步滴定的选择性是不合适的。

原本当 pH 高于酸度下限时，酸效应系数 $\alpha_{Y(H)}$ 应减小到 1，根据式（5.54）得

$$\lg \alpha_Y = \lg(\alpha_{Y(H)} + \alpha_{Y(N)} - 1) = \lg \alpha_{Y(N)} = \lg K_{NY} c_N^{sp}$$

代入 $\lg K_{MY} c_M^{sp} - \lg K'_{MY} c_M^{sp} = \lg \alpha_Y$，得

$$\lg K_{MY} c_M^{sp} - \lg K_{NY} c_N^{sp} = K'_{MY} c_M^{sp} \geqslant 5 \quad (\lg K_{MY} > \lg K_{NY})$$

即

$$(\Delta \lg K c)_1 = \lg K_{MY} c_M^{sp} \geqslant 5$$

现假设溶液中主离子 M 和干扰离子 N 共存，一般有 $\alpha_{Y(H)} < \alpha_{Y(N)}$，令

$$\alpha_{Y(H)} = \frac{1}{10} \alpha_{Y(N)} = \frac{1}{10}(1 + K_{NY} c_N^{sp}) \approx \frac{1}{10} K_{NY} c_N^{sp}$$

由 $\alpha_{Y(H)}$ 所对应的酸度作为分步滴定主离子 M 酸度控制的下限：

$$\alpha_Y = \alpha_{Y(H)} + \alpha_{Y(N)} - 1 = \frac{1}{10} K_{NY} c_N^{sp} + (1 + K_{NY} c_N^{sp}) - 1 = \frac{11}{10} K_{NY} c_N^{sp}$$

$$\lg\alpha_Y = \lg\left(\frac{11}{10}K_{NY}c_N^{sp}\right) = \lg K_{NY}c_N^{sp} + \lg\frac{11}{10} = \lg K_{NY}c_N^{sp} + 0.04$$

代入 $\lg K_{MY}c_M^{sp} - \lg K'_{MY}c_M^{sp} = \lg\alpha_Y$，得

$$(\Delta\lg Kc)_2 = \lg K_{NY}c_N^{sp} + 0.04 \geqslant 2pE_t$$

再根据 $(\Delta\lg Kc)_1 = \lg K_{NY}c_N^{sp} \geqslant 5$，得

$$(\Delta\lg Kc)_2 = 5 + 0.04 \geqslant 2pE_t$$

$$E_t \geqslant 0.302\%$$

终点误差仅增加不到 0.01%，说明上述假设 $\alpha_{Y(H)} = 1/10\alpha_{Y(N)}$ 是合理的，即酸度下限公式应为

$$\lg\alpha_{Y(H)} = \lg K_{NY}c_N^{sp} - 1 \tag{5.56}$$

因此，选择滴定主离子 M 的酸度控制范围为最高酸度至 $\lg\alpha_{Y(H)} = \lg K_{NY}c_N^{sp} - 1$ 值所对应的酸度区间，即为利用酸效应选择滴定主离子 M 且离子 N 不干扰的酸度下限。

【例 5.17】 试设计以二甲酚橙为指示剂，用 0.02000mol/L 的 EDTA 标准溶液滴定浓度均为 0.01mol/L 的 Pb^{2+}、Bi^{3+} 混合溶液的方案。设 $E_t \leqslant 0.3\%$，$\Delta pM' = \pm 0.2$。已知：$\lg K_{BiY} = 27.94$，$\lg K_{PbY} = 18.04$。

解 第一步，判断 Pb^{2+}、Bi^{3+} 能否分别被准确滴定。

查表 5.17，$\Delta pM' = \pm 0.2$，$f = 0.954$，已知 $E_t = 0.3\%$，根据林邦误差公式：

$$E_t = \frac{f}{\sqrt{K'_{MY}c_M^{sp}}}$$

$$0.003 = \frac{0.954}{\sqrt{K'_{MY}c_M^{sp}}}, \quad K'_{MY}c_M^{sp} = 101\,124 > 5$$

故 Bi^{3+}、Pb^{2+} 都能被 EDTA 准确滴定。

第二步，判断 Pb^{2+}、Bi^{3+} 能否被分步滴定。

$\lg K_{BiY} > \lg K_{PbY}$，$Bi^{3+}$ 为主离子，Pb^{2+} 为干扰离子。原有被测溶液体积为 V，用 0.020 00mol/L 的 EDTA 滴定 0.01mol/LBi^{3+} 至终点时，滴入 EDTA 的总体积为 $0.5V$，故第一终点时体积为 $1.5V$。用 EDTA 滴定 Pb^{2+} 至终点时，滴入 EDTA 的总体积为 V，故第一终点时体积为 $2V$。

$$c_{Bi}^{sp} = \frac{0.01V}{1.5V} \approx 0.007(mol/L), \quad 0.003 = \frac{0.954}{\sqrt{K'_{BiY} \times 0.007}}$$

$$K'_{BiY} \approx 1.4 \times 10^7, \quad \lg K'_{BiY} \approx 7.15$$

$$c_{Pb}^{sp} = \frac{0.01V}{2V} = 0.005(mol/L), \quad 0.003 = \frac{0.954}{\sqrt{K'_{PbY} \times 0.005}}$$

$$K'_{PbY} \approx 2.0 \times 10^7, \quad \lg K'_{PbY} \approx 7.30$$

$$\Delta\lg Kc = \lg K_{BiY}c_{Bi}^{sp} - \lg K_{PbY}c_{Pb}^{sp}$$

$$= 27.94 + \lg 0.007 - 18.04 - \lg 0.005 \approx 10.05 > 5$$

故可利用酸效应选择滴定 Bi^{3+}，而 Pb^{2+} 不干扰。

第三步，控制滴定 Bi^{3+} 的酸度。

最高酸度：$\lg\alpha_{Y(H)} = \lg K_{BiY} - \lg K'_{BiY} = 27.94 - 7.15 = 20.79$，查表 5.6 得 pH = 0.5。

最低酸度：$\lg\alpha_{Y(H)}=\lg K_{PbY}c_{Pb}^{sp}-1=18.04+\lg 0.005-1\approx14.74$，查表 5.6 得 pH=1.6。

控制酸度：滴定 Bi^{3+} 的 pH 为 0.5～1.6，一般控制在 pH≈1.0。

第四步，滴定 Pb^{2+} 的酸度范围。

最高酸度：$\lg\alpha_{Y(H)}=\lg K_{PbY}-\lg K'_{PbY}=18.04-7.30=10.74$，查表 5.6 得 pH=2.9。

最低酸度：

$$[OH^-]=\sqrt{\frac{K_{sp[Pb(OH_2)]}}{[Pb^{2+}]}}=\sqrt{\frac{1.0\times10^{-14.93}}{0.005}}\approx4.9\times10^{-7}(mol/L), pOH\approx6.31, pH\approx7.69$$

控制酸度：滴定 Pb^{2+} 的 pH 为 2.9～7.69，由于二甲酚橙指示剂只适用于 pH≤6，一般控制在 pH 为 5～6。

第五步，撰写测定方案。取 20.00mL 试液，调整酸度为 pH≈1.0，加入二甲酚橙指示剂后溶液呈紫红色，用 0.020 00mol/L 的 EDTA 滴至亮黄色为终点，消耗 EDTA 标准溶液 V_1，可以测出 Bi^{3+} 浓度。加入六亚甲基四胺至溶液再次呈稳定的紫红色，此时 pH 为 5～6，继续以 EDTA 标准溶液滴定至亮黄色为终点，消耗 EDTA 标准溶液 V_2。可以测出 Pb^{2+} 浓度。

项目 6　氧化还原平衡与氧化还原滴定法

氧化还原滴定法是以氧化还原反应为基础的滴定分析方法。在氧化还原反应中，还原剂给出电子转化成其共轭氧化态，氧化剂则接受电子转化成其共轭还原态。这类基于电子转移的反应机理比较复杂，有些反应速度比较慢，还有一些反应不符合化学计量关系等。因此，在讨论氧化还原滴定时，除了从平衡的观点判断反应的可行性外，还应考虑反应机理、反应速度、反应介质等问题，以创造合适的条件，使反应满足滴定分析要求。

氧化还原滴定法的应用非常广泛，可以直接或间接地测定很多无机物和有机物。在滴定中使用多种氧化（还原）滴定剂，形成了铈量法、重铬酸钾法、高锰酸钾法、碘量法、溴酸钾法等多种典型滴定方法，并各有其反应条件和特点，应当予以重视。

任务 6.1　可逆对称氧化还原滴定模式（铈量法）

任务分析

氧化还原滴定中，标准溶液可以是氧化剂，也可以是还原剂。为了保存和取用方便，最常用的是能够在空气中长期存放不变质的氧化性标准溶液，如 Ce^{4+}、$Cr_2O_7^{2-}$、MnO_4^- 等氧化剂。选用 Ce^{4+} 作为标准溶液的方法称为铈量法，同样地，选用 $Cr_2O_7^{2-}$ 和 MnO_4^- 作为标准溶液的方法分别称为重铬酸钾法和高锰酸钾法。

1861 年由 L. T. 兰格建立的铈量法，是指在酸性溶液中用 Ce^{4+} 与还原剂作用被还原为 Ce^{3+} 的方法。考虑到 Ce^{4+} 在盐酸溶液中会缓慢地将 Cl^- 氧化为 Cl_2，氧化速率随着酸度升高而加快，但存在硫酸时，氧化速率会降低。在硝酸或高氯酸溶液中，在光的作用下，Ce^{4+} 会缓慢地被水还原，使其浓度逐渐下降。Ce^{4+} 在弱酸性或碱性溶液中易水解而生成碱式盐沉淀。因此，实际上常用 $Ce(SO_4)_2$ 的硫酸溶液作为滴定剂。本任务正是利用铈量法来定量地求得某种离子的浓度。

由于铈量法一般不受制剂中淀粉、糖类的干扰，特别适合药物分析中片剂、糖浆剂等制剂的测定。此外，铈量法还是分析铁矿石中全铁含量的一种重要方法。本任务首先完成 0.1000mol/L 的 Ce^{4+} 标准溶液的配制和标定的实验，再完成 Ce^{4+} 标准溶液滴定同浓度 Fe^{2+} 溶液的实验。初步理解氧化还原滴定的原理，通过计算氧化还原滴定的条件平衡常数绘制滴定曲线，找出滴定突跃后选择合适的氧化还原指示剂判断终点，最后用滴定误差公式验证所选指示剂是否正确。本任务中由于两个半反应转移电子数均为 1，电对 Fe^{3+}/Fe^{2+}、Ce^{4+}/Ce^{3+} 在溶液中会迅速建立平衡，且反应物和产物系数相同，称为转移电子数相等的可逆对称氧化还原滴定模式。

任务实施

6.1.1　0.1000mol/L Ce^{4+}标准溶液滴定同浓度 Fe^{2+}溶液

1. 实验目的

（1）学习用 $Ce(SO_4)_2 \cdot 2(NH_4)_2SO_4 \cdot 4H_2O$ 配制 Ce^{4+}标准溶液的方法。

（2）掌握可逆对称氧化还原滴定模式。

（3）掌握氧化还原指示剂的工作原理。

（4）巩固用 Q 检验法检验异常值的方法。

（5）巩固精密度和准确度的计算方法。

2. 实验原理

1）配制 Ce^{4+}标准溶液

在酸性溶液中，Ce^{4+}与还原剂作用时，Ce^{4+}还原为 Ce^{3+}，半反应为

$$Ce^{4+} + e^- \rightleftharpoons Ce^{3+}, \quad \varphi^\ominus = 1.61V$$

Ce^{4+}/Ce^{3+} 电对的条件电位与酸的种类和浓度有关。在 0.5～4mol/L 的 H_2SO_4 溶液中，$\varphi^{\ominus\prime} = 1.42～1.44V$；在 1～8mol/L 的 $HClO_4$ 溶液中，$\varphi^{\ominus\prime} = 1.70～1.87V$；在 1mol/L 的 HCl 溶液中，$\varphi^{\ominus\prime} = 1.28V$，此时 Cl$^-$ 可使 Ce^{4+} 缓慢地还原为 Ce^{3+}：

$$2\,Ce^{4+} + 2\,Cl^- \rightleftharpoons 2\,Ce^{3+} + Cl_2$$

由于在硫酸介质中 Ce^{4+} 更稳定且是强氧化剂，常用 $Ce(SO_4)_2$ 的硫酸溶液作为滴定剂，这种方法称为铈量法。由于 Ce^{4+}/Ce^{3+} 的条件电位介于 $Cr_2O_7^{2-}$ 和 MnO_4^- 之间

$$\varphi^{\ominus\prime}_{Cr_2O_7^{2-}/Cr^{3+}}(1.15V) < \varphi^{\ominus\prime}_{Ce^{4+}/Ce^{3+}}(1.44V) < \varphi^{\ominus\prime}_{MnO_4^-/Mn^{2+}}(1.45V)$$

因此，能用 MnO_4^- 滴定的物质一般也能用 Ce^{4+} 滴定。$Ce(SO_4)_2$ 的硫酸溶液具有如下特点。

（1）稳定，放置较长时间或加热煮沸也不易分解。

（2）可由容易提纯的 $Ce(SO_4)_2 \cdot 2(NH_4)_2SO_4 \cdot 4H_2O$ 直接配制标准溶液，不必进行标定。

（3）Ce^{4+} 还原为 Ce^{3+} 时，只有一个电子转移，不生成中间价态的产物，反应简单，副反应少。有机物（如乙醇、甘油、糖等）存在时，用 Ce^{4+} 滴定 Fe^{2+} 仍可得到良好的结果。

（4）用 Ce^{4+} 作为滴定剂时，因 Ce^{4+} 为黄色，而 Ce^{3+} 为无色，故 Ce^{4+} 可作为自身指示剂判断滴定终点，但灵敏度不高。一般采用邻菲啰啉-Fe(Ⅱ) 作为指示剂，终点时 Fe^{2+} 被氧化为 Fe^{3+}，颜色从邻菲啰啉-Fe(Ⅱ) 的红色变为邻菲啰啉-Fe(Ⅲ) 的蓝色。

（5）Ce^{4+} 易水解，生成碱式盐沉淀，所以 Ce^{4+} 不适用于在碱性或中性溶液中滴定。

2）用 Ce^{4+} 标准溶液滴定同浓度 Fe^{2+}

本实验用 Ce^{4+} 标准溶液滴定同浓度 Fe^{2+}，反应为

$$Ce^{4+} + Fe^{2+} = Ce^{3+} + Fe^{3+}$$

$$Fe^{3+} + e^- = Fe^{2+}, \quad \varphi^{\ominus} = 0.68V$$

Ce^{4+} 作为滴定剂时，因 Ce^{4+} 本身具有的黄色作为自身指示剂灵敏度不高，一般采用邻菲啰啉-Fe（Ⅱ）作为指示剂，终点时 Fe^{2+} 被氧化为 Fe^{3+}，颜色从邻菲啰啉-Fe（Ⅱ）的红色变为邻菲啰啉-Fe（Ⅲ）的蓝色。由于邻菲啰啉-Fe（Ⅱ）会消耗 Ce^{4+}，因此指示剂不能加入太多，且需要做空白实验。

3. 试剂

$Ce(SO_4)_2 \cdot 2(NH_4)_2SO_4 \cdot 4H_2O$（A.R.）；HCl（A.R.，1+10）；$H_2SO_4$（A.R.，1+10）；$Fe(NH_4)_2(SO_4)_2 \cdot 6H_2O$（A.R.）；邻菲啰啉－Fe（Ⅱ）指示剂（$0.5gFe(SO)_4 \cdot 7H_2O$ 溶于 100mL 水中，加两滴浓硫酸，再加 0.5g 邻菲啰啉）。

4. 仪器

酸式滴定管（50mL×1）；烧杯（500mL×1，250mL×3）；锥形瓶（250mL×4）；量筒（10mL×1，25mL×1，50mL×1）；移液管（5mL×1，10mL×1，20mL×1）；称量瓶（15mL×1）；白滴瓶（60mL×2）；试剂瓶（500mL×1）；容量瓶（250mL×1）；锥形瓶（250mL×7）。

5. 实验步骤

1）配制与标定 $0.1000mol/LCe^{4+}$ 标准溶液

Ce^{4+} 标准溶液可以直接配制，一般不需要标定。称取 16.7g 分析纯 $Ce(SO_4)_2 \cdot 2(NH_4)_2SO_4 \cdot 4H_2O$（668.3g/mol），加入 30mL 水及 10mL 硫酸，再加入 100mL 水，加热溶解后，转移至 250mL 容量瓶中，稀释至刻度，充分摇匀，贴标签待用。

2）配制 $0.10mol/LFe^{2+}$ 溶液

由于 Fe^{2+} 在空气中容易被氧化，因此用 $FeSO_4$ 配制标准溶液不准确。如果使用其复盐，则稳定得多。称取 9.8g 分析纯 $Fe(NH_4)_2(SO_4)_2 \cdot 6H_2O$（392.1g/mol），溶于冷的（1+10）$H_2SO_4$ 溶液 100mL 中，加热溶解，溶解完毕后如有浑浊，应过滤。转移至 250mL 容量瓶中，用（1+10）H_2SO_4 稀释至刻度，充分摇匀，贴标签待用。

3）$0.1000mol/LCe^{4+}$ 标准溶液滴定同浓度 Fe^{2+} 溶液

用移液管准确量取 20mLFe^{2+} 溶液于 250mL 锥形瓶中，用 $0.1000mol/L$ 的 Ce^{4+} 标准溶液滴定至浅黄色后，加入 2mL 邻菲啰啉-Fe（Ⅱ）指示剂使溶液变为橘红色。再用 $0.1000mol/L$ 的 Ce^{4+} 标准溶液滴定。终点前用锥形瓶内壁将滴定管尖嘴处半滴靠下，再用洗瓶冲洗瓶壁，反复操作至溶液呈浅蓝色，静置 30s 不退色，即为终点。记录消耗 Ce^{4+} 标准溶液的体积读数 V_1。做六次平行实验。

空白实验时加入蒸馏水 20mL 于 250mL 锥形瓶中，用 $0.1000mol/L$ 的 Ce^{4+} 标准溶液滴定至浅黄色后，加入五滴 5% 邻菲啰啉-Fe（Ⅱ）指示剂使溶液变为橘红色。再用 $0.1000mol/L$ 的 Ce^{4+} 标准溶液滴定至浅蓝色。保持 30s 不退色，即为终点，记录消耗 Ce^{4+} 标准溶液的体积读数 V_2。

6. 原始记录

0.1000mol/LCe^{4+} 标准溶液标定同浓度 Fe^{2+} 原始记录表如表 6.1 所示。

表 6.1　0.1000mol/LCe^{4+} 标准溶液标定同浓度 Fe^{2+} 原始记录表

日期：　　　　　天平编号：

样品编号	1#	2#	3#	4#	5#	6#
称取 Ce(SO$_4$)$_2$·2(NH$_4$)$_2$SO$_4$·4H$_2$O 初读数/g						
称取 Ce(SO$_4$)$_2$·2(NH$_4$)$_2$SO$_4$·4H$_2$O 终读数/g						
称取 Ce(SO$_4$)$_2$·2(NH$_4$)$_2$SO$_4$·4H$_2$O 质量/g						
标定 Ce^{4+} 溶液体积初读数/mL						
标定 Ce^{4+} 溶液体积终读数/mL						
标定 Ce^{4+} 溶液体积/mL						
空白实验标定 Ce^{4+} 溶液体积/mL						
称取 Fe(NH$_4$)$_2$(SO$_4$)$_2$·6H$_2$O 初读数/g						
称取 Fe(NH$_4$)$_2$(SO$_4$)$_2$·6H$_2$O 终读数/g						
称取 Fe(NH$_4$)$_2$(SO$_4$)$_2$·6H$_2$O 质量/g						
取 Fe^{2+} 待测溶液体积/mL						
滴定 Fe^{2+} 消耗 Ce^{4+} 标准溶液初读数/mL						
滴定 Fe^{2+} 消耗 Ce^{4+} 标准溶液终读数/mL						
滴定 Fe^{2+} 消耗 Ce^{4+} 标准溶液体积/mL						
滴定 Fe^{2+} 空白实验消耗消耗 Ce^{4+} 标准溶液体积/mL						

7. 结果计算

用 Ce^{4+} 标定溶液滴定 Fe^{2+} 时，Ce^{4+} 和 Fe^{2+} 的化学计量关系为 1∶1，由以上数据可计算出 Fe^{2+} 的浓度

$$c_{Fe^{2+}} = \frac{c_{Ce^{4+}}(V_1 - V_2)}{V_0} \tag{6.1}$$

式中，$c_{Ce^{4+}}$、$c_{Fe^{2+}}$——Ce^{4+} 和 Fe^{2+} 的浓度，mol/L；

　　　　V_0——Fe^{2+} 溶液的体积，mL；

　　V_1、V_2——用 Ce^{4+} 标准溶液滴定 Fe^{2+} 时消耗 Ce^{4+} 标准溶液的体积和空白实验消耗 C$_e$$^{4+}$ 标准溶液的体积，mL。

所有滴定管读数均需校准。

8. 注意事项

(1) 用 Fe(NH$_4$)$_2$(SO$_4$)$_2$·6H$_2$O 配制 Fe^{2+} 溶液是因为它在空气中比硫酸亚铁稳定。

(2) 由于 Fe(NH$_4$)$_2$(SO$_4$)$_2$ 中的 NH$_4^+$ 和 Fe^{2+} 在水中很容易水解，实质是 NH$_4^+$ 和 OH$^-$ 结合生成少量的 NH$_3$·H$_2$O，Fe^{2+} 和 OH$^-$ 结合生成少量的 Fe(OH)$_2$ 沉淀。为抑制两种阳离子水解，溶液需要保持较强的酸性。

(3) Ce^{4+} 标准溶液若长期存放，每次使用前都要重新进行标定。

(4) 若加入邻菲啰啉-Fe(Ⅱ) 指示剂太少，终点时溶液为浅绿色。

(5) 若加入邻菲啰啉-Fe(Ⅱ) 指示剂太多，会消耗 Ce^{4+} 标准溶液，需要做空白实

验校正。

9. 思考题

（1）氧化还原滴定的理论依据是什么？

（2）配制 Ce^{4+}、Fe^{2+} 溶液时，称取的 $Ce(SO_4)_2 \cdot 2(NH_4)_2SO_4 \cdot 4H_2O$ 和 $Fe(NH_4)_2(SO_4)_2 \cdot 6H_2O$ 的质量是如何确定的？

（3）Ce^{4+} 标准溶液使用的 pH 范围是多少？

（4）邻菲啰啉-Fe（Ⅱ）指示剂变色的原理是什么？

 知识平台

6.1.2　认识氧化还原平衡和氧化还原滴定法

氧化还原滴定法是基于溶液中氧化剂与还原剂之间电子的转移而进行反应的一种分析方法。与酸碱反应中质子交换和酸碱共轭对相对应相似，在氧化还原反应中，电子转移和氧化还原共轭对相对应。

$$Ox + ne^- \rightleftharpoons Red$$

Ox 是一个电子接受体，即氧化剂；Red 是一个电子给予体，即还原剂。

氧化还原滴定法的特点是机理较复杂，副反应多，因此与化学计量有关的问题更复杂。氧化还原反应比其他所有类型的反应速度都慢。对反应速度相对快些且化学计量关系是已知的氧化还原反应而言，若没有其他复杂的因素存在，一般认为一个化学计量的反应可由两个可逆的半反应得来；滴定中的任何一点，即每加入一定量的滴定剂，当反应达到平衡时，两个体系的电极电位相等。

$$Ox_1 + n_1e^- \underset{试样}{\rightleftharpoons} Red_1, \quad Ox_2 + n_2e^- \underset{滴定剂}{\rightleftharpoons} Red_2$$

将两式合并

$$n_2Red_1 + n_1Ox_2 \rightleftharpoons n_2Ox_1 + n_1Red_2$$

氧化还原电对可分为对称电对和不对称电对。对称电对的氧化态系数与还原态系数相等，不对称电对的氧化态系数与还原态系数不相等，如

对称电对：$Fe^{3+} + e^- \longrightarrow Fe^{2+}$，$MnO_4^- + 8H^+ + 5e^- \longrightarrow Mn^{2+} + 4H_2O$

不对称电对：$I_2 + 2e^- \longrightarrow 2I^-$，$Cr_2O_7^{2-} + 14H^+ + 6e^- \longrightarrow 2Cr^{3+} + 7H_2O$

另外，氧化还原电对还常粗略地分为可逆的与不可逆的两大类。书写时将氧化态写在前，将还原态写在后。在氧化还原反应的任一瞬间，Fe^{3+}/Fe^{2+}、Ce^{4+}/Ce^{3+}、Sn^{4+}/Sn^{2+}、$Fe(CN)_6^{3-}/Fe(CN)_6^{4-}$、$I_2/I^-$ 等电对都能迅速地建立起氧化还原平衡，称为可逆电对；$Cr_2O_7^{2-}/Cr^{3+}$、MnO_4^-/Mn^{2+}、$S_4O_6^{2-}/S_2O_3^{2-}$、$CO_2/C_2O_4^{2-}$、SO_4^{2-}/SO_3^{2-}、O_2/H_2O_2、H_2O_2/H_2O 等电对不能真正建立起按氧化还原半反应所示的平衡，称为不可逆电对。本任务中由于是用 Ce^{4+} 标准溶液滴定 Fe^{2+} 溶液，在滴定的过程中发生氧化还原反应，会形成 Fe^{3+}/Fe^{2+}、Ce^{4+}/Ce^{3+} 电对，这两个电对转移电子数均为 1，且都是对称和可逆电对。因此，本任务称为转移电子数相等的对称可逆氧化还原滴定模式。

氧化还原滴定可用氧化剂作为滴定剂，也可用还原剂作为滴定剂，因此有多种方法；主要用来测定氧化剂或还原剂，也可用来测定不具有氧化性或还原性的金属离子或阴离子。除了应用于滴定分析法以外，氧化还原反应还广泛地应用于分离和测定步骤中，所以应用范围较广。

6.1.3　用基本单元表示氧化还原滴定的标准方程

1. 基本单元和标准方程

在氧化还原滴定中推算基本单元，是依据在反应中得失一个电子确定的化学式。规定一分子基本单元得到一个电子，计算时经常以 $\frac{1}{5}$ KMnO$_4$（MnO$_4^-$ 还原为 Mn^{2+} 转移五个电子）、$\frac{1}{6}$ K$_2$Cr$_2$O$_7$（Cr$_2$O$_7^{2-}$ 还原为 Cr^{3+} 转移六个电子）等作为基本单元。推算基本单元时，首先要写出化学反应式并配平；推出待测物质与标准物质的计量关系，并用"═○═"符号（相当于）连接；待测物的基本单元等于标准物质的基本单元。

对于标准方程来说，无论化学反应的计量关系是不是 1 : 1，只要 M 是基本单元，整个方程均没有系数，这能够简化计算过程。使用标准方程的关键是要学会推算基本单元。

2. 推算基本单元

【例 6.1】　用基准物质 Na$_2$C$_2$O$_4$ 标定 Ce^{4+} 溶液，若以 Na$_2$C$_2$O$_4$ 表示结果，推算其基本单元，并写出标准方程。

解

$$2Ce^{4+} + C_2O_4^{2-} \Longrightarrow 2Ce^{3+} + 2CO_2 \uparrow$$
$$2e^- \!-\!\!\circ\!\!- Na_2C_2O_4$$

基本单元

$$e^- \!-\!\!\circ\!\!- \frac{1}{2}Na_2C_2O_4$$

标准方程

$$c_{Ce^{4+}} = \frac{m_{Na_2C_2O_4}}{V_{Ce^{4+}} M_{\frac{1}{2}Na_2C_2O_4}}$$

答：若以 Na$_2$C$_2$O$_4$ 表示结果，推算其基本单元为 $\frac{1}{2}$ Na$_2$C$_2$O$_4$。

6.1.4　认识标准电极电位和能斯特方程

对于一个氧化还原平衡

$$n_2Ox_1 + n_1Red_2 \Longrightarrow n_2Red_1 + n_1Ox_2$$

氧化剂和还原剂的强弱用电对的电极电位来衡量。电位升高，氧化剂的氧化能力增加；电位降低，还原剂的还原能力增加，如图 6.1 所示。氧化剂可以氧化电位比它低的还原剂，还原剂可以还原电位比它高的氧化剂。由此，根据有关电对的电位，可以判断反应进行的方向。

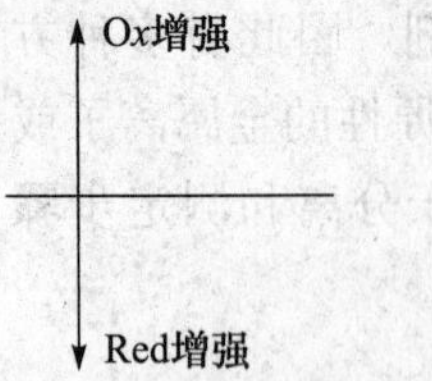

図 6.1　电极电位
与氧化还原能力

Ox增强

Red增强

1. 标准电极电位

金属浸在只含有该金属盐的电解溶液中，达到平衡时所具有的电极电位称为该金属的平衡电极电位。当温度为 25℃，金属离子的有效浓度为 1mol/L（活度为 1）时测得的平衡电极电位称为标准电极电位。标准电极电位是以标准氢原子作为参比电极，即氢的标准电极电位值定为 0。与氢标准电极比较，电位较高的为正，电位较低的为负。例如，氢的标准电极电位 $\varphi_{H^+/H_2}^{\ominus}$ 为 0.000V，锌的标准电极电位 $\varphi_{Zn^{2+}/Zn}^{\ominus}$ 为 -0.762V，铜的标准电极电位 $\varphi_{Cu^{2+}/Cu}^{\ominus}$ 为 $+0.337$V 等。

2. 能斯特方程

可逆电对所显示的实际电位，与按能斯特（Nernst）方程计算所得理论电位相符，或相差很小；不可逆电对的实际电位与理论电位相差很大。能斯特方程只适用于可逆的氧化还原电对，对于不可逆氧化还原电对，作为初步判断仍有一定的实际意义。

对于均相氧化还原电对，设 a_O 为氧化态活度，a_R 为还原态活度，忽略离子强度的影响，可得

$$Ox + ne^- \Longrightarrow Red$$

$$\varphi = \varphi^{\ominus} + \frac{RT}{nF}\ln\frac{a_O}{a_R} \tag{6.2}$$

式中，φ——电极电位；

　　$\varphi^{\ominus}$——标准电极电位；

　　R——气体常数；

　　F——法拉第常数；

　　T——热力学温度，K；

　　n——转移电子数。

由于 a_O 表示氧化态活度，a_R 表示还原态活度，因此能斯特方程是对活度进行响应的。

对于非均相可逆氧化还原电对（如金属离子 M^{n+}/纯金属 M），由于纯物质的活度为 1，用 $a_{M^{n+}}$ 表示金属离子活度，能斯特方程可表示为

$$M^{n+} + ne^- \Longrightarrow M$$

$$\varphi = \varphi^{\ominus} + \frac{RT}{nF}\ln a_{M^{n+}} \tag{6.3}$$

若将气体常数 $R=8.314$J·(K·mol)，法拉第常数 $F=96\ 487$C/mol，25℃时的热力学温度 298K 代入式（6.2），取常用对数，可得能斯特方程的简化形式

$$\varphi = \varphi^{\ominus} + \frac{0.059}{n}\lg\frac{a_O}{a_R} \tag{6.4}$$

可见，式（6.4）只是能斯特方程在 25℃（298K）时的一个特例，所以要使用式（6.4）简化计算，必须指明温度。

需注意的是，在 25℃（298K）时使用式（6.4）时，为了简化计算常忽略离子强度的影响，也就是用浓度代替活度进行计算。在实际工作中，溶液组分改变导致电对的氧化态和还原态的存在形式也改变，电对的电极电位也在发生变化。此时，即使是可逆电对，用浓度代替活度时，计算结果与实际结果相差仍然很大。因此，实际工作中使用用能斯特方程时，若采用标准电极电位，不能用浓度代替活度进行计算。

6.1.5　认识条件电极电位

在实际应用中，通常知道的是物质在溶液中的浓度，而不是其活度。为简化起见，常常忽略溶液中离子强度的影响，用浓度代替活度进行计算。但是只有在浓度极小时，这种处理方法才是正确的。当浓度较大，尤其是高价离子参与电极反应时，或有其他强电解质存在时，计算结果就会与实际测定值发生较大偏差。

【例 6.2】　25℃时，计算盐酸溶液中 Fe^{3+}/Fe^{2+} 体系的电位。

解　反应前后都是离子状态，用能斯特方程求均相可逆电对的电极电位。

$$a_{Fe^{3+}} = \gamma_{Fe^{3+}}[Fe^{3+}], \quad a_{Fe^{2+}} = \gamma_{Fe^{2+}}[Fe^{2+}]$$

盐酸溶液中，除 Fe^{3+}、Fe^{2+}，还有 $FeOH$、$FeCl^{2+}$、$FeCl_2^{+}$、$FeCl^{+}$、$FeCl_2$ 等，有副反应系数。

$$[Fe^{3+}] = \frac{c_{Fe^{3+}}}{\alpha_{Fe^{3+}}}, \quad [Fe^{2+}] = \frac{c_{Fe^{2+}}}{\alpha_{Fe^{2+}}}$$

$$\varphi = \varphi^{\ominus} + 0.059\lg\frac{\gamma_{Fe^{3+}}\dfrac{c_{Fe^{3+}}}{\alpha_{Fe^{3+}}}}{\gamma_{Fe^{2+}}\dfrac{c_{Fe^{2+}}}{\alpha_{Fe^{2+}}}} = \varphi^{\ominus} + 0.059\lg\frac{\gamma_{Fe^{3+}}\alpha_{Fe^{2+}}c_{Fe^{3+}}}{\gamma_{Fe^{2+}}\alpha_{Fe^{3+}}c_{Fe^{2+}}}$$

由于 α、γ 不好求得，把未知量放在一起，得

$$\varphi = \varphi^{\ominus} + 0.059\lg\frac{\gamma_{Fe^{3+}}\alpha_{Fe^{2+}}}{\gamma_{Fe^{2+}}\alpha_{Fe^{3+}}} + 0.059\lg\frac{c_{Fe^{3+}}}{c_{Fe^{2+}}}$$

当 $c_{Ox} = c_{Red}$，即 $c_{Fe^{3+}} = c_{Fe^{2+}}$ 时

$$\varphi^{\ominus'} = \varphi^{\ominus} + 0.059\lg\frac{\gamma_{Fe^{3+}}\alpha_{Fe^{2+}}}{\gamma_{Fe^{2+}}\alpha_{Fe^{3+}}} \tag{6.5}$$

$\varphi^{\ominus}_{Ox/Red}$ 称为条件电极电位，它是在一定的介质条件下，氧化态和还原态的浓度之比为 1∶1 时的实际电位，使用条件电位可以简化计算过程。$\varphi^{\ominus}$ 与 $\varphi^{\ominus'}$ 的关系如同配位滴定中稳定常数 K 与条件稳定常数 K' 的关系。

条件电位反映了离子强度与各种副反应影响的总结果，是氧化还原电对在客观条件下的实际氧化还原能力。它在一定条件下为常数。在进行氧化还原平衡计算时，应采用与给定介质条件相同的条件电极电位。若缺乏相同条件的条件电极电位数值，可采用介质条件相近的条件电极电位数据。对于没有相应条件电极电位的氧化还原电对，则采用标准电极电位进行计算。

【例 6.3】　25℃时，已知 $\varphi^{\ominus}_{Fe^{3+}/Fe^{2+}} = 0.77V$，当 $[Fe^{3+}] = 1.0mol/L$，$[Fe^{2+}] = 0.0001mol/L$ 时，计算该电对的电极电位。

解　根据能斯特方程得

$$\varphi_{Fe^{3+}/Fe^{2+}} = \varphi^{\ominus}_{Fe^{3+}/Fe^{2+}} + \frac{0.059}{1}\lg\frac{[Fe^{3+}]}{[Fe^{2+}]}$$

$$\varphi_{Fe^{3+}/Fe^{2+}} = 0.77 + 0.059\lg\frac{1.0}{0.0001} \approx 1.00(V)$$

答：25℃时，当$[Fe^{3+}]=1.0mol/L$ 和$[Fe^{2+}]=0.0001mol/L$ 时，电对的电极电位为 1.00V。

【例 6.4】 25℃时，计算 1.0mol/L 盐酸溶液中，当 $c_{Ce^{4+}}=0.01mol/L$，$c_{Ce^{3+}}=0.001mol/L$ 时，电对 Ce^{4+}/Ce^{3+} 的电极电位。

解 查附录 9，在 1.0mol/L 盐酸溶液中 $\varphi^{\ominus'}_{Ce^{4+}/Ce^{3+}}=1.28V$，根据能斯特方程得

$$\varphi_{Ce^{4+}/Ce^{3+}} = \varphi^{\ominus'}_{Ce^{4+}/Ce^{3+}} + \frac{0.059}{1}\lg\frac{[Ce^{4+}]}{[Ce^{3+}]}$$

$$\varphi_{Ce^{4+}/Ce^{3+}} = 1.28 + 0.059\lg\frac{0.01}{0.001} \approx 1.34(V)$$

如若不考虑介质的影响，用标准电极电位 $\varphi_{Ce^{4+}/Ce^{3+}} = \varphi^{\ominus}_{Ce^{4+}/Ce^{3+}} + \frac{0.059}{1}\lg\frac{[Ce^{4+}]}{[Ce^{3+}]}$ 计算：

$$\varphi_{Ce^{4+}/Ce^{3+}} = 1.61 + 0.059\lg\frac{0.01}{0.001} \approx 1.67(V)$$

答：电对 Ce^{4+}/Ce^{3+} 的电极电位为 1.67V。

由结果看出，取标准电极电位代替条件电极电位进行计算时，差异是明显的。

6.1.6 分析影响电极电位的因素

由例 6.3 和例 6.4 可知，标准电极电位代替条件电极电位进行计算，可得不同的电极电位。那么，电极电位的大小又受哪些因素影响呢？

1. 离子强度影响电极电位

在氧化还原反应中，溶液的离子强度一般较大，氧化态和还原态的价态通常较高，因而活度系数小于 1。这样，用理论计算出的电位值与实际测量值就有差异。但由于各种副反应对电位的影响远比离子强度的影响大，同时离子强度的影响又难以校正，因此一般忽略离子强度的影响。

2. 生成的沉淀影响电极电位

在氧化还原反应中，当加入一种可与氧化态或还原态生成沉淀的沉淀剂时，就会改变电对的电位。氧化态生成的沉淀使电对的电位降低；反之，还原态生成沉淀则使电对电位升高。例如，用碘量法测定 Cu^{2+} 的含量时有如下反应

$$2Cu^{2+} + 4I^- \Longrightarrow 2CuI\downarrow + I_2$$

$$I_2 + 2S_2O_4^{2-} \Longrightarrow 2I^- + S_4O_6^{2-}$$

$$\varphi^{\ominus}_{Cu^{2+}/Cu^+} = 0.17V, \quad \varphi^{\ominus}_{I_2/I^-} = 0.54V$$

从标准电极电位上看，Cu^{2+} 不能氧化 I^-，但实际情况并非如此。

【例 6.5】 25℃时，若忽略离子强度的影响，计算 $c_{KI}=1mol/L$ 时 Cu^{2+}/Cu^+ 电对

的电极电位。已知：$K_{sp,CuI} = 1.1 \times 10^{-12}$。

解

$$\varphi_{Cu^{2+}/Cu^{+}} = \varphi_{Cu^{2+}/Cu^{+}}^{\ominus} + 0.059 \lg \frac{[Cu^{2+}]}{[Cu^{+}]}$$

$$= \varphi_{Cu^{2+}/Cu^{+}}^{\ominus} + 0.059 \lg \frac{[Cu^{2+}]}{K_{sp,CuI}/[I^{-}]}$$

$$= \varphi_{Cu^{2+}/Cu^{+}}^{\ominus} + 0.059 \lg \frac{[I^{-}][Cu^{2+}]}{K_{sp,CuI}}$$

$$= \varphi_{Cu^{2+}/Cu^{+}}^{\ominus} - 0.059 \lg K_{sp,CuI} + 0.059 \lg[I^{-}][Cu^{2+}]$$

当 $[Cu^{2+}] = [I^{-}] = 1 mol/L$ 时：

$$\varphi_{Cu^{2+}/Cu^{+}} = 0.17 - 0.059 \lg(1.1 \times 10^{-12}) + 0 \approx 0.88 (V)$$

答：25℃时，若忽略离子强度的影响，$c_{KI} = 1 mol/L$ 时 Cu^{2+}/Cu^{+} 电对的电极电位是 0.88V。

例 6.5 中由于生成了溶解度很小的 CuI 沉淀，溶液中 Cu^{+} 浓度大为降低，Cu^{2+}/Cu^{+} 电对的电极电位由 0.17V 升高至 0.88V，比 0.54V 大得多，因此在此条件下 Cu^{2+} 可以氧化 I^{-}，而且反应进行得很完全。

3. 形成的配合物影响电极电位

溶液中常有多种阴离子存在，它们能与氧化剂或还原剂形成不同稳定性的配合物，从而改变电对的电极电位。氧化剂形成的配合物越稳定（或氧化剂的配合物比还原剂配合物更稳定），电位降得越低。相反，还原剂形成的配合物越稳定（或还原剂的配合物比氧化剂配合物更稳定），电位值升高。例如，用碘量法测定 Cu^{2+} 的含量时，如果试样中含有 Fe^{3+}，它将与 Cu^{2+} 一起氧化 I^{-}。从而干扰 Cu^{2+} 的测定。如果在试液中加入 F^{-}，F^{-} 与 Fe^{3+} 形成稳定的 $[FeF_6]^{3-}$ 配合物，干扰就被消除了。

【例 6.6】 25℃时，若忽略离子强度的影响，当溶液中 $c_{Fe^{3+}} = 0.1 mol/L$，$c_{Fe^{2+}} = 1.0 \times 10^{-5} mol/L$，$c_{F^{-}} = 1 mol/L$ 时，计算 Fe^{3+}/Fe^{2+} 电对的电极电位。已知：Fe^{3+}/Fe^{2+} 电对的标准电极电位为 0.77V。

解　查附录 6，$[FeF_6]^{3-}$ 的累积稳定常数分别为 $\beta_1 = 1.9 \times 10^5$，$\beta_2 = 2.0 \times 10^9$，$\beta_3 = 1.2 \times 10^{12}$，则

$$\alpha_{Fe(F)} = 1 + \beta_1[F] + \beta_2[F]^2 + \beta_3[F]^3 = 1 + 1.9 \times 10^5 \times 1$$
$$+ 2.0 \times 10^9 \times 1^2 + 1.2 \times 10^{12} \times 1^3 \approx 1.2 \times 10^{12}$$

$$[Fe^{3+}] = \frac{c_{Fe^{3+}}}{\alpha_{Fe(F)}} = \frac{0.1}{1.2 \times 10^{12}} \approx 8.3 \times 10^{-14} (mol/L)$$

$$\varphi_{Fe^{3+}/Fe^{2+}} = \varphi_{Fe^{3+}/Fe^{2+}}^{\ominus} + 0.059 \lg \frac{[Fe^{3+}]}{[Fe^{2+}]}$$

$$= 0.77 + 0.059 \lg \frac{8.3 \times 10^{-14}}{1.0 \times 10^{-5}} \approx 0.29 (V)$$

答：Fe^{3+}/Fe^{2+} 电对的电极电位是 0.29V。

计算结果说明，加入 F^{-} 后 Fe^{3+} 与 F^{-} 形成了稳定的配合物 $[FeF_6]^{3-}$，导致 $Fe^{3+}/$

Fe^{2+} 电对的电极电位由 0.77V 降到 0.29V，小于 I_2/I^- 电对的标准电极电位 0.54V。这样 Fe^{3+} 就不能氧化 I^-，从而消除 Fe^{3+} 的干扰。

4. 溶液的酸度对反应方向的影响

许多有 H^+ 或 OH^- 参加的氧化还原反应，溶液酸度变化将直接影响电对的电极电位。

【例 6.7】 25℃时，判断当溶液的 $[H^+]=1mol/L$ 和 $[H^+]=0.0001mol/L$ 时，下列反应进行的方向。

$$AsO_4^{3-}+2I^-+2H^+ = AsO_3^{3-}+H_2O+I_2$$

解 已知上述反应的半反应为

$$AsO_4^{3-}+2H^++2e^- = AsO_3^{3-}+H_2O, \quad \varphi_{AsO_4^{3-}/AsO_3^{3-}}^\ominus = 0.56V$$

$$I_2+2e^- = 2I^-, \quad \varphi_{I_2/I^-}^\ominus = 0.54V$$

I_2/I^- 电对的电极电位几乎与 pH 无关，而 AsO_4^{3-}/AsO_3^{3-} 电对的电极电位受酸度影响较大。

$$\varphi_{AsO_4^{3-}/AsO_3^{3-}} = \varphi_{AsO_4^{3-}/AsO_3^{3-}}^\ominus + \frac{0.059}{2}lg\frac{[AsO_4^{3-}][H^+]^2}{[AsO_3^{3-}]}$$

可见，当 $[H^+]$、$[AsO_4^{3-}]$ 和 $[AsO_3^{3-}]$ 的浓度均为 1mol/L 时，AsO_4^{3-}/AsO_3^{3-} 电对的电极电位为 0.56V。由于 0.56V>0.54V，反应向右进行。当 $[H^+]=0.0001mol/L$，$[AsO_4^{3-}]=[AsO_3^{3-}]=1mol/L$ 时，若不考虑酸度对 AsO_4^{3-}、AsO_3^{3-} 存在形态的影响，AsO_4^{3-}/AsO_3^{3-} 电对的电位为

$$\varphi_{AsO_4^{3-}/AsO_3^{3-}} = \varphi_{AsO_4^{3-}/AsO_3^{3-}}^\ominus + \frac{0.059}{2}lg[H^+]^2$$
$$= 0.56+0.059lg0.0001 = 0.56-4\times0.059 \approx 0.32V$$

由于 0.54V>0.32V，反应向左进行。

答： 25℃时，当溶液的 $[H^+]=1mol/L$ 和 $[H^+]=0.0001mol/L$ 时，反应向别向右、向左进行。

酸度对反应方向的影响，只在两个电对 φ（或 $\varphi^{\ominus'}$）值相差很小时才能实现。上述反应中两电对值只相差 0.02V，所以只要改变溶液的 pH 就可以改变反应进行的方向。

6.1.7 用电极电位计算的平衡常数衡量反应进行的程度

1. 平衡常数

氧化还原滴定法要求氧化还原反应进行得越完全越好。反应进行的程度常用平衡常数的大小来衡量，平衡常数可根据能斯特方程，从有关电对的条件电位或标准电极电位求出。例如，氧化还原反应

$$n_2O_1+n_1R_2 = n_2R_1+n_1O_2$$

设 $n_1n_2=n$，其电对反应为

$$O_1+n_1e^- = R_1, \quad \varphi_1 = \varphi_1^\ominus + \frac{0.059}{n_1}lg\frac{a_{O_1}}{a_{R_1}}$$

$$O_2 + n_2 e^- \rightleftharpoons R_2, \quad \varphi_2 = \varphi_2^\ominus + \frac{0.059}{n_2} \lg \frac{a_{O_2}}{a_{R_2}}$$

未达平衡时，电子从低电位电对转移到高电位电对；达平衡时，两电对电位相等，可得

$$\varphi_1^\ominus + \frac{0.059}{n_1} \lg \frac{a_{O_1}}{a_{R_1}} = \varphi_2^\ominus + \frac{0.059}{n_2} \lg \frac{a_{O_2}}{a_{R_2}}$$

两边同时乘以 n，可得

$$\varphi_1^\ominus n + 0.059 n_2 \lg \frac{a_{O_1}}{a_{R_1}} = \varphi_2^\ominus n + 0.059 n_1 \lg \frac{a_{O_2}}{a_{R_2}}$$

$$\frac{(\varphi_1^\ominus - \varphi_2^\ominus) n}{0.059} = \lg \frac{a_{O_2}^{n_1} a_{R_1}^{n_2}}{a_{R_2}^{n_1} a_{O_1}^{n_2}} = \lg K \tag{6.6}$$

式（6.6）说明平衡常数 K 与两电对的标准电极电位及转移电子数有关。无副反应时，两电对的标准电极电位相差越大，K 越大，反应程度越高。

2. 条件平衡常数

若考虑溶液中的副反应，以条件电极电位代入，得到条件平衡常数 K'。

$$\frac{(\varphi_1^{\ominus'} - \varphi_2^{\ominus'}) n}{0.059} = \lg \frac{a_{O_2}^{n_1} a_{R_1}^{n_2}}{a_{R_2}^{n_1} a_{O_1}^{n_2}} = \lg K' \tag{6.7}$$

式（6.7）说明条件平衡常数 K' 与两电对的条件电极电位及转移电子数有关。有副反应时，两电对的条件电极电位相差越大，K' 越大，反应程度越高。

3. 化学计量点时氧化还原反应进行的程度

已知两电对条件电极电位相差越大，平衡常数 K' 就越大，反应进行越完全。两电对的条件电极电位相差多大反应才算定量进行呢？可分析所要求的误差求出。

氧化还原滴定法只有在反应完成 99.9% 以上才满足定量分析的要求。在化学计量点时，若用 c_{Ox}/c_{Red} 表示反应进行的程度，可根据式（6.7）求得平衡常数。对于本任务中的 1:1 型反应，应满足

$$O_1 + R_2 \rightleftharpoons R_1 + O_2$$

分析误差不大于 0.1% 时，反应产物的浓度不小于 99.9%，即 $[O_2] \geqslant 99.9\%$，$[R_1] \geqslant 99.9\%$；而剩余反应物的量不大于 0.1%，即 $[O_1] \leqslant 0.1\%$，$[R_2] \leqslant 0.1\%$。

$$\frac{c_{R_1}}{c_{O_1}} \geqslant 10^3 \text{ 或} \frac{c_{O_2}}{c_{R_2}} \geqslant 10^3$$

$$\lg K' = \lg \frac{a_{O_2}^{n_1} a_{R_1}^{n_2}}{a_{R_2}^{n_1} a_{O_1}^{n_2}} = \lg \frac{c_{R_1} c_{O_2}}{c_{O_1} c_{R_2}} \geqslant 6$$

$$\varphi_1^{\ominus'} - \varphi_2^{\ominus'} = \frac{0.059}{n} \lg K' \geqslant \frac{0.059 \times 6}{n} \approx \frac{0.36}{n} (\text{V})$$

当 $n_1 = n_2 = 1$，分析误差 $\leqslant 0.1\%$ 时，两电对最小的电位差值应为

$$\Delta \varphi^{\ominus'} = \varphi_1^{\ominus'} - \varphi_2^{\ominus'} \geqslant 0.36V$$

当 $n_1=1$，$n_2=3$，分析误差$\leqslant 0.1\%$时，两电对最小的电位差值应为

$$\lg K' = \lg\left(\frac{a_{O_2}}{a_{R_2}}\right)^1 + \lg\left(\frac{a_{R_1}}{a_{O_1}}\right)^3 = \lg(10^3)^1 + \lg(10^3)^3 = 12 = \frac{3(\varphi_1^{\ominus'} - \varphi_2^{\ominus'})}{0.059}$$

$$\Delta\varphi^{\ominus'} = \varphi_1^{\ominus'} - \varphi_2^{\ominus'} \geqslant 0.24\text{V}$$

可见，反应类型不同，对两电对条件电极电位之差的要求也不同。一般认为两电对的条件电极电位之差大于 0.4V，反应就能定量地进行。在氧化还原滴定中往往通过选择强氧化剂作为滴定剂或控制介质改变电对电位来满足这个条件。

6.1.8　分析影响氧化还原反应速度的原因

从前面的描述中，可以根据条件电极电位判断反应进行的方向和程度，但反应速度的差别是非常大的。仅从有关电对的条件电位来判断氧化还原反应的方向和完全程度，只说明反应发生的可能性，无法指出反应的速度。而在滴定分析中，总是希望滴定反应能快速进行，若反应速度慢，反应就不能直接用于滴定。例如，Ce^{4+} 与 H_3AsO_3 的反应平衡常数为 $\lg K' \approx 30$，若仅从平衡考虑，此常数很大，反应可以进行得很完全。实际上此反应速度极慢，不加催化剂反应无法实现。因此在氧化还原滴定中，反应的速度是很关键的问题。

许多氧化还原反应是分步进行的，整个反应速度由最慢的一步所决定。因此不能从总的氧化还原反应方程式来判断反应物浓度对反应速度的影响。但一般来说，增加反应物的浓度就能加快反应的速度。

由于氧化还原反应机理较为复杂，采用何种措施来加速滴定反应速度，需要综合考虑各种因素。

6.1.9　计算转移电子数相等的氧化还原滴定电极电位

在氧化还原滴定过程中，由于还原剂在空气中容易被氧化，不能长期暴露在空气中，因此，用氧化剂作为标准溶液滴定还原剂更准确。随着氧化剂的加入，被滴定物质的氧化态和还原态浓度逐渐改变，电对的电位也随之不断改变。这种电位改变的情况可以用滴定曲线表示。化学计量点的电位及滴定突跃电位是选择指示剂终点的依据。

【例6.8】　25℃时，1mol/L 的 H_2SO_4 介质中，用 0.1000mol/L 的 Ce^{4+} 标准溶液滴定 20.00mL 同浓度 Fe^{2+} 溶液，计算滴定过程中电位的变化，指出应选用哪种指示剂。

解　Ce^{4+}/Ce^{3+}、Fe^{3+}/Fe^{2+} 均为可逆电对，25℃可时使用式（6.4）。在 H_2SO_4 介质中应使用条件电极电位。

$$Ce^{4+} + Fe^{2+} \Longrightarrow Ce^{3+} + Fe^{3+}$$

$$Fe^{3+} + e^- \Longrightarrow Fe^{2+}, \quad \varphi^{\ominus'}_{Fe^{3+}/Fe^{2+}} = 0.68\text{V}$$

$$Ce^{4+} + e^- \Longrightarrow Ce^{3+}, \quad \varphi^{\ominus'}_{Ce^{4+}/Ce^{3+}} = 1.44\text{V}$$

列出被滴定体系中滴定前后溶液中离子的存在情况，如表 6.2 所示。

表 6.2 0.1000mol/L 的 Ce^{4+} 标准溶液滴定 20.00mL 同浓度 Fe^{2+} 溶液时溶液组成

滴定过程	溶液组成
滴定前	Fe^{2+}、Fe^{3+}（$[Fe^{3+}]$很小）
化学计量点前	Fe^{2+}、Fe^{3+}、Ce^{3+}
化学计量点	Fe^{2+}、Fe^{3+}、Ce^{3+}（$[Ce^{4+}]$很小）
化学计量点后	Fe^{3+}、Ce^{3+}、Ce^{4+}

当滴定分数 $T=0.0\%$，滴入 Ce^{4+} 标准溶液 0.00mL。

Ce^{4+}/Ce^{3+}：被滴定体系中不存在此电对。

Fe^{3+}/Fe^{2+}：由于氧的氧化，Fe^{2+} 溶液有极少变为 Fe^{3+}。由于 $[Fe^{3+}]$ 未知，无法计算电位。

当滴定分数 $T=99.9\%$，滴入 Ce^{4+} 标准溶液 19.98mL，Fe^{2+} 过量 0.02mL。

Ce^{4+}/Ce^{3+}：Ce^{4+} 几乎全部被还原为 Ce^{3+}，Ce^{4+} 浓度极小。

Fe^{3+}/Fe^{2+}：生成大量 Fe^{3+}，电对存在。

生成 $n_{Fe^{3+}}=0.1000\times19.98=1.998$（mmol），过量 $n_{Fe^{2+}}=0.1000\times0.02=0.002$（mmol），则

$$\varphi=\varphi^{\ominus'}_{Fe^{3+}/Fe^{2+}}+0.059\lg\frac{c_{Fe^{3+}}}{c_{Fe^{2+}}}=0.68+0.059\lg\frac{1.998}{0.002}\approx0.86(V)$$

当滴定分数 $T=100.0\%$，滴入 Ce^{4+} 标准溶液 20.00mL，Fe^{2+} 刚好反应完全。

Ce^{4+}/Ce^{3+}：可逆电对存在氧化还原平衡。

Fe^{3+}/Fe^{2+}：可逆电对存在氧化还原平衡。

$$n_2O_1+n_1R_2=\!=\!=n_2R_1+n_1O_2$$

$$\varphi_{sp}=\varphi^{\ominus'}_1+\frac{0.059}{n_1}\lg\frac{c_{O_1}}{c_{R_1}},\quad \varphi_{sp}=\varphi^{\ominus'}_2+\frac{0.059}{n_2}\lg\frac{c_{O_2}}{c_{R_2}}$$

$$n_1\varphi_{sp}=n_1\varphi^{\ominus'}_1+0.059\lg\frac{c_{O_1}}{c_{R_1}},\quad n_2\varphi_{sp}=n_2\varphi^{\ominus'}_2+0.059\lg\frac{c_{O_2}}{c_{R_2}}$$

两式相加

$$(n_1+n_2)\varphi_{sp}=n_1\varphi^{\ominus'}_1+n_2\varphi^{\ominus'}_2+0.059\lg\frac{c_{O_1}c_{O_2}}{c_{R_1}c_{R_2}}$$

对于对称型反应化学计量点时 $n_1n_{O1}=n_2n_{R2}$，　$n_2n_{O2}=n_1n_{R1}$

$$\lg\frac{c_{O_1}c_{O_2}}{c_{R_1}c_{R_2}}=\lg\frac{n_2n_1}{n_1n_2}=\lg1=0$$

$$\varphi_{sp}=\frac{n_1\varphi^{\ominus'}_1+n_2\varphi^{\ominus'}_2}{n_1+n_2} \tag{6.8}$$

电子转移数相等 $n_1=n_2$

$$\varphi_{sp}=\frac{\varphi^{\ominus'}_1+\varphi^{\ominus'}_2}{2}$$

本任务中 $n_1=n_2=1$，$\varphi^{\ominus'}_{Ce^{4+}/Ce^{3+}}=1.44V$，$\varphi^{\ominus'}_{Fe^{3+}/Fe^{2+}}=0.68V$，则

$$\varphi_{sp}=\frac{1.44+0.68}{2}=1.06(V)$$

可见，化学计量点时的电极电位与体系的浓度没有关系。

当滴定分数 $T=100.1\%$，滴入 Ce^{4+} 标准溶液 20.02mL，Ce^{4+} 标准溶液过量 0.02mL。

Ce^{4+}/Ce^{3+}：生成大量 Ce^{3+}，Ce^{4+} 过量 0.02mL，存在电对。

Fe^{3+}/Fe^{2+}：Fe^{2+} 被全部氧化成 Fe^{3+}，Fe^{2+} 的浓度极小。

生成 $n_{Ce^{3+}}=0.1000\times20.00=2.000$（mmol），过量 $n_{Ce^{4+}}=0.1000\times0.02=0.002$（mmol），则

$$\varphi=\varphi_1^{\ominus\prime}+0.059\lg\frac{c_{Ce^{4+}}}{c_{Ce^{3+}}}=1.44+0.059\lg\frac{0.002}{2.000}\approx1.26V$$

其余滴定分数下的电极电位计算结果如表 6.3 所示。

表 6.3　0.1000mol/L 的 Ce^{4+} 标准溶液滴定 20.00mL 同浓度 Fe^{2+} 溶液电极电位表

加入 Ce^{4+} 溶液体积 V/mL	Fe^{2+} 被滴定的分数 T	电位 φ/V
1.00	5.0	0.60
2.00	10.0	0.62
4.00	20.0	0.64
8.00	40.0	0.67
10.00	50.0	0.68
12.00	60.0	0.69
18.00	90.0	0.74
19.80	99.0	0.80
19.98	99.9	0.86
20.00	100.0	1.06
20.02	100.1	1.26
22.00	110.0	1.38
30.00	150.0	1.42
40.00	200.0	1.44

注：电位 0.86～1.26V 为滴定突跃。

6.1.10　从转移电子数相等的氧还滴定曲线上寻找滴定突跃

以滴定剂 Ce^{4+} 标准溶液加入的百分数为横坐标，电对的电极电位为纵坐标做图，可得到如图 6.2 所示的氧化还原滴定曲线。

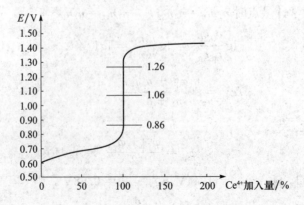

图 6.2　0.1000mol/L 的 Ce^{4+} 标准溶液滴定 20.00mL 同浓度 Fe^{2+} 溶液滴定曲线

根据例 6.8 的计算，对于可逆氧化还原电对，$\varphi_{T=50\%} = \varphi_{Red}^{\ominus'}$，$\varphi_{T=200\%} = \varphi_{Ox}^{\ominus'}$，条件电位相差越大，滴定突跃也越大。转移电子数 $n_1 = n_2$ 时，φ_{sp} 正好位于滴定突跃的中点，滴定曲线在化学计量点前后是对称的。同理，还可以计算出 0.2000mol/L 的 Ce^{4+} 标准溶液滴定 20.00mL 同浓度 Fe^{2+} 溶液的滴定突跃仍然是 0.86～1.26V，化学计量点等于 1.06V，在滴定突跃的中间。说明转移电子数相等的可逆氧化还原滴定模式的滴定突跃只与两可逆电对的条件电极电位相关，与浓度无关。但浓度极高时，离子强度很大，副反应也较多，有可能造成条件电位的变化。

6.1.11 根据滴定突跃选择氧化还原指示剂

1. 判断能否使用氧化还原指示剂的依据

在转移电子数相等的对称可逆滴定模式下，找到滴定突跃后，还要解决氧化还原滴定终点如何确定的问题。在氧化还原滴定中，从滴定突跃上选择氧化还原指示剂判断终点，首要的任务是根据条件电极电位计算滴定突跃。下面对例 6.8 进行说明。

当滴定分数 $T = 99.9\%$ 时：

$$\varphi_{T=99.9\%} = \varphi_{O_2/R_2}^{\ominus'} + 0.059\lg\frac{c_{O_2}}{c_{R_2}} = \varphi_{O_2/R_2}^{\ominus'} + 0.059\lg\frac{1.998}{0.002} = \varphi_{O_2/R_2}^{\ominus'} + 0.18(V)$$

当滴定分数 $T = 100.1\%$ 时：

$$\varphi_{T=100.1\%} = \varphi_{O_1/R_1}^{\ominus'} + 0.059\lg\frac{c_{O_1}}{c_{R_1}} = \varphi_{O_1/R_1}^{\ominus'} + 0.059\lg\frac{0.002}{2.000} = \varphi_{O_1/R_1}^{\ominus'} - 0.18(V)$$

滴定突跃是

$$\varphi_{T=100.1\%} - \varphi_{T=99.9\%} = (\varphi_{O_1/R_1}^{\ominus'} - 0.18) - (\varphi_{O_2/R_2}^{\ominus'} + 0.18)$$

$$\varphi_{T=100.1\%} - \varphi_{T=99.9\%} = \varphi_{O_1/R_1}^{\ominus'} - \varphi_{O_2/R_2}^{\ominus'} - 0.36(V)$$

根据上述推断，滴定突跃与两电对的条件稳定常数之差有关。而根据式 (6.7) 可知，两电对的条件稳定常数相差越大，氧化还原反应的平衡常数 $\lg K'$ 也越大，反应进行得越完全。因此，得到如下结论：$\Delta\varphi^{\ominus'}$ 为 0.3～0.4V，滴定突跃大，使用氧化还原指示剂判断终点；$\Delta\varphi^{\ominus'}$ 为 0.2～0.3V，滴定突跃较小，使用电位法判断终点；$\Delta\varphi^{\ominus'} < 0.2V$，无明显突跃，不能用于氧化还原滴定。本任务 Ce^{4+} 滴定 Fe^{2+} 时 $\Delta\varphi^{\ominus'} = 0.4V$，滴定突跃 (0.86～1.26V) 范围较大，可以使用氧化还原指示剂判断终点。

2. 氧化还原指示剂的变色原理

氧化还原指示剂本身是氧化剂或还原剂，其氧化态和还原态具有不同的颜色。在滴定过程中，指示剂由氧化态转变为还原态，或由还原态转为氧化态时，溶液颜色随之发生变化，从而指示滴定终点。

例如，用 $K_2Cr_2O_7$ 滴定 Fe^{2+} 时，常用二苯胺磺酸钠为指示剂。二苯胺磺酸钠是假可逆氧化还原指示剂，其还原态无色。当滴定至化学计量点时，稍过量的 $K_2Cr_2O_7$ 使二苯胺磺酸钠由还原态转变为氧化态，溶液呈紫红色，从而指示滴定终点的到达，如图 6.3 所示。

半反应 $In_O + ne^- \rightleftharpoons In_R$ 的能斯特方程 $\varphi = \varphi_{In}^{\ominus} + \dfrac{0.059}{n}\lg\dfrac{c_{In_O}}{c_{In_R}}$ 中，当 $\dfrac{c_{In_O}}{c_{In_R}} > 10$ 时，溶液呈现氧化态的颜色，此时 $\varphi > \varphi_{In}^{\ominus} + \dfrac{0.059}{n}$；变色点时达到平衡，$c_{In_O} = c_{In_R}$，$\varphi_{ep} = \varphi_{In}^{\ominus}$；

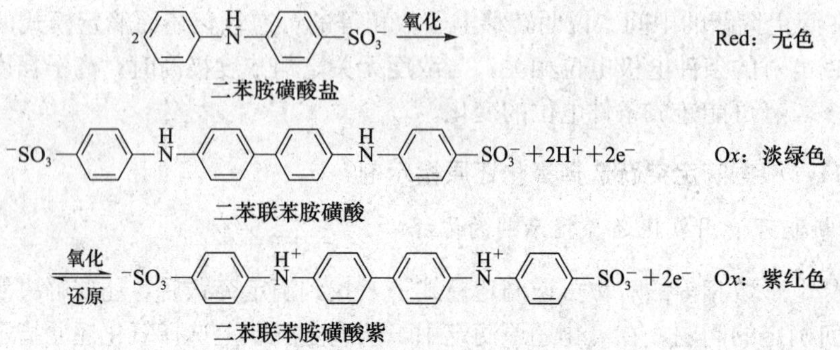

图 6.3　二苯胺磺酸钠指示剂的变色原理

当 $\dfrac{c_{In_O}}{c_{In_R}} < \dfrac{1}{10}$ 时，溶液呈现还原态的颜色，此时 $\varphi < \varphi_{In}^{\ominus} - \dfrac{0.059}{n}$。故指示剂的变色范围为

$$\varphi = \varphi_{In}^{\ominus} \pm \frac{0.059}{n}(V)$$

实际工作中，若采用条件电极电位，指示剂的变色范围为

$$\varphi = \varphi_{In}^{\ominus'} \pm \frac{0.059}{n}(V) \tag{6.9}$$

当 $n=1$ 时，变色为范围为 $\varphi_{In}^{\ominus'} \pm 0.059(V)$；当 $n=2$ 时，变色范围为 $\varphi_{In}^{\ominus'} \pm 0.030(V)$。

3. 了解常用氧化还原指示剂

常用的氧化还原指示剂如表 6.4 所示。

表 6.4　常用的氧化还原指示剂

指示剂	$\varphi_{In}^{\ominus}/V$ $[H^+] = 1$	颜色变化		配制方法
		还原态	氧化态	
亚甲基蓝	+0.53	无色	蓝色	0.5g/L 水溶液
二苯胺	+0.76	无色	紫色	1g 二苯胺在搅拌下溶于 100mL 浓硫酸中
二苯胺磺酸钠	+0.84	无色	紫红色	0.5g 二苯胺磺酸钠，2g Na_2CO_3，加水稀释至 100mL
邻苯氨基苯甲酸	+0.89	无色	紫红色	0.2g 邻苯氨基苯甲酸，加热溶解在 100mL 0.2% 的 Na_2CO_3 溶液中，必要时过滤
邻菲啰啉 -Fe（Ⅱ）	+1.06	红色	浅蓝色	0.5g $FeSO_4 \cdot 7H_2O$ 溶于 100mL 水中，加入两滴硫酸，再加入 0.5g 邻菲啰啉
硝基邻菲啰啉 -Fe（Ⅱ）	+1.25	紫红色	浅蓝色	1.7g 硝基邻菲啰啉溶于 100mL 0.025mol/L 的 Fe^{2+} 溶液中
淀粉				1g 可溶性淀粉加少许水调成糊状，在搅拌下注入 100mL 沸水中，微沸 2min，放置，取上层清液使用（若要保持稳定，可在研磨淀粉时加 1mgHgI₂）

4. 正确选择氧化还原指示剂

氧化还原指示剂不仅对某种离子特效，而且对氧化还原反应普遍适用，因而是一种通用指示剂。选择这类指示剂的原则是，指示剂变色点的电位应当处在滴定体系的电位突跃范围内，指示剂的条件电位尽量与化学计量点电位相一致。

$$\varphi_{sp} = \frac{n_1 \varphi_1^{\ominus\prime} + n_2 \varphi_2^{\ominus\prime}}{n_1 + n_2}, \quad \varphi_{ep} = \varphi_{In}^{\ominus\prime}$$

$$\varphi_{sp} \approx \varphi_{ep}$$

例如，在 $1mol/L$ 的 H_2SO_4 溶液中，用 Ce^{4+} 滴定 Fe^{2+}，前面已经计算出化学计量点的电极电位是 $1.06V$，滴定突跃是 $0.86 \sim 1.26V$。此时，选择邻苯氨基苯甲酸（$\varphi_{In}^{\ominus\prime} = 0.89V$）和邻菲啰啉-Fe(Ⅱ)（$\varphi_{In}^{\ominus\prime} = 1.06V$）均是合适的。若选择二苯胺磺酸钠（$\varphi_{In}^{\ominus\prime} = 0.84V$），终点会提前，滴定误差将会大于 0.1%。

应该指出，指示剂本身会消耗滴定剂。例如，$0.1mL$ 0.2% 的二苯胺磺酸钠会消耗 $0.1mL$ $0.017mol/L$ 的 $K_2Cr_2O_7$ 溶液，因此若 $K_2Cr_2O_7$ 溶液的浓度是 $0.01mol/L$ 或更小，则应做指示剂的空白校正。

与封闭现象引起金属指示剂失效相似，氧化还原指示剂也会和金属离子配位，造成指示剂失效。以邻菲啰啉-Fe(Ⅱ)为例，邻菲啰啉能与 Fe^{2+} 生成深红色的配合物，与 Fe^{3+} 生成淡蓝色（稀溶液几乎为无色）的配合物，这两种配合物之间的氧化还原半反应为

$$Fe(C_{12}H_8N_2)_3^{3+} + e^- \Longrightarrow Fe(C_{12}H_8N_2)_3^{2+}, \quad \varphi_{Fe(C_{12}H_8N_2)_3^{3+}/Fe(C_{12}H_8N_2)_3^{2+}}^{\ominus\prime} = 1.06V$$

此反应中，由于指示剂的条件电位较高，因此特别适用于 Ce^{4+} 等强氧化剂作为滴定剂滴定 Fe^{2+}、$Fe(CN)_6^{4-}$、VO^{2-} 时的指示剂。但强酸和 Co^{2+}、Cu^{2+}、Ni^{2+}、Zn^{2+}、Cd^{2+} 等能与邻菲啰啉形成稳定配合物的金属离子，会破坏邻菲啰啉-Fe(Ⅱ)配合物。因此在选用邻菲啰啉-Fe(Ⅱ)指示剂时，要特别注意避免能那些邻菲啰啉配位能力较强的金属离子的干扰。由于配位能力的大小可以用累积稳定常数表示，因此需要了解邻菲啰啉与金属离子配位的累积稳定常数，如表 6.5 所示。

表 6.5　邻菲啰啉配合物的累积稳定常数

金属离子	离子强度	i	$lg\beta_i$
Ag^+	0.1	1, 2	5.02, 12.07
Cd^{2+}	0.1	1, 2, 3	6.4, 11.6, 15.8
Co^{2+}	0.1	1, 2, 3	7.0, 13.7, 20.1
Cu^{2+}	0.1	1, 2, 3	9.1, 15.8, 21.0
Fe^{2+}	0.1	1, 2, 3	5.9, 11.1, 21.3
Hg^{2+}	0.1	1, 2, 3	—, 19.65, 23.35
Ni^{2+}	0.1	1, 2, 3	8.8, 17.1, 24.8
Zn^{2+}	0.1	1, 2, 3	6.4, 12.15, 17.0

6.1.12　用滴定误差衡量所选指示剂是否正确

1. 氧化还原滴定法的林邦误差公式

氧化还原滴定法的误差来源，与不少氧化还原电对为不可逆电对有关。此时，能斯

特方程的计算值与实验值不吻合。对于此类误差的处理方式与用酸碱滴定法和配位滴定法的滴定误差相似，仍然使用林邦误差公式。

25℃时，两电对都为对称电对，其平衡关系为

$$n_2 O_1 + n_1 R_2 \Longrightarrow n_2 R_1 + n_1 O_2$$

终点误差公式

$$E_t = \frac{[O_1]_{ep} - [R_2]_{ep}}{c_{O_2}^{sp}} \tag{6.10}$$

两电对都为对称电对，任一点时，都有

$$n_2 [O_1]_{sp} = n_1 [R_2]_{sp}$$

对 O_1/R_1 电对

$$O_1 + n_1 e^- = R_1$$

化学计量点时

$$\varphi_{sp} = \varphi_1^{\ominus} + \frac{0.059}{n_1} \lg \frac{[O_1]_{sp}}{[R_1]_{sp}}$$

终点时

$$\varphi_{ep} = \varphi_1^{\ominus} + \frac{0.059}{n_1} \lg \frac{[O_1]_{ep}}{[R_1]_{ep}}$$

因为锥形瓶中待测还原物质 R_2 的量一定，不管滴入多少氧化剂 O_1，其还原产物 R_1 都一定，所以化学计量点与终点接近时，氧化剂计量或过量时，$[R_1]_{ep} \approx [R_1]_{sp}$。以上两式相减

$$\Delta\varphi = \varphi_{ep} - \varphi_{sp} = \frac{0.059}{n_1} \lg \frac{[O_1]_{ep}}{[O_1]_{sp}}$$

$$\frac{n_1 \Delta\varphi}{0.059} = \lg \frac{[O_1]_{ep}}{[O_1]_{sp}}, \quad 10^{\frac{n_1 \Delta\varphi}{0.059}} = \frac{[O_1]_{ep}}{[O_1]_{sp}}$$

$$[O_1]_{ep} = [O_1]_{sp} \times 10^{\frac{n_1 \Delta\varphi}{0.059}}$$

对 O_2/R_2 电对

$$O_2 + n_2 e^- = R_2$$

化学计量点时

$$\varphi_{sp} = \varphi_2^{\ominus} + \frac{0.059}{n_2} \lg \frac{[O_2]_{sp}}{[R_2]_{sp}}$$

终点时

$$\varphi_{ep} = \varphi_2^{\ominus} + \frac{0.059}{n_2} \lg \frac{[O_2]_{ep}}{[R_2]_{ep}}$$

因为锥形瓶中待测还原物质 R_2 的量一定，不管滴入多少氧化剂 O_1，还原物质的氧化产物 O_2 都一定，所以化学计量点与终点接近时，氧化剂计量或过量时，$[O_2]_{ep} \approx [O_2]_{sp}$。以上两式相减

$$\Delta\varphi = \varphi_{ep} - \varphi_{sp} = \frac{0.059}{n_2} \lg \frac{[R_2]_{sp}}{[R_2]_{ep}}$$

$$[R_2]_{ep} = [R_2]_{sp} \times 10^{-\frac{n_2 \Delta\varphi}{0.059}}$$

化学计量点时 $[O_1]_{sp} \approx [R_2]_{sp} < 0.1\%$，$O_2/R_2$ 电对

$$\varphi_{sp} = \varphi_2^{\ominus} + \frac{0.059}{n_2} \lg \frac{[O_2]_{sp}}{[R_2]_{sp}} = \frac{n_1 \varphi_1^{\ominus} + n_2 \varphi_2^{\ominus}}{n_1 + n_2}$$

$$\lg \frac{[O_2]_{sp}}{[R_2]_{sp}} = \frac{n_1 n_2 (\varphi_1^{\ominus} - \varphi_2^{\ominus})}{0.059(n_1 + n_2)}$$

$$\frac{[O_2]_{sp}}{[R_2]_{sp}} = 10^{\frac{n_1 n_2 \Delta\varphi^{\ominus}}{0.059(n_1 + n_2)}}, \quad c_{O_2}^{sp} = [O_2]_{sp} = [R_2]_{sp} \times 10^{\frac{n_1 n_2 \Delta\varphi^{\ominus}}{0.059(n_1 + n_2)}}$$

$$E_t = \frac{[O_1]_{sp} \times 10^{\frac{n_1 \Delta\varphi}{0.059}} - [R_2]_{sp} \times 10^{\frac{n_2 \Delta\varphi}{0.059}}}{[R_2]_{sp} \times 10^{\frac{n_1 n_2 \Delta\varphi^{\ominus}}{0.059(n_1 + n_2)}}}$$

$$= \frac{[R_2]_{sp} \times 10^{\frac{n_1 \Delta\varphi}{0.059}} - [R_2]_{sp} \times 10^{\frac{n_2 \Delta\varphi}{0.059}}}{[R_2]_{sp} \times 10^{\frac{n_1 n_2 \Delta\varphi^{\ominus}}{0.059(n_1 + n_2)}}}$$

25℃时，使用标准电极电位的氧化还原滴定误差公式，它也是林邦误差公式的一种。若反应在一定介质条件下进行，使用条件电极电位的林邦误差公式为

$$E_t = \frac{10^{\frac{n_1 \Delta\varphi}{0.059}} - 10^{\frac{n_2 \Delta\varphi}{0.059}}}{10^{\frac{n_1 n_2 \Delta\varphi^{\ominus'}}{0.059(n_1 + n_2)}}} \tag{6.11}$$

2. 示例计算氧化还原滴定法的滴定误差

【例 6.9】 25℃时，在 1.0mol/L 的 H_2SO_4 介质中，以 0.1000mol/L 的 Ce^{4+} 标准溶液滴定同浓度 Fe^{2+} 时，若选用二苯胺磺酸钠作为指示剂，计算终点误差。

解 在 1.0mol/L 的 H_2SO_4 介质中用条件电极电位算出电位和条件电位之差，再用林邦误差公式 [式 (6.11)] 进行计算。

$$Ce^{4+} + Fe^{2+} \Longrightarrow Ce^{3+} + Fe^{3+}$$

查附录 9，$\varphi_{Ce^{4+}/Ce^{3+}}^{\ominus'} = 1.44V$，$\varphi_{Fe^{3+}/Fe^{2+}}^{\ominus'} = 0.68V$，$\varphi_{二苯胺磺酸钠} = 0.84V$，则

$$\Delta\varphi^{\ominus'} = 1.44 - 0.68 = 0.76(V)$$

$$\varphi_{ep} = 0.84V, \quad \varphi_{sp} = \frac{1.44 + 0.68}{2} = 1.06(V)$$

$$\Delta\varphi = \varphi_{ep} - \varphi_{sp} = 0.84 - 1.06 = -0.22(V)$$

$$E_t = \frac{10^{\frac{\Delta\varphi}{0.059}} - 10^{\frac{\Delta\varphi}{0.059}}}{10^{\frac{\Delta\varphi^{\ominus'}}{2 \times 0.059}}} = \frac{10^{\frac{-0.22}{0.059}} - 10^{\frac{-0.22}{0.059}}}{10^{\frac{0.76}{2 \times 0.059}}}$$

$$\approx \frac{10^{-3.73} - 10^{3.73}}{10^{6.44}} \approx -\frac{10^{3.73}}{10^{6.44}} = -10^{-2.71} \approx -0.19\%$$

答： 25℃时，在 1.0mol/L 的 H_2SO_4 介质中，以 0.1000mol/L 的 Ce^{4+} 标准溶液滴定同浓度 Fe^{2+} 时，若选用二苯胺磺酸作钠为指示剂，终点误差为 -0.19%。

6.1.13 转移电子数不等的氧化还原滴定模式

在前面中已经学习了计算转移电子数相等的可逆氧化还原滴定的电位。那么，转移

电子数不相等的可逆氧化还原滴定的电位如何计算呢？下面举例说明。

【例 6.10】 25℃时，计算 1mol/L 的 HCl 介质中，用 0.1000mol/L 的 Fe^{3+} 标准溶液滴定 10.00mL 同浓度 Sn^{2+} 溶液，计算滴定过程中的电位变化，并选择合适的指示剂判断终点。

解 在 1mol/L 的 HCl 介质中，应使用条件电位进行计算。

$$2Fe^{3+} + Sn^{2+} \Longrightarrow 2Fe^{2+} + Sn^{4+}$$

$$\varphi^{\ominus\prime}_{Fe^{3+}/Fe^{2+}} = 0.68V, \qquad \varphi^{\ominus\prime}_{SnCl_6^{2-}/SnCl_4^{2-}} = 0.14V$$

Fe^{3+}/Fe^{2+} 为转移电子数为 1 的对称可逆电对，$SnCl_6^{2-}/SnCl_4^{2-}$ 为转移电子数为 2 的对称可逆电对，简写为 Sn^{4+}/Sn^{2+}。被滴定体系中滴定前后溶液中离子的存在情况如表 6.6 所示。

表 6.6 0.1000mol/L 的 Fe^{3+} 标准溶液滴定 10.00mL 同浓度 Sn^{2+} 溶液滴定前后溶液组成

滴定过程	溶液组成
滴定前	Sn^{2+}
化学计量点前	Sn^{2+}、Sn^{4+}、Fe^{2+}
化学计量点	Sn^{2+}、Sn^{4+}、Fe^{2+}、Fe^{3+}
化学计量点后	Sn^{4+}、Fe^{2+}、Fe^{3+}

当滴定分数 $T=0.0\%$ 时，滴入 Fe^{3+} 标准溶液 0.00mL。

Fe^{3+}/Fe^{2+}：被滴定体系中不存在此电对。

Sn^{4+}/Sn^{2+}：由于氧的氧化，$[Sn^{4+}]$ 很少，因此无法计算电位。

当滴定分数 $T=99.9\%$ 时，滴入 Fe^{3+} 标准溶液 19.98mL，Sn^{2+} 过量 0.01mL。

Fe^{3+}/Fe^{2+}：Fe^{3+} 几乎全部被还原为 Fe^{2+}。Fe^{3+} 浓度极小。

Sn^{4+}/Sn^{2+}：生成大量 Sn^{4+}，存在电对。

生成 $n_{Sn^{4+}} = 0.1000 \times 9.99 = 0.999$（mmol），过量 $n_{Sn^{2+}} = 0.10 \times 0.01 = 0.001$（mmol），则

$$\varphi = \varphi^{\ominus\prime}_{Sn^{4+}/Sn^{2+}} + \frac{0.059}{2}lg\frac{c_{Sn^{4+}}}{c_{Sn^{2+}}} = 0.14 + \frac{0.059}{2}lg\frac{0.999}{0.001} \approx 0.14 + \frac{0.059 \times 3}{2} \approx 0.23(V)$$

当滴定分数 $T=100.0\%$ 时，滴入 Fe^{3+} 标准溶液 20.00mL，Sn^{2+} 刚好反应完全。

Fe^{3+}/Fe^{2+}：可逆氧化还原平衡，故电对存在。

Sn^{4+}/Sn^{2+}：可逆氧化还原平衡，故电对存在。

$$\varphi_{sp} = \frac{n_1\varphi_1^{\ominus\prime} + n_2\varphi_2^{\ominus\prime}}{n_1 + n_2}$$

电子转移数 $n_1=1$，$n_2=2$，则

$$\varphi_{sp} = \frac{0.68 + 2 \times 0.14}{1+2} = 0.32(V)$$

当滴定分数 $T=100.0\%$ 时，滴入 Fe^{3+} 标准溶液 20.02mL，Fe^{3+} 过量 0.02mL。

Fe^{3+}/Fe^{2+}：生成大量 Fe^{2+}，存在电对。

Sn^{4+}/Sn^{2+}：Sn^{2+} 被全部氧化成 Sn^{4+}，Sn^{2+} 的浓度极小，电对存在。

生成 $n_{Fe^{2+}} = 0.1000 \times 20.00 = 2.000$（mmol），过量 $n_{Fe^{3+}} = 0.1000 \times 0.02 = 0.002$（mmol），则

$$\varphi = \varphi^{\ominus\prime}_{Fe^{3+}/Fe^{2+}} + 0.059lg\frac{n_{Fe^{3+}}}{n_{Fe^{2+}}}$$

$$= 0.68 + 0.059 \times \lg \frac{0.002}{2.000} = 0.68 - 0.059 \times 3 \approx 0.50 (\text{V})$$

以电对的电极电位为纵坐标，以滴定剂 Fe^{3+} 加入的滴定分数为横坐标作图，可得转移电子数不等的对称可逆氧化还原滴定曲线，如图 6.4 所示。

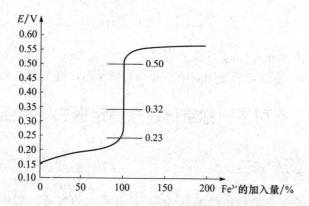

图 6.4　0.1000mol/L 的 Fe^{3+} 标准溶液滴定 10.00mL 同浓度 Sn^{2+} 溶液滴定曲线

根据例 6.10，对于对称可逆氧化还原滴定曲线，当转移电子数不等时，氧化剂和还原剂电对的条件电位相差越大，滴定突跃也越大。化学计量点不在突跃范围的中点，而是偏向转移电子数较大的一方，滴定曲线在化学计量点前后是不对称的。0.1000mol/L 的 Fe^{3+} 标准溶液滴定 10.00mL 同浓度 Sn^{2+} 溶液的突跃范围是 $0.23 \sim 0.50$V，化学计量点是 0.32V，偏向 Sn^{4+}/Sn^{2+} 一方（转移电子数为 2）。

Fe^{3+} 滴定 Sn^{2+} 时滴定突跃范围较大，满足条件电位之差大于 0.4V 的要求，可以使用指示剂指示终点。本任务所取用的滴定剂 Fe^{3+} 呈黄褐色，待测物质 Sn^{2+} 无色，产物 Sn^{4+} 无色，Fe^{2+} 呈浅绿色，如果 Fe^{3+} 过量一点，溶液的黄褐色很浅，不易观察。由于常用氧化还原指示剂中，只有亚甲基蓝的条件电极电位接近此时滴定突跃上限，故使用亚甲基蓝作为指示剂时，约有 0.3% 的滴定误差。具体计算过程见例 6.13。

【例 6.11】　25℃时，在 1mol/L 的 HCl 介质中，以 0.1000mol/L 的 Fe^{3+} 标准溶液滴定 10.00mL 同浓度 Sn^{2+} 溶液，若选用亚甲基蓝作为指示剂，计算终点误差。

解　在 1mol/L 的 HCl 介质中用条件电极电位，再用林邦误差公式计算。

$$2Fe^{3+} + Sn^{2+} =\!=\!= 2Fe^{2+} + Sn^{4+}$$

查附录 9，$\varphi^{\ominus'}_{Fe^{3+}/Fe^{2+}} = 0.68\text{V}$，$\varphi^{\ominus'}_{Sn^{4+}/Sn^{2+}} = 0.14\text{V}$，$\varphi^{\ominus}_{亚甲基蓝} = 0.53\text{V}$。所以

$$\Delta\varphi^{\ominus'} = \varphi^{\ominus'}_{Fe^{3+}/Fe^{2+}} - \varphi^{\ominus'}_{Sn^{4+}/Sn^{2+}} = 0.68 - 0.14 = 0.54 (\text{V})$$

电子转移数 $n_1 = 1$，$n_2 = 2$，则

$$\varphi_{sp} = \frac{n_1 \varphi^{\ominus}_1 + n_2 \varphi^{\ominus}_2}{n_1 + n_2} = \frac{\varphi^{\ominus'}_{Fe^{3+}/Fe^{2+}} + 2\varphi^{\ominus'}_{Sn^{4+}/Sn^{2+}}}{1 + 2}$$

$$= \frac{0.68 + 2 \times 0.14}{3} = 0.32 (\text{V})$$

$$\varphi_{ep} = 0.53\text{V}$$

$$\Delta\varphi = \varphi_{ep} - \varphi_{sp} = 0.53 - 0.32 = 0.21 (\text{V})$$

用林邦误差公式计算：

$$E_t = \frac{10^{\frac{n_1 \Delta\varphi}{0.059}} - 10^{\frac{n_2 \Delta\varphi}{0.059}}}{10^{\frac{n_1 n_2 \Delta\varphi^{\circ'}}{(n_1 + n_2)0.059}}} = \frac{10^{\frac{0.21}{0.059}} - 10^{\frac{2 \times 0.21}{0.059}}}{10^{\frac{2 \times 0.54}{3 \times 0.059}}}$$

$$\approx \frac{10^{3.56} - 10^{-7.12}}{10^{6.10}} \approx \frac{10^{3.56}}{10^{6.10}} = 10^{-2.54} \approx 0.29\%$$

答：25℃时，在 1mol/L 的 HCl 介质中，以 0.1000mol/L 的 Fe^{3+} 标准溶液滴定 10.00mL 同浓度 Sn^{2+} 溶液，若选用亚甲基蓝作为指示剂，终点误差为 0.29%。

任务6.2 不可逆对称氧化还原滴定模式（高锰酸钾法）

 ## 任务分析

本任务首先要完成配制和标定 $KMnO_4$ 标准溶液的实验，然后用 MnO_4^- 作为滴定剂，测定绿矾中 $FeSO_4 \cdot 7H_2O$ 的含量。由于使用了氧化剂 MnO_4^- 作为滴定剂，因此称为高锰酸钾法。又由于所涉及的 MnO_4^-/Mn^{2+} 电对是对称不可逆电对，因此本任务是不可逆对称氧化还原滴定模式。

$KMnO_4$ 氧化能力强，应用广泛，可直接或间接地测定多种无机物和有机物。例如，可直接滴定许多还原性物质 Fe^{2+}、As(Ⅲ)、Sb(Ⅲ)、W(Ⅴ)、U(Ⅳ)、H_2O_2、$C_2O_4^{2-}$、NO_2^- 等；返滴定时可测定 PbO_2 等物质；也可以通过 MnO_4^- 与 $C_2O_4^{2-}$ 反应间接测定一些非氧化还原物质，如 Ca^{2+}、Th^{4+} 等。由于 $KMnO_4$ 氧化能力强，且与还原性物质的反应过程比较复杂，易发生副反应，因此高锰酸钾法选择性欠佳。

本任务若用较高浓度的 $KMnO_4$ 来滴定无色的 Fe^{2+}，滴定到终点时，产物 Mn^{2+} 的稀溶液也没有颜色，MnO_4^- 只要稍微过量（2.5×10^{-6} mol/L），就能够观察到溶液从无色变为浅粉色，此现象明显，因此不需要外加指示剂，仅用 MnO_4^- 自身指示剂即可。但是，若采用较稀的 $KMnO_4$ 来滴定还原性的 Fe^{2+}，滴定到终点时，溶液变为极弱的浅粉色，此现象不明显，因此需要外加指示剂。可以绘制出滴定曲线，寻找到滴定突跃的电位范围，再选择用合适的氧化还原指示剂。由于 MnO_4^-/Mn^{2+} 电对为不可逆电对，严格来讲，其电位值的计算不能使用能斯特方程，因此用外力指示剂误差较大。

 ## 任务实施

6.2.1 测定绿矾中 $FeSO_4 \cdot 7H_2O$ 的含量

1. 实验目的

(1) 掌握 $KMnO_4$ 标准溶液的配制和储存方法。

（2）掌握用 $Na_2C_2O_4$ 为基准物质标定 $KMnO_4$ 溶液的方法。

（3）掌握用 $KMnO_4$ 标准溶液测定 Fe^{2+} 的方法。

（4）熟练掌握 $KMnO_4$ 法滴定终点的确定方法。

（5）巩固用 Q 检验法检验异常值的方法。

（6）巩固精密度和准确度的计算方法。

2. 实验原理

1）$KMnO_4$ 的性质

$KMnO_4$ 为暗紫色有光泽的结晶体，相对密度为 2.703；在空气中稳定，在 240℃分解，易溶于碱液，溶于水；25℃时，在水中的溶解度为 7.00g/100mL；常用作分析试剂、氧化剂、杀菌剂，用于有机合成和漂白纤维等。$KMnO_4$ 是一种强氧化剂，应避光密封保存，其氧化能力和还原产物与溶液的酸度有关。

在强酸性溶液中，$KMnO_4$ 与还原剂作用被还原为 Mn^{2+}。由于在强酸性溶液中 $KMnO_4$ 有更强的氧化性，因而高锰酸钾滴定法一般在 0.5～1mol/L 的 H_2SO_4 介质中使用，而不使用盐酸介质。这是由于盐酸具有还原性，能诱发一些副反应干扰滴定。硝酸由于含有氮氧化物，容易产生副反应，也很少采用。

$$MnO_4^- + 8H^+ + 5e^- \longrightarrow Mn^{2+} + 4H_2O, \qquad \varphi^{\ominus}_{MnO_4^-/Mn^{2+}} = 1.51V$$

在弱酸性、中性或碱性溶液中，$KMnO_4$ 被还原为 MnO_2。由于反应产物为棕色的 MnO_2 沉淀，妨碍终点观察，因此很少使用。

$$MnO_4^- + 2H_2O + 3e^- \longrightarrow MnO_2 \downarrow + 4OH^-, \qquad \varphi^{\ominus}_{MnO_4^-/MnO_2} = 0.588V$$

在 pH >12 的强碱性溶液中用 $KMnO_4$ 氧化有机物时，由于在强碱性（$>2mol/$ LNaOH）条件下的反应速度比在酸性条件下更快，因此常利用 $KMnO_4$ 在强碱性溶液中与有机物反应来测定有机物。

$$MnO_4^- + e^- \longrightarrow MnO_4^{2-}, \qquad \varphi^{\ominus}_{MnO_4^-/MnO_4^{2-}} = 0.564V$$

2）$KMnO_4$ 标准溶液的配制与标定

纯的 $KMnO_4$ 是相当稳定的，但一般试剂中常含有少量 MnO_2 和氯化物、硫酸盐、硝酸盐、氯酸盐等其他杂质。$KMnO_4$ 溶液不稳定，在放置过程中由于自身分解、见光分解、蒸馏水中微量还原性物质与 MnO_4^- 反应析出 $MnO(OH)_2$ 沉淀等作用致使溶液浓度发生改变。因此，一般采用间接法制备 $KMnO_4$ 标准溶液。标定 $KMnO_4$ 溶液的基准物质有 $Na_2C_2O_4$、$H_2C_2O_4 \cdot 2H_2O$、$(NH_4)_2C_2O_4$、$(NH_4)_2Fe(SO_4)_2 \cdot 7H_2O$、$FeSO_4 \cdot 7H_2O$、$As_2O_3$ 和纯铁丝等。其中，$Na_2C_2O_4$ 由于容易提纯、性质稳定，且不含结晶水，在 130℃烘 2h 后即可使用等特点，可在 0.5～1mol/L 的 H_2SO_4 溶液中标定 $KMnO_4$ 溶液，以 $KMnO_4$ 自身为指示剂，反应式为

$$5C_2O_4^{2-} + 2MnO_4^- + 16H^+ \longrightarrow 10CO_2 \uparrow + 2Mn^{2+} + 8H_2O$$

半反应

$$MnO_4^- + 8H^+ + 5e^- \longrightarrow Mn^{2+} + 4H_2O, \qquad \varphi^{\ominus}_{MnO_4^-/Mn^{2+}} = 1.51V$$

$$2CO_2 + 2H^+ + 2e^- \longrightarrow H_2C_2O_4, \qquad \varphi^{\ominus}_{CO_2/H_2C_2O_4} = -0.49V$$

3）绿矾中 $FeSO_4 \cdot 7H_2O$ 含量的测定

硫酸亚铁俗称绿矾或铁矾，为浅蓝绿色晶体，在干燥的空气中易风化，在潮湿空气中易氧化为碱式硫酸高铁而变成黄色；在 56.6℃时变为四水盐，在 65℃时变为一水盐，在 300℃时失去全部结晶水变为白色粉末，无水 $FeSO_4$ 又重新变为蓝绿色。$FeSO_4 \cdot 7H_2O$ 能溶于水及甘油，不溶于乙醇，具有还原性，常用作分析试剂。实验时，预先用稀 H_2SO_4 溶液溶解绿矾试样，用 $KMnO_4$ 标准溶液直接滴定 Fe^{2+} 试液时，以 $KMnO_4$ 自身为指示剂，反应式为

$$5Fe^{2+} + MnO_4^- + 8H^+ \Longrightarrow 5Fe^{3+} + Mn^{2+} + 4H_2O$$

半反应

$$MnO_4^- + 8H^+ + 5e^- \Longrightarrow Mn^{2+} + 4H_2O, \quad \varphi_{MnO_4^-/Mn^{2+}}^\ominus = 1.51V$$

$$Fe^{3+} + e^- \Longrightarrow Fe^{2+}, \quad \varphi_{Fe^{3+}/Fe^{2+}}^{\ominus\prime} = 0.68V$$

3. 试剂

$KMnO_4$（A.R.）；基准试剂 $Na_2C_2O_4$（在 130℃烘至恒重）；H_2SO_4（A.R.，3mol/L）；$c_{\frac{1}{2}H_2SO_4} = 2mol/L$；$H_3PO_4$（A.R.）；绿矾（C.P.，预先用稀 H_2SO_4 溶液溶解）。

4. 仪器

电炉，酸式滴定管（50mL×1）；烧杯（500mL×1，250mL×3）；锥形瓶（250mL×8）；量筒（10mL×1，25mL×1，50mL×1）；移液管（5mL×1，10mL×1，25mL×1）；称量瓶（15mL×1）；棕色滴瓶（60mL×2）；棕色试剂瓶（500mL×1）；容量瓶（1000mL×1）；G_4 玻璃砂芯漏斗。滤器的旧牌号及孔径范围如表 6.7 所示。

表 6.7　滤器的旧牌号及孔径范围

旧牌号	G_1	G_2	G_3	G_4	G_5	G_6
滤板孔径/μm	80～120	40～80	15～40	5～15	2～5	<2

5. 实验步骤

1）$c_{\frac{1}{5}KMnO_4} = 0.5mol/L$ 溶液的配制

配制 $c_{\frac{1}{5}KMnO_4} = 0.5mol/L$ 的溶液 500mL。称取 8.0g$KMnO_4$ 固体于 500mL 烧杯中，加入 520mL 水（由于煮沸时要蒸发部分水）使之溶解。盖上表面皿，在电炉上加热至沸腾，缓缓煮沸 15min，冷却后置于暗处静置数天（2～3d）后，用 G4 玻璃砂芯漏斗过滤，除去 MnO_2 等杂质，滤液储存于干燥具玻璃塞的棕色试剂瓶中，待标定。或溶解 $KMnO_4$ 后，保持微沸状态 1h，冷却后过滤，滤液储存于干燥棕色试剂瓶，待标定。若用浓度较稀 $KMnO_4$ 溶液，应在使用时用蒸馏水临时稀释并立即标定使用，不宜长期储存。

2）$c_{\frac{1}{5}KMnO_4} = 0.1000mol/L$ 标准溶液的标定

临用前将溶液浓度 $c_{\frac{1}{5}KMnO_4}$ 从 0.5mol/L 稀释到 0.1mol/L。准确称取 0.15～0.20g 基准物质 $Na_2C_2O_4$（准确至 0.0001g），置于 250mL 锥形瓶中，加入 30mL 蒸馏水溶解，再加入 10mL 3mol/L 的 H_2SO_4 溶液，加热至 75～85℃（开始冒蒸汽），趁热用待标定

的 $KMnO_4$ 溶液滴定。终点前用锥形瓶内壁将滴定管尖嘴处半滴靠下，再用洗瓶冲洗瓶壁，反复操作至溶液呈浅粉色，静置 30s 不退色，即为终点。记录消耗 MnO_4^- 溶液的体积读数 V_1。做三次平行实验。

空白实验时加入 30mL 蒸馏水、10mL 3mol/L 的 H_2SO_4 溶液于 250mL 锥形瓶中，加热至 75～85℃（开始冒蒸汽），趁热用待标定的 $KMnO_4$ 溶液滴定。注意滴定速度，开始时反应较慢，应在加入一滴 $KMnO_4$ 溶液退色后，再加下一滴。用 $KMnO_4$ 溶液滴定至浅粉色后，保持 30s 不退色，即为终点，记录消耗 $KMnO_4$ 溶液的体积读数 V_2。

3）绿矾中 $FeSO_4 \cdot 7H_2O$ 含量的测定

准确称取 0.6～0.7g 绿矾试样，放于 250mL 锥形瓶中，加入 15mL $c_{\frac{1}{2}H_2SO_4}$ ＝2mol/L 溶液、2mL 浓 H_3PO_4 及 50mL 煮沸并冷却的蒸馏水，轻摇使样品溶解，立即以 $c_{\frac{1}{5}KMnO_4}$ ＝0.1000mol/L 的标准溶液滴定。终点前用锥形瓶内壁滴定管尖嘴处半滴靠下，再用洗瓶冲洗瓶壁，反复操作至溶液呈浅粉色，静置 30s 不退色，即为终点。记录消耗 $KMnO_4$ 标准溶液的体积读数 V_3。做三次平行实验。

空白实验时加入 15mL $c_{\frac{1}{2}H_2SO_4}$ ＝2mol/L 溶液、2mL 浓 H_3PO_4 及 50mL 煮沸并冷却的蒸馏水于 250mL 锥形瓶中，用 $KMnO_4$ 标准溶液滴定至浅粉色后，保持 30s 不退色，即为终点，记录消耗 $KMnO_4$ 标准溶液的体积读数 V_4。

6. 原始记录

绿矾中 $FeSO_4 \cdot 7H_2O$ 测定的原始记录表如表 6.8 所示。

表 6.8　绿矾中 $FeSO_4 \cdot 7H_2O$ 测定的原始记录表

日期：＿＿＿＿＿＿　　天平编号：＿＿＿＿＿＿

样品编号	1#	2#	3#	4#
配制时称取 $KMnO_4$ 质量初读数/g				
配制时称取 $KMnO_4$ 质量终读数/g				
配制时称取 $KMnO_4$ 质量/g				
标定时称取基准试剂 $Na_2C_2O_4$ 质量初读数/g				
标定时称取基准试剂 $Na_2C_2O_4$ 质量终读数/g				
标定时称取基准试剂 $Na_2C_2O_4$ 质量/g				
标定时消耗 $KMnO_4$ 溶液体积初读数/mL				
标定时消耗 $KMnO_4$ 溶液体积终读数/mL				
标定时消耗 $KMnO_4$ 溶液体积/mL				
实验标定时空白消耗 $KMnO_4$ 溶液体积/mL				
测定时称取绿矾质量初读数/g				
测定时称取绿矾质量终读数/g				
测定时称取绿矾质量/g				
测定时消耗 $KMnO_4$ 标准溶液体积初读数/mL				
测定时消耗 $KMnO_4$ 标准溶液体积终读数/mL				
测定时消耗 $KMnO_4$ 标准溶液体积/mL				
测定时空白实验消耗 $KMnO_4$ 标准溶液体积/mL				

7. 结果计算

标定 $KMnO_4$ 标准溶液时，由以上数据可计算出 $KMnO_4$ 标准溶液的含量：

$$c_{\frac{1}{5}KMnO_4} = \frac{m_{Na_2C_2O_4}}{(V_1 - V_2)M_{\frac{1}{2}Na_2C_2O_4}} \tag{6.12}$$

用 $KMnO_4$ 标准溶液滴定绿矾时，由以上数据可计算出 Fe^{2+} 的含量：

$$\omega_{FeSO_4·7H_2O} = \frac{c_{\frac{1}{5}KMnO_4}(V_3 - V_4)M_{FeSO_4·7H_2O}}{m_{绿矾}} \tag{6.13}$$

式中，$\omega_{FeSO_4·7H_2O}$——绿矾中 $FeSO_4·7H_2O$ 的质量分数，%；

$c_{\frac{1}{5}KMnO_4}$——$KMnO_4$ 标准溶液的浓度，mol/L；

$M_{\frac{1}{2}Na_2C_2O_4}$、$M_{FeSO_4·7H_2O}$——$1/2\ Na_2C_2O_4$ 基本单元和 $FeSO_4·7H_2O$ 的摩尔质量，g/mol；

$m_{Na_2C_2O_4}$、$m_{绿矾}$——$Na_2C_2O_4$ 和绿矾的质量，g；

V_1、V_2——用 $Na_2C_2O_4$ 标定 $KMnO_4$ 溶液时消耗 $KMnO_4$ 溶液的体积和空白实验消耗 $KMnO_4$ 溶液的体积，mL；

V_3、V_4——用 $KMnO_4$ 标准溶液滴定绿矾时消耗 $KMnO_4$ 标准溶液的体积和空白实验消耗 $KMnO_4$ 标准溶液的体积，mL。

所有滴定管读数均需校准。

8. 注意事项

（1）为使配制的 $KMnO_4$ 溶液浓度达到欲配制浓度，通常称取稍多于理论用量的固体 $KMnO_4$。例如，配制 $c_{\frac{1}{5}KMnO_4}=0.1mol/L$ 溶液 500mL，理论上应称取固体 $KMnO_4$ 质量为 1.58g，实际称取 1.6～1.7g。

（2）标定好的 $KMnO_4$ 溶液在放置一段时间后，若发现有沉淀析出，应重新过滤并标定。

（3）当滴定到稍微过量的 $KMnO_4$ 在溶液中呈粉红色并保持 30s 不退色时即为终点。放置时间较长时，空气中还原性物质及尘埃可能落入溶液中使 $KMnO_4$ 缓慢分解，溶液颜色逐渐消失。$KMnO_4$ 可被察觉的最低浓度约为 2.5×10^{-6} mol/L，相当于 100mL 水中加入 $c_{\frac{1}{5}KMnO_4}=0.1mol/L$ 的 $KMnO_4$ 溶液 0.01mL。

9. 思考题

（1）配制 $KMnO_4$ 溶液时为什么要将 $KMnO_4$ 溶液煮沸一定时间或放置数天？为什么要冷却放置后过滤？能否用滤纸过滤？

（2）$KMnO_4$ 溶液应装于哪种滴定管中？为什么？

（3）装 $KMnO_4$ 溶液的锥形瓶、烧杯或滴定管，放置久了壁上常有棕色沉淀物，它是什么？怎样才能洗干净？

（4）用 $Na_2C_2O_4$ 基准物质标定 $KMnO_4$ 溶液的浓度，其标定条件有哪些？为什么

用 H_2SO_4 调节酸度？可否用 HCl 或 HNO_3？酸度过高、过低或温度过高、过低对标定结果有何影响？

（5）在酸性条件下，以 $KMnO_4$ 溶液滴定 $Na_2C_2O_4$ 标准溶液时，开始紫色退去较慢，后来退去较快，为什么？

（6）$KMnO_4$ 滴定法中常用什么物质作为指示剂，如何指示滴定终点？

（7）以 $c_{\frac{1}{5}KMnO_4} = 0.1\,mol/L$ 标准溶液测定 $FeSO_4 \cdot 7H_2O$ 的含量时，每份绿矾试样的称样量应约为多少克？通过计算说明。

（8）说明实验中加入 H_2SO_4 和 H_3PO_4 的目的。

 知识平台

6.2.2　氧化还原滴定法的计算

【例 6.12】　用基准物质 $Na_2C_2O_4$ 标定 $KMnO_4$，若以 $Na_2C_2O_4$ 和 $KMnO_4$ 表示结果，推算基本单元，并写出其标准方程。

解

$$5C_2O_4^{2-} + 2MnO_4^- + 16H^+ == 10CO_2\uparrow + 2Mn^{2+} + 8H_2O$$

$$e^- -\!\!○\!\!-\ \frac{1}{2}\,Na_2C_2O_4\ -\!\!○\!\!-\ \frac{1}{5}\,KMnO_4$$

将基本单元代入标准方程，可将复杂的反应看做 1 : 1 的反应。

$$c_{\frac{1}{5}KMnO_4} = \frac{m_{Na_2C_2O_4}}{V_{KMnO_4}M_{\frac{1}{2}Na_2C_2O_4}}$$

答：用基准物质 $Na_2C_2O_4$ 标定 $KMnO_4$，若以 $Na_2C_2O_4$ 和 $KMnO_4$ 表示结果，其基本单元是 $\frac{1}{2}\,Na_2C_2O_4$ 和 $\frac{1}{5}\,KMnO_4$。

【例 6.13】　用 $KMnO_4$ 标准溶液滴定 Fe^{2+} 溶液，若以 $KMnO_4$ 和 Fe^{2+} 表示结果，推算基本单元，并写出其标准方程。

解

$$5Fe^{2+} + MnO_4^- + 8H^+ == 5Fe^{3+} + Mn^{2+} + 4H_2O$$

$$e^- -\!\!○\!\!-\ \frac{1}{5}\,KMnO_4\ -\!\!○\!\!-\ Fe^{2+}$$

将基本单元代入标准方程式（6.18），可将复杂的反应看做 1 : 1 的反应。

$$c_{Fe^{2+}} = \frac{c_{\frac{1}{5}KMnO_4}\,V_{KMnO_4}}{V_{Fe^{2+}}}$$

答：用 $KMnO_4$ 标准溶液滴定 Fe^{2+} 溶液，若以 $KMnO_4$ 和 Fe^{2+} 表示结果，其基本单元是 $\frac{1}{5}\,KMnO_4$ 和 Fe^{2+}。

6.2.3　用条件电位计算反应进行的程度

本任务中 Fe^{3+}/Fe^{2+} 为对称可逆电对。可以用能斯特方程计算其电极电位；

MnO_4^-/Mn^{2+} 电对为对称不可逆电对，在溶液中不能马上建立起氧化还原平衡，用能斯特方程计算的电位与实验值差别很大，但仍有一定指导意义。由于滴定在酸性介质中进行，因此通常采用条件电位计算其条件平衡常数。对于氧化还原反应：

$$n_2 O_1 + n_1 R_2 \Longrightarrow n_2 R_1 + n_1 O_2$$

$$\lg K' = \lg \frac{a_{O_2}^{n_1} a_{R_1}^{n_2}}{a_{R_2}^{n_1} a_{O_1}^{n_2}} = \frac{n(\varphi_1^{\ominus'} - \varphi_2^{\ominus'})}{0.059}$$

用 $Na_2C_2O_4$ 基准试剂标定 $KMnO_4$ 溶液，$n_1 = 5$，$n_2 = 2$，分析误差不大于 0.1% 时，两电对最小的电位差值应为

$$5C_2O_4^{2-} + 2MnO_4^- + 16H^+ \Longrightarrow 10CO_2\uparrow + 2Mn^{2+} + 8H_2O$$

$$\varphi_{MnO_4^-/Mn^{2+}}^{\ominus} = 1.51V, \quad \varphi_{CO_2/H_2C_2O_4}^{\ominus} = -0.49V$$

$$\lg K' = \lg\left(\frac{a_{O_2}}{a_{R_2}}\right)^5 + \lg\left(\frac{a_{R_1}}{a_{O_1}}\right)^2 = \lg(10^3)^5 + \lg(10^3)^2 = 21 = \frac{10(\varphi_1^{\ominus'} - \varphi_2^{\ominus'})}{0.059}$$

理论上要求

$$\Delta\varphi^{\ominus'} = \varphi_1^{\ominus'} - \varphi_2^{\ominus'} \geqslant 0.12V$$

实际上

$$\Delta\varphi^{\ominus} = 1.51 + 0.49 \gg 0.12(V)$$

所以用 $Na_2C_2O_4$ 基准试剂标定 $KMnO_4$ 溶液时，反应完全程度能够达到 99.9% 以上，可以进行氧化还原滴定。

用 $KMnO_4$ 溶液测定绿矾中 $FeSO_4 \cdot 7H_2O$ 的含量，$n_1 = 5$，$n_2 = 1$，分析误差不大于 0.1% 时，两电对最小的电位差值应为

$$5Fe^{2+} + MnO_4^- + 8H^+ \Longrightarrow 5Fe^{3+} + Mn^{2+} + 4H_2O$$

$$\varphi_{MnO_4^-/Mn^{2+}}^{\ominus'} = 1.45V, \quad \varphi_{Fe^{3+}/Fe^{2+}}^{\ominus'} = 0.68V$$

$$\lg K' = \lg\left(\frac{a_{O_2}}{a_{R_2}}\right)^5 + \lg\frac{a_{R_1}}{a_{O_1}} = \lg(10^3)^5 + \lg10^3 = 18 = \frac{5(\varphi_1^{\ominus'} - \varphi_2^{\ominus'})}{0.059}$$

理论上要求

$$\Delta\varphi^{\ominus'} = \varphi_1^{\ominus'} - \varphi_2^{\ominus'} \geqslant 0.21V$$

实际上

$$\Delta\varphi^{\ominus'} = 1.45 - 0.68 \gg 0.21(V)$$

所以用 $KMnO_4$ 溶液测定绿矾中 $FeSO_4 \cdot 7H_2O$ 的含量时，反应完全程度能够达到 99.9% 以上，可以进行氧化还原滴定。

6.2.4　影响绿矾中 $FeSO_4 \cdot 7H_2O$ 含量测定的因素

根据 $\varphi^{\ominus}$ 或 $\varphi^{\ominus'}$ 判断反应进行的方向和程度，反应速度的差别是非常大的。仅从有关电对的条件电极电位来判断氧化还原反应的方向和完全程度，只说明反应发生的可能性，无法指出现实反应的速度。而在滴定分析中，总是希望滴定反应能快速进行。若反应速度慢，反应就不能直接用于滴定。对于用 $KMnO_4$ 的标定反应有以下几点要求。

1. 温度

对大多数反应来说，升高溶液的温度可以加快反应速度，通常溶液温度每升高 $10℃$，反应速度可增大 $2\sim3$ 倍。例如，在酸性溶液中 MnO_4^- 和 $C_2O_4^{2-}$ 的反应，在室温下速度缓慢，因此需要将溶液加热到 $70\sim80℃$ 进行滴定。滴定完毕时，溶液的温度也不应低于 $60℃$。但温度不宜过高，若高于 $90℃$，部分 $H_2C_2O_4$ 会发生分解。

$$H_2C_2O_4 == CO_2\uparrow + CO + H_2O$$

但 $K_2Cr_2O_7$ 与 KI 的反应就不能用加热的方法来加快反应速度，因为生成的 I_2 会挥发而引起损失。有些还原性物质（如 Fe^{2+}、Sn^{2+} 等）也会因加热而更容易被空气中的氧气所氧化。因此，对那些加热引起挥发，或加热易被空气中的氧气所氧化的反应不能用提高温度来加速，只能寻求其他方法来提高反应速度。

2. 酸度

酸度过低，$KMnO_4$ 易形成 $MnO_2\cdot2H_2O$ 沉淀；酸度过高，会促使 $H_2C_2O_4$ 分解。为使滴定反应正常进行，溶液中应保持足够的酸度。一般地，溶液的酸度开始滴定时为 $0.5\sim1mol/L$，滴定终点时为 $0.2\sim0.5mol/L$。

3. 滴定速度

开始滴定时，速度不宜太快，否则加入的 $KMnO_4$ 溶液来不及与 $C_2O_4^{2-}$ 反应，即在热的酸性溶液中发生分解，影响标定的准确度。

$$4MnO_4^- + 12H^+ == 4Mn^{2+} + 5O_2\uparrow + 6H_2O$$

4. 催化剂

用 $KMnO_4$ 溶液滴定时，MnO_4^- 与 $C_2O_4^{2-}$ 的反应速度慢，开始加入的几滴溶液退色较慢，但若加入 Mn^{2+} 能催化反应迅速进行。Mn^{2+} 在此起着催化剂的作用。滴定前，可以加入几滴 $MnSO_4$ 溶液，加快反应速度。如果不加入 Mn^{2+}，而利用 MnO_4^- 与 $C_2O_4^{2-}$ 发生作用后生成的微量 Mn^{2+} 作为催化剂，反应也可进行。这种生成物本身引起的催化作用的反应称为自动催化反应。这类反应有一个特点，就是开始时的反应速度较慢，随着生成物逐渐增多，反应速度就逐渐加快。经一个最高点后，由于反应物的浓度越来越低，反应速度又逐渐降低。

5. 诱导反应对反应速率的影响

在氧化还原反应中，有些反应在一般情况下进行得非常缓慢或实际上并不发生，可是在存在另一反应的情况下，此反应就会加速进行。这种因某一氧化还原反应的发生而促进另一种氧化还原反应进行的现象称为诱导作用，有诱导作用的反应称为诱导反应。例如，$KMnO_4$ 氧化 Cl^- 反应速率极慢，对滴定几乎无影响。但如果溶液中同时存在 Fe^{2+}，MnO_4^- 与 Fe^{2+} 的反应可以加速 MnO_4^- 与 Cl^- 的反应，使测定的结果偏高。这种现象就是诱导作用，MnO_4^- 与 Fe^{2+} 的反应就是诱导反应。

诱导反应：$MnO_4^- + 5Fe^{2+} + 8H^+ = Mn^{2+} + 5Fe^{3+} + 4H_2O$

　　　　　作用体　诱导体

受诱反应：$2MnO_4^- + 10Cl^- + 16H^+ \longrightarrow 2Mn^{2+} + 5Cl_2 + 8H_2O$

　　　　　受诱体

6. 指示剂和滴定终点判断

由于 $KMnO_4$ 的水溶液呈紫红色，Fe^{2+} 为浅绿色，溶液中稍有过量的 MnO_4^- （约为 2.5×10^{-6} mol/L），即可显示出浅粉色，所以一般不必另外加入指示剂。但当 $KMnO_4$ 标准溶液的浓度很小（如 0.002mol/L）时，最好采用恰当的指示剂，如二苯胺磺酸钠、邻菲啰啉－Fe（Ⅱ）等来确定滴定终点。用 $KMnO_4$ 溶液滴定至终点后，因为空气中的还原性气体和灰尘都能与之缓慢地作用，使 MnO_4^- 被还原，溶液中出现的浅粉色不能持久，会逐渐消失。所以，滴定时溶液中出现的浅粉色如在 30s 内不退色，就可以认为已经到达滴定终点。

6.2.5　计算氧化还原滴定电极电位

在氧化还原滴定中，只有可逆电对可以用能斯特方程计算其电极电位，并根据计算值绘制滴定曲线，化学计量点和滴定突跃的电极电位是选择指示剂判断终点的依据。当涉及不可逆氧化还原电对参加反应时，实测的滴定曲线与计算值所得的滴定曲线常有差别。这种差别通常出现在电极电位主要由不可逆氧化还原电对控制的时候。

【例 6.14】　25℃时，在 1mol/L 的 H_2SO_4 介质中，用 $c_{\frac{1}{5} KMnO_4} = 0.1000$ mol/L 标准溶液滴定 20.00mL 同浓度 Fe^{2+} 溶液，求滴定过程中的电位变化，指出应选用哪种指示剂。

　　解　Fe^{3+}/Fe^{2+} 为对称可逆电对，可以用能斯特方程进行计算。MnO_4^-/Mn^{2+} 为对称不可逆电对，用能斯特方程计算电极电位时和实验值差别很大，仅有一定的指导意义。

$$MnO_4^- + 5Fe^{2+} + 8H^+ = Mn^{2+} + 5Fe^{3+} + 4H_2O$$

$$MnO_4^- + 8H^+ + 5e^- = Mn^{2+} + 4H_2O, \quad \varphi_{MnO_4^-/Mn^{2+}}^{\ominus'} = 1.45V$$

$$Fe^{3+} + e^- = Fe^{2+}, \quad \varphi_{Fe^{3+}/Fe^{2+}}^{\ominus'} = 0.68V$$

列出被滴定体系中滴定前后溶液中离子的存在情况，如表 6.9 所示，找到相应的电对计算其电位。

表 6.9　$KMnO_4$ 标准溶液滴定 Fe^{2+} 溶液滴定过程中溶液组成

滴定过程	溶液组成
滴定前	Fe^{2+}
化学计量点前	Mn^{2+}、Fe^{3+}、Fe^{2+}
化学计量点	MnO_4^-、Mn^{2+}、Fe^{3+}、Fe^{2+}
化学计量点后	MnO_4^-、Mn^{2+}、Fe^{3+}

当滴定分数 $T = 0.0\%$ 时，滴入 $KMnO_4$ 标准溶液 0.00mL。

Fe^{3+}/Fe^{2+}：由于氧的氧化，$[Fe^{3+}]$ 很少，无法计算电位。

MnO_4^-/Mn^{2+}：被滴定体系中不存在此电对。

当滴定分数 $T=99.9\%$ 时，滴入 $KMnO_4$ 标准溶液 19.98mL，此时 Fe^{2+} 过量 0.02mL。

Fe^{3+}/Fe^{2+}：生成大量 Fe^{3+}，Fe^{2+} 过量，存在电对。

MnO_4^-/Mn^{2+}：MnO_4^- 几乎全部被还原为 Mn^{2+}，MnO_4^- 浓度极小。

生成 $n_{Fe^{3+}}=0.1000\times19.98=1.998$（mmol），过量 $n_{Fe^{2+}}=0.1000\times0.02=0.002$（mmol），则

$$\varphi=\varphi_{Fe^{3+}/Fe^{2+}}^{\ominus\prime}+0.059\lg\frac{n_{Fe^{3+}}}{n_{Fe^{2+}}}$$

$$=0.68+0.059\times\lg\frac{0.002}{1.998}\approx0.68-0.059\times3\approx0.50(V)$$

当滴定分数 $T=100.0\%$ 时，滴入 $KMnO_4$ 标准溶液 20.00mL，此时 Fe^{2+} 刚好反应完全。

Fe^{3+}/Fe^{2+}：存在氧化还原平衡，故电对存在。

MnO_4^-/Mn^{2+}：存在氧化还原平衡，故电对存在。

电子转移数 $n_1=5$，$n_2=1$

$$\varphi_{sp}=\frac{n_1\varphi_1^{\ominus\prime}+n_2\varphi_2^{\ominus\prime}}{n_1+n_2}=\frac{5\times1.45+0.68}{5+1}\approx1.32(V)$$

当滴定分数 $T=100.1\%$ 时，滴入 $KMnO_4$ 标准溶液 20.02mL，此时 $KMnO_4$ 过量 0.02mL。

Fe^{3+}/Fe^{2+}：Fe^{2+} 被全部氧化成 Fe^{3+}，Fe^{2+} 的浓度极小，电对存在。

MnO_4^-/Mn^{2+}：生成大量 Mn^{2+}，MnO_4^- 过量，电对存在。

生成 $n_{Mn^{2+}}=0.1000\times20.00=2.000$（mmol），过量 $n_{MnO_4^-}=0.1000\times0.02/5=0.0004$（mmol）。

由于 HSO_4^- $K_{a1}=1.0\times10^{-2}$，可将硫酸看作二元强酸，$[H^+]\approx2mol/L$，则

$$\varphi=\varphi_{MnO_4^-/Mn^{2+}}^{\ominus\prime}+\frac{0.059}{5}\lg\frac{[MnO_4^-][H^+]^8}{[Mn^{2+}]}$$

$$\varphi=1.45+\frac{0.059}{5}\lg\frac{0.0004\times2^8}{2.000}\approx1.43(V)$$

答：25℃时，在1mol/L 的 H_2SO_4 介质中，用 $c_{\frac{1}{5}KMnO_4}=0.1000mol/L$ 标准溶液滴定 20.00mL 同浓度 Fe^{2+} 溶液，滴定过程中计算出的滴定突跃是 0.50~1.43V，可以选用自身指示剂和外加指示剂。

6.2.6　从滴定曲线上寻找滴定突跃选择外加指示剂

以滴定剂 $KMnO_4$ 标准溶液的滴定分数为横坐标，以被滴定体系电对的电位为纵坐标作图，可得到如图 6.5 所示的氧化还原滴定曲线。

根据例 6.14 的计算，在化学计量点前，电位主要由对称可逆的 Fe^{3+}/Fe^{2+} 电对控制，故实测滴定曲线与理论滴定曲线并无明显的区别；但在化学计量点后，电位主要由

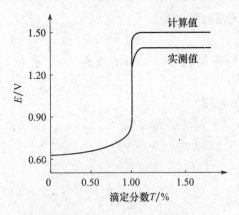

图 6.5　$KMnO_4$ 标准溶液滴定 20.00mL
同浓度 Fe^{2+} 溶液时滴定曲线

对称不可逆的 MnO_4^-/Mn^{2+} 电对控制，计算电位显然不符合实际情况。两者无论在形状及数值上均有较明显的差别，如图 6.5 所示。

虽然 $\Delta\varphi^{\ominus'} > 0.4V$，可以使用氧化还原指示剂，但由于化学计量点电位（1.32V）和滴定突跃上限（1.43V）均是由 MnO_4^-/Mn^{2+} 不可逆电对计算出的，误差较大，即使选用硝基邻菲啰啉-Fe（Ⅱ）（$\varphi^{\ominus'}_{In} = 1.25V$）指示剂判断终点仍有一定误差。由于 MnO_4^-/Mn^{2+} 电对是对称不可逆氧化还原电对，因此，也不适用于以能斯特方程推导的林邦误差公式。本任务不能用林邦误差公式计算终点误差。

任务 6.3　不可逆对称氧化还原滴定模式（间接碘量法）

 任务分析

　　碘是一种智力元素，是人类生命活动不可缺少的元素之一。人体内的碘可以维持甲状腺的正常功能，缺碘会使人产生智力下降、甲状腺肿大等疾病。碘过量（尿碘大于 $300\mu g/L$）时，也可导致甲状腺功能减退症、自身免疫甲状腺病和乳头状甲状腺癌的发病率显著增加。一般推荐碘摄入的剂量是成人 $150\mu g/d$（尿碘 $100\sim200\mu g/L$）。由于 KI 易挥发，常将 KIO_3 加入食盐中。GB 26878—2011《食品安全国家标准　食用盐碘含量》规定食盐中碘含量（以 I^- 计）为 $20\sim30mg/kg$。本任务首先要完成用间接碘量法测定食盐中含碘量的实验。明确间接碘量法使用的是 $Na_2S_2O_3$ 标准溶液，第一步采用间接碘量法用 KIO_3 标准溶液标定 $Na_2S_2O_3$，第二步仍采用间接碘量法用 $Na_2S_2O_3$ 标准溶液测定食盐中的含碘量。

 任务实施

6.3.1　测定食盐中的含碘量

1. 实验目的

（1）掌握 $Na_2S_2O_3$ 标准溶液的配制、标定和储存方法。

（2）掌握用间接碘量法测定食盐中含碘量的原理和方法。

（3）学会碘量瓶的使用方法。

（4）学会判断间接碘量法的滴定终点。

（5）巩固用 G 检验法检验异常值的方法。

（6）巩固精密度和准确度的计算方法。

2. 实验原理

1）配制 KIO_3 标准溶液

由于食盐中含碘量不可能很高，需要 $Na_2S_2O_3$ 标准溶液浓度较低，若直接称取基准试剂进行滴定，称样量将小于 0.01g，因此选用称大样法配制标准溶液。

2）配制与标定 $Na_2S_2O_3$ 标准溶液（间接碘量法）

由于固体试剂 $Na_2S_2O_3 \cdot 5H_2O$ 通常含有一些 S、Na_2SO_4、Na_2CO_3 及 NaCl 等杂质，且易风化和潮解，因此一般采用间接法配制 $Na_2S_2O_3$ 标准溶液。配制好的 $Na_2S_2O_3$ 溶液不够稳定，易分解，水中的 CO_2、细菌和光照都能使其分解，水中的 O_2 还能将其氧化，反应如下：

$$Na_2S_2O_3 \xrightarrow{\text{微生物}} Na_2SO_3 + S\downarrow$$
$$Na_2S_2O_3 + H_2CO_3 = NaHSO_3 + NaHCO_3 + S\downarrow$$
$$2Na_2S_2O_3 + O_2 = 2Na_2SO_4 + 2S\downarrow$$

故配制 $Na_2S_2O_3$ 溶液时，最好采用新煮沸并冷却的蒸馏水，以除去水中的 CO_2 和 O_2，并杀死细菌。$Na_2S_2O_3$ 在 pH<4.6 时不稳定，在中性或碱性溶液中较稳定，在 pH 为 9~10 时最为稳定，故在 $Na_2S_2O_3$ 溶液中加入少量 Na_2CO_3 使溶液呈弱碱性以抑制 $Na_2S_2O_3$ 的分解，然后储存于棕色瓶中，放置几天后再进行标定。长期使用的溶液应定期标定，如果发现溶液变浑浊或析出硫，应该过滤后再标定或者另配溶液。

$K_2Cr_2O_7$、KIO_3 等基准物都可用来标定 $Na_2S_2O_3$ 溶液。本任务选用 KIO_3 标定 $Na_2S_2O_3$ 溶液。因为 KIO_3 与 $Na_2S_2O_3$ 的反应产物有多种，不能按确定的反应式进行，故不能用 KIO_3 直接滴定 $Na_2S_2O_3$。而应先使 KIO_3 与过量的 KI 反应，析出与 KIO_3 计量相当的 I_2，再用 $Na_2S_2O_3$ 溶液滴定。

$$IO_3^- + 5I^- + 6H^+ = 3I_2 + 3H_2O$$
$$I_2 + 2S_2O_3^{2-} = 2I^- + S_4O_6^{2-}$$

3）用 $Na_2S_2O_3$ 标准溶液滴定食盐中生成的 I_2 溶液（间接碘量法）

将食盐溶解在水中，加入 KI，在酸性条件下生成 I_2，再调节至中性或弱碱性用 $Na_2S_2O_3$ 标准溶液标定。

$$IO_3^- + 5I^- + 6H^+ = 3I_2 + 3H_2O$$
$$I_2 + 2S_2O_3^- = 2I^- + S_4O_6^{2-}$$

3. 试剂

KIO_3（基准试剂，214g/mol）；KI（A.R.，5% 新配制）；$Na_2S_2O_3 \cdot 5H_2O$（A.R.）；NaOH（A.R.）；H_3PO_4（A.R. 1mol/L：17mL85% 的 H_3PO_4 稀释至 250mL）；加碘酸钾食盐试样；新煮沸蒸馏水。

淀粉指示剂（0.5% 新配制）：称取 0.5g 淀粉，放入 200mL 烧杯中，加入少许水调成糊状，倒入 100mL 沸水，搅拌后再煮沸 0.5min，冷却，现用现配。

$c_{\frac{1}{6}KIO_3}$＝0.002mol/L 标准溶液：准确称取 1.4g（准确至 0.0002g）于（110±2）℃ 烘至恒重的基准物 KIO₃，加水溶解，于 1000mL 容量瓶中定容。用移液管吸取 25mL 放于 500mL 容量瓶中，加水稀释定容，得 $c_{\frac{1}{6}KIO_3}$＝0.002mol/L 的 KIO₃ 标准溶液。其准确浓度为

$$c_{\frac{1}{6}KIO_3} = \frac{m_{KIO_3}}{V \times 10^{-3} \times M_{\frac{1}{6}KIO_3}} \times \frac{25}{500.0} \tag{6.14}$$

式中，$c_{\frac{1}{6}KIO_3}$——KIO₃ 标准溶液浓度，mol/L；

$\quad m_{KIO_3}$——称取基准物质 KIO₃ 的质量，g；

$\quad M_{\frac{1}{6}KIO_3}$——KIO₃ 基本单元的摩尔质量，g/mol；

$\quad V$——第一步定容时的体积（本任务中为 1000），mL。

4. 仪器

碱式滴定管（50mL×1）；烧杯（500mL×1，250mL×3）；量筒（10mL×1，25mL×1，50mL×1）；移液管（5mL×1，10mL×1，25mL×1）；称量瓶（15mL×1）；棕色滴瓶（60mL×2）；棕色试剂瓶（500mL×1）；容量瓶（1000mL×1，500mL×1）；碘量瓶（250mL×8）。

5. 实验步骤

1）$c_{Na_2S_2O_3}$＝0.002mol/L 标准溶液的配制与标定

（1）配制。称取 2.5g Na₂S₂O₃·5H₂O 及 0.1g NaOH，溶解于 500mL 新煮沸的水中，储于棕色试剂瓶。取上层清液 50.00mL 于棕色试剂瓶中，用新煮沸的水稀释至 500mL，备用。

（2）标定。吸取 10.00mL $c_{\frac{1}{6}KIO_3}$＝0.002mol/L 的 KIO₃ 标准溶液于 250mL 碘量瓶中，加入约 80mL 水、2mL 1mol/L 的 H₃PO₄，摇匀后加入 5mL 5%KI 试液，立即盖上碘量瓶塞，摇匀，瓶口加入少许蒸馏水密封，以防止 I₂ 挥发。在暗处放置 5min，打开瓶塞，用蒸馏水冲洗磨口塞和瓶颈内壁，立即用 Na₂S₂O₃ 标准溶液滴定。至溶液呈浅黄色时，加入 5mL 0.5% 的淀粉指示剂，继续滴定至蓝色恰好消失为止，记录消耗 Na₂S₂O₃ 标准溶液的体积 V_1。做三次平行实验。

空白实验时加入 90mL 新煮沸蒸馏水、2mL 1mol/L 的 H₃PO₄，摇匀后加入 5mL 5% 的 KI 试液于 250mL 碘量瓶中。暗处放置 5min 后，加入 5mL 0.5% 淀粉指示剂，用 Na₂S₂O₃ 标准溶液滴定至蓝色恰好消失为止，记录消耗 Na₂S₂O₃ 标准溶液的体积 V_2。

2）测定食盐中的含碘量

称取 10g 均匀加碘食盐（准确至 0.01g）。置于 250mL 碘量瓶中，加入约 80mL 新煮沸蒸馏水溶解。加入 2mL 1mol/L 的 H₃PO₄，摇匀后加入 5mL 5%KI 试液，立即盖上碘量瓶塞，摇匀，瓶口加入少许蒸馏水密封，以防止 I₂ 挥发。在暗处放置 5min，打开瓶塞，用蒸馏水冲洗磨口塞和瓶颈内壁，立即用 Na₂S₂O₃ 标准溶液滴定。至溶液呈

浅黄色时，加入 5mL 0.5% 淀粉指示剂，继续滴定至蓝色恰好消失为止，记录消耗 Na₂S₂O₃ 标准溶液的体积 V_3。做 3 次平行实验。

空白实验时加入 80mL 新煮沸蒸馏水、2mL 1mol/L 的 H₃PO₄，摇匀后加入 5mL 5% 的 KI 试液于 250mL 碘量瓶中。暗处放置 5min 后，加入 5mL 0.5% 淀粉指示剂，立即用 Na₂S₂O₃ 标准溶液滴定至蓝色恰好消失为止，记录消耗 Na₂S₂O₃ 标准溶液的体积 V_4。

6. 原始记录

食盐中碘含量测定任务的原始记录表如表 6.10 所示。

表 6.10　食盐中碘含量测定任务的原始记录表

日期：＿＿＿＿＿＿　天平编号：＿＿＿＿＿＿

样品编号	1#	2#	3#	4#
标定 Na₂S₂O₃ 时称取基准试剂 KIO₃ 质量初读数/g				
标定 Na₂S₂O₃ 时称取基准试剂 KIO₃ 质量终读数/g				
标定 Na₂S₂O₃ 时称取基准试剂 KIO₃ 质量/g				
标定 Na₂S₂O₃ 时 Na₂S₂O₃ 溶液体积初读数/mL				
标定 Na₂S₂O₃ 时 Na₂S₂O₃ 溶液体积终读数/mL				
标定 Na₂S₂O₃ 时 Na₂S₂O₃ 溶液体积/mL				
标定 Na₂S₂O₃ 空白实验消耗 Na₂S₂O₃ 溶液体积/mL				
测定食盐时消耗 Na₂S₂O₃ 标准溶液体积初读数/mL				
测定食盐时消耗 Na₂S₂O₃ 标准溶液体积终读数/mL				
测定食盐时消耗 Na₂S₂O₃ 标准溶液体积/mL				
测定食盐时空白实验消耗 Na₂S₂O₃ 标准溶液体积/mL				

7. 结果计算

若用 T 表示 Na₂S₂O₃ 标准溶液对 I⁻ 的滴定度，单位为 μg/mL，可得到公式

$$T = \frac{c_{\frac{1}{6}KIO_3} M_{\frac{1}{6}I^-} \times 10 \times 1000}{V_1 - V_2} \tag{6.15}$$

式中，$c_{\frac{1}{6}KIO_3}$——KIO₃ 标准溶液的浓度，mol/L；

$M_{\frac{1}{6}I^-}$——基本单元的摩尔质量，g/mol；

10——本实验中 KIO₃ 标准溶液的取样量，mL；

V_1、V_2——用 KIO₃ 标定 Na₂S₂O₃ 溶液时消耗 Na₂S₂O₃ 溶液和空白实验体积，mL。

所有滴定管读数均需校准。

食盐中碘含量按照下式计算

$$碘离子含量(\mu g/g) = \frac{T(V_4 - V_6)}{m} \tag{6.16}$$

式中，T——Na₂S₂O₃ 标准溶液对 I⁻ 的滴定度，μg/mL；

m——食盐试样的质量，g；

V_3、V_4——Na₂S₂O₃ 标准溶液滴定 I₂（食盐中 KIO₃ 与 KI 反应生成）时消耗 Na₂S₂O₃

标准溶液的体积和空白实验消耗 $Na_2S_2O_3$ 标准溶液的体积，mL。
所有滴定管读数均需校准。

8. 注意事项

（1）配制 $Na_2S_2O_3$ 溶液时，需要用新煮沸（除去 CO_2 和杀死细菌）并冷却了的蒸馏水，或将 $Na_2S_2O_3$ 试剂溶于蒸馏水中，煮沸 10min 后冷却，加入少量 Na_2CO_3 使溶液呈碱性，以抑制细菌生长。

（2）配好的 $Na_2S_2O_3$ 溶液储存于棕色试剂瓶中，放置两周后进行标定。$Na_2S_2O_3$ 标准溶液不宜长期储存，使用一段时间后要重新标定，如果发现溶液变浑浊或析出硫，应过滤后重新标定，或弃去再重新配制溶液。

（3）用 $Na_2S_2O_3$ 滴定生成的 I_2 时应保持溶液呈中性或弱酸性。所以常在滴定前用蒸馏水稀释，降低酸度。

（4）本实验前后两次将 $Na_2S_2O_3$ 标准溶液装在滴定管中，因此应使用碱式滴定管。

（5）配制淀粉试液时的加热时间不宜过长，并应快速冷却，以免降低其灵敏度；所配置的淀粉指示剂遇碘应显纯蓝色，若显红色，则不宜使用；此指示剂应临时配制。

（6）使用间接碘量法时，由于使用 $Na_2S_2O_3$ 标准溶液滴定 I_2，若淀粉指示剂过早放入 I_2 溶液中，大量的 I_2 与淀粉结合生成蓝色物质（淀粉颗粒包裹碘），一部分 I_2 就不易立即与 $Na_2S_2O_3$ 溶液反应，终点就会推后，影响滴定结果，因此在使用间接碘量法时，要在接近终点前（滴定至溶液呈淡黄色）才加入淀粉指示剂，此时虽然剩余 I_2 很少，但由于淀粉与 I_2 显色灵敏，2.5×10^{-6} mol/L 的 I_2 就能让淀粉溶液显色，滴定误差小。

（7）本方法适用于加 KIO_3 的食盐试样中碘的测定。滴定至终点后，经过 $5 \sim 10$ min，溶液又会呈现蓝色，这是空气氧化 I_2 引起的，属于正常现象。若滴定到终点后，很快又转变为 I_2- 淀粉的蓝色，则可能由于酸度不足或放置时间不够使 KIO_3 与 KI 的反应未完全，此时应弃去重做。

9. 思考题

（1）本实验能否用锥形瓶代替碘量瓶？

（2）测定食盐中碘含量时，加入磷酸溶液的目的是什么？

（3）为什么溶液呈浅黄色时才能加入 5mL 0.5% 淀粉溶液？过早加入有什么影响？

（4）本任务是间接碘量法的应用，它与直接碘量法有何不同？

 知识平台

6.3.2　认识滴定度的概念

滴定度是指每毫升某摩尔浓度的滴定液（标准溶液）所相当的被测试样的质量。通常用滴定度 $T_{A/B}$ 表示：

$$T_{A/B} = \frac{m_A}{V_B} \tag{6.17}$$

式中，$T_{A/B}$——滴定度，g/mL 或 mg/mL；

　　　　m_A——被测物 A 的质量，g；

　　　　V_B——标准溶液的体积，mL。

例如，$T_{Na_2CO_3/HCl} = 0.005\ 316$g/mL 的 HCl 溶液，表示每毫升此 HCl 溶液相当于 $0.005\ 316$g Na_2CO_3。

对于反应：

$$aA + bB = cC + dD$$
$$\begin{array}{cccc} a & & b & \\ n_A & & n_B & \end{array}$$

$an_B = bn_A$，$\dfrac{n_A}{n_B} = \dfrac{a}{b}$，滴定度和浓度的关系为

$$T_{A/B} = \frac{m_A}{V_B} = \frac{n_A M_A}{n_B/c_B} = \frac{a}{b} M_A c_B$$

$$T_{A/B} = \frac{a}{b} M_A c_B \tag{6.18}$$

$$\frac{m_A}{V_B} = \frac{a}{b} M_A c_B \tag{6.19}$$

使用滴定度可以简化计算。例如，用 $T_{CaO/EDTA} = 0.5$mg/mL 的 EDTA 标准溶液滴定含钙离子的待测溶液，消耗了 5mL，则待测溶液中共有 2.5mg CaO。

6.3.3　认识显色指示剂

显色指示剂本身并不具有氧化还原性，但能与滴定剂或被测定物质发生显色反应，而且显色反应是可逆的，因而可以指示滴定终点。对于氧化还原滴定反应

$$n_2 O_1 + n_1 R_2 = n_2 R_1 + n_1 O_2$$

设 O_1 为滴定剂，R_2 为待测物质，In 为指示剂，显色指示剂的选择原则有以下两点。

（1）指示剂与滴定剂配位的稳定常数应明显区别于其与待测物质配位的稳定常数：

$$K_{O_1 In} \neq K_{R_2 In} \text{ 或 } K'_{O_1 In} \neq K'_{R_2 In}$$

（2）是指示剂与滴定剂配位的颜色应明显区别于指示剂与待测物质配位的颜色。

显色指示剂的应用有很多。例如，可溶性淀粉与碘溶液反应生成深蓝色的化合物，当 I_2 被还原为 I^- 时，蓝色就突然退去。因此，在碘量法中，多用淀粉溶液作为指示液。用淀粉指示液可以检出约 10^{-5}mol/L 的碘溶液，但淀粉指示液与 I_2 的显色灵敏度与淀粉的性质和加入时间、温度及反应介质等条件有关，如温度升高，显色灵敏度下降等。此外，Fe^{3+} 溶液滴定 Sn^{2+} 时，可用 KSCN 作为指示剂，当过量的 Fe^{3+} 与 KSCN 生成红色配合物 $[Fe(SCN)]^{2+}$ 时即为终点。

任务6.4　不可逆对称氧化还原滴定模式（直接碘量法）

 任务分析

　　市售维生素C片的主要成分是抗坏血酸。维生素C又称为丙种维生素，有预防和治疗坏血病、促进身体健康的作用，所以又称抗坏血酸，简称Vc，分子式为$C_6H_8O_6$，相对分子质量为176.13，其结构式为

HO H O O
HO——／＼——＼
HO OH

　　抗坏血酸味酸易溶于水或醇，广泛存在于植物组织中，在新鲜水果、蔬菜中含量较多，是氧化还原酶之一，本身易被氧化，但在有些条件下又是一种抗氧化剂。试剂抗坏血酸的水溶液呈酸性反应，在弱酸条件下较稳定，在碱性溶液中有显著的还原性，在分析化学中常用作掩蔽剂和还原剂。抗坏血酸中的烯二醇基具有还原性，能被I_2氧化为二酮基，故可用直接碘量法测定其含量。

HO H O O ＋I_2 → HO H O O ＋2HI
HO OH O O

　　本任务要完成维生素C片中抗坏血酸含量测定的实验。明确直接碘量法使用的标准溶液主要有I_2标准溶液，故第一步采用间接碘量法，用$Na_2S_2O_3$标准溶液标定I_2溶液；第二步使用直接碘量法，用I_2标准溶液测定维生素C片中抗坏血酸含量。间接碘量法和直接碘量法合称为碘量法。2010年版《中华人民共和国药典（二部）》规定：市售Vc的含量为$T_{Vc/I_2}=8.805mg/mL$。

 任务实施

测定维生素C片中抗坏血酸的含量

1. 实验目的

（1）掌握I_2标准溶液的配制、标定和储存方法。
（2）掌握用直接碘量法测定抗坏血酸的原理和方法。
（3）学会判断直接碘量法的滴定终点。
（4）巩固用G检验法检验异常值的方法。

（5）巩固精密度和准确度的计算方法。

2. 实验原理

1）配制与标定 $Na_2S_2O_3$ 标准溶液（间接碘量法）

$K_2Cr_2O_7$、KIO_3 等基准物质都可用来标定 $Na_2S_2O_3$ 溶液。本任务选择在酸性条件下用 KIO_3 标定 $Na_2S_2O_3$ 溶液。

$$IO_3^- + 5I^- + 6H^+ == 3I_2 + 3H_2O$$
$$I_2 + 2S_2O_3^{2-} == 2I^- + S_4O_6^{2-}$$

2）配制与标定 I_2 标准溶液（间接碘量法）

I_2 易升华，故用升华法可以制得纯度很高的 I_2 作为基准物质，直接配制标准溶液。但由于 I_2 的挥发性和对天平的腐蚀，不宜在分析天平上称量。通常使用的市售 I_2 试剂纯度不高，需要先配成近似浓度再标定。I_2 微溶于水而易溶于 KI 溶液中，但在稀的 KI 溶液中溶解得很慢，故配制 I_2 溶液时应先在较浓的 KI 溶液中进行，待溶解完全后再稀释到所需浓度。I_2 与 KI 之间存在下列平衡

$$I_2 + I^- \rightleftharpoons I_3^-$$

游离 I_2 易挥发，因此溶液应维持适当过量的 I^-，以减少 I_2 的挥发。另外，空气能氧化 I^-，引起浓度增加，反应为

$$4I^- + O_2 + 4H^+ \rightleftharpoons 2I_2 + 2H_2O$$

此氧化作用缓慢，但能因光、热、酸的作用而加速，因此 I_2 溶液一般储存于棕色瓶中，且置于冷暗处保存。

I_2 溶液可以用 As_2O_3 作为基准物质进行标定，但 As_2O_3（俗称砒霜）有剧毒，故更常用 $Na_2S_2O_3$ 标准溶液进行标定。

$$I_2 + 2S_2O_3^{2-} == 2I^- + S_4O_6^{2-}$$

3）用 I_2 标准溶液测定维生素 C 片中抗坏血酸的含量（直接碘量法）

将维生素 C 粉末溶解在水中，在弱酸性条件下用 I_2 标准溶液滴定。

3. 试剂

KIO_3（基准试剂）；I_2（A.R.）；KI（A.R.，5%新配制）；$Na_2S_2O_3 \cdot 5H_2O$（A.R.）；NaOH（A.R.）；淀粉指示剂（5g/L 新配制）；H_2SO_4（A.R. 20%）；HAc（A.R.，2mol/L）；维生素 C 片。

$c_{\frac{1}{6}KIO_3}=0.1000mol/L$ 标准溶液：准确称取 1.78g（精确到 0.0001g）于 (110 ± 2)℃烘至恒重的基准物质 KIO_3，加水溶解，于 500mL 容量瓶中定容。

$$c_{\frac{1}{6}KIO_3} = \frac{m_{KIO_3}}{V \times 10^{-3} \times M_{\frac{1}{6}KIO_3}} \tag{6.20}$$

式中，$c_{\frac{1}{6}KIO_3}$——KIO₃标准溶液浓度，mol/L；

$\qquad m_{KIO_3}$——称取基准物质 KIO₃ 的质量，g；

$\qquad M_{\frac{1}{6}KIO_3}$——$\frac{1}{6}$ KIO₃ 基本单元的摩尔质量，35.67g/mol；

$\qquad V$——第一步定容时的体积（本任务中为 500），mL。

4. 仪器

碱式滴定管（50mL×1）；酸式滴定管（50mL×1）；烧杯（500mL×3，250mL×3）；量筒（10mL×1，25mL×1，50mL×1）；移液管（5mL×1，20mL×1，25mL×1）；称量瓶（15mL×1）；棕滴瓶（60mL×2）；棕色试剂瓶（500mL×1）；容量瓶（500mL×1），碘量瓶（250mL×4）；锥形瓶（250mL×4）。

5. 实验步骤

1）$c_{Na_2S_2O_3}$ =0.1000mol/L 标准溶液的配制与标定（间接碘量法）

（1）配制。称取 13g Na₂S₂O₃·5H₂O，溶于 500mL 水中，缓缓煮沸 10min，冷却。放置 2 周后过滤、标定。

（2）标定。用移液管准确移取 20mL $c_{\frac{1}{6}KIO_3}$ = 0.1000mol/L 标准溶液，放于 250mL 碘量瓶中，加入 2g 固体 KI 及 20mL 20% 的 H₂SO₄ 溶液，立即盖上碘量瓶瓶塞，摇匀，瓶口加入少许蒸馏水密封，以防止 I₂ 挥发。在暗处放置 5min，打开瓶塞，用蒸馏水冲洗磨口塞和瓶颈内壁，加 150mL 煮沸并冷却后的蒸馏水稀释，用待标定的 Na₂S₂O₃ 溶液滴定至出现浅黄色时，加入 3mL 5g/L 的淀粉指示剂，继续滴定至溶液由蓝色变为浅黄色即为终点。记录消耗 Na₂S₂O₃ 标准溶液的体积 V_1。做 4 次平行实验。

空白实验时加入加 40mL 新煮沸并冷却的蒸馏水、2g 固体 KI 及 20mL 20% 的 H₂SO₄ 溶液，立即盖上碘量瓶瓶塞，摇匀，瓶口加入少许蒸馏水密封，以防止 I₂ 挥发。在暗处放置 5min，打开瓶塞，用蒸馏水冲洗磨口塞和瓶颈内壁，加入 150mL 煮沸并冷却后的蒸馏水稀释，加入 3mL 5g/L 的淀粉指示剂，立即用 Na₂S₂O₃ 标准溶液滴定至蓝色恰好消失为止，记录消耗 Na₂S₂O₃ 标准溶液的体积 V_2。

2）$c_{\frac{1}{2}I_2}$ =0.1000mol/L 标准溶液的配制与标定（直接碘量法）

（1）配制。称取 6.5g I₂ 放于小烧杯中，再称取 17g KI，准备新煮沸并冷却的蒸馏水 500mL，将 KI 分 4～5 次放入装有 I₂ 的小烧杯中，每次加 5～10mL 水，用玻璃棒轻轻研磨，使碘逐渐溶解，溶解部分转入棕色试剂瓶中，如此反复直至碘片全部溶解为止。用水多次清洗烧杯并转入试剂瓶中，剩余的水全部加入试剂瓶中稀释，盖好瓶盖，摇匀，待标定。

（2）标定。用 Na₂S₂O₃ 标准溶液进行"比较"。用移液管移取 Na₂S₂O₃ 标准溶液 25mL 于锥形瓶中，加入 150mL 水，加入 3mL 5g/L 的淀粉指示剂，以待标定的 I₂ 溶液滴定至溶液呈蓝色，即为终点。记录消耗 I₂ 标准溶液的体积 V_3。做 4 次平行实验。

空白实验时加入 180mL 新煮沸蒸馏水、加入 3mL 5g/L 的淀粉指示剂于 250mL 锥形瓶中，立即用待标定的 I_2 溶液滴定，至溶液呈浅蓝色时即为终点。记录消耗 I_2 溶液的体积 V_4。

3) 用 I_2 标准溶液测定维生素 C 片中抗坏血酸的含量（直接碘量法）

将维生素 C 片粉碎，准确称取维生素试样约 0.2g（若试样为粒状或片状各取一粒或一片），放于 250mL 锥形瓶中，加入 100mL 新煮沸过的冷蒸馏水、10mL 醋酸溶液，轻摇使之溶解。加入 2mL 5g/L 的淀粉指示剂，立即用 I_2 标准溶液滴定至溶液恰呈蓝色，30s 不退色即为终点。记录消耗 I_2 标准溶液的体积 V_5。做三次平行实验。

空白实验时加入加 110mL 新煮沸蒸馏水、10mL 醋酸溶液，轻摇使之溶解。加入 2mL 5g/L 的淀粉指示剂，立即用 I_2 标准溶液滴定至溶液恰呈蓝色时，即为终点。记录消耗 I_2 标准溶液的体积 V_6。

6. 原始记录

维生素 C 片中抗坏血酸含量测定原始记录表如表 6.11 所示。

表 6.11 维生素 C 片中抗坏血酸含量测定原始记录表

日期：_____ 天平编号：_____

样品编号	1#	2#	3#	4#
标定 $Na_2S_2O_3$ 时称取基准试剂 KIO_3 质量初读数/g				
标定 $Na_2S_2O_3$ 时称取基准试剂 KIO_3 质量终读数/g				
标定 $Na_2S_2O_3$ 时称取基准试剂 KIO_3 质量/g				
标定 $Na_2S_2O_3$ 时消耗 $Na_2S_2O_3$ 标准溶液体积初读数/mL				
标定时 $Na_2S_2O_3$ 消耗 $Na_2S_2O_3$ 标准溶液体积终读数/mL				
标定 $Na_2S_2O_3$ 时消耗 $Na_2S_2O_3$ 标准溶液体积/mL				
标定 $Na_2S_2O_3$ 空白实验消耗 $Na_2S_2O_3$ 标准溶液体积/mL				
标定 I_2 时消耗 I_2 溶液体积初读数/mL				
标定 I_2 时消耗 I_2 溶液体积终读数/mL				
标定 I_2 时消耗 I_2 溶液体积/mL				
标定 I_2 空白实验消耗 I_2 溶液体积/mL				
测定维生素 C 消耗 I_2 标准溶液体积初读数/mL				
测定维生素 C 消耗 I_2 标准溶液体积终读数/mL				
测定维生素 C 消耗 I_2 标准溶液体积/mL				
测定维生素 C 空白实验消耗 I_2 标准溶液体积/mL				

7. 结果计算

$$c_{Na_2S_2O_3} = \frac{c_{\frac{1}{6}KIO_3} V_{KIO_3}}{V_1 - V_2}} \tag{6.21}$$

式中，$c_{Na_2S_2O_3}$——$Na_2S_2O_3$ 标准溶液的浓度，mol/L；

$c_{\frac{1}{6}KIO_3}$——$\frac{1}{6}$ KIO_3 标准溶液的浓度，mol/L；

V_{KIO_3}——移取 KIO_3 标准溶液的体积（本任务中为20），mL；

V_1、V_2——标定 $Na_2S_2O_3$ 溶液时消耗 $Na_2S_2O_3$ 溶液的体积和空白实验消耗 $Na_2S_2O_3$ 溶液的体积，mL。

所有滴定管读数均需校准。

用 $Na_2S_2O_3$ 溶液"比较"时，I_2 标准滴定溶液浓度计算：

$$c_{\frac{1}{2}I_2} = \frac{c_{Na_2S_2O_3} V_{Na_2S_2O_3}}{V_3 - V_4}} \tag{6.22}$$

式中，$c_{\frac{1}{2}I_2}$——碘标准溶液的浓度，mol/L；

$c_{Na_2S_2O_3}$——$Na_2S_2O_3$ 标准溶液的浓度，mol/L；

$V_{Na_2S_2O_3}$——移取 $Na_2S_2O_3$ 标准溶液的体积（本任务中为25），mL；

V_3、V_4——标定 I_2 溶液时消耗 I_2 溶液的体积和空白实验消耗 I_2 溶液的体积，mL。

所有滴定管读数均需校准。

$$w_{Vc} = \frac{c_{\frac{1}{2}I_2} \times M_{\frac{1}{2}Vc} \times (V_5 - V_6) \times 10^{-3}}{m} \times 100\% \tag{6.23}$$

式中，w_{Vc}——试样中抗坏血酸的质量分数，%；

$c_{\frac{1}{2}I_2}$——碘标准溶液的浓度，mol/L；

m——维生素 C 片的质量；

$M_{\frac{1}{2}Vc}$——以 $\frac{1}{2}$ Vc 为基本单元的抗坏血酸的摩尔质量，g/mol；

V_5、V_6——测定维生素 C 溶液时消耗 I_2 标准溶液的体积和空白实验消耗 I_2 标准溶液的体积，mL。

所有滴定管读数均需校准。

8. 注意事项

（1）I_2 易受有机物的影响，不可与软木塞、橡皮等接触，因此 I_2 溶液不能装在碱式滴定管中。

（2）标定 $Na_2S_2O_3$ 溶液时，用 $Na_2S_2O_3$ 滴定 I_2 溶液属于间接碘量法，要在接近终点前（滴至溶液呈淡黄色）才加入淀粉指示剂。标定 I_2 溶液和测定抗坏血酸时，用 I_2 滴定 $Na_2S_2O_3$ 和抗坏血酸，属于直接碘量法，可在滴定开始时加入淀粉指示剂。

9. 思考题

（1）I_2 溶液应装在何种滴定管中？为什么？

（2）配制 I_2 标液时，为什么要加入 KI？

（3）配制 I_2 溶液时，为什么要在溶液非常浓的情况下将 I_2 与 KI 一起研磨，且当 I_2 和 KI 溶解后才能用水稀释？如果过早地稀释会发生什么情况？

（4）测定维生素 C 时，为什么要在醋酸酸性溶液中进行？

（5）淀粉指示剂在直接碘量法和间接碘量法中使用时有什么不同？

项目7 沉淀平衡与沉淀滴定法

沉淀滴定法是以沉淀反应为基础的滴定分析方法。目前比较有实际意义的是生成微溶性银盐的沉淀反应，以这类反应为基础的沉淀滴定法称为银量法。根据方法所用指示剂的不同，银量法分为莫尔（Mohr）法、福尔哈德（Volhard）法和法扬司（Fajans）法。

任务7.1 莫 尔 法

 任务分析

天然水中一般含有氯化物，主要以钠、钙、镁的盐类存在。天然水中漂白粉消毒或加入凝聚剂 $AlCl_3$ 处理时也会带入一定量的氯化物，因此饮用水中常含有一定量的氯，一般要求饮用水中的氯化物不得超过 200mg/L。若工业用水含有氯化物，对锅炉、管道有腐蚀作用；化工原料用水中含有氯化物，会影响产品质量。GB 11896—1989《水质　氯化物的测定　硝酸银滴定法》中规定了水质氯化物的测定用 $AgNO_3$ 滴定法。

本任务首先要完成 $AgNO_3$ 标准溶液的配制与标定的实验，再完成水中氯离子含量的测定，利用沉淀滴定法的计量关系来定量地求得某种离子的浓度。无论是 Cl^- 标定 Ag^+，还是 Ag^+ 滴定自来水中的 Cl^-，当 Ag^+ 不足或过量时，除了生成白色沉淀外，溶液是无色透明的。应考虑使用一种能与 Ag^+ 反应显色而不与沉淀或 Cl^- 反应显色的物质作为指示剂，显色可以是生成有色沉淀或有色溶液。由于 Ag^+（其配合物大多为无色）要生成有色溶液很难，但 K_2CrO_4 与 Ag^+ 反应生成的砖红色沉淀 K_{sp} 很小，因此可使用 K_2CrO_4 作为指示剂判断滴定终点。这种用 Ag^+ 标准溶液作为滴定剂，用 K_2CrO_4 作为指示剂的方法称为莫尔法。

 任务实施

7.1.1 测定水中氯离子的含量

1. 实验目的

（1）掌握 $AgNO_3$ 溶液的配制与储存方法。

（2）掌握以 NaCl 基准物质标定 $AgNO_3$ 溶液的基本原理和操作技术。

（3）掌握莫尔法测定水中氯离子含量的基本原理、操作方法和计算。

（4）学会用 K_2CrO_4 作为指示剂判断滴定终点的方法。

2. 实验原理

1）AgNO₃ 标准溶液的配制与标定

AgNO₃ 标准溶液可以用经过预处理的基准试剂 AgNO₃ 直接配制。但是，由于非基准试剂 AgNO₃ 中一般含有 Ag、Ag₂O、游离 HNO₃、亚硝酸盐等杂质，因此常采用间接方法配制。先配成近似浓度的溶液后，选用与待测物质相似的 NaCl 基准试剂进行标定。

K₂CrO₄ 作为指示剂用 AgNO₃ 溶液滴定 Cl⁻ 时，由于 AgCl 的溶解度比 Ag₂CrO₄ 小，在滴定过程中，AgCl 先沉淀。AgCl 定量沉淀后，微过量的 Ag⁺ 与 CrO₄²⁻ 反应析出砖红色 Ag₂CrO₄ 沉淀，指示滴定终点，反应式为

$$Ag^+ + Cl^- \Longrightarrow AgCl \downarrow (白色, K_{sp} = 1.8 \times 10^{-10})$$
$$2Ag^+ + CrO_4^{2-} \Longrightarrow Ag_2CrO_4 \downarrow (砖红色, K_{sp} = 2.0 \times 10^{-12})$$

显然，指示剂 K₂CrO₄ 的用量对于指示终点有较大的影响。CrO₄²⁻ 浓度过高或过低，沉淀的析出就会过早或过迟，因而产生一定的终点误差。一般 CrO₄²⁻ 的用量以 5×10^{-3} mol/L 为宜。

滴定必须在中性或弱碱性溶液中进行。最适宜的 pH 为 6.5～10.5。酸度过高，不产生 Ag₂CrO₄ 沉淀；酸度过低，形成 Ag₂O 沉淀。

凡是能与 Ag⁺ 或 CrO₄²⁻ 生成难溶化合物或配合物的阴离子都干扰测定。Al³⁺、Fe³⁺、Bi³⁺、Sn⁴⁺ 等高价金属离子在中性或弱碱性溶液中易水解产生沉淀，也不应存在。若存在这些离子，改用福尔哈德法测定。

2）水中氯离子含量的测定

在中性或弱碱性溶液中，以 K₂CrO₄ 作为指示剂，其反应式同上。

3. 试剂

AgNO₃（A. R.）；NaCl（基准试剂）；K₂CrO₄（A. R.，50g/L：称取 5gK₂CrO₄，溶于少量水中，滴加 AgNO₃ 溶液至红色不褪，混匀，放置过夜后过滤，将滤液稀释至 100mL）；一级水；自来水试样。

4. 仪器

棕色酸式滴定管（50mL×1）；烧杯（500mL×1，250mL×3）；锥形瓶（250mL×4）；量筒（10mL×1，25mL×1，100mL×1）；移液管（5mL×1，10mL×1，25mL×1）；称量瓶（15mL×1）；白滴瓶（60mL×2）；棕色试剂瓶（500mL×1）；容量瓶（500mL×1）。

5. 实验步骤

1）配制与标定 $c_{AgNO_3} = 0.1000$ mol/L 标准溶液

（1）配制。称取 8.5gAgNO₃，溶于 500mL 不含 Cl⁻ 的水中（AgNO₃ 价格昂贵，配溶液时，尽量不要浪费），储存于带玻璃塞的棕色试剂瓶中，摇匀，置于暗处，待标定。

（2）标定。准确称取 0.12～0.15g NaCl 基准试剂，放于锥形瓶中，加 50mL 不含

Cl⁻的蒸馏水溶解，加入 1mL K₂CrO₄ 指示液，在充分摇动下，用配好的 AgNO₃ 溶液滴定至白色沉淀（实际是白色沉淀与黄色 K₂CrO₄ 溶液的混合物）中出现微红色即为终点。记录消耗 AgNO₃ 溶液的体积读数 V_1。做 3 次平行实验。

空白实验时加入 50mL 不含 Cl⁻ 的蒸馏水于 250mL 锥形瓶中，加入 K₂CrO₄ 指示液 1mL，在充分摇动下，用配好的 AgNO₃ 溶液滴定至白色沉淀中出现砖红色，静置 30s 不退色，即为终点。记录消耗 AgNO₃ 溶液的体积读数 V_2。

2）测定水中氯离子含量

准确吸取水试样 100mL，放于 250mL 锥形瓶中，加入 2mL K₂CrO₄ 指示液，在充分摇动下，以 c_{AgNO_3}＝0.1000mol/L 标准溶液滴定至溶液呈微红色即为终点。记录消耗 AgNO₃ 溶液的体积读数 V_3。做三次平行实验。

空白实验时加入 100mL 不含 Cl⁻ 的蒸馏水于 250mL 锥形瓶中，加入 2mL K₂CrO₄ 指示液，在充分摇动下，用配好的 AgNO₃ 溶液滴定至白色沉淀中出现微红色即为终点。记录消耗 AgNO₃ 溶液的体积读数 V_4。

6. 原始记录

水中氯离子含量测定原始记录表如表 7.1 所示。

表 7.1　水中氯离子含量测定原始记录表

日期：_____　天平编号：_____

样品编号	1#	2#	3#
配制 AgNO₃ 称取基准试剂 AgNO₃ 质量初读数/g			
配制 AgNO₃ 称取基准试剂 AgNO₃ 质量终读数/g			
配制 AgNO₃ 标液称取基准试剂 AgNO₃ 质量/g			
标定 AgNO₃ 称取基准试剂 NaCl 质量初读数/g			
标定 AgNO₃ 称取基准试剂 NaCl 质量终读数/g			
标定 AgNO₃ 称取基准试剂 NaCl 质量/g			
标定 AgNO₃ 消耗 AgNO₃ 溶液体积初读数/mL			
标定 AgNO₃ 消耗 AgNO₃ 溶液体积终读数/mL			
标定 AgNO₃ 消耗 AgNO₃ 溶液体积/mL			
标定 AgNO₃ 空白实验消耗 AgNO₃ 溶液体积/mL			
测定含氯量消耗 AgNO₃ 标准溶液体积初读数/mL			
测定含氯量消耗 AgNO₃ 标准溶液体积终读数/mL			
测定含氯量消耗 AgNO₃ 标准溶液体积/mL			
测定含氯量空白实验消耗 AgNO₃ 标准溶液体积/mL			

7. 结果计算

银量法均以 AgNO₃ 作为推算基本单元的基础，由以上数据可计算出 AgNO₃ 标准溶液的浓度：

$$c_{AgNO_3} = \frac{m_{NaCl}}{(V_1 - V_2)M_{NaCl}} \tag{7.1}$$

由以上数据可计算出自来水中氯离子的浓度

$$\rho_{Cl^-} = \frac{c_{AgNO_3}(V_3 - V_4)M_{Cl}}{V} \tag{7.2}$$

式中，c_{AgNO_3}——AgNO₃ 标准溶液的浓度，mol/L；

V——移取自来水水样的体积（本任务中为 100），mL；

M_{NaCl}、M_{Cl}——NaCl 和 Cl⁻ 的摩尔质量，g/mol；

V_1、V_2——标定 AgNO₃ 溶液时消耗 AgNO₃ 溶液的体积和空白实验消耗 AgNO₃ 的体积，mL；

V_3、V_4——测定 Cl⁻ 时消耗 AgNO₃ 标准溶液的体积和空白实验消耗 AgNO₃ 标准溶液的体积，mL。

所有滴定管读数均需校准。

8. 注意事项

（1）AgNO₃ 见光析出金属银：

$$2AgNO_3 \xrightarrow{\text{光照}} 2Ag + 2NO_2\uparrow + O_2\uparrow$$

故需要保存在棕色瓶中。

（2）AgNO₃ 试剂及其溶液具有腐蚀性，有机物接触起还原作用，破坏皮肤组织，注意切勿接触皮肤及衣服。

（3）配制 AgNO₃ 标准溶液的蒸馏水应无 Cl⁻，否则配成的 AgNO₃ 溶液会出现白色浑浊，不能使用。

（4）由于 AgCl 沉淀显著地吸附 Cl⁻，Ag₂CrO₄ 沉淀过早地出现，因此，滴定时必须充分摇动，使被吸附的 Cl⁻ 释放出来，以获得准确的结果。

（5）实验完毕后，盛装 AgNO₃ 溶液的滴定管应先用蒸馏水洗涤 2～3 次后，再用自来水洗净，以免 AgCl 沉淀残留于滴定管内壁。

（6）在银量法的滴定废液中含有大量金属银，主要存在形式为 Ag⁺、AgCl、Ag₂CrO₄ 等。银是既是贵金属，又是重金属。如果将实验中产生的这些含银废液排放掉，不仅造成了经济上的巨大浪费，而且造成了重金属对环境的污染，严重危害人的身体健康。将含银废液中的银回收是非常有意义的。

9. 思考题

（1）说明莫尔法测定 Cl⁻ 的基本原理。

（2）莫尔法中测定 Cl⁻ 的酸度条件是什么？为什么溶液的 pH 需控制在 6.5～10.5？

（3）莫尔法标定 AgNO₃ 溶液，用 AgNO₃ 滴定 NaCl 时，滴定过程中为什么要充分摇动溶液？如果不充分摇动溶液，对测定结果有何影响？

（4）配制 K₂CrO₄ 指示液时，为什么要先加入 AgNO₃ 溶液？为什么放置后要进行过滤？K₂CrO₄ 指示液的用量太大或太小对滴定结果有何影响？

（5）在本实验中，可能有哪些离子干扰氯的测定？如何消除干扰？

（6）用莫尔法能否测定 I⁻、SCN⁻？为什么？

（7）K_2CrO_4 指示剂的加入量大小对测定结果会产生什么影响？

 知识平台

7.1.2　依据沉淀平衡进行沉淀滴定

沉淀滴定法是基于沉淀反应的滴定分析方法。沉淀反应很多，但能用于沉淀滴定的反应并不多。一般地，要使用沉淀滴定法必须满足以下四个条件。

（1）沉淀的溶解度必须很小。

（2）反应迅速快、定量。

（3）有适当的指示终点的方法。

（4）沉淀的吸附现象不能影响终点的确定。

很多沉淀的组成不恒定，导致溶解度较大，或容易形成过饱和溶液，或达到平衡的速度慢，或共沉淀现象严重等。比较有实际意义的是生成微溶性银盐的沉淀反应，如

$$Ag^+ + Cl^- \rightleftharpoons AgCl\downarrow（白色，K_{sp} = 1.8 \times 10^{-10}）$$
$$Ag^+ + Br^- \rightleftharpoons AgBr\downarrow（淡黄色，K_{sp} = 5.0 \times 10^{-13}）$$
$$Ag^+ + I^- \rightleftharpoons AgI\downarrow（黄色，K_{sp} = 9.3 \times 10^{-17}）$$
$$Ag^+ + SCN^- \rightleftharpoons AgSCN\downarrow（白色凝乳状，K_{sp} = 1.0 \times 10^{-12}）$$

以这类反应为基础的沉淀滴定法称为银量法。银量法主要用于测定 Cl^-、Br^-、I^-、Ag^+ 及 SCN^- 等。根据终点使用的指示剂不同对银量法进行分类，可分为以 K_2CrO_4、铁铵钒、吸附指示剂为指示剂的莫尔法、福尔哈德法和法扬斯法三种方法。

7.1.3　用溶解度判断沉淀反应进行的程度

利用沉淀反应进行滴定时，要求沉淀反应进行完全，一般可以根据沉淀溶解度的大小来衡量。溶解度小，沉淀完全；溶解度大，沉淀不完全。一般意义上的溶解度又包含固有溶解度和溶解度两个概念。

1. 固有溶解度

水溶液中存在以下两种沉淀平衡。

分子化合物：

$$AgCl_{(固)} \rightleftharpoons AgCl_{(水)} \rightleftharpoons Ag^+ + Cl^-$$

离子对化合物：

$$CaSO_{4(固)} \rightleftharpoons Ca^{2+}SO_{4(水)}^{2-} \rightleftharpoons Ca^{2+} + SO_4^{2-}$$

也就是说，当水中存在微溶化合物 MA 时，MA 溶解并已达到饱和状态后，除了 M^+、A^- 以外，还有未离解的分子状态的 MA：

$$MA_{(固)} \rightleftharpoons MA_{(水)} \rightleftharpoons M^+ + A^-$$

根据 $MA_{(固)} \rightleftharpoons MA_{(水)}$ 之间的平衡，得到不稳定常数：

$$s^0 = \frac{a_{MA_{(水)}}}{a_{MA_{(固)}}}$$

因为固体纯物质的活度等于 1，得

$$s^0 = a_{MA_{(水)}}$$

可见，溶液中分子或离子对化合物 $MA_{(水)}$ 的浓度为常数 s^0。s^0 称为该物质的固有溶解度或分子溶解度。各种微溶化合物的固有溶解度相差颇大，一般为 $10^{-9} \sim 10^{-6}$ mol/L。对于 AgCl，不同资料测得其固有溶解度为 $1.0 \times 10^{-7} \sim 6.2 \times 10^{-7}$。AgBr、AgI、$AgIO_3$ 的固有溶解度占总溶解度的 $0.1\% \sim 1\%$。

2. 溶解度

一些化合物具有相当大的固有溶解度。如 25℃ 时，$HgCl_2$ 在水中的实际溶解度（总溶解度）为 0.25mol/L，而按照 $HgCl_2$ 的溶度积（2.0×10^{-14}）计算，其溶解度仅为 1.35×10^{-5} mol/L。这就说明在 $HgCl_2$ 的饱和溶液中，绝大部分是以没有离解的中性 $HgCl_2$ 分子形式存在，即 $HgCl_2$ 具有较大的固有溶解度。

在更复杂的沉淀平衡体系中，除了分子或离子对形式的化合物外，还有其他各种离子形式的化合物存在于溶液中。因此，一种微溶化合物的溶解度应该是所有这些溶解出来的组分的浓度的总和。例如，$HgCl_2$ 的溶解度应是溶解于溶液中的 Hg^{2+}、$HgCl^+$、$HgCl_2$ 等组分的浓度的总和，即

$$s = [Hg^{2+}] + [HgCl^+] + [HgCl_2] \approx [Hg^{2+}] + s^0$$

若溶液中不存在其他副反应，微溶化合物 MA 的溶解度 s 等于固有溶解度和 M^+ 离子（或 A^-）浓度之和，即

$$s = [M^+] + s^0 = [A^-] + s^0$$

7.1.4 用溶度积判断溶解度和分步沉淀

对于晶形相同的物质，可以用溶度积直接判断溶解度的大小，溶解度小的沉淀先形成。这就是沉淀滴定法中分步滴定的原理。一般意义上的溶度积包含活度积常数和溶度积常数两个概念。

1. 区别活度积常数 K_{sp}^0 和溶度积常数 K_{sp}

当微溶化合物 MA 溶解于水中，如果除简单的水合离子外，其他各种形式的化合物均可忽略时，根据 MA 在水溶液中的沉淀平衡关系，得

$$a_{M^+} a_{A^-} = K_{sp}^0$$

式中，K_{sp}^0 为该微溶化合物的活度积常数，等于两活度的乘积，简称活度积。因为 $a_M = \gamma [M]$，得

$$a_{M^+} a_{A^-} = \gamma_{M^+} [M^+] \times \gamma_{A^-} [A^-] = \gamma_{M^+} \gamma_{A^-} [M^+][A^-] = K_{sp}^0$$

令 $[M^+][A^-] = K_{sp}$，得

$$\gamma_{M^+} \gamma_{A^-} K_{sp} = K_{sp}^0$$

故

$$K_{sp} = \frac{K_{sp}^0}{\gamma_{M^+} \gamma_{A^-}}$$

式中，K_{sp} 为该微溶化合物的溶度积常数，等于两浓度的乘积，简称溶度积。对于 M_mA_n 型沉淀，溶度积的计算通式为

$$M_mA_n \Longrightarrow mM^+ + nA^-$$

$$K_{sp} = [M^+]^m [A^-]^n \tag{7.3}$$

在分析化学中，由于微溶化合物的溶解度一般很小，溶液中的离子强度不大，因此通常不考虑离子强度的影响，$K_{sp}^0 \approx K_{sp}$；若溶液中的离子强度较大，则 $K_{sp}^0 \neq K_{sp}$。

2. 溶度积 K_{sp} 和溶解度 s 的关系

因为 MA 型化合物溶解度 s 和溶度积 K_{sp} 的关系是

$$MA \Longrightarrow M^{n+} + A^{n-}$$
$$\qquad\qquad s \qquad s$$

$$K_{sp} = [M^{n+}][A^{n-}] = s \times s = s^2$$

所以，若沉淀均为晶形相同的 MA 型化合物，可以用 K_{sp} 直接判断溶解度 s 的大小，溶解度小的沉淀先形成。

因为 MA_2 型或 M_2A 型化合物溶解度 s 和溶度积 K_{sp} 的关系是

$$MA_2 \Longrightarrow M^{n+} + 2A^{\frac{n}{2}-}, \quad M_2A \Longrightarrow 2M^{\frac{n}{2}+} + A^{n-}$$
$$\qquad\quad s \qquad 2s \qquad\qquad\qquad 2s \qquad s$$

$$K_{sp,MA_2} = [M^{n+}][A^{\frac{n}{2}-}]^2 = s \times (2s)^2 = 4s^3, \quad K_{sp,M_2A} = [M^{\frac{n}{2}+}]^2[A^{n-}] = (2s)^2 \times s = 4s^3$$

所以，若沉淀均为 MA_2 型或 M_2A 型化合物，可以用 K_{sp} 直接判断溶解度 s 的大小，溶解度小的沉淀先形成。

因为 MA_3 型或 M_3A 型化合物溶解度 s 和溶度积 K_{sp} 的关系是

$$MA_3 \Longrightarrow M^{n+} + 3A^{\frac{n}{3}-}, \quad M_3A \Longrightarrow 3M^{\frac{n}{3}+} + A^{n-}$$
$$\qquad\quad s \qquad 3s \qquad\qquad\qquad 3s \qquad s$$

$$K_{sp} = [M^{n+}][A^{\frac{n}{3}-}]^3 = s \times (3s)^3 = 27s^4, \quad K_{sp} = [M^{\frac{n}{3}+}]^3[A^{n-}] = (3s)^3 \times s = 27s^4$$

所以，若沉淀均为 MA_3 型或 M_3A 型化合物，可以用 K_{sp} 直接判断溶解度 s 的大小，溶解度小的沉淀先形成。

【例 7.1】 用 $AgNO_3$ 标准溶液滴定 Cl^-、Br^-、I^- 的混合溶液，判断在纯水中哪个先沉淀。

解 由于生成的沉淀 AgCl、AgBr、AgI 均是 MA 型同晶形化合物，$K_{sp} = s^2$，因此可用 K_{sp} 的大小直接进行溶解度的比较。

$$K_{sp(AgI)} = 9.3 \times 10^{-17}（最小，先沉淀）$$
$$K_{sp(AgBr)} = 5.0 \times 10^{-13}$$
$$K_{sp(AgCl)} = 1.8 \times 10^{-10}（最大，后沉淀）$$

答：在纯水中 AgI 溶度积最小，说明其溶解度最小，所以先沉淀。

【例 7.2】 已知两物质：$K_{sp(AgCl)} = 1.8 \times 10^{-10}$，$K_{sp(Ag_2CrO_4)} = 2.0 \times 10^{-12}$，计算它们的溶解度，并判断在纯水中哪个先沉淀。

解 设 AgCl 在水中的溶解度为 $s_1 \, mol/L$，Ag_2CrO_4 在水中的溶解度为 $s_2 \, mol/L$。

$$AgCl \Longrightarrow \underset{s_1}{Ag^+} + \underset{s_1}{Cl^-}$$

$$K_{sp} = [Ag^+][Cl^-] = s_1 \times s_1 = s_1^2 = 1.8 \times 10^{-10}, \quad s_1 \approx 1.3 \times 10^{-5} \, mol/L$$

$$Ag_2CrO_4 \Longrightarrow \underset{s_2}{2Ag^+} + \underset{s_2}{CrO_4^{2-}}$$

$$K_{sp} = [Ag^+]^2[CrO_4^{2-}] = (2s_2)^2 \times s_2 = 4s_2^3 = 2.0 \times 10^{-12}, \quad s_2 \approx 7.9 \times 10^{-5} \, mol/L$$

答：由于 AgCl 的溶解度更小，因此它在纯水中应该先沉淀出来。

3. 用溶度积判断 Br^- 和 Cl^- 能否被分步沉淀

在沉淀滴定中，两种混合离子能否被分步准确滴定，决定于两种沉淀的溶度积常数之比是否小于 10^{-7}（$K_{sp1}/K_{sp2} \leqslant 10^{-7}$，$K_{sp1} < K_{sp2}$）。若用 $AgNO_3$ 滴定 Br^- 和 Cl^- 的溶液，则

$$K_{sp, AgBr} = [Ag^+][Br^-] = 5.0 \times 10^{-13}$$

$$K_{sp, AgCl} = [Ag^+][Cl^-] = 1.8 \times 10^{-10}$$

$$\frac{[Br^-]}{[Cl^-]} = \frac{K_{sp, AgI}}{K_{sp, AgCl}} = \frac{5.0 \times 10^{-13}}{1.8 \times 10^{-10}} \approx 2.8 \times 10^{-3}$$

当 Br^- 浓度降低至 Cl^- 浓度的 0.3% 时，同时析出两种沉淀。显然，无法进行分别滴定，而只能滴定它们的合量。

7.1.5　分析影响沉淀溶解度的因素

1. 同离子效应（减小溶解度）

影响沉淀溶解度的因素很多，如同离子效应、盐效应、酸效应、配位效应等。此外，温度、介质、晶体结构和颗粒大小也对溶解度有影响。

组成沉淀晶体的离子称为构晶离子。当沉淀反应达到平衡后，如果向溶液中加入含有某一构晶离子的试液，则沉淀的溶解度减小，这就是同离子效应。例如，25℃ 时，$BaSO_4$ 在水中的溶解度为

$$s = [Ba^{2+}] = [SO_4^{2-}] = \sqrt{K_{sp}} = \sqrt{1.1 \times 10^{-10}} \approx 1.0 \times 10^{-5} \, (mol/L)$$

如果使溶液中的 SO_4^{2-} 增加到 0.10mol/L，此时 $BaSO_4$ 的溶解度为

$$s = [Ba^{2+}] = \frac{K_{sp}}{[SO_4^{2-}]} = \frac{1.1 \times 10^{-10}}{0.10} = 1.1 \times 10^{-9} \, (mol/L)$$

在实际工作中，通常利用同离子效应，即加大沉淀剂的用量，使被测组分沉淀完全。但也不能片面地理解为沉淀剂加得越多越好。沉淀剂加得太多，有时可能引起盐效应、酸效应及配位效应等副反应，反而使沉淀的溶解度增大。一般情况下，沉淀剂过量 50%~100% 是合适的，如果沉淀剂不是易挥发的，则以过量 20%~30% 为宜。

2. 盐效应（增大溶解度）

实验表明，在 KNO_3、$NaNO_3$ 等强电解质存在的情况下，$PbSO_4$、AgCl 的溶解度

比在纯水中大，而且溶解度随着这些强电解质的浓度的增大而增大。这种由于加入了强电解质而增大沉淀溶解度的现象称为盐效应（表 7.2）。

【例 7.3】 计算在 0.0080mol/L 的 $MgCl_2$ 溶液中 $BaSO_4$ 的溶解度。

解 根据离子强度与浓度、电荷的关系：

$$I = \frac{1}{2}\Sigma c_1 Z_1^2$$

$$I = \frac{1}{2}(c_{Mg^{2+}} \times 2^2 + c_{Cl^-} \times 1^2 + c_{Ba^{2+}} \times 2^2 + c_{SO_4^{2-}} \times 2^2)$$

$$\approx \frac{1}{2}(0.0080 \times 2^2 + 0.0080 \times 2 \times 1^2)$$

$$= 0.016 + 0.008 = 0.024$$

由表 3.5 查得 Ba^{2+} 的 $\mathring{a}$ 为 500，SO_4^{2-} 的 $\mathring{a}$ 值为 400；当 $I = 0.024 \approx 0.025$ 时，再由表 3.6 查得相应的活度系数为

$$\gamma_{Ba^{2+}} \approx 0.56, \quad \gamma_{SO_4^{2-}} \approx 0.55$$

设 $BaSO_4$ 在 0.0080mol/L 的 $MgCl_2$ 溶液中的溶解度为 s，则

$$s = [Ba^{2+}] = [SO_4^{2-}] = \sqrt{K_{sp}} = \sqrt{\frac{K_{sp}^0}{\gamma_{Ba^{2+}} \gamma_{SO_4^{2-}}}} = \sqrt{\frac{1.1 \times 10^{-10}}{0.56 \times 0.55}} \approx 1.9 \times 10^{-5}(\text{mol/L})$$

答：在 0.0080mol/L 的 $MgCl_2$ 溶液中 $BaSO_4$ 的溶解度为 $1.9 \times 10^{-5}\text{mol/L}$。

盐效应增大沉淀的溶解度。构晶离子的电荷越高，影响也越严重。这是因为高价离子的活度系数受离子强度的影响较大的缘故。从表 7.2 可以看出，当溶液中 KNO_3 的浓度由 0mol/L 增加至 0.01000mol/L 时，$AgCl$ 的溶解度只增大了 12%，而 $BaSO_4$ 的溶解度却增大了 70%。

表 7.2　$AgCl$ 和 $BaSO_4$ 在 KNO_3 溶液中的溶解度（25℃）

KNO_3 的浓度/ (mol/L)	$AgCl$ 的溶解度/ (10^{-5}mol/L)	s/s_0	KNO_3 的浓度/ (mol/L)	$BaSO_4$ 的溶解度/ (10^{-5}mol/L)	s/s_0
0.000	1.278 (s_0)	1.00	0.000	0.96 (s_0)	1.00
0.001 00	1.325	1.04	0.001 00	1.16	1.21
0.005 00	1.385	1.08	0.005 00	1.42	1.48
0.010 00	1.427	1.12	0.010 00	1.63	1.70
—			0.0360	2.35	2.45

注：s_0 为在纯水中的溶解度，s 为在 KNO_3 溶液中的溶解度。

由于盐效应的存在，利用同离子效应降低沉淀溶解度时，应考虑到盐效应的影响，即沉淀剂不能过量太多，否则将使沉淀的溶解度增大，不能达到预期的效果。表 7.3 是 $PbSO_4$ 在 Na_2SO_4 溶液中的溶解度的变化情况。

表 7.3　$PbSO_4$ 在 Na_2SO_4 溶液中的溶解度

Na_2SO_4 的浓度/(mol/L)	0	0.001	0.01	0.02	0.04	0.100	0.200
$PbSO_4$ 溶解度/(mol/L)	0.15	0.024	0.016	0.014	0.013	0.016	0.023

应该指出，如果沉淀本身的溶解度很小，如许多水合氧化物沉淀和某些金属螯合物沉淀，则盐效应的影响实际上是非常小的，可以忽略不计。一般来说，只有当沉淀的溶解度本来就比较大，而溶液的离子强度又很高时，才需要考虑盐效应的影响。

3. 酸效应（增大溶解度）

溶液酸度对沉淀溶解度的影响称为酸效应。酸度对沉淀溶解度的影响是比较复杂的。例如，对于 M_mA_n 沉淀，增大溶液的酸度，能使 A^{m-} 与 H^+ 结合，生成相应的共轭酸；降低溶液的酸度，能使 M^{n+} 发生水解。显然，如果发生这些情况，都将导致沉淀的溶解度增大。

$$M_mA_n \Longrightarrow mM^{n+} \quad + \quad nA^{m-}$$
$$\downarrow +OH^- \qquad\qquad \downarrow +H^+$$
$$M(OH)^{(n-1)+} \qquad HA^{(m-1)-}$$
$$\downarrow +OH^- \qquad\qquad \downarrow +H^+$$
$$M(OH)^{(n-2)+} \qquad HA^{(m-2)-}$$
$$\vdots \qquad\qquad\qquad \vdots$$

金属离子的水解，特别是高价金属离子的水解，是非常复杂的，常有多核氢氧基配合物的生成，如 $Fe_2(OH)_2^{4+}$、$Al_6(OH)_{15}^{3+}$ 等。定量处理这样的问题比较困难。例如，酸度对 A^{2-} 弱酸根形成的沉淀的溶解度，不考虑阳离子水解时，有

$$MA_{固} \Longrightarrow M^{2+} + A^{2-}$$
$$K_{a2} \downarrow +H^+$$
$$HA^-$$
$$K_{a1} \downarrow +H^+$$
$$H_2A$$

当溶液中的 H^+ 浓度增大时，平衡向右移动，生成 HA^-；H^+ 浓度更大时，甚至生成 H_2A，破坏了 MA 的沉淀平衡，使 MA 进一步溶解，甚至全部溶解。

设 MA 的溶解度为 $s(mol/L)$，则

$$s = [M^{2+}]$$
$$s = c_{A^{2-}} = [A^{2-}] + [HA^-] + [H_2A]$$
$$\delta_{A^{2-}} = \frac{K_{a1}K_{a2}}{[H^+]^2 + K_{a1}[H^+] + K_{a1}K_{a2}}$$

根据溶度积公式，得

$$[M^{2+}][A^{2-}] = sc_{A^{2-}}\delta_{A^{2-}} = s^2\delta_{A^{2-}} = K_{sp}$$
$$s = \sqrt{\frac{K_{sp}}{\delta_{A^{2-}}}}$$

由一元弱酸 HA 形成的 MA、MA_2 和由二元弱酸形成的盐 M_2A 等，根据具体情况，可以推导出相应的计算公式。

【例 7.4】 比较 CaC_2O_4 在 pH＝4.00 和 pH＝2.00 的溶液中的溶解度。

解　设 CaC_2O_4 在 pH 为 4.00 的溶液中的溶解度为 s，已知 $K_{sp}=2.0\times10^{-9}$，

$H_2C_2O_4$ 的 $K_{a1}=5.9\times10^{-2}$，$K_{a2}=6.4\times10^{-5}$，分布系数为

$$\delta_{A^{2-}}=\frac{K_{a1}K_{a2}}{[H^+]^2+K_{a1}[H^+]+K_{a1}K_{a2}}$$

$$=\frac{5.9\times10^{-2}\times6.4\times10^{-5}}{(10^{-4})^2+5.9\times10^{-2}\times10^{-4}+5.9\times10^{-2}\times6.4\times10^{-5}}$$

$$=\frac{3.8\times10^{-6}}{10^{-8}+5.9\times10^{-6}+3.8\times10^{-6}}$$

$$=\frac{380}{1+590+380}=\frac{380}{970}\approx0.39$$

故

$$s=\sqrt{\frac{K_{sp}}{\delta_{A^{2-}}}}=\sqrt{\frac{2.0\times10^{-9}}{0.39}}\approx7.2\times10^{-5}(mol/L)$$

同理，设 CaC_2O_4 在 pH 为 2.00 的溶液中的溶解度为 s，则

$$\delta_{A^{2-}}=\frac{K_{a1}K_{a2}}{[H^+]^2+K_{a1}[H^+]+K_{a1}K_{a2}}$$

$$=\frac{5.9\times10^{-2}\times6.4\times10^{-5}}{(10^{-2})^2+5.9\times10^{-2}\times10^{-2}+5.9\times10^{-2}\times6.4\times10^{-5}}$$

$$=\frac{3.8\times10^{-6}}{10^{-4}+5.9\times10^{-4}+3.8\times10^{-6}}$$

$$=\frac{3.8}{100+590+3.8}=\frac{3.8}{694}\approx5.5\times10^{-3}$$

故

$$s=\sqrt{\frac{K_{sp}}{\delta_{A^{2-}}}}=\sqrt{\frac{2.0\times10^{-9}}{5.5\times10^{-3}}}\approx6.0\times10^{-4}(mol/L)$$

答：CaC_2O_4 的溶解度在 pH＝2.00 的溶液中比在 pH＝4.00 的溶液中约大 10 倍。

对于弱酸盐沉淀，应在较低酸度下进行沉淀。如果沉淀是强酸盐，如 AgCl 等，在酸性溶液中进行沉淀时，溶液的酸度对沉淀的溶解度影响不大，因为在酸度变化时，溶液中强酸根离子的浓度无显著变化。

4. 配位效应（增大溶解度）

进行沉淀反应时，若溶液中存在能与构晶离子生成可溶性配合物的配位剂，则反应向沉淀溶解的方向进行，影响沉淀的完全程度，甚至不产生沉淀，这种影响称为配位效应。

配位效应对沉淀溶解度的影响，与配位剂的浓度及配合物的稳定性有关。配位剂的浓度越大，生成的配合物越稳定，沉淀的溶解度越大。

进行沉淀反应时，有时沉淀剂本身就是配位剂，那么，反应中既有同离子效应降低沉淀的溶解度，又有配位效应增大沉淀的溶解度。如果沉淀剂适量过量，同离子效应起主导作用，沉淀的溶解度降低；如果沉淀剂过量太多，则配位效应起主导作用，沉淀的溶解度反而增大。下面讨论 AgCl 沉淀在不同浓度的 NaCl 溶液中的溶解度，如表 7.4 所示。

表 7.4　AgCl 在不同浓度的 NaCl 溶液中的溶解度

过量 NaCl 浓度/(mol/L)	AgCl 溶解度/(mol/L)	过量 NaCl 浓度/(mol/L)	AgCl 溶解度/(mol/L)
0	1.3×10^{-5}	8.8×10^{-2}	3.6×10^{-6}
3.9×10^{-3}	7.2×10^{-7}	3.5×10^{-1}	1.7×10^{-5}
9.2×10^{-3}	9.1×10^{-7}	5×10^{-1}	2.8×10^{-5}
3.6×10^{-2}	1.9×10^{-6}		

当 Cl^- 浓度过量时，除了生成 AgCl 沉淀外，溶液中还存在 $AgCl_2^-$、$AgCl_3^{2-}$、$AgCl_4^{3-}$ 形式的配合物。此时沉淀的溶解度为

$$s = [Ag^+] + [AgCl] + [AgCl_2^-] + [AgCl_3^{2-}] + [AgCl_4^{3-}]$$
$$= [Ag^+] + \beta_1[Ag^+][Cl^-] + \beta_2[Ag^+][Cl^-]^2 + \beta_3[Ag^+][Cl^-]^3 + \beta_4[Ag^+][Cl^-]^4$$
$$= K_{sp}\left(\frac{1}{[Cl^-]} + \beta_1 + \beta_2[Cl^-] + \beta_3[Cl^-]^2 + \beta_4[Cl^-]^3\right)$$

要求最小溶解度 s_{min}，可以令其一阶导数等于零，得

$$\frac{ds}{d[Cl^-]} = K_{sp}\left(-\frac{1}{[Cl^-]^2} + \beta_2 + 2\beta_3[Cl^-] + 3\beta_4[Cl^-]^2\right) = 0$$

由于 $[Cl^-]$ 刚刚过量时，溶液中的 $AgCl_3^{2-}$、$AgCl_4^{3-}$ 形式的配合物可认为还没有生成，忽略后两项得

$$\frac{ds}{d[Cl^-]} = K_{sp}\left(-\frac{1}{[Cl^-]^2} + \beta_2\right) = 0$$

此时可以得到溶解度最小时的 Cl^- 浓度

$$[Cl^-] = \frac{1}{\sqrt{\beta_2}} = \frac{1}{\sqrt{1.1 \times 10^5}} \approx 3.0 \times 10^{-3} \text{mol/L}$$

由此可知，当 $[Cl^-] > 3.0 \times 10^{-3}$ mol/L 时，配位效应变为主要的了。

5. 影响沉淀溶解度的其他因素

1）温度

沉淀的溶解反应绝大部分是吸热反应，因此，沉淀的溶解度一般随温度的升高而增大。图 7.1 列出了温度对于 $BaSO_4$、$CaC_2O_4 \cdot H_2O$ 和 AgCl 的溶解度的影响。可见，沉淀的性质不同，其影响程度不一样。

通常，对一些在热溶液中溶解度较大的沉淀，如 $MgNH_4PO_4$ 等，为了避免因沉淀溶解太多而引起损失，过滤、洗涤等操作应在室温下进行。对于无定形沉淀，如 $Fe_2O_3 \cdot nH_2O$、$Al_2O_3 \cdot nH_2O$ 等，由于它们的溶解度很小，而溶液冷却后很难过滤，也难

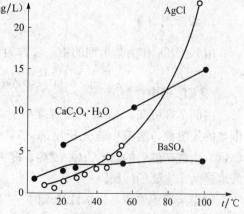

图 7.1　温度对沉淀溶解度的影响

洗涤干净，所以一般趁热过滤，并用热的洗涤液洗涤沉淀。

2）溶剂

无机物沉淀大部分是离子型晶体，它们在水中的溶解度一般比在有机溶剂中大一些。例如，$PbSO_4$ 沉淀在水中的溶解度为 4.5mg/100mL，而在 30％乙醇水溶液中，溶解度降低为 0.23mg/100mL。所以，可以于水溶液中加入乙醇、丙酮等有机溶剂来降低沉淀的溶解度。应当指出，当采用有机沉淀剂时，所得沉淀在有机溶剂中的溶解度一般较大。

3）沉淀颗粒大小

当晶体颗粒非常小时，可以观察到颗粒的大小对溶解度的影响。对于同一种沉淀，晶体颗粒大时溶解度小，晶体颗粒小时溶解度大。例如，大颗粒的 $SrSO_4$ 沉淀的溶解度为 6.2×10^{-4} mol/L；当晶粒直径减小至 $0.05\mu m$ 时，溶解度为 6.7×10^{-4} mol/L，增大约 8％；当晶粒直径减小至 $0.01\mu m$ 时，溶解度为 9.3×10^{-4} mol/L，增大约 50％。因此，常通过陈化作用，即将沉淀于溶液中放置一段时间，使小晶体转化为大晶体，以减小沉淀的溶解度。

4）形成胶体溶液

进行沉淀反应时，特别是对于无定形沉淀的沉淀反应，如果条件掌握不好，常会形成胶体溶液，甚至使已经凝聚的胶状沉淀还会因"胶溶"作用而重新分散在溶液中。胶体微粒很小，极易透过滤纸而引起损失，因此应防止形成胶体溶液。将溶液加热或加入大量电解质，对破坏胶体和促进胶凝作用很有效。

5）沉淀析出形态

许多沉淀初生成时为亚稳态，放置后逐渐转化为稳定态。亚稳态沉淀的溶解度比稳定态大，所以沉淀能自发地由亚稳态转化为稳定态。例如，初生的 CoS 沉淀为 α 型，其 $K_{sp} = 4 \times 10^{-20}$，经放置后，转化为 β 型，$K_{sp} = 7.9 \times 10^{-24}$。又如，室温下生成 CaC_2O_4 沉淀，开始析出的是亚稳态的 $CaC_2O_4 \cdot 2H_2O$ 和 $CaC_2O_4 \cdot 3H_2O$ 混合物，放置后，转化为稳定态的 $CaC_2O_4 \cdot H_2O$。

7.1.6　分析影响莫尔法准确度的因素

1. 指示剂用量

用 K_2CrO_4 作为指示剂的银量法称为莫尔法，其基本原理是

$$含Cl^- 的中性溶液 \xrightarrow[\text{计量 AgNO}_3\text{ 标准溶液}]{K_2CrO_4\text{ 指示剂}} AgCl \downarrow \xrightarrow{\text{过量 AgNO}_3\text{ 标准溶液}} Ag_2CrO_4 \downarrow$$

由例 7.2 可知，AgCl 的溶解度小于 Ag_2CrO_4 的溶解度。根据分步沉淀原理，溶解度小的先沉淀，溶液中首先析出 AgCl；当 AgCl 定量沉淀后，过量的 $AgNO_3$ 溶液与 CrO_4^{2-} 生成砖红色的 Ag_2CrO_4 沉淀，即为滴定终点。莫尔法中指示剂的用量和溶液的酸度是两个主要的问题。

根据溶度积原理，化学计量点时

$$[Ag^+] = \sqrt{K_{sp,\,AgCl}} = \sqrt{1.8 \times 10^{-10}} \approx 1.3 \times 10^{-5}\,(\text{mol/L})$$

要求刚好析出 Ag_2CrO_4 沉淀以指示终点，此时：

$$[CrO_4^{2-}] = \frac{K_{sp, Ag_2CrO_4}}{[Ag^+]^2} = \frac{2.0 \times 10^{-12}}{1.8 \times 10^{-10}} \approx 1.2 \times 10^{-2} (mol/L)$$

实际工作中由于 K_2CrO_4 溶液呈黄色，浓度太高会妨碍 Ag_2CrO_4 沉淀砖红色的观察，影响终点的判断，因此，K_2CrO_4 在体系中的浓度约为 0.005mol/L。

2. 溶液的酸度

由于 H_2CrO_4 的 $K_{a2} = 3.2 \times 10^{-7}$，酸性较弱，根据强酸生成弱酸原则，$Ag_2CrO_4$ 易溶于酸

$$Ag_2CrO_4 + H^+ \longrightarrow HCrO_4^- + Ag^+$$

因此滴定不能在酸性溶液中进行。但如果碱性太强，有 Ag_2O 沉淀析出。莫尔法要求溶液的 pH 为 6.5~10.5。

7.1.7 计算莫尔法滴定关系

1. pAg 的计算

【例 7.5】 用 0.1000mol/L 的 $AgNO_3$ 标准溶液滴定 20.00mL 同浓度 NaCl 溶液，溶液的 pH 保持为 6.5~10.5，以 pAg 为纵坐标绘制滴定曲线图。

解 $AgNO_3$ 装入滴定管，NaCl 装入锥形瓶。讨论锥形瓶中的离子浓度变化情况，如表 7.5 所示。

表 7.5 莫尔法被滴定体系中离子浓度变化情况

滴定过程	生成沉淀	溶液组成
滴定前	无	Cl^-、CrO_4^{2-}
化学计量点前	AgCl	Cl^-、CrO_4^{2-}
化学计量点	AgCl	Ag^+、Cl^-、CrO_4^{2-}
化学计量点后	AgCl、Ag_2CrO_4	Ag^+、CrO_4^{2-}

当滴定分数 $T = 0.0\%$ 时，滴入 $AgNO_3$ 标准溶液 0.00mL，被滴定体系中无 Ag^+。

当滴定分数 $T = 99.9\%$ 时，滴入 $AgNO_3$ 标准溶液 19.98mL，Cl^- 过量 0.02mL。

$$[Cl^-] = \frac{0.02 \times 0.1000}{20.00 + 19.98} \approx 5.0 \times 10^{-5} (mol/L)$$

$$[Ag^+] = \frac{K_{sp, AgCl}}{[Cl^-]} = \frac{1.8 \times 10^{-10}}{5.0 \times 10^{-5}} \approx 3.6 \times 10^{-6} (mol/L), pAg \approx 5.40$$

当滴定分数 $T = 100.0\%$ 时，滴入 $AgNO_3$ 标准溶液 20.00mL，Cl^- 刚好反应完全。

$$[Ag^+] = [Cl^-] = K_{sp, AgCl}$$

$$[Ag^+] = \sqrt{K_{sp, AgCl}} = \sqrt{1.8 \times 10^{-10}} \approx 1.3 \times 10^{-5} (mol/L), pAg \approx 4.90$$

当滴定分数 $T = 100.1\%$ 时，滴入 $AgNO_3$ 标准溶液 20.02mL，Ag^+ 过量 0.02mL。

$$[Ag^+] = \frac{0.02 \times 0.1000}{20.00 + 20.02} \approx 5.0 \times 10^{-5} (mol/L), pAg \approx 4.30$$

2. pX 的计算

【**例 7.6**】　用 0.1000mol/L 的 $AgNO_3$ 标准溶液滴定 20.00mL 同浓度 NaCl 溶液，溶液的 pH 保持为 6.5～10.5，以 pCl 为纵坐标绘制滴定曲线图。

解　$AgNO_3$ 装入滴定管，NaCl 装入锥形瓶。讨论锥形瓶中的离子浓度变化情况。

当滴定分数 $T=0.0\%$ 时，滴入 $AgNO_3$ 标准溶液 0.00mL，Cl^- 过量 20.00mL。

$$[Cl^-] = 0.1000(mol/L), \quad pCl = 1.00$$

当滴定分数 $T=99.9\%$ 时，滴入 $AgNO_3$ 标准溶液 19.98mL，Cl^- 过量 0.02mL。

$$[Cl^-] = \frac{0.02 \times 0.1000}{20.00 + 19.98} \approx 5.0 \times 10^{-5}(mol/L), \quad pCl \approx 4.30$$

当滴定分数 $T=100.0\%$ 时，滴入 $AgNO_3$ 标准溶液 20.00mL，Cl^- 刚好反应完全。

$$[Ag^+] = [Cl^-] = K_{sp,AgCl}$$

$$[Cl^-] = \sqrt{K_{sp,AgCl}} = \sqrt{1.8 \times 10^{-10}} \approx 1.3 \times 10^{-5}(mol/L), \quad pCl \approx 4.90$$

当滴定分数 $T=100.1\%$ 时，滴入 $AgNO_3$ 标准溶液 20.02mL，Ag^+ 过量 0.02mL。

$$[Ag^+] = \frac{0.02 \times 0.1000}{20.00 + 20.02} \approx 5.0 \times 10^{-5}(mol/L)$$

$$[Cl^-] = \frac{K_{sp,AgCl}}{[Ag^+]} = \frac{1.8 \times 10^{-10}}{5.0 \times 10^{-5}} \approx 3.6 \times 10^{-5}(mol/L), \quad pCl \approx 5.40$$

7.1.8　在莫尔法滴定曲线上寻找滴定突跃

在银量法中，随着滴定的进行，溶液中 Ag^+ 或 X^- 的浓度不断发生变化，即 pAg 或 pX 不断发生变化，在化学计量点前后，pAg 或 pX 会出现突跃。以 $AgNO_3$ 滴定百分数为横坐标，以 pAg 或 pX 为纵坐标，所得曲线即为沉淀滴定的曲线，如图 7.2 所示。

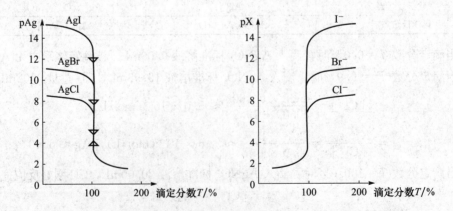

图 7.2　0.1000mol/L $AgNO_3$ 标准溶液滴定同浓度卤素离子的滴定曲线

按照例 7.5 的计算方法，还可以得到 0.1000mol/L 的 $AgNO_3$ 标准溶液滴定各种卤素离子时的化学计量点的 pAg_{sp}，如表 7.6 所示。

表 7.6 0.1000mol/L 的 AgNO₃ 滴定同浓度卤素离子时的化学计量点（pAg$_{sp}$）

卤素离子 X⁻	c_X/（mol/L）	K_{sp}	突跃范围	pAg$_{sp}$
Cl⁻	0.1000	1.8×10^{-10}	5.45～4.30	4.88
Br⁻	0.1000	5.0×10^{-113}	7.97～4.30	6.14
I⁻	0.1000	9.3×10^{-17}	11.77～4.30	8.04

当滴定分数 $T=99.9\%$ 时，滴入 AgNO₃ 标准溶液 19.98mL，Cl⁻ 过量 0.02mL。若 c_X 增大 10 倍或 K_{sp} 减小 10 倍，均可得

$$[Ag^+]' = \frac{K_{sp,AgCl}}{\dfrac{10c_X \times 0.02}{20.00 + 19.98}} = \frac{[Ag^+]}{10}, \quad pAg' = pAg + 1$$

化学计量点前 c_X 增大 10 倍或 K_{sp} 减小 10 倍，滴定突跃向上增加 1 个 pAg 单位。

当滴定分数 $T=100.0\%$ 时，滴入 AgNO₃ 标准溶液 20.00mL，Cl⁻ 刚好反应完全。若 K_{sp} 减小 10 倍

$$[Ag^+] = \sqrt{\frac{1}{10}K_{sp,AgCl}}, \quad pAg' = pAg + 0.5$$

化学计量点时 K_{sp} 减小 10 倍，滴定突跃向上增加 0.5 个 pAg 单位。

当滴定分数 $T=100.1\%$ 时，滴入 AgNO₃ 标准溶液 20.02mL，Ag⁺ 过量 0.02mL，若 c_X 增大 10 倍

$$[Ag^+]' = \frac{10c_X \times 0.02}{20.00 + 20.02} = 10[Ag^+], \quad pAg' = pAg - 1$$

化学计量点后 c_X 增大 10 倍，滴定突跃向下增加 1 个 pAg 单位。

可见，沉淀滴定法中，化学计量点前后 c_X 增大 10 倍或 K_{sp} 减小 10 倍，滴定突跃对称地均增加 1 个 pAg 单位。所以图 7.2 中 pAg 为纵坐标时，0.1000mol/L 的 AgNO₃ 滴定同浓度卤素离子时，AgI 的滴定突跃最大。

7.1.9 总结莫尔法的特点

（1）莫尔法是直接滴定法，方法简单，但仅能在 pH 为 6.5～10.5 的中性或弱碱性介质中应用。

（2）莫尔法以 K₂CrO₄ 作为指示剂时，可用 AgNO₃ 标准溶液直接滴定 Cl⁻ 或 Br⁻，两者共存时，滴定的是 Cl⁻ 或 Br⁻ 的总量。由于 AgI、AgSCN 沉淀具有强烈的吸附作用，终点颜色变化不明显，误差较大，因此莫尔法只能测定 Cl⁻ 和 Br⁻，不能测定 I⁻ 和 SCN⁻。

（3）莫尔法干扰多，选择性差。能与 Ag⁺ 生成沉淀的阴离子 PO_4^{3-}、AsO_4^{3-}、SO_3^{2-}、S^{2-}、CO_3^{2-}、$C_2O_4^{2-}$；能与 CrO_4^{2-} 生成沉淀的阳离子 Ba^{2+}、Pb^{2+}、Hg^{2+}；有色离子 Cu^{2+}、Co^{2+}、Ni^{2+}；中性或弱碱性条件下易发生水解的高价金属离子 Al^{3+}、Fe^{3+}、Bi^{3+}、Sn^{4+} 均对莫尔法有干扰。

总之，莫尔法选择性较差，因此其应用受到一定限制。但对含氯量较低、干扰很少的试样（如天然水等）的氯含量分析测定，莫尔法可以获得准确的结果。

任务 7.2　福尔哈德法

任务分析

　　酱油中含有的 NaCl 浓度一般不能少于 15%，太少起不到调味作用，且溶液易变质；太多则酱油味变苦、不鲜，感官指标不佳，影响产品质量。通常，酿造酱油中 NaCl 含量为 18%～20%。GB 18186—2000《酿造酱油》规定 NaCl 含量的测定用莫尔法。但福尔哈德返滴定法测定 Cl^- 终点（生成红色配合物）更明显，最好用返滴定法标定 $AgNO_3$ 溶液和 NH_4SCN 溶液的浓度，以减小指示剂误差。

　　本任务首先要完成 0.1000mol/L 的 NH_4SCN 标准溶液的配制和标定实验，再完成酱油中 NaCl 含量测定的实验。测定 Cl^- 时，首先向试液中加入已知量过量的 $AgNO_3$ 标准溶液，然后以铁铵矾作为指示剂，用 NH_4SCN 标准溶液返滴定过量的 Ag^+。进行返滴定时，滴入的 NH_4SCN 首先与溶液中的 Ag^+ 生成 AgSCN 沉淀，过量的 NH_4SCN 溶液便与 Fe^{3+} 生成红色的 $[Fe(SCN)]^{2+}$ 配合物，即为终点。由于 AgCl 的溶解度比 AgSCN 大，因此过量的 SCN^- 将与 AgCl 发生置换反应，使 AgCl 沉淀转化为溶解度更小的 AgSCN。可以先过滤掉 AgCl 或加入有机溶剂包裹 AgCl 后，再滴定滤液。

　　用返滴定法测定溴化物和碘化物时，由于 AgBr 和 AgI 的溶解度均比 AgSCN 小，不发生上述的转化反应，因此不必将沉淀过滤或加入有机溶剂。但在测定碘化物时，指示剂必须在加入过量的 $AgNO_3$ 溶液后才能加入，否则 Fe^{3+} 将氧化 I^- 为 I_2，影响分析结果的准确度。

任务实施

7.2.1　测定酱油中 NaCl 的含量

1. 实验目的

（1）掌握 NH_4SCN 溶液的配制方法。

（2）掌握酱油试样的称量方法。

（3）掌握用福尔哈德法标定 $AgNO_3$ 和 NH_4SCN 溶液的基本原理和操作方法。

（4）掌握福尔哈德法测定酱油中 NaCl 含量的基本原理和操作方法。

（5）学会用铁铵矾作为指示剂判断滴定终点的方法。

2. 实验原理

1）福尔哈德法标定 $AgNO_3$ 标准溶液和 NH_4SCN 标准溶液

NH_4SCN 试剂一般含有杂质，如硫酸盐、氯化物等，纯度仅在 98% 以上，因此，

NH_4SCN 标准溶液要用间接法配制，即先配成近似浓度的溶液，再用基准物质 $AgNO_3$ 标定或用 $AgNO_3$ 标准溶液"比较"。由于采用了福尔哈德返滴定法测量酱油中的 NaCl，为了减小系统误差，也采用福尔哈德返滴定法标定 $AgNO_3$ 和 NH_4SCN 溶液。

在 0.1~1mol/L 的 HNO_3 介质中，加入 NaCl 基准试剂后，再加入过量的 $AgNO_3$ 溶液，加铁铵矾指示剂，用 NH_4SCN 标准溶液滴定至出现 $[Fe(SCN)]^{2+}$ 红色指示终点。指示剂浓度对滴定有影响，一般控制浓度在 0.015mol/L 为宜，相关反应为

$$Ag^+ + Cl^- \rightleftharpoons AgCl\downarrow (白色, K_{sp} = 1.8 \times 10^{-10})$$
$$Ag^+ + SCN^- \rightleftharpoons AgSCN\downarrow (白色, K_{sp} = 1.0 \times 10^{-12})$$
$$Fe^{3+} + SCN^- \rightleftharpoons [Fe(SCN)]^{2+}(红色, \lg\beta_1 = 2.95, \lg\beta_2 = 3.36)$$

2）酱油中 NaCl 含量的测定

在 0.1~1mol/L 的 HNO_3 介质中，加入过量的 $AgNO_3$ 标准溶液，加入铁铵矾指示剂，用 NH_4SCN 标准溶液返滴定过量的 $AgNO_3$ 至出现 $[Fe(SCN)]^{2+}$ 红色显示终点。相关反应同上。

3. 试剂

NH_4SCN（A.R.）；HNO_3（A.R.，1+3，6mol/L）；$NH_4Fe(SO_4)_2 \cdot 12H_2O$（A.R.，40g/L 铁铵矾指示剂：称取 4g 铁铵矾溶于水中，加入浓 HNO_3 至溶液几乎无色，稀释至 100mL，混匀）；$AgNO_3$（A.R.）；硝基苯（A.R.，或邻苯二甲酸二丁酯、1,2-二氯乙烷）；基准试剂 NaCl（在 500~600℃ 灼烧至恒重）；一级水。

4. 仪器

棕色酸式滴定管（50mL×1）；烧杯（500mL×1，250mL×3）；锥形瓶（250mL×4）；量筒（5mL×1，25mL×1，100mL×1）；移液管（5mL×1，10mL×1，25mL×2）；称量瓶（15mL×1）；白滴瓶（60mL×2）；试剂瓶（500mL×1）；棕色试剂瓶（500mL×1）；容量瓶（250mL×2，500mL×2）。

5. 实验步骤

1）配制 $c_{AgNO_3} = 0.02$mol/L 溶液

称取 1.7g $AgNO_3$ 溶于 500mL 不含 Cl^- 的蒸馏水中；也可以取 $c_{AgNO_3} = 0.1000$mol/L 标准溶液 100mL 稀释至 500mL，将溶液储存于带玻璃塞的棕色试剂瓶中，摇匀，放置于暗处，待标定。

2）配制 $c_{NH_4SCN} = 0.02$mol/L 溶液

取 0.76 g NH_4SCN，溶于 500mL 蒸馏水中，摇匀，待标定。

3）$c_{AgNO_3} = 0.02$mol/L 和 $c_{NH_4SCN} = 0.02$mol/L 溶液的标定

（1）测定 $AgNO_3$ 溶液和 NH_4SCN 溶液的体积比 K。由滴定管准确放出 20mL（V_1）$c_{AgNO_3} = 0.02$mol/L 溶液于 250mL 锥形瓶中，加入 5mL 6mol/L 的 HNO_3 溶液，加入 1mL 铁铵矾指示剂，在剧烈摇动下，用 NH_4SCN 溶液滴定，直至出现淡红色并继

续振荡不再消失为止，记录消耗用 NH_4SCN 溶液的体积 V_2。计算 $1mLNH_4SCN$ 溶液相当于 $AgNO_3$ 溶液的毫升数（K）。

$$K = \frac{V_1}{V_2} = \frac{c_{NH_4SCN}}{c_{AgNO_3}} \tag{7.4}$$

（2）用福尔哈德法标定 $AgNO_3$ 溶液。准确称取 $0.25\sim0.3g$ 基准试剂 $NaCl$，用水溶解，移入 $250mL$ 容量瓶中，稀释定容，摇匀。准确吸取 $25.00mL$ 于锥形瓶中，加入 $5mL6mol/L$ 的 HNO_3 溶液，在剧烈摇动下，由滴定管准确放出 $45\sim50mL$（V_3）$AgNO_3$ 标准溶液，此时生成 $AgCl$ 沉淀。再加入 $1mL$ 铁铵矾指示剂，加入 $5mL$ 硝基苯，用 NH_4SCN 溶液滴定至溶液出现淡红色，并在轻微振荡下不再消失为终点，记录消耗 NH_4SCN 溶液的体积 V_4。

6. 测定酱油中氯化钠的含量

准确称取 $5.00g$ 酱油样品，定量转移入 $250mL$ 容量瓶中，加入蒸馏水稀释至刻度，摇匀。准确移取 $10.00mL$ 酱油样品稀释溶液于 $250mL$ 锥形瓶中，加入 $50mL$ 水，加入 $5mL6mol/L$ 的 HNO_3，加入 $25.00mLAgNO_3$ 标准溶液，再加入 $5mL$ 硝基苯，用力振荡摇匀。待 $AgCl$ 沉淀凝聚后，加入 $5mL$ 铁铵矾指示剂，用 NH_4SCN 标准溶液滴定溶液滴定至血红色终点。记录消耗的 NH_4SCN 标准溶液的体积 V_5。

7. 原始记录

酱油中 $NaCl$ 含量测定原始记录表如表 7.7 所示。

表 7.7　酱油中 NaCl 含量测定原始记录表

日期：_____　天平编号：_____

样品编号	1#	2#	3#
称取 $NH_4Fe(SO_4)_2 \cdot 12H_2O$ 质量初读数/g			
称取 $NH_4Fe(SO_4)_2 \cdot 12H_2O$ 质量终读数/g			
称取 $NH_4Fe(SO_4)_2 \cdot 12H_2O$ 质量/g			
标定时称取基准物 $NaCl$ 质量初读数/g			
标定时称取基准物 $NaCl$ 质量终读数/g			
标定时称取基准物 $NaCl$ 质量/g			
测定 K 时加入 $AgNO_3$ 溶液体积初读数/mL			
测定 K 时加入 $AgNO_3$ 溶液体积终读数/mL			
测定 K 时加入 $AgNO_3$ 溶液体积 V_1/mL			
测定 K 时消耗 NH_4SCN 溶液体积初读数/mL			
测定 K 时消耗 NH_4SCN 溶液体积终读数/mL			
测定 K 时消耗 NH_4SCN 溶液体积 V_2/mL			
标定 $AgNO_3$ 加入 $AgNO_3$ 溶液体积初读数/mL			
标定 $AgNO_3$ 加入 $AgNO_3$ 溶液体积终读数/mL			
标定 $AgNO_3$ 加入 $AgNO_3$ 溶液体积 V_3/mL			

样品编号	1#	2#	3#
标定 $AgNO_3$ 消耗 NH_4SCN 溶液体积初读数/mL			
标定 $AgNO_3$ 消耗 NH_4SCN 溶液体积终读数/mL			
标定 $AgNO_3$ 消耗 NH_4SCN 溶液体积 V_4/mL			
测定酱油时消耗 NH_4SCN 溶液体积初读数/mL			
测定酱油时消耗 NH_4SCN 溶液体积终读数/mL			
测定酱油时消耗 NH_4SCN 溶液体积 V_5/mL			

8. 计算结果

利用以上数据，可以计算出 $AgNO_3$ 标准溶液的浓度：

$$c_{AgNO_3} = \frac{m_{NaCl} \times \frac{25.00}{250.0}}{M_{NaCl}(V_3 - V_4K) \times 10^{-3}} \tag{7.5}$$

式中，c_{AgNO_3}——$AgNO_3$ 标准溶液的浓度，mol/L；

m_{NaCl}——NaCl 基准物质的称样量，g；

K——1mLNH$_4$SCN 溶液相当于 $AgNO_3$ 溶液的毫升数；

V_3——标定 $AgNO_3$ 溶液时加入的 $AgNO_3$ 溶液的体积，mL；

V_4——标定 $AgNO_3$ 溶液时消耗的 NH_4SCN 溶液的体积，mL。

$$w_{NaCl} = \frac{c_{AgNO_3}V_{AgNO_3} - c_{NH_4SCN}V_5}{5.00 \times \frac{10.00}{250.0}} \times 0.058\,45 \times 100\% \tag{7.6}$$

式中，c_{AgNO_3}——$AgNO_3$ 标准溶液的浓度，mol/L；

c_{AgNO_3}——测定酱油时加入 $AgNO_3$ 标准溶液的体积，mL；

c_{NH_4SCN}——NH_4SCN 溶液的浓度，mol/L；

V_5——测定酱油时消耗 NH_4SCN 标准溶液的体积，mL；

0.058 45——NaCl 的摩尔质量，g/mmol。

9. 注意事项

（1）本实验在操作过程中应避免阳光直接照射。

（2）NH_4SCN 不燃，有毒，具有刺激性。使用时应注意其对健康的危害是对眼睛、皮肤有刺激作用，主要因误服而导致中毒，引起恶心、呕吐、腹痛、腹泻、血压降低等。对环境的危害是对水体可造成污染。

（3）硝基苯有毒性。

10. 思考题

（1）配制铁铵矾指示液时为什么要加入酸？标定 NH_4SCN 时为什么还要加入酸？

（2）用福尔哈德法标定 $AgNO_3$ 标准溶液和 NH_4SCN 标准溶液的原理是什么？

（3）用福尔哈德法测定酱油中 NaCl 含量的酸度条件是什么？能否在碱性溶液中进行测定？为什么？

（4）用福尔哈德法测定 Cl^- 时，加入硝基苯有机溶剂的目的是什么？测定 Br^-、I^- 时是否需要加入硝基苯？硝基苯可以用什么试剂取代？

 知识平台

7.2.2　福尔哈德直接滴定法测定 Ag^+ 的原理和条件

1. 直接滴定法测定 Ag^+ 的原理

用铁铵矾作为指示剂的银量法称为福尔哈德法，本法又可以分为直接滴定法和返滴定法。直接滴定法测定 Ag^+ 的原理是，在含有 Ag^+ 的酸性溶液中，以铁铵矾作为指示剂，用 NH_4SCN 或（$KSCN$、$NaSCN$）标准溶液滴定。溶液中首先析出 $AgSCN$ 沉淀。当 Ag^+ 定量沉淀后，过量的 NH_4SCN 溶液与 Fe^{3+} 生成红色配合物，即为终点，滴定反应和指示剂反应为

$$Ag^+ \xrightarrow{\ NH_4SCN\ 标准溶液\ } AgSCN \downarrow 白色$$

$$NH_4Fe(SO_4)_2 \qquad Fe^{3+} \xrightarrow{\ NH_4SCN\ 标准溶液\ } [Fe(SCN)]^{2+} 血红色$$

$$NH_4Fe(SO_4)_2 Fe^{3+} [Fe(SCN)]^{2+}$$

$$Ag^+ + SCN^- \rightleftharpoons AgSCN \downarrow （白色凝乳状，K_{sp} = 1.0 \times 10^{-12}）$$

$$Fe^{3+} + SCN^- \rightleftharpoons [Fe(SCN)]^{2+} （血红色，K_1 = 138）$$

2. 直接滴定法测定 Ag^+ 的条件

（1）指示剂用量 $c_{Fe^{3+}} \approx 0.015 mol/L$。化学计量点时，要求此时刚好能观察到 $[Fe(SCN)]^{2+}$ 的明显红色时，$[Fe(SCN)]^{2+}$ 的最低浓度为 $6.0 \times 10^{-6} mol/L$。由于在产物 $AgSCN$ 的沉淀平衡中 SCN^- 的浓度为

$$[SCN^-] = [Ag^+] = \sqrt{K_{sp,AgSCN}} = \sqrt{1.0 \times 10^{-12}} = 1.0 \times 10^{-6} (mol/L)$$

因此 Fe^{3+} 的浓度为

$$[Fe^{3+}] = \frac{[Fe(SCN)^{2+}]}{K_1[SCN^-]} = \frac{6.0 \times 10^{-6}}{138 \times 1.0 \times 10^{-6}} \approx 0.04 (mol/L)$$

实际上，这样高的 Fe^{3+} 的浓度使溶液呈较深的橙黄色，影响终点的观察，故通常保持 Fe^{3+} 的浓度为 $0.015 mol/L$，这时引起的终点误差很小，可以忽略不计。

（2）酸度为 $0.1 \sim 1.0 mol/L$ 的 HNO_3 溶液。滴定时，溶液的酸度一般控制在 $0.1 \sim 1 mol/L$。这时，Fe^{3+} 主要以 $Fe(H_2O)_6^{3+}$ 形式存在，颜色较浅。如果酸度较低，则 Fe^{3+} 水解，形成颜色较深的棕色 $Fe(H_2O)_5(OH)^{2+}$ 或 $Fe_2(H_2O)_4(OH)_2^{4+}$，影响终点的观察。如果酸度更低，则可能析出水合氢氧化物沉淀。

（3）充分摇动溶液。在滴定过程中，不断有 $AgSCN$ 沉淀形成，由于它具有强烈的吸附作用，因此有部分 Ag^+ 被吸附于其表面上，因此往往产生终点出现过早的情况，使结果偏低。滴定时，必须充分摇动溶液，使被吸附的 Ag^+ 及时地释放出来。

7.2.3　福尔哈德间接滴定法测定卤素离子的原理和条件

1. 返滴定法测定 Cl^- 的原理

测定 Cl^- 时，首先向试液中加入过量的 $AgNO_3$ 标准溶液，然后以铁铵矾作为指示剂，用 NH_4SCN 标准溶液返滴定过量的 Ag^+。进行返滴定时，滴入的 NH_4SCN 首先与溶液中的 Ag^+ 生成 $AgSCN$ 沉淀，当 Ag^+ 与 SCN^- 反应完全后，过量的 NH_4SCN 溶液便与 Fe^{3+} 生成红色的 $[Fe(SCN)]^{2+}$ 配合物，即为终点。由于 $AgCl$ 的溶解度比 $AgSCN$ 大，过量的 SCN^- 将与 $AgCl$ 发生置换反应，使 $AgCl$ 沉淀转化为溶解度更小的 $AgSCN$：

$$Cl^- \xrightarrow[HNO_3]{AgNO_3} \begin{cases} AgCl\downarrow \xrightarrow{NH_4SCN} AgSCN\downarrow \\ \text{过量 } Ag^+ \xrightarrow[NH_4Fe(SO_4)_2]{NH_4SCN} AgSCN\downarrow + [Fe(SCN)]^{2+} \end{cases}$$

$$AgCl + SCN^- \rightleftharpoons AgSCN\downarrow + Cl^-, \quad K_{sp,AgCl} = 1.8\times10^{-10}, \quad K_{sp,AgSCN} = 1.0\times10^{-12}$$

沉淀的转化作用是缓慢进行的，所以溶液中出现了红色之后，随着不断地摇动溶液，红色又逐渐消失，这样就得不到正确的终点。要想得到持久的红色，就必须继续加入 NH_4SCN，直至 Cl^- 与 SCN^- 之间建立一定的平衡关系时为止。这时将引起很大的误差。

2. 返滴定法测定 Cl^- 的条件

为了避免上述的误差，通常采用两种措施。一种方法是在试液中加入过量的 $AgNO_3$ 标准溶液之后，将溶液煮沸，使 $AgCl$ 凝聚，以减少 $AgCl$ 沉淀对 Ag^+ 的吸附。过滤，将 $AgCl$ 沉淀滤去，并用稀 HNO_3 充分洗涤沉淀，然后用 NH_4SCN 标准溶液滴定滤液中过量的 Ag^+。另一种方法是在试液中加入过量的 $AgNO_3$ 标准溶液之后，加入有机溶剂，如加入硝基苯 $1\sim2mL$，用力摇动，使 $AgCl$ 沉淀的表面上覆盖一层有机溶剂，避免沉淀与外部溶液接触，阻止 NH_4SCN 与 $AgCl$ 发生转化反应。这个方法比较简便。

3. 返滴定法测定 Br^- 和 I^- 的条件

用返滴定法测定溴化物和碘化物时，由于 $AgBr$ 和 AgI 的溶解度均比 $AgSCN$ 小，不发生上述的转化反应，因此不必将沉淀过滤或加入有机溶剂。但在测定碘化物时，由于卤素离子与铁电对相比有如下情况。

$$\varphi^{\ominus}_{Fe^{3+}/Fe^{2+}}(0.771V) > \varphi^{\ominus}_{I_2/I^-}(0.5345V)$$

$$\varphi^{\ominus}_{Fe^{3+}/Fe^{2+}}(0.771V) < \varphi^{\ominus}_{Cl_2/Cl^-}(1.3595V)$$

$$\varphi^{\ominus}_{Fe^{3+}/Fe^{2+}}(0.771V) < \varphi^{\ominus}_{Br_2/Br^-}(1.05V)$$

从标准电极电位看，Fe^{3+} 不能氧化 Cl^- 和 Br^-，但可以氧化 I^-。所以，在测定 I^- 时，铁铵矾指示剂必须在加入过量的 $AgNO_3$ 溶液后才能加入，否则，Fe^{3+} 将氧化 I^- 为 I_2，与 I^- 反应的 $AgNO_3$ 标准溶液减少，Ag^+ 过量更多，最后导致消耗的 NH_4SCN 溶液更多，影响分析结果的准确度。

7.2.4　福尔哈德法的特点

福尔哈德法的最大优点是可以在酸性溶液中进行滴定，许多弱酸根离子（如 PO_4^{3-}、AsO_4^{3-}、CrO_4^{2-} 等）都不干扰滴定，因而方法的选择性高。但强氧化剂、氮的低价氧化物、铜盐、汞盐等能与 SCN^- 起作用，干扰滴定，必须预先除去。此外，一些重金属硫化物也可以用福尔哈德法测定，即在硫化物沉淀的悬浮液中加入过量的 $AgNO_3$ 标准溶液，发生沉淀转化反应，如

$$CdS + 2Ag^+ \Longrightarrow Ag_2S + Cd^{2+}, \quad K_{sp, CdS} = 8 \times 10^{-27}, \quad K_{sp, Ag_2S} = 2 \times 10^{-49}$$

将沉淀过滤后，再用 NH_4SCN 标准溶液返滴定过量的 Ag^+。从反应化学计量关系计算该金属硫化物的含量。

任务 7.3　法 扬 斯 法

任务分析

本任务首先要完成碘化物纯度的测定实验。实际是利用银量法的计量关系来定量地求得碘离子的浓度。本任务采用任务 7.1 中的 $c_{AgNO_3} = 0.1000 mol/L$ 标准溶液。Ag^+ 滴定溶液中的 I^-，可以考虑使用一种能与溶液或沉淀反应显色的物质作为指示剂，且颜色能掩盖 I^- 溶液自身的黄色（颜色比黄色深）。由于在一定条件下，曙红能与 Ag^+ 和 I^- 反应生成粉红色胶体，只要设定好滴定条件，显示的粉红色与黄色对比明显，容易观察。这种用曙红等吸附剂作为指示剂的方法称为法扬斯法。本任务是利用法扬斯法来求得碘化物中 I^- 的含量。

任务实施

7.3.1　测定碘化物的纯度

1. 实验目的

（1）掌握法扬斯法测定卤化物的基本原理、方法和计算。
（2）掌握吸附指示剂的作用原理。
（3）学会用曙红作为指示剂判断滴定终点的方法。

2. 实验原理

在醋酸溶液中，用 $AgNO_3$ 标准溶液滴定 NaI 时，以曙红作为指示剂，反应式为

$$Ag^+ + I^- \Longrightarrow AgI \downarrow（黄）, \quad K_{sp} = 9.3 \times 10^{-17}$$

达到化学计量点时，微过量的 Ag^+ 吸附到 AgI 沉淀的表面，进一步吸附指示剂阴

离子使沉淀由黄色变为玫瑰红色指示滴定终点。

3. 试剂

NaI（A. R.）；HAc（A. R.，1mol/L）；c_{AgNO_3} ＝0.1000mol/L 标准溶液（任务 7.1）；曙红指示液（2g/L 的 70％乙醇溶液或 5g/L 的钠盐水溶液）；一级水。

4. 仪器

棕色酸式滴定管（50mL×1）；烧杯（500mL×1，250mL×3）；锥形瓶（250mL× 4）；量筒（10mL×1，25mL×1，50mL×1）；移液管（5mL×1，10mL×1，25mL× 1）；称量瓶（15mL×1）；棕色滴瓶（60mL×2）；棕色试剂瓶（500mL×1）；容量瓶（1000mL×1）。

5. 实验步骤

准确称取 0.2gNaI 试样，放于锥形瓶中，加入 50mL 一级水溶解，加入 10mL1mol/L 的 HAc 溶液，2～3 滴曙红指示液，用 c_{AgNO_3} ＝0.1000mol/L 标准溶液滴 定至溶液由黄色变为玫瑰红色即为终点。记录消耗 AgNO₃ 标准溶液的体积 V_1。平行测 定 3 次。

空白实验时加入 50mL 不含 Cl⁻ 的一级水于 250mL 锥形瓶中，加入 10mL1mol/L 的 HAc 溶液、2～3 滴曙红指示液，用 c_{AgNO_3} ＝0.1000mol/L 标准溶液滴定至溶液由黄 色变为玫瑰红色即为终点。记录消耗 AgNO₃ 标准溶液的体积 V_2。若一级水中无 I⁻， 空白实验无现象。

6. 原始记录

碘化物中碘含量测定原始记录表如表 7.8 所示。

表 7.8   碘化物中碘含量测定原始记录表

日期：_____   天平编号：_____

样品编号	1#	2#	3#
称取 NaI 试样质量初读数/g			
称取 NaI 试样质量终读数/g			
称取 NaI 试样质量/g			
测定时加入 AgNO₃ 溶液体积初读数/mL			
测定时加入 AgNO₃ 溶液体积终读数/mL			
测定时加入 AgNO₃ 标准溶液体积/mL			
空白实验加入 AgNO₃ 标准溶液体积/mL			

7. 计算结果

利用以上数据，可以计算出碘化物中碘含量

$$w_{\mathrm{NaI}} = \frac{c_{\mathrm{AgNO_3}}(V_1 - V_2) \times 10^{-3} \times M_{\mathrm{NaI}}}{m} \times 100\% \tag{7.7}$$

式中，w_{NaI}——NaI 的质量分数，%；

　　$c_{\mathrm{AgNO_3}}$——AgNO₃ 标准溶液的浓度，mol/L；

　　M_{NaI}——NaI 的摩尔质量，g/mol；

　　　m——称取 NaI 试样的质量，g；

V_1、V_2——滴定 NaI 溶液时消耗 AgNO₃ 标准溶液的体积和空白实验消耗 AgNO₃ 标准溶液的体积，mL。

所有滴定管读数均需校准。

8. 思考题

（1）举例说明吸附指示剂的变色原理。

（2）说明在法扬斯法中，选择吸附指示剂的原则。

 知识平台

7.3.2　用溶度积判断 I⁻ 和 Cl⁻ 能否被分步沉淀

在沉淀滴定中，两种混合离子能否被分步准确滴定，决定于两种沉淀的溶度积常数之比的大小。如用 AgNO₃ 滴定 I⁻ 和 Cl⁻ 的溶液时，首先达到 AgI 的溶度积而析出沉淀，当 I⁻ 定量沉淀以后，随着 Ag⁺ 浓度升高而析出 AgCl 沉淀，在滴定曲线上出现两个明显的突跃。当 Cl⁻ 开始沉淀时，I⁻ 和 Cl⁻ 的浓度之比为

$$K_{\mathrm{sp,AgI}} = [\mathrm{Ag^+}][\mathrm{I^-}] = 9.3 \times 10^{-17}$$
$$K_{\mathrm{sp,AgCl}} = [\mathrm{Ag^+}][\mathrm{Cl^-}] = 1.8 \times 10^{-10}$$
$$\frac{[\mathrm{I^-}]}{[\mathrm{Cl^-}]} = \frac{K_{\mathrm{sp,AgI}}}{K_{\mathrm{sp,AgCl}}} = \frac{9.3 \times 10^{-17}}{1.8 \times 10^{-10}} \approx 5.2 \times 10^{-7}$$

当 I⁻ 浓度降低至 Cl⁻ 浓度的百万分之一时，开始析出 AgCl 沉淀。在这种情况下，理论上可以分别准确进行滴定，但因为 I⁻ 被 AgI 沉淀吸附，在实际工作中会产生一定的误差。

7.3.3　法扬斯法基本原理

用吸附指示剂指示滴定终点的银量法称为法扬斯法。

由于使用了吸附指示剂生成胶状沉淀，因此法扬斯法的基本原理实际上是吸附指示剂的基本原理。吸附指示剂是一类有机染料，当它被吸附在胶粒表面之后，会生成胶状沉淀。胶状沉淀具有强烈的吸附作用，能选择性地吸附溶液中的离子（首先是构晶离子）。例如，AgCl 沉淀，若溶液中的 Cl⁻ 过量，则沉淀表面吸附 Cl⁻，使胶粒带负电荷。吸附层中的 Cl⁻ 又疏松地吸附溶液中的阳离子（抗衡离子）组成扩散层（吸附层中也有少量抗衡离子）。如果溶液中 Ag⁺ 过量，则沉淀表面吸附 Ag⁺，使胶粒带正电荷，溶液中的阴离子则作为抗衡离子，主要存在于扩散层中。这些吸附作用导致指示剂分子结构变化，因而引起颜色变化。在沉淀滴定中，可利用这种性质来确定滴定终点。

吸附指示剂可以分为碱性染料和酸性染料。碱性染料是有机弱碱，离解出指示剂阳离子，如甲基紫、罗丹明 6G 等。酸性染料是有机弱酸，离解出指示剂阴离子，如荧光黄及其衍生物等。荧光黄指示剂是一种有机弱酸，用 HFI 表示，如图 7.3 所示。

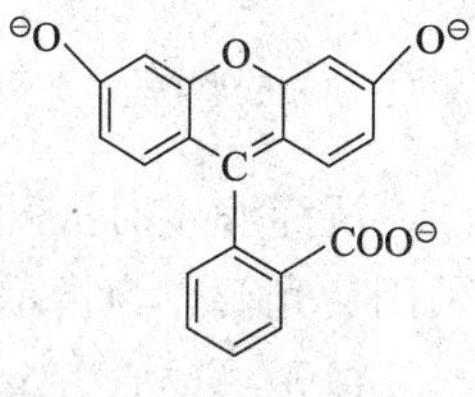

图 7.3　荧光黄指示剂

荧光黄在溶液中可离解为荧光黄阴离子 FI^-，呈黄绿色。用 $AgNO_3$ 作为滴定剂滴定 Cl^- 时，若使用荧光黄指示剂，化学计量点前 Cl^- 过量，AgCl 胶粒带负电荷，故 FI^- 不被吸附；化学计量点后 Ag^+ 过量，AgCl 胶粒带正电荷，故 FI^- 被强烈地吸附，可能由于在 AgCl 表面形成了荧光黄银化合物，因此颜色发生变化，使沉淀表面呈淡红色，从而指示滴定终点。

$$AgCl \cdot Cl^- + FI^- \xrightarrow{AgNO_3} AgCl \cdot Ag \cdot FI^-$$

黄绿色（荧光）　　　　　　　粉红色

荧光黄指示剂的工作原理如图 7.4 所示。

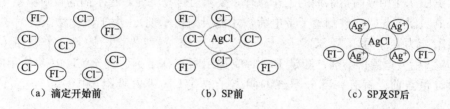

（a）滴定开始前　　　　　　　（b）SP前　　　　　　　（c）SP及SP后

图 7.4　荧光黄指示剂的工作原理

如果用 NaCl 溶液滴定 Ag^+ 溶液，则颜色的变化正好相反。

7.3.4　吸附指示剂的使用条件

1. 酸度

吸附指示剂特性差别很大，对滴定条件的要求不同。例如，荧光黄指示剂作为有机弱酸：

$$HFI \underset{}{\overset{K_a \approx 10^{-7}}{\rightleftharpoons}} H^+ + FI^- （荧光）$$

根据酸平衡中的 δ-pH 图，当溶液的 pH<7 时，荧光黄将大部分以 HFI 的形式存在，它不带电荷，不能被 AgX 沉淀所吸附，故无法指示终点。所以，用荧光黄作为指示剂时，溶液的 pH 应为 7~10。二氯荧光黄（图 7.5）的 $K_a \approx 10^{-4}$，适应范围就大一些，pH 可以是 4~10。曙红（四溴荧光黄，图 7.6）的 $K_a \approx 10^{-2}$，酸性更强，故溶液的 pH 小至 2 时，仍可以指示终点。

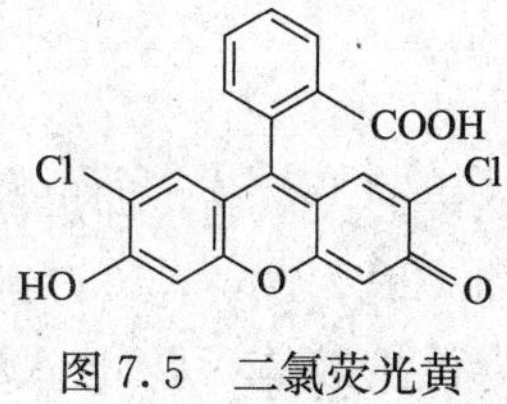

图 7.5　二氯荧光黄

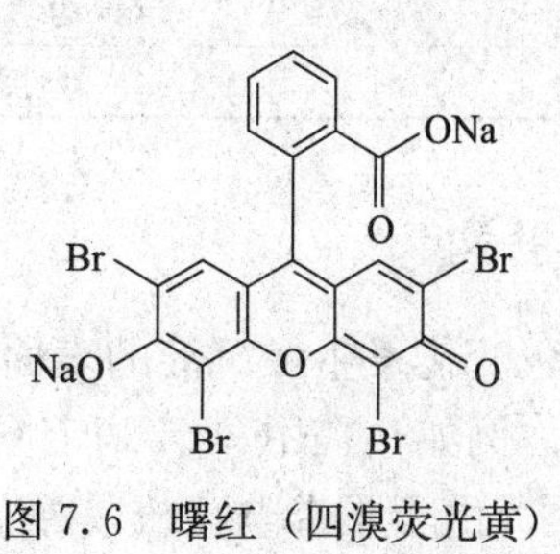

图 7.6　曙红（四溴荧光黄）

2. 浓度

沉淀滴定时浓度太小，沉淀很少，观察终点比较困难，故溶液的浓度不能太小。如果用荧光黄作为指示剂，用 $AgNO_3$ 滴定 Cl^- 时，Cl^- 的浓度要求在 $0.005mol/L$ 以上。

由于 $AgBr$、AgI、$AgSCN$ 的溶解度比 $AgCl$ 小，沉淀更完全：

$$Ag^+ + Cl^- \rightleftharpoons AgCl\downarrow（白色，K_{sp} = 1.8\times10^{-10}）$$
$$Ag^+ + Br^- \rightleftharpoons AgBr\downarrow（淡黄色，K_{sp} = 5.0\times10^{-13}）$$
$$Ag^+ + I^- \rightleftharpoons AgI\downarrow（黄色，K_{sp} = 9.3\times10^{-17}）$$
$$Ag^+ + SCN^- \rightleftharpoons AgSCN\downarrow（白色凝乳状，K_{sp} = 1.0\times10^{-12}）$$

因此滴定 Br^-、I^-、SCN^- 的灵敏度稍高，浓度低至 $0.001mol/L$ 时仍可准确滴定。

3. 指示剂的吸附性能

根据图 7.4 中吸附指示剂的工作原理，要求卤化物沉淀对指示剂的吸附应小于对被测离子的吸附（先吸附被测离子带电荷，才能吸附指示剂）。由于卤化物沉淀对各种试剂的吸附能力顺序是 I^-＞SCN^-＞Br^-＞曙红＞Cl^-＞荧光黄。按照这个顺序，测定 Cl^- 时应选用荧光黄指示剂，测定 Br^- 时应选用曙红指示剂。测定 Cl^- 时若使用曙红，在化学计量点前，就有一部分曙红的阴离子取代 Cl^- 进入吸附层中，以至无法指示终点。

应当指出，选择指示剂时，除了要满足吸附顺序的要求外，还要求指示剂的吸附性能要适当，不要过大或过小。测 I^- 时若使用荧光黄，指示剂的吸附性能太差，变色不敏锐，分析结果也不准确。

总之，指示剂的性能是否良好，最好根据实验结果来确定。表 7.9 列出了一些重要吸附指示剂的应用示例。其中有几个是应用于其他沉淀滴定法的。

表 7.9　一些吸附指示剂的应用

指示剂	pK_a	滴定条件	测定对象	滴定剂	颜色变化
荧光黄	7	pH 为 7～10（一般为 7～8）	Cl^-	Ag^+	黄绿～粉红
二氯荧光黄	4	pH 为 4～10（一般为 5～8）	Cl^-	Ag^+	黄绿～粉红
曙红	2	pH 为 2～10（一般为 3～8）	Br^-、I^-、SCN^-	Ag^+	粉红～红紫
溴甲酚绿	5	pH 为 4～5	SCN^-	Ag^+	黄色～绿色
甲基紫	—	酸性溶液	Ag^+	Cl^-	红色～紫色
罗丹明 6G	—	酸性溶液	Ag^+	Br^-	—
钍试剂	—	pH 为 1.5～3.5	SO_4^{2-}	Ba^{2+}	—
溴酚蓝	—	酸性溶液	Hg_2^{2+}	Cl^-、Br^-	—

4. 防止凝聚

由于颜色变化发生在沉淀的表面，因此应尽量使沉淀的比表面大一些，即沉淀的颗粒要小一些。例如，在用 Ag^+ 滴定 Cl^- 的过程中，在化学计量点时，Ag^+ 与 Cl^- 都不过量，$AgCl$ 沉淀由于不带电荷极易凝聚。故通常加入糊精作为保护胶体，防止 $AgCl$ 沉淀过分凝聚。

5. 避免日照

由于 AgX 沉淀对光敏感，很快转变为灰黑色，影响终点的观察，应避免在强的阳光下进行滴定。

7.3.5　四大滴定法的区别和联系

以溶液平衡理论为基础的滴定分析方法是定量化学分析的基本内容，也是分析化学学科的重要内容之一。滴定分析法按照平衡原理不同，又可分为酸碱滴定法、配位滴定法、氧化还原滴定法和沉淀滴定法四大滴定法。采用四大滴定分析法时，首先要考虑待测物质能否准确滴定，这取决于滴定反应平衡常数 K_t 的大小。K_t 越大，滴定反应进行得越完全。其次要计算滴定曲线上的滴定突跃，根据滴定突跃和化学计量点时的 pH_{sp}、pM_{sp}、φ_{sp} 值，选择合适的指示剂判断滴定终点。有时，还要确定计量点在突跃范围内的位置（某些氧化还原和沉淀滴定反应）。最后根据终点和计量点之间的差值 ΔpH、ΔpM、$\Delta\varphi$，计算终点误差。

四大滴定法的滴定曲线图如图 7.7 所示。

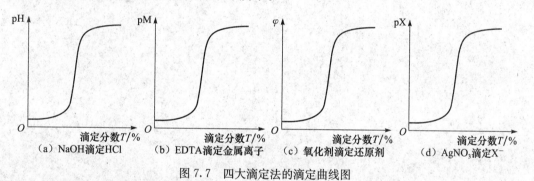

图 7.7　四大滴定法的滴定曲线图

4 种滴定法比较如表 7.10 所示。

表 7.10　4 种滴定法比较

项目	酸碱滴定法	配位滴定法	氧化还原滴定法	沉淀滴定法
基本方程	$K_a=\dfrac{[H^+][A^-]}{[HA]}$	$K_1=\dfrac{[MY]}{[M][Y]}$	$\varphi=\varphi^{\ominus}+\dfrac{RT}{nF}\ln\dfrac{c_{Ox}}{c_{Red}}$	$K_{sp}=[M]^m[A]^n$
平衡常数 K_t	$K_t=\dfrac{K_a}{K_w}$	$\lg K'=\lg K-\lg\alpha_Y-\lg\alpha_M+\lg\alpha_{MY}$	$\lg K'=\dfrac{(\varphi_1^{\ominus}-\varphi_2^{\ominus})n}{0.059}$	$K_t=\dfrac{1}{K_{sp}}$
滴定突跃增加	$c\uparrow K_a\uparrow$	$c\uparrow K'\uparrow$ 单边	$\Delta\varphi^{\ominus}\uparrow$	$c\uparrow K_{sp}\downarrow$ 单边
指示剂	酸碱指示剂	金属指示剂	氧化还原指示剂	吸附指示剂等
sp 点位置	中间	中间	偏 e 大一方	中间
sp 点	$pH_{sp}=7.0$	$[M]_{sp}=\sqrt{\dfrac{[MY]}{K'}}$	$\varphi_{sp}=\dfrac{n_1\varphi_1^{\ominus}+n_2\varphi_2^{\ominus}}{n_1+n_2}$	$[Ag^+]_{sp}=\sqrt{K_{sp}}$

续表

项目	酸碱滴定法	配位滴定法	氧化还原滴定法	沉淀滴定法
变色点	$pH_{ep} = pK_a$	$pM_{ep} = lgK'_{MY}$	$\varphi_{ep} = \varphi^{\ominus'}$	
终点误差	$E_t = \dfrac{10^{\Delta pH} - 10^{-\Delta pH}}{\sqrt{K_t c_{HA}^{ep}}}$	$E_t = \dfrac{10^{\Delta pM} - 10^{-\Delta pM}}{\sqrt{K'_{MY} c_M^{sp}}}$	$E_t = \dfrac{10^{\frac{n_1 \Delta \varphi}{0.059}} - 10^{-\frac{n_2 \Delta \varphi}{0.059}}}{10^{\frac{n_1 n_2 \Delta \varphi^{\ominus'}}{(n_1 + n_2)0.059}}}$	
准确滴定	$K_a \geqslant 10^{-7}$ $c_a K_a > 10^{-8}$	$lgK'_{MY} c_M^{sp} \geqslant 5$	$lgK' = \dfrac{(\varphi_1^{\ominus'} - \varphi_2^{\ominus'})n}{0.059}$ $\geqslant 6$	溶解度小的先沉淀
分步滴定	$K_{a1}/K_{a2} > 10^5$	$\Delta lgKc \geqslant 5$		$K_{sp1}/K_{sp2} = 10^{-7}$

项目 8　重量分析法

重量分析法是以沉淀反应为基础的分析方法。重量分析法不需基准物质，一般将被测组分与试样中的其他组分分离后，转化为一定的称量形式，然后用称重方法测定该组分的含量。如果分析方法可靠，操作细心，测定结果的准确度很高（相对误差约为 0.1% ~ 0.2%）。根据分离方法的不同，量分析法可以分为气化法、沉淀法、电解法、萃取法等，目前主要用于含量不太低的 Si、S、P、W、Mo、Ni、Zr、Hf、Nb、Ta 等元素的精确分析。

1. 气化法

气化法一般通过加热等方法使试样中的被测组分挥发逸出，根据试样质量的减轻计算含量；或者当该组分逸出时，选择适当吸收剂吸收，根据吸收剂质量的增加计算该组分的含量。例如，测定结晶水时，可将试样烘干至恒重，试样减少的质量即所含水分的质量。或将加热后产生的水汽吸收在干燥剂里，干燥剂增加的质量就是水分的质量。根据称量结果，可求得试样中吸湿水或结晶水的含量。

2. 沉淀法

沉淀法是重量分析法中的主要方法。这种方法是将被测组分以微溶化合物形式沉淀出来，再将沉淀过滤、洗涤、烘干或灼烧，最后称重，计算含量。但操作过程烦琐、时间较长。

3. 电解法

电解法是利用电解原理，使电子在电极上析出，然后称重，求得其含量的方法。

4. 萃取法

萃取法就是利用有机溶剂萃取，然后称重的方法。

任务 8.1　直接灰化法（气化法）

 任务分析

灰分是指物质经高温灼烧后残留下来的灰。对于食品来说，它由大分子的有机物质和小分子的无机物质所组成，这些组分经高温加热时，发生一系列变化，有机成分挥发逸散，无机成分留在灰中，故食品中的灰分可视为食品中无机盐的总称。

　　无机盐是六大营养要素之一，是人类生命活动不可缺少的物质，要正确评价某食品的营养价值，其无机盐含量是一个评价指标。故测定灰分含量，在评价食品品质方面具有重要的意义。

　　本任务是利用重量分析法的气化法定量地求得灰分的含量。一般通过加热或其他方法使试样中的待测组分挥发逸出，然后根据试样质量的减轻计算其含量。由于将炭烧成 CO_2 而除去的过程叫灰化，因此本任务又称直接灰化法。

 任务实施

8.1.1　测定面粉中灰分的含量

1. 实验目的

（1）掌握面粉中灰分含量测定的方法与原理。

（2）掌握直接灰化法测定灰分的操作技术。

（3）掌握坩埚马弗炉的使用方法，以及样品炭化、灰化等基本操作技术。

2. 实验原理

　　一定质量的面粉在高温灰化时，去除了有机质，保留面粉中原有的无机盐及少量有机化合物经燃烧后生成的无机物，样品质量发生改变，根据样品的质量减少情况，可计算面粉中的灰分含量。

3. 试剂

　　HCl（A.R.，1+4）；$Mg(Ac)_2$（20g/L 乙醇溶液）；市售面粉。

4. 仪器

　　马弗炉；瓷坩埚（65mL×8，用 1+4 的 HCl 溶液煮沸 1～2h，洗净晾干后，置于马弗炉中 550℃灼烧至恒重）；干燥器；恒温水浴锅。

5. 实验步骤

　　（1）蒸发。准确称取约 2g 面粉于事先恒重的瓷坩埚中，准确加入 3.00mL20g/L 的 $Mg(Ac)_2$ 乙醇溶液，使样品润湿，于水浴上蒸发过剩的乙醇。

　　（2）炭化。将坩埚移放在电炉上，坩埚盖斜靠在坩埚口，进行炭化。注意控制电炉温度，避免样品着火燃烧，气流带走样品炭粒。

　　（3）灼烧。炭化至无烟后，移入 550℃马弗炉炉口处，稍待片刻，再慢慢移入炉膛内，坩埚盖仍斜倚在坩埚口，关闭炉门。灼烧约 2h，将坩埚移至炉口，冷却至红热褪去，移入干燥器中冷却至室温，称重。灰分应呈白色或浅灰色。

（4）恒重。再将坩埚置于马弗炉中灼烧 30min，取出冷却、称量，如此反复直至恒重。

（5）空白。同时做一空白试验。取另一已知准确质量的坩埚，准确加入 3.00mL 20g/L 的 Mg（Ac）$_2$ 乙醇溶液，于水浴上蒸干、电炉上炭化，再移入 550℃ 马弗炉中灼烧至恒重。计算 3.00mL 20g/L Mg(Ac)$_2$ 乙醇溶液带来的灰分质量 m_1。做三次平行实验。

实验完毕，坩埚以稀盐酸洗涤干净。

6. 原始记录

面粉中灰分含量测定原始记录表如表 8.1 所示。

表 8.1　面粉中灰分含量测定原始记录表

日期：_____　天平编号：_____

样品编号	1#	2#	3#
称取空坩埚质量初读数/g			
称取空坩埚质量终读数/g			
称取空坩埚质量/g			
称取（面粉＋空坩埚）质量初读数/g			
称取（面粉＋空坩埚）质量终读数/g			
称取（面粉＋空坩埚）质量/g			
灼烧后（灰分＋空坩埚）质量初读数/g			
灼烧后（灰分＋空坩埚）质量终读数/g			
灼烧后（灰分＋空坩埚）质量/g			
空白试验空坩埚质量初读数/g			
空白试验空坩埚质量终读数/g			
空白试验空坩埚质量/g			
空白试验（灰分＋空坩埚）质量初读数/g			
空白试验（灰分＋空坩埚）质量终读数/g			
空白试验（灰分＋空坩埚）质量/g			

7. 计算结果

利用以上数据，可以计算出面粉中灰分含量：

$$w_{灰分} = \frac{(m_3 - m_1) - (m_5 - m_4)}{m_2 - m_1} \times 100\% \tag{8.1}$$

式中，$w_{灰分}$——面粉中灰分的质量分数，%；

　　　m_1——盛放样品的空坩埚质量，g；

　　　m_2——样品＋空坩埚质量，g；

　　　m_3——灼烧后样品残灰＋空坩埚质量，g；

　　　m_4——空白试验的空坩埚质量，g；

　　　m_5——灼烧后空白残灰＋空坩埚质量，g。

8. 注意事项

（1）空坩埚恒重时，应连同盖子一同恒重。恒重是指供试品连续两次干燥或炽灼后的质量差异在 0.2mmg 以下。

（2）蒸发乙醇时应在水浴上加热，不能明火加热，注意避免样品着火燃烧。

（3）炭化灼烧时，应将坩埚盖斜靠在坩埚口。

9. 思考题

（1）本实验中需要准备基准物质吗？

（2）气化法的原理是什么？

 知识平台

8.1.2 认识直接灰化法常用仪器

1. 坩埚

坩埚是盛装固体具耐热性的容器。实验室常用以氧化铝（45%～55%）和二氧化硅为主要成分的瓷坩埚（以下简称坩埚）。坩埚为一个陶瓷深底的碗状容器，按种类可分为中壁坩埚、低壁坩埚、高壁坩埚、素埚、挥发埚、严密埚、罗加埚、双层埚、古氏埚、细孔埚、红外碳硫坩埚、自由膨胀系数坩埚等。

为避免腐蚀，坩埚一般可用于酸性物质熔融样品，不可用于以 NaOH、Na_2O_2、Na_2CO_3 等碱性物质作为熔剂时的熔融样品，更不能和氢氟酸接触。坩埚一般可用稀 HCl 煮沸清洗。

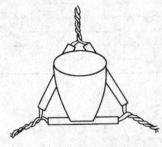

由于坩埚最高可耐 1200℃ 左右高温，比玻璃器皿更能承受高温，因此当有固体要以大火加热时，就必须使用坩埚。加热时，通常会将坩埚盖斜靠在坩埚上，以防止受热物溅出，并让空气能自由进出以进行可能的氧化反应。坩埚因其底部很小，一般需要架在泥三角架上才能以火直接加热。坩埚在泥三角上正放或斜放皆可，视实验的需求可以自行安置，如图 8.1 所示。

图 8.1　坩埚侧放在泥三角架上　　加热后不可立刻将坩埚置于冷的金属桌面上，以避免它因骤冷而破裂。也不可立即放在木质桌面上，以免烫坏桌面或引起火灾。正确的做法是将坩埚留置在泥三角架上自然冷却，或放在石棉网上慢慢冷却。

应该指出，由于陶瓷有吸水性，在使用坩埚前应严格干燥后在分析天平上称量。有的时候分析物用定量滤纸过滤，可将滤纸一起放进坩埚（定量滤纸在高温环境下完全分解，不会影响结果）。高温处理后，将坩埚和所容物在特制的干燥器中干燥冷却再称量。全程应使用干净的坩埚钳。

2. 坩埚钳

坩埚钳是一种用来夹取坩埚的化学仪器，一般由不锈钢（图 8.2）或不可燃、难氧化的硬质材料制成。

坩埚钳的主要作用是夹持坩埚加热或从热源（煤

图 8.2　不锈钢坩埚钳

气灯、电炉、马弗炉、酒精灯）中取、放坩埚。夹持坩埚使用弯曲部分，其他用途时用钳尖。用坩埚钳夹取灼热的坩埚时，必须将钳尖先预热，以免坩埚因局部冷却而破裂，用后钳尖应向上放在桌面或石棉网上。坩埚钳不一定与坩埚配合使用，但必须干净。实验完毕后，应将坩埚钳擦干净，放入实验器材柜中，干燥放置。

3. 干燥器

干燥器是具有磨口盖子的密闭厚壁玻璃器皿，常用以保存坩埚、称量瓶、试样等物。它的磨口边缘涂一薄层凡士林，使之能与盖子密合，如图 8.3 所示。干燥器底部盛放干燥剂，最常用的干燥剂是变色硅胶和无水氯化钙，其上搁置洁净的带孔瓷板。坩埚等即可放在瓷板孔内。

干燥剂吸收水分的能力都是有一定限度的。20℃时，被硅胶干燥过的 1L 空气中残留水分为 6×10^{-3} mg；25℃时，被无水氯化钙干燥过的 1L 空气中残留水分小于 0.36mg。因此，干燥器中的空气并不是绝对干燥的，只是湿度较低而已。

使用干燥器时应注意下列事项。

（1）干燥剂不可放得太多，以免玷污坩埚底部。

（2）搬移干燥器时，要用双手拿着，用大拇指紧紧按住盖子，如图 8.4 所示。

图 8.3 干燥器

图 8.4 搬干燥器的动作

（3）打开干燥器时，不能往上掀盖，应用左手按住干燥器，右手小心地把盖子稍微推开，等冷空气徐徐进入后，才能完全推开，盖子必须仰放在桌子上。

（4）不可将太热的物体放入干燥器中。

（5）有时较热的物体放入干燥器中后，空气受热膨胀会把盖子顶起来。为了防止盖子被打翻，应当用手按住，不时把盖子稍微推开（不到 1s），以放出热空气。

（6）灼烧或烘干后的坩埚和沉淀，在干燥器内不宜放置过久，否则会因吸收一些水分而使质量略有增加。

（7）变色硅胶干燥时为蓝色（含无水 Co^{2+} 色），受潮后变为粉红色（水合 Co^{2+} 色）。可以在 120℃烘受潮的硅胶待其变为蓝色后反复使用，直至破碎不能用为止。

$$CoCl_2 \cdot 6H_2O \underset{+H_2O}{\overset{325K}{\rightleftharpoons}} CoCl_2 \cdot 2H_2O \underset{+H_2O}{\overset{373K}{\rightleftharpoons}} CoCl_2 \cdot H_2O \underset{+H_2O}{\overset{393K}{\rightleftharpoons}} CoCl_2$$

　　　粉红　　　　　　　紫红　　　　　　　蓝　　　　　　　蓝

8.1.3　坩埚的干燥和灼烧基本操作

1. 坩埚的准备

沉淀的干燥和灼烧在一个预先灼烧至质量恒定的坩埚中进行，因此，在沉淀的干燥和灼烧前，必须预先准备好坩埚。

先将瓷坩埚洗净，小火烤干或烘干，编号（可用含 Fe^{3+} 或 Co^{2+} 的蓝墨水在坩埚外壁上编号），然后在所需温度下加热灼烧。灼烧可在高温电炉中进行。由于温度骤升或骤降常使坩埚破裂，最好将坩埚放入冷的炉膛中逐渐升高温度，或者将坩埚在已升至较高温度的炉膛口预热一下，再放进炉膛中。一般在 800～950℃下灼烧 30min（新坩埚需灼烧 1h）。从高温炉中取出坩埚时，应先使高温炉降温，然后将坩埚移入干燥器中，将干燥器连同坩埚一起移至天平室，冷却至室温（约需 30min），取出称量。随后进行第二次灼烧，15～20min 后冷却和称量。如果前后两次称量结果之差不大于 0.2mg，即可认为坩埚已达质量恒定，否则还需再灼烧，直至质量恒定为止。灼烧空坩埚的温度必须与以后灼烧沉淀的温度一致。

坩埚的灼烧也可以在煤气灯上进行。事先将坩埚洗净晾干，将其直立在泥三角架上，盖上坩埚盖，但不要盖严，需留一个小缝。用煤气灯逐渐升温，最后在氧化焰中高温灼烧，灼烧的时间和在高温电炉中相同，直至质量恒定。

2. 选择滤纸

滤纸分定性滤纸和定量滤纸两种，重量分析法中常用定量滤纸（或称无灰滤纸）进行过滤。定量滤纸灼烧后灰分极少，其质量可忽略不计，如果灰分较重，应扣除空白。定量滤纸一般为圆形，按直径分为 11cm、9cm、7cm 等几种；按滤纸孔隙大小分为快速、中速和慢速三种。根据沉淀的性质选择合适的滤纸，如 $BaSO_4$、$CaC_2O_4 \cdot 2H_2O$ 等细晶形沉淀，应选用慢速滤纸过滤；$Fe_2O_3 \cdot nH_2O$ 为胶状沉淀，应选用快速滤纸过滤；$MgNH_4PO_4$ 等粗晶形沉淀，应选用中速滤纸过滤。根据沉淀量的多少，选择滤纸的大小。表 8.2 是常用国产定量滤纸的灰分质量，表 8.3 是国产定量滤纸的类型。

表 8.2　国产定量滤纸的灰分质量

直径/cm	7	9	11	12.5
灰分/（g/张）	3.5×10^{-5}	5.5×10^{-5}	8.5×10^{-5}	1.0×10^{-4}

表 8.3　国产定量滤纸的类型

类型	滤纸盒上色带标志	滤速/（s/100mL）	适用范围
快速	蓝色	60～100	无定形沉淀，如 $Fe(OH)_3$
中速	白色	100～160	中等粒度沉淀，如 $MgNH_4PO_4$
慢速	红色	160～200	细粒状沉淀，如 $BaSO_4$、$CaC_2O_4 \cdot 2H_2O$

3. 沉淀的干燥和灼烧

坩埚准备好后即可开始沉淀的干燥和灼烧。利用玻璃棒把滤纸和沉淀从漏斗中取出，按图 8.5 和图 8.6 所示，折卷成小包，把沉淀包卷在里面。此时应特别注意，勿使沉淀有任何损失。如果漏斗上沾有些微沉淀，可用滤纸碎片擦下，与沉淀包卷在一起。

图 8.5　沉淀后滤纸的折卷

将滤纸包装进一质量恒定的坩埚内，使滤纸层较多的一边向上，可使滤纸灰化较易。斜坩埚于泥三角架上，盖上坩埚盖（图 8.7），将滤纸烘干并炭化，在此过程中必须防止滤纸着火，否则会使沉淀飞散而损失。若已着火，应立刻移开煤气灯，并将坩埚盖盖上，让火焰自熄。

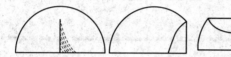

图 8.6　过滤后滤纸的折卷

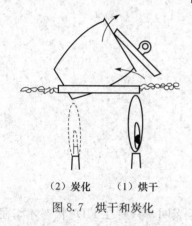

（2）炭化　　（1）烘干

图 8.7　烘干和炭化

当滤纸炭化后，可逐渐提高温度，并随时用坩埚钳转动坩埚，把坩埚内壁上的黑炭完全烧去，将炭烧成 CO_2 而除去的过程称为灰化。待滤纸灰化后，将坩埚垂直地放在泥三角架上，盖上坩埚盖（留一个小孔隙），于指定温度下灼烧沉淀，或者将坩埚放在高温电炉中灼烧。一般第一次灼烧时间为 $30\sim45\min$，第二次灼烧 $15\sim20\min$。每次灼烧完毕从炉内取出后，都需要在空气中稍冷，再移入干燥器中。沉淀冷却到室温后称量，再灼烧、冷却、称量，直至质量恒定。

任务 8.2　沉淀重量法

　任务分析

含六分子结晶水的硫酸镍的 α 型为蓝绿色四方结晶，在 533℃ 转变为 β 型绿色透明结晶，40℃ 时稳定，室温时成为蓝色不透明晶体。含七分子结晶水的硫酸镍为翠绿色透明结晶，有甜涩味，稍有风化性，约在 100℃ 时失去五分子结晶水成为一水合物，在 280℃ 时成为黄绿色无水物。沉淀质量法是通过沉淀分离和称量沉淀进行物质含量测定的方法，适用于常量分析，准确度高，一般包括以下步骤及要求。

样品→样品溶液＋沉淀剂→沉淀 1（沉淀形式）→过滤→洗涤→烘干→灼烧→恒重→沉淀 2（称量形式）

　　其中，对沉淀剂的要求包括对沉淀剂的选择和用量；对沉淀 1 沉淀形式的要求包括沉淀生成的条件、影响沉淀溶解度的因素和影响沉淀纯度的因素。

　　与任务 8.1 中气化法中的直接灰化法不同的是，本任务由于要得到沉淀才能进行称量，因此，除了重量法中必须进行的"恒重"操作以外，重点是怎样得到沉淀。而要得到沉淀，又要寻找合适的沉淀剂。沉淀剂可以是无机沉淀剂，也可以是有机沉淀剂。本任务选取了选择性较高的有机沉淀剂丁二酮肟进行沉淀，来测定硫酸镍中镍的含量。

任务实施

8.2.1　测定硫酸镍中镍的含量

1. 实验目的

（1）了解丁二酮肟镍重量法测定镍的原理和方法。

（2）掌握用玻璃坩埚过滤等重量分析法基本操作技术。

2. 实验原理

丁二酮肟是二元弱酸（以 H_2D 表示），离解平衡为

$$H_2D \underset{+H^+}{\overset{-H^+}{\rightleftharpoons}} HD^- \underset{+H^+}{\overset{-H^+}{\rightleftharpoons}} D^{2-}$$

其分子式为 $C_4H_8O_2N_2$，摩尔质量为 116.2g/mol。实验表明，只有在 HD^- 状态才能在氨性溶液中与 Ni^{2+} 发生沉淀反应：

$$Ni^{2+} + 2 \begin{array}{c} CH_3{-}C{=}NOH \\ | \\ CH_3{-}C{=}NOH \end{array} + 2NH_3 + H_2O$$

红色沉淀 $Ni(HD)_2$

$$\downarrow + 2NH_4^+ + 2H_2O$$

经过滤、洗涤，在 120℃下烘干至恒重，称得丁二酮肟镍沉淀的质量，计算 Ni 的质量分数。

　　本法沉淀介质的 pH 为 8～9 的碱性溶液。酸度大，生成 H_2D，使沉淀溶解度增大（酸效应）；酸度小，由于生成 D^{2-}，同样将增加沉淀的溶解度（盐效应）。氨浓度太高，会生成 Ni^{2+} 的氨配合物。

丁二酮肟是一种高选择性的有机沉淀剂，它只与 Ni^{2+}、Pd^{2+}、Fe^{2+} 生成沉淀。Co^{2+}、Cu^{2+} 与其生成水溶性配合物，不仅会消耗 H_2D，且会引起共沉淀现象。若 Co^{2+}、Cu^{2+} 含量高时，最好进行二次沉淀或预先分离。

由于 Fe^{3+}、Al^{3+}、Cr^{3+}、Ti^{4+} 等离子在氨性溶液中生成氢氧化物沉淀，干扰测定，因此在溶液加氨水前，需加入柠檬酸或酒石酸等配位剂，使其生成水溶性的配合物。

3. 试剂

NH_4Cl（A. R.，200g/L）；$NH_3 \cdot H_2O$（A. R.，1+1）；HCl（A. R.，1+19）；HNO_3（A. R. 2mol/L）；丁二酮肟（A. R. 10g/L 乙醇溶液）；酒石酸溶液（200g/L）；乙醇（A. R. 1+4）；$AgNO_3$（0.1mol/L，任务 7.1）。

4. 仪器

烧杯（500mL×1，250mL×3）；表面皿（$d=10$cm）；P_{16} 号微孔玻璃坩埚（65mL×4）；量筒（5mL×1，25mL×1，100mL×1）；移液管（5mL×1，10mL×1，25mL×2）；白色滴瓶（60mL×6）；试剂瓶（500mL×6）；棕色试剂瓶（500mL×2）；容量瓶（250mL×2，500mL×2）；烘箱。

5. 实验步骤

1）空玻璃坩埚的准备

用水洗净四个玻璃坩埚，用真空泵抽 2min 以除去玻璃砂芯中的水分，便于干燥。放进 130～150℃烘箱中，第一次干燥 1.5h，冷却 1.5h，以后每次干燥 1h，直至恒重。

2）试样的溶解

准确称取 0.2g 试样于 500mL 烧杯中，加入 2mL（1+19）HCl 溶液，加入 20mL 水溶解。

3）沉淀及过滤

溶解后再加入 150mL 水稀释，加入 5mL 200g/L 的 NH_4Cl 溶液、5mL 200g/L 的酒石酸溶液。烧杯加盖表面皿，加热至沸，取下，用水吹洗表面皿和杯壁，搅拌均匀，在不断搅拌下，于 70～80℃时，缓慢加入 10g/L 丁二酮肟乙醇溶液（每 1mgNi^{2+} 约需 1mL 10g/L 的丁二酮肟溶液），最后再多加 20～30mL。但所加试剂的总量不要超过试液体积的 1/3，以免增大沉淀的溶解度。然后在不断搅拌下滴加 $NH_3 \cdot H_2O$（1+1 溶液）至 pH 为 8～9（用 pH 试纸检验），再过量 1～2mL。加盖表面皿，在 70～80℃水浴上陈化 30～40min。取下，稍冷后用倾斜法将沉淀过滤于微孔玻璃坩埚中，用 20g/L 酒石酸溶液洗涤烧杯和沉淀 8～10 次，再用温热水洗涤沉淀至无 Cl^- 为止（稀 HNO_3 酸化后用 $AgNO_3$ 检验）。

4）干燥

将带有沉淀的微孔玻璃坩埚置于 130～150℃烘箱中烘 1h，冷却、称量，直至恒重为止，根据丁二酮肟镍的质量，计算试样中镍的含量。

实验完毕，微孔玻璃坩埚以稀盐酸洗涤干净。

6. 原始记录

硫酸镍中镍含量测定原始记录表如表 8.4 所示。

表 8.4　硫酸镍中镍含量测定原始记录表

日期：＿＿＿＿＿　天平编号：＿＿＿＿＿

样品编号	1#	2#	3#
称取空坩埚质量初读数/g			
称取空坩埚质量终读数/g			
称取空坩埚质量/g			
10g/L 丁二酮肟乙醇溶液体积初读数/mL			
10g/L 丁二酮肟乙醇溶液体积终读数/mL			
10g/L 丁二酮肟乙醇溶液体积/mL			
称取（空坩埚＋丁二酮肟镍）质量初读数/g			
称取（空坩埚＋丁二酮肟镍）质量终读数/g			
称取（空坩埚＋丁二酮肟镍）质量/g			

7. 结果计算

根据以上数据，可以计算出硫酸镍中镍的含量：

$$w_{Ni} = \frac{(m_2 - m_1) \times \dfrac{M_{Ni}}{M_{Ni(HD)_2}}}{m_{样}} \times 100\% \tag{8.2}$$

式中，w_{Ni}——Ni 的质量分数，%；

$\quad$ m_1——空坩埚质量，g；

$\quad$ m_2——盛放的沉淀＋空坩埚质量，g；

$\quad$ M_{Ni}——Ni 的摩尔质量，g/mol；

$M_{[Ni(HD)_2]}$——Ni(HD)$_2$的摩尔质量，g/mol；

$\quad$ $m_{样}$——试样质量，g。

8. 注意事项

（1）过滤时溶液的量不要超过坩埚高度的 1/2。

（2）注意防止丁二酮肟沉淀析出。

9. 思考题

（1）为了得到纯净的丁二酮肟镍沉淀，应选择和控制好哪些实验条件？

（2）重量法测定镍，也可将丁二酮肟镍灼烧成氧化镍称量（至恒重），这与本方法相比较，哪种方法较优越？为什么？

8.2.2　计算称量形式不同于待测组分的质量分数

在沉淀重量法中，往往称量形式与待测组分的形式不同，这就需要将称得的称量形式的质量换算成待测组分的质量，涉及的换算因数就称为重量因数（F）。

1. 重量因数

若 m_s 表示试样量，$m_{待测物质}$ 表示待测物质的质量，待测组分含量应为

$$\omega = \frac{m_{待测\,组分}}{m_s} \times 100\%　　　　　　(8.3)$$

当称量形式≠待测组分，待测组分含量为

$$w = \frac{m_{称量形式} \times \dfrac{M_{待测组分}}{M_{称量形式}}}{m_S} \times 100\%　　　　(8.4)$$

令

$$F = \frac{M_{被测组分}}{M_{称量形式}}　　　　　　(8.5)$$

若 m_s 表示试样量，$m_{称量形式}$ 表示称量形式的质量，则

$$\omega = \frac{Fm_{称量形式}}{m_s} \times 100\%　　　　(8.6)$$

在重量分析中计算待测组分的质量分数时，式（8.5）中待测组分的摩尔质量与称量形式的摩尔质量之比（有时需乘以适当的系数，使分子和分母中主要组分的数目相同）是常数，就称为重量因数，用 F 表示。可见，使用重量因数可以简化沉淀重量法的计算。

【例 8.1】 计算用 AgCl 形式测定 Cl^- 的换算因数 F。

解　称量形式为 AgCl，被测组分为 Cl^-，1molAgCl（143.3g/mol）相当于 1molCl⁻（35.45g/mol）。

$$F = \frac{M_{Cl^-}}{M_{AgCl}} = \frac{35.45}{143.3} \approx 0.2474$$

答：用 AgCl 形式测定 Cl^- 的换算因数 F 为 0.2474。

2. 沉淀重法的计算

【例 8.2】 称取 0.3621g 某试样，用 $MgNH_4PO_4$ 重量法测定其中 Mg 的含量，得 $Mg_2P_2O_7$ 0.6300g，求 MgO 的质量分数。

解　　　　$2MgO$（40.32g/mol）$\longrightarrow Mg_2P_2O_7$（222.6g/mol）
　　　　被测组分　　　　　　称量形式

$$F = \frac{2M_{MgO}}{M_{Mg_2P_2O_7}} = \frac{2 \times 40.32}{222.6} \approx 0.3623$$

$$w_{MgO} = \frac{m_{MgO}}{m_s} \times 100\% = \frac{m_{Mg_2P_2O_7}F}{m_s} \times 100\%$$

$$= \frac{0.6300 \times 0.3623}{0.3621} \times 100\% \approx 63.03\%$$

答：被测组分 MgO 的质量分数是 63.03%。

8.2.3　掌握沉淀重量法的基本操作

1. 溶解样品

样品称于烧杯中，沿杯壁加溶剂，盖上表面皿，轻轻摇动，必要时可加热促其溶解，但温度不可太高，以防溶液溅失。如果样品需要用酸溶解且有气体放出，应先在样品中加入少量水调成糊状，盖上表面皿，从烧杯嘴处注入溶剂，待作用完了以后，用洗瓶冲洗表面皿凸面并使之流入烧杯内。

2. 沉淀

重量分析法对沉淀的要求是尽可能地完全和纯净，为了达到这个要求，应该按照沉淀的不同类型选择不同的沉淀条件，如沉淀时溶液的体积、温度，加入沉淀剂的浓度、数量，加入速度，搅拌速度，放置时间等。因此，必须按照规定的操作步骤进行。

一般进行沉淀操作时，左手拿滴管，滴加沉淀剂，右手持玻璃棒不断搅动溶液，搅动时玻璃棒不要碰烧杯壁或烧杯底，以免划损烧杯。溶液需要加热，一般在水浴或电热板上进行。沉淀后应检查沉淀是否完全。检查的方法是，待沉淀下沉后，在上层澄清液中，沿杯壁加 1 滴沉淀剂，观察滴落处是否出现浑浊，无浑浊出现表明已沉淀完全，如出现浑浊，需再补加沉淀剂，直至再次检查时上层清液中不再出现浑浊为止，然后盖上表面皿。

3. 用微孔玻璃坩埚（漏斗）过滤

有些沉淀不能与滤纸一起灼烧，因其易被还原，如 AgCl 沉淀。有些沉淀不需灼烧，

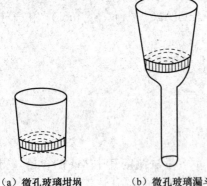

（a）微孔玻璃坩埚　　（b）微孔玻璃漏斗

图 8.8　微孔玻璃坩埚和漏斗

只需烘干即可称量，如丁二肟镍沉淀、磷钼酸喹啉沉淀等，但也不能用滤纸过滤，因为滤纸烘干后，质量改变很多，在这种情况下，应该用微孔玻璃坩埚（或微孔玻璃漏斗）过滤，如图 8.8 所示。

微孔玻璃坩埚（漏斗）的滤板是用玻璃粉末在高温熔结而成的。过滤时不改变沉淀的质量。这类滤器过去一般被分为 6 种型号，如表 6.7 所示。

GB/T 11415—1989《实验室烧结（多孔）过滤器　孔径、分级和牌号》是我国 1990 年开始实施的新标准，牌号规定以每级孔径的上限值前置以字母 P 表示，如表 8.5 所示。

表 8.5　滤器的分级和牌号[①]

牌号	孔径分级/μm		牌号	孔径分级/μm	
	>	≤		>	≤
$P_{1.6}$	—	1.6	P_{40}	16	40
P_4	1.6	4	P_{100}	40	100
P_{10}	4	10	P_{160}	100	160
P_{16}	10	16	P_{250}	160	250

① 资料引自 GB/T 11415—1989。

分析实验中常用 P_{40}（G_3）和 P_{16}（G_4）号玻璃滤器。例如，过滤金属汞用 P_{40} 号，过滤 $KMnO_4$ 溶液用 P_{16} 号漏斗式滤器，重量法测 Ni 用 P_{16} 号坩埚式滤器。$P_{1.6}$～P_4 号常用于过滤微生物，所以这种滤器又称细菌漏斗。这种滤器在使用前，先用强酸（HCl 或 HNO_3）处理，再用水洗净。洗涤时通常采用抽滤法。

这种滤器耐酸不耐碱，因此，不可用强碱处理，也不适于过滤强碱溶液。将已洗净、烘干且恒重的微孔玻璃坩埚（或漏斗）置于干燥器中备用。过滤时，所用装置和上述洗涤时装置相同，在开动水流泵抽滤下，用倾泻法进行过滤，其操作与上述用滤纸过滤相同，不同之处是在抽滤下进行。

4. 干燥

微孔玻璃坩埚（或漏斗）只需烘干即可称量，一般将微孔玻璃坩埚（或漏斗）连同沉淀放在表面皿上，然后放入烘箱中，根据沉淀性质确定烘干温度。一般第一次烘干时间要长些，约 2h，第二次烘干时间可短些，45min～1h，根据沉淀的性质具体处理。沉淀烘干后，取出坩埚（或漏斗），置干燥器中冷却至室温后称量。反复烘干、称量，直至质量恒定（两次称量之差小于 0.2mg）为止。

8.2.4　沉淀重量法对沉淀的要求

能够用沉淀重量法分析的沉淀形式应满足 4 点要求：一是溶解度小，保证被测组分沉淀完全；二是易于过滤和洗涤（尽量获得粗大的晶形沉淀，如果是无定形沉淀，应注意掌握好沉淀条件，改善沉淀的性质）；三是沉淀力求纯净，尽量避免其他杂质的玷污；四是沉淀应易于转化为称量形式。

1. 尽量获得粗大的晶形沉淀

根据沉淀颗粒的大小和外观形态，可以将沉淀大致分成三类。颗粒直径为 0.1～$1\mu m$、内部排列较为规则且结构紧密的沉淀为晶形沉淀，它又有粗晶形和细晶形之分。$MgNH_4PO_4$ 等沉淀属于粗晶形沉淀，$BaSO_4$ 等沉淀属于细晶形沉淀。由许多疏松聚集在一起的微小沉淀颗粒所组成，通常还包含大量数目不定的水分子，排列上也杂乱无章，颗粒直径小于 $0.02\mu m$ 的沉淀一般为无定形沉淀（非晶形沉淀或胶状沉淀）。$Fe_2O_3 \cdot xH_2O$ 等沉淀属于无定形沉淀。颗粒大小介于晶形与无定形沉淀之间的沉淀为凝乳状沉淀。AgCl 等沉淀属于凝乳状沉淀。

沉淀本身的溶解度越大，所得沉淀的颗粒也越大，为晶形沉淀；沉淀本身的溶解度越小，沉淀的颗粒也越小，为无定形沉淀，如表 8.6 所示。

表 8.6　沉淀类型与溶解度的关系

沉　　淀	溶解度/（mol/L）	颗粒直径/μm	沉淀类型
$PbSO_4$	1.1×10^{-4}	0.1～1	晶形沉淀
$MgNH_4PO_4$	6.7×10^{-5}	0.1～1	晶形沉淀
$CaC_2O_4 \cdot H_2O$	5.1×10^{-5}	0.1～1	晶形沉淀
$BaSO_4$	1.1×10^{-5}	0.1～1	晶形沉淀
$Al_2O_3 \cdot nH_2O\ [Al(OH)_3]$	4.4×10^{-9}	<0.02	无定形沉淀

沉　　淀	溶解度/ (mol/L)	颗粒直径/μm	沉淀类型
$Al_2O_3 \cdot nH_2O$ [$Al(OH)_3$]	1.9×10^{-10}	<0.02	无定形沉淀
ZnS	3.3×10^{-12}	<0.02	无定形沉淀

　　沉淀的形成是一个复杂的过程。有关这方面的理论研究目前还不够成熟，这里仅仅从定性角度解释这一过程。沉淀的形成过程可以粗略地分为晶核的生成和晶体的长大等两个基本阶段。

　　1）生成晶核

　　晶核的生成中有两种成核作用，分别为均相成核和异相成核。所谓均相成核，是当溶液呈过饱和状态时，构晶离子由于静电作用，通过缔合而自发形成晶核的作用。例如，$BaSO_4$ 晶核的生成一般认为是在过饱和溶液中，Ba^{2+} 与 SO_4^{2-} 首先缔合为 $Ba^{2+} SO_4^{2-}$ 离子对，再进一步结合 Ba^{2+} 及 SO_4^{2-} 而形成离子群，如 $(Ba^{2+} SO_4^{2-})_2$。当离子群大到一定程度时便形成晶核。尼尔森（Nielesen）等认为，$BaSO_4$ 晶核由 8 个构晶离子所组成。

　　异相成核则是溶液中的微粒等外来杂质作为晶种诱导沉淀形成的作用。例如，由化学纯试剂所配制的溶液每毫升至少有 10 个不溶性的微粒，它们就能起到晶核的作用。这种异相成核作用在沉淀形成的过程中总是存在的。

　　2）形成晶形沉淀和无定形沉淀

　　晶核形成之后，构晶离子就可以向晶核表面运动并沉积下来，使晶核逐渐长大，最后形成沉淀微粒。在这个过程中，有两种速率的相对大小会影响到沉淀的类型：一是聚集速率，即构晶离子聚集成晶核，进一步积聚成沉淀微粒的速率；二是定向速率，即在聚集的同时，构晶离子按一定顺序在晶核上进行定向排列的速率。哈伯（Haber）认为，若聚集速率大于定向速率，这时一般来说异相成核占主导作用，不仅消耗大量的构晶离子，而且大量晶核迅速聚集而无法使构晶离子定向排列，就会生成颗粒细小的无定形沉淀。相反，若定向速率大于聚集速率，这时一般来说均相成核起主导作用，溶液中有足够的构晶离子能按一定的晶格位置在晶粒上进行定向排列，这样就能获得颗粒较大的晶形沉淀。

　　定向速率的大小主要取决于沉淀物质的性质。一般强极性难溶物质，如 $BaSO_4$、CaC_2O_4 等具有较大的定向速率；氢氧化物，特别是高价金属离子形成的氢氧化物，定向速率就小。而聚集速率的大小主要与沉淀时的条件有关。

　　根据冯·韦曼（VonWeimarn）提出的经验公式，沉淀的分散度（表示沉淀颗粒的大小）与溶液的相对过饱和度有关：

$$分散度 = K \cdot \frac{c_Q - s}{s} \tag{8.7}$$

式中，K——常数，它与沉淀的性质、温度、介质及溶液中存在的其他物质有关；

　　　　c_Q——开始沉淀瞬间沉淀物质的总浓度；

　　　　s——开始沉淀时沉淀物质的溶解度；

　　$c_Q - s$——沉淀开始瞬间的过饱和度，是引起沉淀作用的动力；

$(c_Q - s)/s$——沉淀开始瞬间的相对过饱和度。

由式（8.7）可知，溶液的相对过饱和度越大，分散度也越大，形成的晶核数目就越多，这时一般聚集速率就越快，往往是均相成核占主导作用，就将得到小晶形沉淀。相反，沉淀时溶液的相对过饱和度较小，分散度也较小，形成的晶核数目就相应较少，则晶核形成速度较慢，就将得到大晶形沉淀。

不同的沉淀，形成均相成核时所需的相对过饱和程度不同，通常每种沉淀都有其自身的相对过饱和极限值（临界值）。若能控制条件，使沉淀时溶液的相对过饱和度低于临界值，一般就能获得颗粒较大的沉淀。例如，AgCl 与 $BaSO_4$，两者 K_{sp}^θ 的数量级相同，可是 AgCl 沉淀的临界值为 5，而 $BaSO_4$ 的临界值为 1000。AgCl 的临界值太小，很难控制沉淀时的相对过饱和度低于临界值，而 $BaSO_4$ 由于临界值较大，因此比较容易控制一定的条件得到颗粒较大的晶形沉淀。

2. 尽量获得较为纯净的沉淀

在沉淀重量法中，共沉淀（表面吸附、吸留及包夹、形成混晶等）、继沉淀现象都能影响沉淀的纯度。

1）共沉淀现象

所谓共沉淀现象，是指在进行某种物质的沉淀反应时，某些可溶性的杂质被同时沉淀下来的现象。例如，以 $BaCl_2$ 为沉淀剂沉淀 SO_4^{2-} 时，若溶液中有 Fe^{3+} 存在，当 $BaSO_4$ 沉淀析出时，原本是可溶性的 $Fe_2(SO_4)_3$ 就会被夹在沉淀中，使得灼烧后的 $BaSO_4$ 中混有棕黄色的 Fe_2O_3。共沉淀现象主要有以下几类。

（1）表面吸附引起的共沉淀。表面吸附是晶体表面离子电荷不完全等衡所造成的。这种吸附一般认为是物理吸附。例如，在 $BaSO_4$ 沉淀表面，由于表面离子电荷不完全等衡，它就要吸引溶液中带相反电荷的离子于沉淀表面，组成吸附层。为了保持电中性，吸附层还可以再吸引异电荷离子（抗衡离子）而形成较为松散的扩散层，吸附层和扩散层共同组成沉淀表面的双电层，构成了表面吸附化合物。

一般来说，表面吸附是有选择性的。由于沉淀剂一般是过量的，因此吸附层优先吸附的是构晶离子，其次是与构晶离子大小相近、电荷相同的离子。扩散层的吸附也具有一定的规律，在杂质离子浓度相同时，优先吸附能与构晶离子形成溶解度或解离度最小的化合物的离子。例如，$BaSO_4$ 沉淀时，若 SO_4^{2-} 沉淀剂过量，则沉淀表面主要吸附的是 SO_4^{2-}。若溶液中存在 Ca^{2+} 和 Hg^{2+}，则扩散层将主要吸附 Ca^{2+}，因为 $CaSO_4$ 的溶解度比 $HgSO_4$ 的小。$BaSO_4$ 沉淀时，若是 Ba^{2+} 沉淀剂过量，则沉淀表面主要吸附的是 Ba^{2+}。若溶液中存在 Cl^- 和 NO_3^-，则扩散层将主要吸附 NO_3^-，因为 $Ba(NO_3)_2$ 的溶解度比 $BaCl_2$ 的小。

通常离子的价态越高，浓度越大，就越易被吸附；另外，沉淀的比表面（单位质量颗粒的表面积）越大，吸附的杂质量也越大，因此，相对而言，表面吸附是影响无定形沉淀纯度的主要原因；还需注意的是，对物理吸附来说，吸附过程是放热过程，而解吸附（或脱附）是吸热过程，因此溶液的温度越高，一般吸附的杂质量也就越小。

（2）吸留及包夹。若沉淀生长过快，使得表面吸附的杂质离子来不及离开沉淀表面，就被随后沉积上来的离子所覆盖，这种现象称为吸留。它往往由沉淀剂加得过快所造成，是晶形沉淀不纯的主要原因。它所引起共沉淀的程度同样符合吸附规律。对于可溶性盐的结晶，有时母液也可能被机械地包于沉淀之中，这种现象称为包夹。

（3）混晶或固溶体的形成。每种晶形沉淀都有其一定的晶体结构。若杂质离子的半径与构晶离子的半径相近、电荷相同，所形成的晶体结构也相同，就容易生成混晶。混晶是固溶体的一种。例如，$BaSO_4$ 沉淀时，若有 Pb^{2+} 存在，就有可能形成混晶。在有些混晶中，杂质离子或原子并不位于正常晶格的离子或原子位置上，而处于晶格的空隙中，这种混晶称为异型混晶。有时杂质离子与构晶离子的晶体结构不同，但在一定条件下也能形成混晶。例如，$MnSO_4 \cdot H_2O$ 与 $FeSO_4 \cdot H_2O$ 属于不同晶系，但也会形成混晶。

2）继沉淀现象

继沉淀又称后沉淀，是指某种沉淀析出后，另一种本来难以沉淀的组分在该沉淀的表面继续析出沉淀的现象。这种现象一般发生在该组分的过饱和溶液中。例如，在 0.01mol/LZn^{2+} 的 0.15mol/LHCl 溶液中通入 H_2S 气体，形成过饱和溶液而使 ZnS 析出缓慢。但是，若在该溶液中加入 Cu^{2+}，则通入 H_2S 后就会析出 CuS 沉淀，这时沉淀所夹带的 ZnS 沉淀的量并不显著，若将沉淀放置一段时间，ZnS 沉淀就会在 CuS 沉淀表面不断析出。

产生继沉淀现象的原因可能是由于表面吸附导致沉淀表面的沉淀剂浓度比溶液本体的高；对于上述例子，也可能是表面吸附了 S^{2-}，作为抗衡离子的 H^+ 与溶液中的 Zn^{2+} 发生离子交换作用，从而使继沉淀组分的离子积远远大于溶度积，析出沉淀。

在沉淀重量法中，若要得到溶解度、晶形粗大、纯净的沉淀，应注意采取措施控制沉淀条件，沉淀过程中尽量避免共沉淀（表面吸附、吸留及包夹、形成混晶等）、继沉淀现象的发生，尽量形成粗大的晶形沉淀。

8.2.5　获得良好、纯净沉淀的措施

1. 减少共沉淀现象

对于表面吸附来说，由于它发生在沉淀表面，一般物理吸附较多，且为放热过程，抗衡离子被吸附得也不太牢固，常可被溶液中的其他离子置换，表面吸附化合物也较为松散。因而沉淀时加热及沉淀后洗涤沉淀是减少表面吸附较为有效的方法，还可以使用合适的稀的电解质溶液作为洗涤剂，以取代杂质离子的吸附。例如，用 NaCl 沉淀 Ag^+，所得到的 AgCl 沉淀可以选择稀硝酸作为洗涤剂，沉淀表面 NaCl 吸附化合物中的 Na^+ 能与溶液中 H^+ 发生置换吸附，这样在烘干时沉淀表面吸附的 HCl 就会挥发，而得到相当纯净的 AgCl 沉淀。对于无定形沉淀，常可选用铵盐作为洗涤剂，最后在灼烧时除去。另外，对于一些高价离子，可以设法改变它们的存在形式，以减少或避免表面吸附。例如，$BaSO_4$ 沉淀时，如果将 Fe^{3+} 还原为 Fe^{2+}，或加入少量 EDTA 配位剂，使之与 Fe^{3+} 形成配合物，就能大大降低 Fe^{3+} 的吸附共沉淀。

对于吸留或包夹，由于杂质或母液在沉淀或结晶内部，因此无法通过简单的洗涤除去，只能采取陈化、重结晶或再沉淀等办法才能除去。

所谓陈化，一般是指沉淀后，让沉淀与母液共同放置一段时间，或通过加热搅拌一

定的时间后再过滤分离。在陈化过程中，沉淀或晶体中不完整部分的构晶离子会重新进入溶液，小晶粒也会不断溶解，溶解的构晶离子又能在大晶粒表面沉积。当沉积到一定程度后，溶液对大晶粒为饱和溶液时，对小晶粒又为不饱和溶液，还要溶解，如此反复进行。在小晶粒或沉淀不完整部分的溶解过程中，被吸留或包夹的杂质及母液就能被释放出来，使沉淀变得较为纯净，颗粒大小变得较为均匀。

再沉淀时，溶液中杂质的量相对降低，因而共沉淀或继沉淀现象都会自然减少。对于混晶来说，由于生成混晶的选择性较高，避免较为困难，因此一般采取事先分离可能形成混晶的杂质离子的措施。

2. 降低继沉淀现象

一般来说，继沉淀所引入的杂质量要比共沉淀的多，而且随放置的时间加长而增加；温度升高，继沉淀现象有时会更为严重。另外，不论杂质是沉淀前就存在的，还是沉淀后加入，继沉淀所引入的杂质量基本相同。因此，避免或减少继沉淀的主要办法是缩短沉淀与母液的共存时间，沉淀后稍搅拌一定时间就迅速过滤分离。

3. 选择合适的沉淀条件

对于晶形沉淀，在定量分离或重量分析中，为了获得颗粒较大、纯度较高的晶体，一般应控制较小的相对过饱和度，关键在于沉淀瞬间沉淀物质的总浓度要低。因此，所采用的沉淀条件应该是，在适当稀的热溶液中，在不断搅拌的情况下，缓慢滴加稀的沉淀剂，沉淀后一般应陈化。

对于非晶形沉淀，由于难以控制它们的相对过饱和度，因此，应设法使沉淀能紧密些，防止胶体的产生，并尽量减少杂质的吸附。所以，非晶形沉淀的沉淀条件应该是，在较浓的热溶液中加入一些易挥发的电解质（如 NH_4Cl 等），在搅拌的情况下，沉淀剂的加入速度也可适当快些，沉淀后加入适当的热水稀释，并充分搅拌后趁热过滤，不必陈化。这样做可以使离子的水化程度较小，并能促使沉淀微粒凝聚，以防止形成胶体溶液，即胶溶；能减少杂质的吸附；还可以避免沉淀失去水分而聚集得更为紧密，被吸附的杂质难以洗去。

4. 选择合适的有机沉淀剂

有机沉淀剂指重量分析及沉淀分离过程中，加入的与被测组分形成沉淀的有机试剂。有机沉淀剂和金属离子通常生成微溶性的螯合物或离子缔合物。因此，有机沉淀剂也可以分成生成螯合物和离子缔合物的沉淀剂两类。丁二酮肟是选择性较高的沉淀剂，在金属离子中，只有 Ni^{2+}、Pd^{2+}、Pt^{2+}、Fe^{2+} 能与它生成沉淀，Co^{2+}、Cu^{2+}、Zn^{2+} 等与它生成水溶性的配合物。在氨性溶液中，丁二酮肟与 Ni^{2+} 生成鲜红色的螯合物沉淀，沉淀组成恒定，可烘干后直接称重，常用于重量法测定镍。Fe^{3+}、Al^{3+}、Cr^{3+} 等在氨性溶液中能生成水合氧化物沉淀，干扰测定，可加入柠檬酸或酒石酸进行掩蔽。

有机沉淀剂的特点：试剂品种多，性质各异，有些试剂的选择性很高，便于选用；沉淀的溶解度一般很小，有利于被测物质沉淀完全；沉淀吸附无机杂质较少，且沉淀易于过滤、洗涤；沉淀的摩尔质量大，被测组分在称量形式中占的百分比小，有利于提高分析的准确性；有些沉淀组成恒定，经烘干后即可称量，简化了质量分析操作。有机沉淀剂的缺点也很明显，如试剂在水中的溶解度较小，容易被夹杂在沉淀中；有些沉淀剂容易黏附于皿器或漂浮于溶液表面上，带来操作上的麻烦。

8.2.6　沉淀重量法对称量形式的要求

有些沉淀的组成不恒定，仍需灼烧成一定的称量形式。沉淀重量法对称量形式的要求如下。

（1）称量形式必须有确定的化学组成，这是计算分析结果的依据。

（2）称量形式必须十分稳定，不受空气中水分、CO_2 和 O_2 等的影响。

（3）称量形式的摩尔质量要大，待测组分在称量形式中的质量分数要小，这样待测组分含量较低时，可以提高分析的准确度。

例如，本任务中沉淀重量法测定镍时，用丁二酮肟将 Ni^{2+} 沉淀为丁二酮肟镍后，可以烘干后称重，也可以灼烧成 NiO 称重。按这两种称量形式计算，0.1000gNi（58.69g/mol）可获得 0.4926g 丁二酮肟镍（289.09g/mol）或 0.1273gNiO（74.69g/mol）。由于分析天平的称量误差一般为±0.2mg，得相对误差公式：

$$E_r = \frac{0.2\text{mg}}{m_{称量形式}} \times 100\% \tag{8.8}$$

显然，分母（$m_{称量形式}$）越大，相对误差越小，丁二酮肟镍烘干法的准确度越高。

主要参考文献

范冬梅. 2009. 分析化学实验. 北京：化学工业出版社.

高晓松，薛富. 2011. 分析化学. 北京：科学出版社.

高职高专化学教材编写组. 2008. 分析化学. 3 版. 北京：高等教育出版社.

杭州大学化学系分析化学教研室. 2003. 分析化学手册（第二分册）化学分析. 北京：化学工业出版社.

杭州大学化学系分析化学教研室. 2003. 分析化学手册（第一分册）基础知识与安全知识. 北京：化学工业出版社.

贺浪冲. 2009. 分析化学. 北京：高等教育出版社.

胡乃非，欧阳津，晋卫军，等. 2010. 分析化学. 3 版. 北京：高等教育出版社.

胡伟光，张文英. 2010. 定量化学分析实验. 北京：化学工业出版社.

华东理工大学分析化学教研组，四川大学工科化学基础课程教学基地. 2009. 分析化学. 6 版. 北京：高等教育出版社.

黄杉生. 2008. 分析化学实验. 北京：科学出版社.

黄世德，梁生旺. 2005. 分析化学实验. 北京：中国中医药出版社.

黄一石，乔子荣. 2010. 定量化学分析. 2 版. 北京：化学工业出版社.

靳素荣，王志花. 2009. 分析化学实验. 武汉：武汉理工大学出版社.

李克安. 2005. 分析化学教程. 北京：北京大学出版社.

刘天煦. 2011. 分析化验中常遇问题的处理方法. 北京：化学工业出版社.

史启祯. 2010. 无机化学与化学分析. 北京：高等教育出版社.

孙毓庆. 2004. 分析化学实验. 北京：科学出版社.

王安群. 2011. 分析化学实训. 北京：科学出版社.

吴性良，孔继烈. 2010. 分析化学原理. 2 版. 北京：化学工业出版社.

武汉大学. 1998. 分析化学. 3 版. 北京：高等教育出版社.

武汉大学. 2000. 分析化学. 4 版. 北京：高等教育出版社.

武汉大学化学与分子科学学院实验中心. 2003. 分析化学实验. 武汉：武汉大学出版社.

杨春文，王康英. 2007. 分析化学实验. 兰州：兰州大学出版社.

姚思童，张进. 2008. 现代分析化学实验. 北京：化学工业出版社.

张孙玮，汤福隆，张泰. 1987. 现代化学试剂手册（第二分册）化学分析试剂. 北京：化学工业出版社.

张学军. 2009. 分析化学实验教程. 北京：中国环境科学出版社.

张英. 2009. 分析化学. 北京：高等教育出版社.

周方钦. 2010. 分析化学实验. 湘潭：湘潭大学出版社.

庄京，林金明. 2007. 基础分析化学实验. 北京：高等教育出版社.

附 录

附录 1 常用酸碱的密度和浓度

试剂名称	密度/(kg/m³)	含量/%	c/(mol/L)
盐酸	1.18～1.19	36～38	11.6～12.4
硝酸	1.39～1.40	65.0～68.0	14.4～15.2
硫酸	1.83～1.84	95～98	17.8～18.4
磷酸	1.69	85	14.6
高氯酸	1.68	70.0～72.0	11.7～12.0
冰醋酸	1.05	99.8（优级纯）	17.4
		99.0（分析纯）	
氢氟酸	1.13	40	22.5
氢溴酸	1.49	47.0	8.6
氨水	0.88～0.90	25.0～28.0	13.3～14.8

附录 2 常用缓冲溶液的配制

缓冲溶液组成	pK_a	缓冲溶液 pH	缓冲溶液配制方法
氨基乙酸-HCl	2.35（pK_{a1}）	2.3	取 150g 氨基乙酸溶于 500mL 水中后，加入 80mL 浓 HCl，再加水稀释至 1L
H₃PO₄-柠檬酸盐	—	2.5	取 113gNa₂HPO₄·12H₂O 溶于 200mL 水中，加入 387g 柠檬酸，溶解，过滤后，稀释至 1L
一氯乙酸-NaOH	2.86	2.8	取 200g 一氯乙酸溶于 200mL 水中，加入 40gNaOH，溶解后，稀释至 1L
邻苯二甲酸氢钾-HCl	2.95（pK_{a1}）	2.9	取 500g 邻苯二甲酸氢钾溶于 500mL 水中，加入 80mL 浓 HCl，稀释至 1L
甲酸-NaOH	3.76	3.7	取 95g 甲酸和 40gNaOH 于 500mL 水中，溶解，稀释至 1L
NH₄Ac-HAc	—	4.5	取 77gNH₄Ac 溶于 200mL 水中，加入 59mL 冰醋酸，稀释至 1L
NaAc-HAc	4.74	4.7	取 83g 无水 NaAc 溶于水中，加入 60mL 冰醋酸，稀释至 1L
NH₄Ac-HAc	—	5.0	取 250gNH₄Ac 溶于水中，加入 25mL 冰醋酸，稀释至 1L
六亚甲基四胺-HCl	5.15	5.4	取 40g 六亚甲基四胺溶于 200mL 水中，加入 10mL 浓 HCl，稀释至 1L
NH₄Ac-HAc		6.0	取 600gNH₄Ac 溶于水中，加入 20mL 冰醋酸，稀释至 1L

续表

缓冲溶液组成	pK_a	缓冲溶液 pH	缓冲溶液配制方法
NaAc-Na₂HPO₄	—	8.0	取 50g 无水 NaAc 和 50gNa₂HPO₄·12H₂O，溶于水中，稀释至 1L
Tris［三羟甲基氨基甲烷 H₂NC（HOCH₃）₃］—HCl	8.21	8.2	取 25gTris 试剂溶于水中，加入 8mL 浓 HCl，稀释至 1L
NH₃-NH₄Cl	9.26	9.2	取 54gNH₄Cl 溶于水中，加入 63mL 浓氨水，稀释至 1L
NH₃-NH₄Cl	9.26	9.5	取 54gNH₄Cl 溶于水中，加入 126mL 浓氨水，稀释至 1L
NH₃-NH₄Cl	9.29	10.0	取 54gNH₄Cl 溶于水中，加入 350mL 浓氨水，稀释至 1L

注：① 缓冲溶液配制后可用 pH 试纸检查。若 pH 不对，可用共轭酸或碱调节。pH 欲调节精确时，可用 pH 计调节。
　　② 若需增加或减少缓冲溶液的缓冲容量，可相应增加或减少共轭酸碱对的物质的量，然后按上述调节。

附录 3　常用基准物质的干燥条件和应用

基准物质		干燥后组成	干燥条件/℃	标定对象
名称	分子式			
碳酸氢钠	NaHCO₃	Na₂CO₃	270～300	酸
碳酸钠	Na₂CO₃	Na₂CO₃	270～300	酸
硼砂	Na₂B₄O₇·10H₂O	Na₂B₄O₇·10H₂O	放在含 NaCl 和蔗糖饱和溶液的干燥器中	酸
碳酸氢钾	KHCO₃	K₂CO₃	270～300	酸
草酸	H₂C₂O₄·2H₂O	H₂C₂O₄·2H₂O	室温空气干燥	碱或 KMnO₄
邻苯二甲酸氢钾	KHC₈H₄O₄	KHC₈H₄O₄	110～120	碱
重铬酸钾	K₂Cr₂O₇	K₂Cr₂O₇	140～150	还原剂
溴酸钾	KBrO₃	KBrO₃	130	还原剂
碘酸钾	KIO₃	KIO₃	130	还原剂
铜	Cu	Cu	室温干燥器中保存	还原剂
三氧化二砷	As₂O₃	As₂O₃	室温干燥器中保存	还原剂
草酸钠	Na₂C₂O₄	Na₂C₂O₄	130	氧化剂
碳酸钙	CaCO₃	CaCO₃	110	EDTA
锌	Zn	Zn	室温干燥器中保存	EDTA
氧化锌	ZnO	ZnO	900～1000	EDTA
氯化钠	NaCl	NaCl	500～600	AgNO₃
氯化钾	KCl	KCl	500～600	AgNO₃
硝酸银	AgNO₃	AgNO₃	280～290	氯化物
氨基磺酸	HOSO₂NH₂	HOSO₂NH₂	在真空 H₂SO₄ 干燥器中保存 48h	碱

附录4　常用指示剂

1. 酸碱指示剂

名称	变色范围（pH）	颜色变化	溶液配制方法
甲基紫	0.13~0.50（第一次变色）	黄~绿	0.5g/L 水溶液
	1.0~1.5（第二次变色）	绿~蓝	
	2.0~3.0（第三次变色）	蓝~紫	
百里酚蓝	1.2~2.8（第一次变色）	红~黄	1g/L乙醇溶液
甲酚红	0.12~1.8（第一次变色）	红~黄	1g/L乙醇溶液
甲基黄	2.9~4.0	红~黄	1g/L乙醇溶液
甲基橙	3.1~4.4	红~黄	1g/L水溶液
溴酚蓝	3.0~4.6	黄~紫	0.4g/L乙醇溶液
刚果红	3.0~5.2	蓝紫~红	1g/L水溶液
溴甲酚绿	3.8~5.4	黄~蓝	1g/L乙醇溶液
甲基红	4.4~6.2	红~黄	1g/L乙醇溶液
溴酚红	5.0~6.8	黄~红	1g/L乙醇溶液
溴甲酚紫	5.2~6.8	黄~紫	1g/L乙醇溶液
溴百里酚蓝	6.0~7.6	黄~蓝	1g/L乙醇［50%（体积分数）］溶液
中性红	6.8~8.0	红~亮黄	1g/L乙醇溶液
酚红	6.4~8.2	黄~红	1g/L乙醇溶液
甲酚红	7.0~8.8（第二次变色）	黄~紫红	1g/L乙醇溶液
百里酚蓝	8.0~9.6（第二次变色）	黄~蓝	1g/L乙醇溶液
酚酞	8.2~10.0	无~红	10g/L乙醇溶液
百里酚酞	9.4~10.6	无~蓝	1g/L醇溶液

2. 酸碱混合指示剂

名称	变色点/V	颜色		配制方法	备注
		酸色	碱色		
甲基橙-靛蓝（二磺酸）	4.1	紫	绿	1份1g/L甲基橙水溶液 1份2.5g/L靛蓝（二磺酸）水溶液	
溴百里酚绿-甲基橙	4.3	黄	蓝绿	1份1g/L溴百里酚绿钠盐水溶液 1份2g/L甲基橙水溶液	pH=3.5黄 pH=4.05绿黄 pH=4.3浅绿
溴百里酚绿-甲基红	5.1	酒红	绿	3份1g/L溴甲酚绿乙醇溶液 1份2g/L甲基红乙醇溶液	
甲基红-亚甲基蓝	5.4	红紫	绿	2份1g/L甲基红乙醇溶液 1份1g/L亚甲基蓝乙醇溶液	pH=5.2红紫 pH=5.4暗蓝 pH=5.6绿
溴甲酚绿-氯酚红	6.1	黄绿	蓝紫	1份1g/L溴甲酚绿钠盐水溶液 1份1g/L氯酚红钠盐水溶液	pH=5.8蓝 pH=6.2蓝紫
溴甲酚紫-溴百里酚蓝	6.7	黄	蓝紫	1份1g/L溴甲酚紫钠盐水溶液 1份1g/L溴百里酚蓝钠盐水溶液	
中性红-亚甲基蓝	7.0	紫蓝	绿	1份1g/L中性红乙醇溶液 1份1g/L亚甲基蓝乙醇溶液	pH=7.0蓝紫
溴百里酚蓝-酚红	7.5	黄	紫	1份1g/L溴百里酚蓝钠盐水溶液 1份1g/L酚红钠盐水溶液	pH=7.2暗绿 pH=7.4淡紫 pH=7.6深紫

续表

名称	变色点/V	颜色		配制方法	备注
		酸色	碱色		
甲酚红-百里酚蓝	8.3	黄	紫	1份 1g/L 甲酚红钠盐水溶液 3份 1g/L 百里酚蓝钠盐水溶液	pH=8.2 玫瑰 pH=8.4 紫
百里酚蓝-酚酞	9.0	黄	紫	1份 1g/L 百里酚蓝乙醇溶液 3份 1g/L 酚酞乙醇溶液	
酚酞-百里酚酞	9.9	无	紫	1份 1g/L 酚酞乙醇溶液 1份 1g/L 百里酚酞乙醇溶液	pH=9.6 玫瑰 pH=10 紫

3. 金属离子指示剂

指示剂名称	用于测定			配制方法
	测定元素	颜色变化	测定条件	
酸性铬蓝 K	Ca	红～蓝	pH=12	0.1%乙醇溶液
	Mg	红～蓝	pH=10（氨性缓冲溶液）	
钙指示剂	Ca	酒红～蓝	pH>12（KOH 或 NaOH）	与 NaCl 配成质量比为 1∶100 的固体混合物
铬天青 S	Al	紫～黄橙	pH=4（醋酸缓冲溶液），热	0.4%水溶液
	Cu	蓝紫～黄	pH=6～6.5（醋酸缓冲溶液）	
	Fe	蓝～橙	pH=2～3（氯乙酸盐缓冲溶液）	
	Mg	红～黄	pH=10～11（氨性缓冲溶液）	
双硫腙	Zn	红～绿紫	pH=4.5，50%（体积分数）乙醇溶液	0.03%乙醇溶液
铬黑 T	Al	蓝～红	pH=7～8，吡啶存在下，以 Zn^{2+} 离子回滴	与 NaCl 配成质量比为 1∶100 的固体混合物
	Bi	蓝～红	pH=9～10，以 Zn^{2+} 离子回滴	
	Ca	红～蓝	pH=10，加入 EDTA－Mg	
	Cd	红～蓝	pH=10（氨性缓冲溶液）	
	Mg	红～蓝	pH=10（氨性缓冲溶液）	
	Mn	红～蓝	氧性缓冲溶液，加羟胺	
	Ni	红～蓝	氨性缓冲溶液	
	Pb	红～蓝	氨性缓冲溶液，加酒石酸钾	
	Zn	红～蓝	pH=6.8～10（氨性缓冲溶液）	
紫脲酸铵	Ca	红～紫	pH>10（NaOH），体积分数为 25%乙醇	与 NaCl 配成质量比为 1∶100 的固体混合物
	Co	黄～紫	pH=8～10（氨性缓冲溶液）	
	Cu	黄～紫	pH=7～8（氨性缓冲溶液）	
	Ni	黄～紫红	pH=8.5～11.5（氨性缓冲溶液）	
PAN	Cd	红～黄	pH=6（醋酸缓冲溶液）	0.2%乙醇（或甲醇）溶液
	Co	黄～红	醋酸缓冲溶液，70～80℃，以 Cu^{2+} 离子回滴	
	Cu	紫～黄	pH=10（氨性缓冲溶液）	
	Cu	红～黄	pH=6（醋酸缓冲溶液）	
	Zn	粉红～黄	pH=5～7（醋酸缓冲溶液）	
PAR	Bi	红～黄	pH=1～2（HNO₃）	0.05%或 0.2%水溶液
	Cu	红～黄（绿）	pH=1～5（六亚甲基四胺，氨性性缓冲溶液）	
	Cu	红～黄	六亚甲基四胺/氨性缓冲溶液	

续表

指示剂名称	用于测定			配制方法
	测定元素	颜色变化	测定条件	
邻苯二酚紫	Cd	蓝～红紫	pH=10（氨性缓冲溶液）	0.1%水溶液
	Co	蓝～红紫	pH=8～9（氨性缓冲溶液）	
	Cu	蓝～黄绿	pH=6～7，吡啶溶液	
	Fe（Ⅲ）	黄绿～蓝	pH=6～7，吡啶存在下，以 Cu^{2+} 离子回滴	
	Mg	蓝～红紫	pH=10（氨性缓冲溶液）	
	Mn	蓝～红紫	pH=9（氨性缓冲溶液）	
	Pb	蓝～黄	pH=5.5（六亚甲基四胺）	
	Zn	蓝～红紫	pH=10（氨性缓冲溶液）	
磺基水杨酸	Fe（Ⅲ）	红紫～黄	pH=1.5～2	1%～2%水溶液
试钛灵	Fe（Ⅲ）	蓝～黄	pH=2～3（醋酸热溶液）	2%水溶液
二甲酚橙（XO）	Bi	红～黄	pH=1～2（HNO_3）	0.5%乙醇（或水）溶液
	Cd	粉红～黄	pH=5～6（六亚甲基四胺）	
	Pb	红紫～黄	pH=5～6（醋酸缓冲溶液）	
	Th（Ⅳ）	红～黄	pH=1.6～3.5（HNO_3）	
	Zn	红～黄	pH=5～6（醋酸缓冲溶液）	

4. 氧化还原指示剂

名称	变色点/V	颜色		配制方法
		氧化态	还原态	
二苯胺	0.76	紫	无	1g 二苯胺在搅拌下溶于 100mL 浓硫酸中
二苯胺磺酸钠	0.85	紫	无	5g/L 水溶液
邻菲啰啉-Fe（Ⅱ）	1.06	淡蓝	红	$0.5gFeSO_4 \cdot 7H_2O$ 溶于 100mL 水中，加入两滴硫酸，再加入 0.5g 邻菲啰啉
邻苯氨基苯甲酸	1.08	紫红	无	0.2g 邻苯氨基苯甲酸，加热溶解在 100mL 0.2%的 Na_2CO_3 溶液中，必要时过滤
硝基邻菲啰啉-Fe（Ⅱ）	1.25	淡蓝	紫红	1.7g 硝基邻菲啰啉溶于 100mL 0.025mol/L 的 Fe^{2+} 溶液中
淀粉	—	—	—	1g 可溶性淀粉加入少许水调成糊状，在搅拌下注入 100mL 沸水中，微沸 2min，放置，取上层清液使用（若要保持稳定，可在研磨淀粉时加 $1mg-HgI_2$）

5. 沉淀指示剂

名称	颜色变化		配制方法
铬酸钾	黄	砖红	5g 铬酸钾溶于少量水，滴加 $AgNO_3$ 溶液至红色不褪，混匀，放置过夜后过滤，将滤液稀释至 100mL
硫酸铁铵	无	血红	$4gNH_4Fe(SO_4)_2 \cdot 12H_2O$ 溶于水，加入几滴硫酸，用水稀释至 100mL
荧光黄	绿色荧光	玫瑰红	0.5g 荧光黄溶于乙醇，用乙醇稀释至 100mL
二氯荧光黄	绿色荧光	玫瑰红	0.1g 二氯荧光黄溶于乙醇，用乙醇稀释至 100mL
曙红	黄	玫瑰红	0.5g 曙红钠盐溶于水，稀释至 100mL

附录5　弱酸/弱碱在水中的离解常数（25℃，$I=0$）

弱酸/弱碱	分子式	K_a（K_b）	pK_a（pK_b）
砷酸	H_3AsO_4	6.3×10^{-3}（K_{a1}）	2.20
		1.0×10^{-7}（K_{a2}）	7.00
		3.2×10^{-12}（K_{a3}）	11.50
亚砷酸	$HAsO_2$	6.0×10^{-10}（K_a）	9.22
硼酸	H_3BO_3	5.8×10^{-10}（K_a）	9.24
焦硼酸	$H_2B_4O_7$	1.0×10^{-4}（K_{a1}）	4
		1.0×10^{-9}（K_{a2}）	9
碳酸	H_2CO_3（CO_2+H_2O）	4.2×10^{-7}（K_{a1}）	6.38
		5.6×10^{-11}（K_{a2}）	10.25
氢氰酸	HCN	6.2×10^{-10}（K_a）	9.21
铬酸	H_2CrO_4	1.8×10^{-1}（K_{a1}）	0.74
		3.2×10^{-7}（K_{a2}）	6.50
氢氟酸	HF	6.6×10^{-4}（K_a）	3.18
亚硝酸	HNO_2	5.1×10^{-4}（K_a）	3.29
过氧化氢	H_2O_2	1.8×10^{-12}（K_a）	11.75
磷酸	H_3PO_4	7.6×10^{-3}（K_{a1}）	2.12
		6.3×10^{-8}（K_{a2}）	7.20
		4.4×10^{-13}（K_{a3}）	12.36
焦磷酸	$H_4P_2O_7$	3.0×10^{-2}（K_{a1}）	1.52
		4.4×10^{-3}（K_{a2}）	2.36
		2.5×10^{-7}（K_{a3}）	6.60
		5.6×10^{-10}（K_{a4}）	9.25
亚磷酸	H_3PO_3	5.0×10^{-2}（K_{a1}）	1.30
		2.5×10^{-7}（K_{a2}）	6.60
氢硫酸	H_2S	1.3×10^{-7}（K_{a1}）	6.88
		7.1×10^{-15}（K_{a2}）	14.15
硫酸一氢根	HSO_4^-	1.0×10^{-2}（K_{a1}）	1.99
亚硫酸	H_3SO_3（SO_2+H_2O）	1.3×10^{-2}（K_{a1}）	1.90
		6.3×10^{-8}（K_{a2}）	7.20
偏硅酸	H_2SiO_3	1.7×10^{-10}（K_{a1}）	9.77
		1.6×10^{-12}（K_{a2}）	11.8
甲酸	$HCOOH$	1.8×10^{-4}（K_a）	3.74
乙酸	CH_3COOH	1.8×10^{-5}（K_a）	4.74
一氯乙酸	$CH_2ClCOOH$	1.4×10^{-3}（K_a）	2.86
二氯乙酸	$CHCl_2COOH$	5.0×10^{-2}（K_a）	1.30
三氯乙酸	CCl_3COOH	0.23（K_a）	0.64
氨基乙酸盐	$^+NH_3CH_2COOH^-$	4.5×10^{-3}（K_{a1}）	2.35
	$^+NH_3CH_2COO^-$	2.5×10^{-10}（K_{a2}）	9.60

弱酸/弱碱	分子式	K_a (K_b)	pK_a (pK_b)
抗坏血酸	CH₂OH H-C-OH（内酯环结构）	5.0×10^{-5} (K_{a1})	4.30
		1.5×10^{-10} (K_{a2})	9.82
乳酸	$CH_3CHOHCOOH$	1.4×10^{-4} (K_a)	3.86
苯甲酸	C_6H_5COOH	6.2×10^{-5} (K_a)	4.21
草酸	$H_2C_2O_4$	5.9×10^{-2} (K_{a1})	1.22
		6.4×10^{-5} (K_{a2})	4.19
D-酒石酸	CH (OH) COOH	9.1×10^{-4} (K_{a1})	3.04
		4.3×10^{-5} (K_{a2})	4.37
邻苯二甲酸	（苯环）—COOH —COOH	1.1×10^{-3} (K_{a1})	2.95
		3.9×10^{-6} (K_{a2})	5.41
柠檬酸	CH₂COOH | CH(OH)COOH | CH₂COOH	7.4×10^{-4} (K_{a1})	3.13
		1.7×10^{-5} (K_{a2})	4.76
		4.0×10^{-7} (K_{a3})	6.40
苯酚	C_6H_5OH	1.1×10^{-10} (K_a)	9.95
乙二胺四乙酸	H_6-EDTA^{2+}	0.13 (K_{a1})	0.9
	H_5-EDTA^+	3×10^{-2} (K_{a2})	1.6
	H_4-EDTA	1×10^{-2} (K_{a3})	2.0
	H_3-EDTA^-	2.1×10^{-3} (K_{a4})	2.67
	H_2-EDTA^{2-}	6.9×10^{-7} (K_{a5})	6.17
	$H-EDTA^{3-}$	5.5×10^{-11} (K_{a6})	10.26
氨水	NH_3	1.8×10^{-5} (K_b)	4.74
联氨	H_2NNH_2	3.0×10^{-6} (K_{b1})	5.52
		1.7×10^{-5} (K_{b2})	14.12
羟胺	NH_2OH	9.1×10^{-9} (K_b)	8.04
甲胺	CH_3NH_2	4.2×10^{-4} (K_b)	3.38
乙胺	$C_2H_5NH_2$	5.6×10^{-4} (K_b)	3.25
二甲胺	$(CH_3)_2NH$	1.2×10^{-4} (K_b)	3.93
二乙胺	$(C_2H_5)_2NH$	1.3×10^{-3} (K_b)	2.89
乙醇胺	$HOCH_2CH_2NH_2$	3.2×10^{-5} (K_b)	4.50
三乙醇胺	$(HOCH_2CH_2)_3N$	5.8×10^{-7} (K_b)	6.24
六次甲基四胺	$(CH_2)_6N_4$	1.4×10^{-9} (K_b)	8.85
乙二胺	$H_2NCH_2CH_2NH_2$	8.5×10^{-5} (K_{b1})	4.07
		7.1×10^{-8} (K_{b2})	7.15
吡啶	（含N六元环）	1.7×10^{-9} (K_b)	8.77

附录 6　配合物的稳定常数（18~25℃）

金属离子		I	n	$\lg\beta$
氮配合物	Ag^+	0.5	1, 2	3.24, 7.05
	Cd^{2+}	2	1, 2, …, 6	2.65, 4.75, 6.19, 7.12, 6.80, 5.14
	Co^{2+}	2	1, 2, …, 6	2.11, 3.74, 4.79, 5.55, 5.73, 5.11
	Co^{3+}	2	1, 2, …, 6	6.7, 14.0, 20.1, 25.7, 30.8, 35.2
	Cu^+	2	1, 2	5.93, 10.86
	Cu^{2+}	2	1, 2, …, 5	4.31, 7.98, 11.02, 13.32, 12.86
	Ni^{3+}	2	1, 2, …, 6	2.80, 5.04, 6.77, 7.96, 8.71, 8.74
	Zn^{2+}	2	1, 2, …, 4	2.37, 4.81, 7.31, 9.46
溴配合物	Ag^+	0	1, 2, …, 4	4.38, 7.33, 8.00, 8.73
	Bi^{3+}	2.3	1, 2, …, 6	4.30, 5.55, 5.89, 7.82, —, 9.70
	Cd^{2+}	3	1, 2, …, 4	1.75, 2.34, 3.32, 3.70
	Cu^+	0	2	5.89
	Hg^{2+}	0.5	1, 2, …, 4	9.05, 17.32, 19.74, 21.00
氯配合物	Ag^+	0	1, 2, …, 4	3.04, 5.04, 5.04, 5.30
	Hg^{2+}	0.5	1, 2, …, 4	6.74, 13.22, 14.07, 15.07
	Sn^{2+}	0	1, 2, …, 4	1.51, 2.24, 2.03, 1.48
	Sb^{3+}	4	1, 2, …, 6	2.26, 3.49, 4.18, 4.72, 4.72, 4.11
氰配合物	Ag^+	0	1, 2, …, 4	—, 21.1, 21.7, 20.6
	Cd^{2+}	3	1, 2, …, 4	5.48, 10.60, 15.23, 18.78
	Co^{2+}		6	19.09
	Cu^+	0	1, 2, …, 4	—, 24.0, 28.59, 30.3
	Fe^{2+}	0	6	35
	Fe^{3+}	0	6	42
	Hg^{2+}	0	4	41.4
	Ni^{2+}	0.1	4	31.3
	Zn^{2+}	0.1	4	16.7
氟配合物	Al^{3+}	0.5	1, 2, …, 6	6.13, 11.15, 15.00, 17.75, 19.37, 19.84
	Fe^{3+}	0.5	1, 2, …, 6	5.28, 9.30, 12.06, —, 15.77, —
	Th^{4+}	0.5	1, 2, 3	7.65, 13.46, 17.97
	TiO_2^{2+}	3	1, 2, …, 4	5.4, 9.8, 13.7, 18.0
	ZnO_2^{2+}	2	1, 2, 3	8.80, 16.12, 21.94
碘配合物	Ag^+	0	1, 2, 3	6.58, 11.74, 13.68
	Bi^{2+}	2	1, 2, …, 6	3.63, —, —, 14.95, 16.80, 18.80
	Cd^{2+}	0	1, 2, …, 4	2.10, 3.43, 4.49, 5.41
	Pb^{2+}	0	1, 2, …, 4	2.00, 3.15, 3.92, 4.47
	Hg^{2+}	0.5	1, 2, …, 4	12.87, 23.82, 27.60, 29.83
磷酸配合物	Ca^{2+}	0.2	CaHL	1.7
	Mg^{2+}	0.2	MgHL	1.9
	Mn^{2+}	0.2	MnHL	2.6
	Fe^{3+}	0.66	FeHL	9.35

续表

金属离子		I	n	$\lg\beta$
硫氰酸配合物	Ag$^+$	2.2	1, 2, …, 4	—, 7.57, 9.08, 10.08
	Au$^+$	0	1, 2, …, 4	—, 23, —, 42
	Co^{2+}	1	1	1.0
	Cu$^+$	5	1, 2, …, 4	—, 11.00, 10.90, 10.48
	Fe^{3+}	0.5	1, 2	2.95, 3.36
	Hg^{2+}	1	1, 2, …, 4	—, 17.47, —, 21.23
硫代硫酸配合物	Ag$^+$	0	1, 2, 3	8.82, 13.48, 14.15
	Cu$^+$	0.8	1, 2, 3	10.35, 12.27, 13.71
	Hg^{2+}	0	1, 2, …, 4	—, 29.86, 32.26, 33.61
	Pb^{2+}	0	1, 3	5.1, 6.4
乙酰丙酮配合物	Al^{3+}	0	1, 2, 3	8.60, 15.5, 21.30
	Cu^{2+}	0	1, 2	8.27, 16.34
	Fe^{2+}	0	1, 2	5.07, 8.67
	Fe^{3+}	0	1, 2, 3	11.4, 22.1, 26.7
	Ni^{2+}	0	1, 2, 3	6.06, 10.77, 13.09
	Zn^{2+}	0	1, 2	4.98, 8.81
柠檬酸配合物	Ag$^+$	0	Ag$_2$HL	7.1
	Al^{3+}	0.5	AlHL	7.0
			AlL	20.0
			AlOHL	30.6
	Ca^{2+}	0.5	CaH$_3$L	10.9
			CaH$_2$L	8.4
			CaHL	3.5
	Cd^{2+}	0.5	CaH$_2$L	7.9
			CdHL	4.0
			CdL	11.3
	Co^{2+}	0.5	CoH$_2$L	8.9
			CoHL	4.4
			CoL	12.5
	Cu^{2+}	0.5	CuH$_3$L	12.0
		0	CuHL	6.1
		0.5	CuL	18.0
	Fe^{2+}	0.5	FeH$_3$L	7.3
			FeHL	3.1
			FeL	15.5
	Fe^{3+}	0.5	FeH$_2$L	12.2
			FeHL	10.9
			FeL	25.0
	Ni^{2+}	0.5	NiH$_2$L	9.0
			NiHL	4.8
			NiL	14.3

续表

金属离子		I	n	$\lg\beta$
柠檬酸 配合物	Pb^{2+}	0.5	PbH_2L	11.2
			$PbHL$	5.2
			PbL	12.3
	Zn^{2+}	0.5	ZnH_2L	8.7
			$ZnHL$	4.5
			ZnL	11.4
草酸配合物	Al^{3+}	0	1, 2, 3	7.26, 13.0, 16.3
	Cd^{2+}	0.5	1, 2	2.9, 4.7
	Co^{2+}	0.5	$CoHL$	5.5
			CoH_2L	10.6
		0	1, 2, 3	4.79, 4.7, 9.7
	Co^{3+}		3	20
	Cu^{2+}	0.5	$CuHL$	6.25
			1, 2	4.5, 8.9
	Fe^{2+}	0.5~1	1, 2, 3	2.9, 4.52, 5.22
	Fe^{3+}	0	1, 2, 3	9.4, 16.2, 20.2
	Mg^{2+}	0.1	1, 2	2.76, 4.38
	Mn（Ⅲ）	2	1, 2, 3	9.98, 16.57, 19.42
	Ni^{2+}	0.1	1, 2, 3	5.3, 7.64, 8.5
	Th（Ⅳ）	0.1	4	24.5
	TiO^{2+}	2	1, 2	6.6, 9.9
	Zn^{2+}	0.5	ZnH_2L	5.6
			1, 2, 3	4.89, 7.60, 8.15
磺基水杨酸 配合物	Al^{3+}	0.1	1, 2, 3	13.20, 22.83, 28.89
	Cd^{2+}	0.25	1, 2	16.68, 29.08
	Co^{2+}	0.1	1, 2	6.13, 9.82
	Cr^{3+}	0.1	1	9.56
	Cu^{2+}	0.1	1, 2	9.52, 16.45
	Fe^{2+}	0.1~0.5	1, 2	5.90, 9.90
	Fe^{3+}	0.25	1, 2, 3	14.64, 25.18, 32.12
	Mn^{2+}	0.1	1, 2	5.24, 8.24
	Ni^{2+}	0.1	1, 2	6.42, 10.24
	Zn^{2+}	0.1	1, 2	6.05, 10.65
酒石酸配合物	Bi^{3+}	0	3	8.30
	Ca^{2+}	0.5	$CaHL$	4.85
		0	1, 2	2.98, 9.01
	Cd^{2+}	0.5	1	2.8
	Cu^{2+}	1	1, 2, …, 4	3.2, 5.11, 4.78, 6.51
	Fe^{3+}	0	3	7.49

续表

金属离子		I	n	$\lg\beta$
酒石酸配合物	Mg²⁺	0.5	MgHL	4.65
			1	1.2
	Pb²⁺	0	1, 2, 3	3.78, —, 4.7
	Zn²⁺	0.5	ZnHL	4.5
			1, 2	2.4, 8.32
乙二胺配合物	Ag⁺	0.1	1, 2	4.70, 7.70
	Cd²⁺	0.5	1, 2, 3	5.47, 10.09, 12.09
	Co²⁺	1	1, 2, 3	5.91, 10.64, 13.94
	Co³⁺	1	1, 2, 3	18.70, 34.90, 48.69
	Cu⁺		2	10.8
	Cu²⁺	1	1, 2, 3	10.67, 20.00, 21.0
	Fe²⁺	1.4	1, 2, 3	4.34, 7.65, 9.70
	Hg²⁺	0.1	1, 2	14.30, 23.3
	Mn²⁺	1	1, 2, 3	2.73, 4.79, 5.67
	Ni²⁺	1	1, 2, 3	7.52, 13.80, 18.06
	Zn²⁺	1	1, 2, 3	5.77, 10.83, 14.11
硫脲配合物	Ag⁺	0.03	1, 2	7.4, 13.1
	Bi²⁺		6	11.9
	Cu⁺	0.1	3, 4	13, 15.4
	Hg²⁺		2, 3, 4	22.1, 24.7, 26.8
氢氧基配合物	Al³⁺	2	4	33.3
			Al₆(OH)₁₅³⁺	163
	Bi³⁺	3	1	12.4
			Bi₆(OH)₁₂⁶⁺	168.3
	Cd²⁺	3	1, 2, …, 4	4.3, 7.7, 10.3, 12.0
	Co²⁺	0.1	1, 3	5.1, —, 10.2
	Cr³⁺	0.1	1, 2	10.2, 18.3
	Fe²⁺	1	1	4.5
	Fe²⁺	3	1, 2	11.0, 21, 7
			Fe₂(OH)₂⁴⁺	25.1
	Hg²⁺	0.5	2	21.7
	Mg²⁺	0	1	2.6
	Mn²⁺	0.1	1	3.4
	Ni²⁺	0.1	1	4.6
	Pb²⁺	0.3	1, 2, 3	6.2, 10.3, 13.3
			Pb₂(OH)³⁺	7.6
	Sn²⁺	3	1	10.1
	Th⁴⁺	1	1	9.7
	Ti³⁺	0.5	1	11.8
	TiO²⁺	1	1	13.7
	VO²⁺	3	1	8.0
	Zn²⁺	0	1, 2, …, 4	4.4, 10.1, 14.2, 15.5

注：① β_n 为配合物累积稳定常数。
② 酸式、碱式配合物及多核氢氧基配合物的化学式标明于 n 栏中。

附录 7　氨羧配位剂类配合物的稳定常数（18~25℃，$I=0.1$）

金属离子	lgK					NTA	
	EDTA	DCyTA	DTPA	EGTA	HEDTA	$\lg\beta_1$	$\lg\beta_2$
Ag^+	7.32	—	—	6.88	6.71	5.16	—
Al^{3+}	16.3	19.5	18.6	13.9	14.3	11.4	—
Ba^{2+}	7.86	8.69	8.87	8.41	6.3	4.82	—
Be^{2+}	9.2	11.51	—	—	—	7.11	—
Bi^{3+}	27.94	32.3	35.6	—	22.3	17.5	—
Ca^{2+}	10.69	13.20	10.83	10.97	8.3	6.41	—
Cd^{2+}	16.46	19.93	19.2	16.7	13.3	9.83	14.61
Co^{2+}	16.31	19.62	19.27	12.39	14.6	10.38	14.39
Co^{3+}	36	—	—	—	37.4	6.84	—
Cr^{3+}	23.4	—	—	—	—	6.23	—
Cu^{2+}	18.80	22.00	21.55	17.71	17.6	12.96	—
Fe^{2+}	14.32	19.0	16.5	11.87	12.3	8.33	—
Fe^{3+}	25.1	30.1	28.0	20.5	19.8	15.9	—
Ga^{3+}	20.3	23.2	25.54	—	16.9	13.6	—
Hg^{2+}	21.7	25.00	26.70	23.2	20.30	14.6	—
In^{3+}	25.0	28.8	29.0	—	20.2	16.9	—
Li^+	2.79	—	—	—	—	2.51	—
Mg^{2+}	8.7	11.02	9.30	5.21	7.0	5.41	—
Mn^{2+}	13.87	17.48	15.60	12.28	10.9	7.44	—
Mo^{5+}	28	—	—	—	—	—	—
Na^+	1.66	—	—	—	—	—	1.22
Ni^{2+}	18.62	20.3	20.32	13.55	17.3	11.53	16.42
Pb^{2+}	18.04	20.38	18.80	14.71	15.7	11.39	—
Pd^{2+}	18.5	—	—	—	—	—	—
Sc^{3+}	23.1	26.1	24.5	18.2	—	—	24.1
Sn^{2+}	22.11	—	—	—	—	—	—
Sr^{2+}	8.73	10.59	9.77	8.50	6.9	4.98	—
Th^{4+}	23.2	25.6	28.78	—	—	—	—
TiO^{2+}	17.3	—	—	—	—	—	—
Tl^{3+}	37.8	38.3	—	—	—	20.9	32.5
U^{4+}	25.8	27.6	7.69	—	—	—	—
VO^{2+}	18.8	20.1	—	—	—	—	—
Y^{3+}	18.09	19.85	22.13	17.16	14.78	11.41	20.43
Zn^{2+}	16.50	19.37	18.40	12.7	14.7	10.67	14.29
Zr^{4+}	29.5	—	35.8	—	—	20.8	—
稀土元素	16~20	17~22	19	—	13~16	10~12	—

注：EDTA 是乙二胺四乙酸；DCyTA（或 DCTA、CyDTA）是 1，2-二胺基环己烷四乙酸；DTPA 是二乙基三胺五乙酸；EGTA 是乙二醇二乙醚二胺四乙酸；HEDTA 是 N-β 羟基乙基乙二胺三乙酸；NTA 是氨三乙酸。

附录 8　标准电极电位表（18～25℃）

半 反 应	$\varphi^{\ominus}/V$
F_2（气）$+2H^++2e^-\!=\!=2HF$	3.06
$O_3+2H^++2e^-\!=\!=O_2+H_2O$	2.07
$S_2O_8^{2-}+2e^-\!=\!=2SO_4^{2-}$	2.01
$H_2O_2+2H^++2e^-\!=\!=2H_2O$	1.77
$MnO_4^-+4H^++3e^-\!=\!=MnO_2$（固）$+2H_2O$	1.695
PbO_2（固）$+SO_4^{2-}+4H^++2e^-\!=\!=PbSO_4$（固）$+2H_2O$	1.685
$HClO_2+2H^++2e^-\!=\!=HClO+H_2O$	1.64
$HClO+H^++e^-\!=\!=1/2Cl_2+H_2O$	1.63
$Ce^{4+}+e^-\!=\!=Ce^{3+}$	1.61
$H_5IO_6+H^++2e^-\!=\!=IO_3^-+3H_2O$	1.6
$HBrO+H^++e^-\!=\!=1/2Br_2+H_2O$	1.59
$BrO_3^-+6H^++5e^-\!=\!=1/2Br_2+3H_2O$	1.52
$MnO_4^-+8H^++5e^-\!=\!=Mn^{2+}+4H_2O$	1.51
Au（III）$+3e^-\!=\!=Au$	1.5
$HClO+H^++2e^-\!=\!=Cl^-+H_2O$	1.49
$ClO_3^-+6H^++5e^-\!=\!=1/2Cl_2+3H_2O$	1.47
PbO_2（固）$+4H^++2e^-\!=\!=Pb^{2+}+2H_2O$	1.455
$HIO+H^++e^-\!=\!=1/2I_2+H_2O$	1.45
$ClO_3^-+6H^++6e^-\!=\!=Cl^-+3H_2O$	1.45
$BrO_3^-+6H^++6e^-\!=\!=Br^-+3H_2O$	1.44
Au（III）$+2e^-\!=\!=Au$（I）	1.41
Cl_2（气）$+2e^-\!=\!=2Cl^-$	1.3595
$ClO_4^-+8H^++7e^-\!=\!=1/2Cl_2+4H_2O$	1.34
$Cr_2O_7^{2-}+14H^++6e^-\!=\!=2Cr^{3+}+7H_2O$	1.33
MnO_2（固）$+4H^++2e^-\!=\!=Mn^{2+}+2H_2O$	1.23
O_2（气）$+4H^++4e^-\!=\!=2H_2O$	1.229
$IO_3^-+6H^++5e^-\!=\!=1/2I_2+3H_2O$	1.2
$ClO_4^-+2H^++2e^-\!=\!=ClO_3^-+H_2O$	1.19
Br_2（水）$+2e^-\!=\!=2Br^-$	1.087
$NO_2+H^++e^-\!=\!=HNO_2$	1.07
$Br_3^-+2e^-\!=\!=3Br^-$	1.05
$HNO_2+H^++e^-\!=\!=NO$（气）$+H_2O$	1
$VO_2^++2H^++e^-\!=\!=VO^{2+}+H_2O$	1
$HIO+H^++2e^-\!=\!=I^-+H_2O$	0.99
$NO_3^-+3H^++2e^-\!=\!=HNO_2+H_2O$	0.94
$ClO^-+H_2O+2e^-\!=\!=Cl^-+2OH^-$	0.89
$H_2O_2+2e^-\!=\!=2OH^-$	0.88
$Cu^{2+}+I^-+e^-\!=\!=CuI$（固）	0.86
$Hg^{2+}+2e^-\!=\!=Hg$	0.845

续表

半　反　应	$\varphi^{\ominus}/V$
$NO_3^- + 2H^+ + e^- \rightleftharpoons NO_2 + H_2O$	0.8
$Ag^+ + e^- \rightleftharpoons Ag$	0.7995
$Hg_2^{2+} + 2e^- \rightleftharpoons 2Hg$	0.793
$Fe^{3+} + e^- \rightleftharpoons Fe^{2+}$	0.771
$BrO^- + H_2O + 2e^- \rightleftharpoons Br^- + 2OH^-$	0.76
$O_2 \text{（气）} + 2H^+ + 2e^- \rightleftharpoons H_2O_2$	0.682
$AsO_2^- + 2H_2O + 3e^- \rightleftharpoons As + 4OH^-$	0.68
$2HgCl_2 + 2e^- \rightleftharpoons Hg_2Cl_2 \text{（固）} + 2Cl^-$	0.63
$Hg_2SO_4 \text{（固）} + 2e^- \rightleftharpoons 2Hg + SO_4^{2-}$	0.6151
$MnO_4^- + 2H_2O + 3e^- = MnO_2 \text{（固）} + 4OH^-$	0.588
$MnO_4^- + e^- \rightleftharpoons MnO_4^{2-}$	0.564
$H_3AsO_4 + 2H^+ + 2e^- \rightleftharpoons HAsO_2 + 2H_2O$	0.559
$I_3^- + 2e^- = 3I^-$	0.545
$I_2 \text{（固）} + 2e^- \rightleftharpoons 2I^-$	0.5345
$Mo(VI) + e^- \rightleftharpoons Mo(V)$	0.53
$Cu^+ + e^- \rightleftharpoons Cu$	0.52
$4SO_2 \text{（水）} + 4H^+ + 6e^- \rightleftharpoons S_4O_6^{2-} + 2H_2O$	0.51
$HgCl_4^{2-} + 2e^- \rightleftharpoons Hg + 4Cl^-$	0.48
$2SO_2 \text{（水）} + 2H^+ + 4e^- \rightleftharpoons S_2O_3^{2-} + H_2O$	0.4
$Fe(CN)_6^{3-} + e^- \rightleftharpoons Fe(CN)_6^{4-}$	0.36
$Cu^{2+} + 2e^- \rightleftharpoons Cu$	0.337
$VO^{2+} + 2H^+ + e^- \rightleftharpoons V^{3+} + H_2O$	0.337
$BiO^+ + 2H^+ + 3e^- \rightleftharpoons Bi + H_2O$	0.32
$Hg_2Cl_2 \text{（固）} + 2e^- \rightleftharpoons 2Hg + 2Cl^-$	0.2676
$HAsO_2 + 3H^+ + 3e^- \rightleftharpoons As + 2H_2O$	0.248
$AgCl \text{（固）} + e^- \rightleftharpoons Ag + Cl^-$	0.2223
$SbO + 2H^+ + 3e^- \rightleftharpoons Sb + H_2O$	0.212
$SO_4^{2-} + 4H^+ + 2e^- \rightleftharpoons SO_2 \text{（水）} + 2H_2O$	0.17
$Cu^{2+} + e^- \rightleftharpoons Cu^+$	0.159
$Sn^{4+} + 2e^- \rightleftharpoons Sn^{2+}$	0.154
$S + 2H^+ + 2e^- \rightleftharpoons H_2S \text{（气）}$	0.141
$Hg_2Br_2 + 2e^- \rightleftharpoons 2Hg + 2Br^-$	0.1395
$TiO^{2+} + 2H^+ + e^- \rightleftharpoons Ti^{3+} + H_2O$	0.1
$S_4O_6^{2-} + 2e^- \rightleftharpoons 2S_2O_3^{2-}$	0.08
$AgBr \text{（固）} + e^- \rightleftharpoons Ag + Br^-$	0.071
$2H^+ + 2e^- \rightleftharpoons H_2$	0
$O_2 + H_2O + 2e^- \rightleftharpoons HO_2^- + OH^-$	-0.067
$TiOCl^+ + 2H^+ + 3Cl^- + e^- \rightleftharpoons TiCl_4^- + H_2O$	-0.09
$Pb^{2+} + 2e^- \rightleftharpoons Pb$	-0.126
$Sn^{2+} + 2e^- \rightleftharpoons Sn$	-0.136

续表

半 反 应	$\varphi^{\ominus}$ /V
AgI（固）$+e^- \Longrightarrow Ag+I^-$	-0.152
$Ni^{2+}+2e^- \Longrightarrow Ni$	-0.246
$H_3PO_4+2H^++2e^- \Longrightarrow H_3PO_3+H_2O$	-0.276
$Co^{2+}+2e^- \Longrightarrow Co$	-0.277
$Tl^++e^- \Longrightarrow Tl$	-0.336
$In^{3+}+3e^- \Longrightarrow In$	-0.345
$PbSO_4$（固）$+2e^- \Longrightarrow Pb+SO_4^{2-}$	-0.3553
$SeO_3^{2-}+3H_2O+4e^- \Longrightarrow Se+6OH^-$	-0.366
$As+3H^++3e^- \Longrightarrow AsH_3$	-0.38
$Se+2H^++2e^- \Longrightarrow H_2Se$	-0.4
$Cd^{2+}+2e^- \Longrightarrow Cd$	-0.403
$Cr^{3+}+e^- \Longrightarrow Cr^{2+}$	-0.41
$Fe^{2+}+2e^- \Longrightarrow Fe$	-0.44
$S+2e^- \Longrightarrow S^{2-}$	-0.48
$2CO_2+2H^++2e^- \Longrightarrow H_2C_2O_4$	-0.49
$H_3PO_3+2H^++2e^- \Longrightarrow H_3PO_2+H_2O$	-0.5
$Sb+3H^++3e^- \Longrightarrow SbH_3$	-0.51
$HPbO_2^-+H_2O+2e^- \Longrightarrow Pb+3OH^-$	-0.54
$Ga^{3+}+3e^- \Longrightarrow Ga$	-0.56
$TeO_3^{2-}+3H_2O+4e^- \Longrightarrow Te+6OH^-$	-0.57
$2SO_3^{2-}+3H_2O+4e^- \Longrightarrow S_2O_3^{2-}+6OH^-$	-0.58
$SO_3^{2-}+3H_2O+4e^- \Longrightarrow S+6OH^-$	-0.66
$AsO_4^{3-}+2H_2O+2e^- \Longrightarrow AsO_2^-+4OH^-$	-0.67
Ag_2S（固）$+2e^- \Longrightarrow 2Ag+S^{2-}$	-0.69
$Zn^{2+}+2e^- \Longrightarrow Zn$	-0.763
$2H_2O+2e^- \Longrightarrow H_2+2OH^-$	-0.828
$Cr^{2+}+2e^- \Longrightarrow Cr$	-0.91
$HSnO_2^-+H_2O+2e^- \Longrightarrow Sn+3OH^-$	-0.91
$Se+2e^- \Longrightarrow Se^{2-}$	-0.92
$Sn(OH)_6^{2-}+2e^- \Longrightarrow HSnO_2^-+H_2O+3OH^-$	-0.93
$CNO^-+H_2O+2e^- \Longrightarrow CN^-+2OH^-$	-0.97
$Mn^{2+}+2e^- \Longrightarrow Mn$	-1.182
$ZnO_2^{2-}+2H_2O+2e^- \Longrightarrow Zn+4OH^-$	-1.216
$Al^{3+}+3e^- \Longrightarrow Al$	-1.66
$H_2AlO_3^-+H_2O+3e^- \Longrightarrow Al+4OH^-$	-2.35
$Mg^{2+}+2e^- \Longrightarrow Mg$	-2.37
$Na^++e^- \Longrightarrow Na$	-2.714
$Ca^{2+}+2e^- \Longrightarrow Ca$	-2.87
$Sr^{2+}+2e^- \Longrightarrow Sr$	-2.89
$Ba^{2+}+2e^- \Longrightarrow Ba$	-2.9
$K^++e^- \Longrightarrow K$	-2.925
$Li^++e^- \Longrightarrow Li$	-3.042

附录 9　某些氧化还原电对的条件电位

半反应	$\varphi^{\ominus\prime}/V$	介质
Ag（Ⅱ）$+e^-$══Ag$^+$	1.927	4mol/LHNO$_3$
Ce（Ⅳ）$+e^-$══Ce（Ⅲ）	1.74	1mol/LHClO$_4$
	1.44	0.5mol/LH$_2$SO$_4$
	1.28	1mol/LHCl
Co$^{3+}+e^+$══Co^{2+}	1.84	3mol/LHNO$_3$
Co（乙二胺）$_3^{3+}+e^-$══Co（乙二胺）$_3^{2+}$	−0.2	0.1mol/L KNO$_3$+0.1mol/L 乙二胺
Cr（Ⅲ）$+e^-$══Cr（Ⅱ）	−0.40	5mol/LHCl
Cr$_2$O$_7^{2-}+14H^++6e^+$══2Cr$^{3+}+7H_2$O	1.08	3mol/LHCl
	1.15	4mol/LH$_2$SO$_4$
	1.025	1mol/LHClO$_4$
CrO$_4^{2-}+2H_2$O$+3e^-$══CrO$_2^-+4OH^-$	−0.12	1mol/LNaOH
Fe（Ⅲ）$+e^-$══Fe^{2+}	0.767	1mol/LHClO$_4$
	0.71	0.5mol/LHCl
	0.68	1mol/LH$_2$SO$_4$
	0.68	1mol/LHCl
	0.46	2mol/LH$_3$PO$_4$
	0.51	1mol/LHCl+0.25mol/LH$_3$PO$_4$
Fe（EDTA）$^-+e^-$══Fe（EDTA）$^{2-}$	0.12	0.1mol/LEDTA，PH=4~6
Fe（CN）$_6^{3-}+e^-$══Fe（CN）$_6^{4-}$	0.56	0.1mol/LHCl
FeO$_4^{2-}+2H_2$O$+3e^-$══Fe$_2$O$^-+4OH^-$	0.55	10mol/LNaOH
I$_3^-+2e^-$══3I$^-$	0.5446	0.5mol/LH$_2$SO$_4$
I$_2$（水）$+2e^-$══2I$^-$	0.6276	0.5mol/LH$_2$SO$_4$
MnO$_4^-+8H^++5e^-$══Mn$^{2+}+4H_2$O	1.45	1mol/LHClO$_4$
SnCl$_6^{2-}+2e^-$══SnCl$_4^{2-}+2Cl^-$	0.14	1mol/LHCl
Sb（Ⅴ）$+2e^-$══Sb（Ⅲ）	0.75	3.5mol/LHCl
Sb（OH）$_6^-+2e^-$══SbO$_2^-+2OH^-+2H_2$O	−0.428	3mol/LNaOH
SbO$_2^-+2H_2$O$+3e^-$══Sb$+4OH^-$	−0.675	10mol/LKOH
Ti（Ⅳ）$+e^-$══Ti（Ⅲ）	−0.01	0.2mol/LH$_2$SO$_4$
	0.12	2mol/LH$_2$SO$_4$
	−0.04	1mol/LHCl
	−0.05	1mol/LH$_3$PO$_4$
Pb（Ⅱ）$+2e^-$══Pb	−0.32	1mol/LNaAc

附录 10　微溶化合物的溶度积常数 （18~25℃，$I=0$）

微溶化合物	K_{sp}	pK$_{sp}$	微溶化合物	K_{sp}	pK$_{sp}$
Ag$_3$AsO$_4$	1.0×10^{-22}	22.0	AgCN	1.2×10^{-16}	15.92
AgBr	5.0×10^{-13}	12.30	AgOH	2.0×10^{-8}	7.71
Ag$_2$CO$_3$	8.1×10^{-12}	11.09	AgI	9.3×10^{-17}	16.03
AgCl	1.8×10^{-10}	9.75	Ag$_2$C$_2$O$_4$	3.5×10^{-11}	10.46
Ag$_2$CrO$_4$	2.0×10^{-12}	11.71	Ag$_3$PO$_4$	1.4×10^{-16}	15.84

微溶化合物	K_{sp}	pK_{sp}	微溶化合物	K_{sp}	pK_{sp}
Ag_2SO_4	1.4×10^{-5}	4.48	$ZnCO_3$	1.4×10^{-11}	10.84
Ag_2S	2.0×10^{-49}	48.7	$Zn_2[Fe(CN)_3]$	4.1×10^{-16}	15.39
$AgSCN$	1.0×10^{-12}	12.00	$Zn(OH)_2$	1.2×10^{-17}	16.92
$Al(OH)_3$ 无定形	1.3×10^{-33}	32.9	$Zn_3(PO_4)_2$	9.1×10^{-33}	32.04
As_2S_3	2.1×10^{-22}	21.68	ZnS	2.0×10^{-22}	21.7
$BaCO_3$	5.1×10^{-9}	8.29	$Ca_3(PO_4)_2$	2.0×10^{-29}	28.70
$BaCrO_4$	1.2×10^{-10}	9.93	$CaSO_4$	9.1×10^{-6}	5.04
BaF_2	1.0×10^{-6}	6.0	$CaWO_4$	8.7×10^{-9}	8.06
$BaC_2O_4 \cdot H_2O$	2.3×10^{-8}	7.64	$CdCO_3$	5.2×10^{-12}	11.28
$BaSO_4$	1.1×10^{-10}	9.96	$Cd_2[Fe(CN)_6]$	3.2×10^{-17}	16.49
$Bi(OH)_3$	4.0×10^{-31}	30.4	$Cd(OH)_2$ 新析出	2.5×10^{-14}	13.60
$BiOOH$	4.0×10^{-10}	9.4	$CdC_2O_4 \cdot 3H_2O$	9.1×10^{-8}	7.04
BiI_3	8.1×10^{-19}	18.09	CdS	8.0×10^{-27}	26.1
$BiOCl$	1.8×10^{-31}	30.75	$CoCO_3$	1.4×10^{-13}	12.84
$BiPO_4$	1.3×10^{-23}	22.89	$Co_2[Fe(CN)_6]$	1.8×10^{-15}	14.74
Bi_2S_3	1.0×10^{-97}	97.0	$Co(OH)_2$ 新析出	2.0×10^{-15}	14.7
$CaCO_3$	2.9×10^{-9}	8.54	$Co(OH)_3$	2.0×10^{-44}	43.7
CaF_2	2.7×10^{-11}	10.57	$Co[Hg(SCN)_4]$	1.5×10^{-3}	5.82
$CaC_2O_4 \cdot H_2O$	2.0×10^{-9}	8.70	$\alpha-CoS$	4.0×10^{-21}	20.4
$PbClF$	2.4×10^{-9}	8.62	$\beta-CoS$	2.0×10^{-25}	24.7
$PbCrO_4$	2.8×10^{-13}	12.55	$Co_3(PO_4)_2$	2.0×10^{-35}	34.7
PbF_2	2.7×10^{-8}	7.57	$Cr(OH)_3$	6×10^{-31}	30.2
$Pb(OH)_2$	1.2×10^{-15}	14.93	$CuBr$	5.2×10^{-9}	8.28
PbI_2	7.1×10^{-9}	8.15	$CuCl$	1.2×10^{-8}	5.92
$PbMoO_4$	1.0×10^{-13}	13.0	$CuCN$	3.2×10^{-20}	19.49
$Pb_3(PO_4)_2$	8.0×10^{-43}	42.10	CuI	1.1×10^{-12}	11.96
$PbSO_4$	1.6×10^{-8}	7.79	$CuOH$	1.0×10^{-14}	14.0
PbS	8.0×10^{-28}	27.9	Cu_2S	2.0×10^{-48}	47.7
$Pb(OH)_4$	3.0×10^{-66}	65.5	$CuSCN$	4.8×10^{-15}	14.32
$Sb(OH)_3$	4.0×10^{-42}	41.4	$CuCO_3$	1.4×10^{-10}	9.86
Sb_2S_3	2.0×10^{-93}	92.8	$Cu(OH)_2$	2.2×10^{-20}	19.66
$Sn(OH)_2$	1.4×10^{-28}	27.85	CuS	6.0×10^{-36}	35.2
SnS	1.0×10^{-25}	25.0	$FeCO_3$	3.2×10^{-11}	10.50
$Sn(OH)_4$	1.0×10^{-56}	56.0	$Fe(OH)_2$	8.0×10^{-16}	15.1
SnS_2	2.0×10^{-27}	26.7	FeS	6×10^{-15}	17.2
$SrCO_3$	1.1×10^{-10}	9.96	$Fe(OH)_3$	4.0×10^{-38}	37.4
$SrCrO_4$	2.2×10^{-5}	4.65	$FePO_4$	1.3×10^{-22}	21.89
SrF_2	2.4×10^{-9}	8.61	$Hg_2Br_2$①	5.8×10^{-23}	22.24
$SrC_2O_4 \cdot H_2O$	1.6×10^{-7}	6.80	Hg_2CO_3	8.9×10^{-17}	16.05
$Sr_3(PO_4)_2$	4.1×10^{-28}	27.39	Hg_2Cl_2	1.3×10^{-18}	17.88
$SrSO_4$	3.2×10^{-7}	6.49	$Hg_2(OH)_2$	2.0×10^{-24}	23.7
$Ti(OH)_3$	1.0×10^{-40}	40.0	Hg_2I_2	4.5×10^{-29}	28.35
$TiO(OH)_2$	1.0×10^{-29}	29.0	Hg_2SO_4	7.4×10^{-7}	6.13

续表

微溶化合物	K_{sp}	pK_{sp}	微溶化合物	K_{sp}	pK_{sp}
Hg_2S	1.0×10^{-47}	47.0	MnS 无定形	2.0×10^{-10}	9.7
$Hg(OH)_2$	3.0×10^{-26}	25.52	MnS 晶形	2.0×10^{-13}	12.7
HgS（红色）	4.0×10^{-53}	52.4	$NiCO_3$	6.6×10^{-9}	8.18
HgS（黑色）	2.0×10^{-52}	51.7	$Ni(OH)_2$ 新析出	2.0×10^{-15}	14.7
$MgNH_4PO_4$	2.0×10^{-13}	12.7	$Ni_3(PO_4)_2$	5.0×10^{-31}	30.3
$MgCO_3$	3.5×10^{-8}	7.46	$\alpha-NiS$	3.0×10^{-19}	18.5
MgF_2	6.4×10^{-9}	8.19	$\beta-NiS$	1.0×10^{-24}	24.0
$Mg(OH)_2$	1.8×10^{-11}	10.74	$\gamma-NiS$	2.0×10^{-36}	25.7
$MgCO_3$	1.8×10^{-11}	10.74	$PbCO_3$	7.4×10^{-14}	13.13
$Mn(OH)_2$	1.9×10^{-13}	12.72	$PbCl_2$	1.6×10^{-5}	4.79